中国石油提高采收率技术新进展丛书

无碱二元复合驱技术

刘卫东　王正茂　王正波　曹　晨　等编著

石油工业出版社

内 容 提 要

本书以聚合物—表面活性剂二元复合驱技术研究为重点，从驱油机理、配方设计、油水界面作用、液固界面作用、油藏工程、数值模拟等方面对聚合物—表面活性剂二元复合驱技术进行了论述，并详细总结剖析了开发试验情况及目前存在的问题。

本书可供从事石油开发研究人员、提高采收率技术人员及石油院校相关专业师生参考阅读。

图书在版编目（CIP）数据

无碱二元复合驱技术 / 刘卫东等编著 . —北京：石油工业出版社，2022.1

（中国石油提高采收率技术新进展丛书）

ISBN 978-7-5183-5139-8

Ⅰ.①无… Ⅱ.①刘… Ⅲ.①化学驱油—研究 Ⅳ. ① TE357.46

中国版本图书馆 CIP 数据核字（2021）第 265723 号

出版发行：石油工业出版社
（北京安定门外安华里 2 区 1 号　100011）
网　址：www.petropub.com
编辑部：(010)64210387　图书营销中心：(010)64523633

经　　销：全国新华书店

印　　刷：北京中石油彩色印刷有限责任公司

2022 年 1 月第 1 版　2022 年 1 月第 1 次印刷
787×1092 毫米　开本：1/16　印张：19.5
字数：510 千字

定价：138.00 元
（如出现印装质量问题，我社图书营销中心负责调换）
版权所有，翻印必究

《中国石油提高采收率技术新进展丛书》
编委会

主　任：万　军

副主任：廖广志　何东博　章卫兵

成　员：（以姓氏笔画为序）

卜忠宇　马德胜　王正茂　王正波　王红庄
王连刚　王伯军　王宝刚　王高峰　王渝明
王　强　王锦芳　方　辉　叶　鹏　田昌炳
白军辉　丛苏男　吕伟峰　刘卫东　刘先贵
刘庆杰　关文龙　李　中　李秀峦　李保柱
杨正明　肖毓祥　吴洪彪　何丽萍　邹存友
张仲宏　张胜飞　郑　达　胡占群　修建龙
侯庆锋　唐君实　黄志佳　曹　晨　韩培慧
雷征东　管保山　熊春明

《无碱二元复合驱技术》
编 写 组

主　编：刘卫东

副主编：王正茂　王正波　曹　晨

成　员：（以姓氏笔画为序）

丁　彬	马宏斌	王红庄	王连刚	王洪关
王晓燕	王高峰	王锦芳	白　雷	丛苏男
吕建荣	刘存辉	许长福	许　可	孙灵辉
杨海恩	李文宏	李杰瑞	肖传敏	陈卫东
邵黎明	苟斐斐	罗莉涛	罗　强	侯庆锋
峦和鑫	聂小斌	郭　英	康敬程	彭宝亮
程宏杰	管保山			

序

党的十八大以来，习近平总书记创造性地提出了"四个革命、一个合作"能源安全新战略，为我国新时代能源改革发展指明了前进方向、提供了根本遵循。从我国宏观经济发展的长期趋势看，未来油气需求仍将持续增长，国际能源署（IEA）预测2030年中国原油和天然气消费量将分别达到8亿吨、5500亿立方米左右，如果国内原油产量保持在2亿吨以上、天然气2500亿立方米左右，油气对外依存度将分别达到75%和55%左右。当前，世界石油工业又陷入了新一轮低油价周期，我国面临着新区资源品质恶劣化、老区开发矛盾加剧化的多重挑战。面对严峻的能源安全形势，我们一定要深刻领会、坚决贯彻习近平总书记关于"大力提升勘探开发力度""能源的饭碗必须端在自己手里"等重要指示批示精神，实现中国石油原油1亿吨以上效益稳产上产，是中国石油义不容辞的责任与使命。

提高采收率的核心任务是将地下油气资源尽可能多地转变成经济可采储量，最大限度提升开发效益，其本身兼具保产量和保效益的双重任务。因此，我们要以提高采收率为抓手，夯实油气田效益稳产上产基础，完成国家赋予的神圣使命，保障国家能源安全。中国石油对提高采收率高度重视，明确要求把提高采收率作为上游业务提质增效、高质量发展的一项十分重要的工程来抓。中国石油自2005年实施重大开发试验以来，按照"应用一代，研发一代，储备一代"的部署，持续推进重大开发试验和提高采收率工作，盘活了"资源池"、扩容了"产能池"、提升了"效益池"。重大开发试验创新了提高采收率理论体系，打造了一系列低成本开发技术，工业化应用年产油量达到2000万吨规模，提升了老区开发效果，并为新区的有效动用提供了技术支撑。

持续围绕"精细水驱、化学驱、热介质驱、气介质驱和转变注水开发方式"等五大提高采收率技术主线，中国石油开发战线科研人员攻坚克难、扎根基层、挑战极限，创新发展了多种复合介质生物化学驱、低排放高效热采SAGD及火驱、绿色减碳低成本气驱和低品位油藏转变注水开发方式等多项理论和技术，在特高含水、特超稠油和特超低渗透等极其复杂、极其困难的资源领域取得良好的开发成效，化学驱、稠油产量均持续保持1000万吨，超低渗透油藏水驱开发达到1000万吨，气驱产量和超低渗透致密油转变注水开发方式产量均突破100万吨，并分别踏着上产 1000 万吨产量规划的节奏稳步推进。

《中国石油提高采收率技术新进展丛书》（以下简称《丛书》）全面系统总结了中国石油 2005 年以来，重大开发试验培育形成的创新理论和关键技术，阐述了创新理论、关键技术、重要产品和核心工艺，为试验成果的工业化推广应用提供了技术指导。该《丛书》具有如下特征：

一是前瞻性较强。《丛书》中的化学驱理论与技术、空气火驱技术、减氧空气驱和天然气驱油协同储气库建设等技术在当前及今后一个时期都将属于世界前沿理论和领先技术，结合中国石油天然气集团有限公司技术发展的最新进展，具有较强的前瞻性。

二是系统性较强。《丛书》编委会统一编制专业目录和篇章规划，统一组织编写与审定，涵盖地质、油藏、采油和地面等专业内容，具有较强的系统性、逻辑性、规范性和科学性。

三是实用性较强。《丛书》的成果内容均经过油田现场实践验证，并实现了较大规模的工业化产量和良好的经济效益，理论技术与现场实践紧密融合，并配有实际案例和操作规程要求，具有较高的实用价值。

四是权威性较强。中国石油勘探与生产分公司组织在相应领域具有多年工作经验的技术专家和管理人员，集中编写《丛书》，体现了该书的权威性。

五是专业性较强。《丛书》以技术领域分类编写，并根据专业目录进行介绍，内容更加注重专业特色，强调相关专业领域自身发展的特色技术和特色经验，也是对公司相关业务领域知识和经验的一次集中梳理，符合知识管理的要求和方向。

当前，中国石油油田开发整体进入高含水期和高采出程度阶段，开发面临的挑战日益增加，还需坚持以提高采收率工程为抓手，进一步加深理论机理研究，加大核心技术攻关试验，加快效益规模应用，加宽技术共享交流，加强人才队伍建设，在探索中求新路径，探索中求新办法，探索中求新提升，出版该《丛书》具有重要的现实意义。这套《丛书》是科研攻关和矿场实践紧密结合的成果，有新理论、新认识、新方法、新技术和新产品，既能成为油田开发科研、技术、生产和管理工作者的工具书和参考书，也可作为石油相关院校的学习教材和文献资料，为提高采收率事业提供有益的指导、参考和借鉴。

2021 年 11 月 27 日

前 言

中国石油自 2005 年设立重大开发试验以来，重点在化学驱、热采、水驱等方面开展提高采收率的攻关研究和试验工作。随着表面活性剂合成和生产技术的进步，表面活性剂的性能得到极大提高，在碱—表面活性剂—聚合物三元复合驱的基础上去掉碱后，油水界面张力仍能够达到 10^{-3} mN/m 数量级，满足复合驱对表面活性剂的技术要求，因此中国石油自 2007 年开始陆续开展聚合物—表面活性剂复合驱重大开发试验。试验区涵盖高渗透砂岩油藏、砾岩油藏、复杂断块油藏和中低渗透油藏，所使用的表面活性剂有阴离子表面活性剂、非离子表面活性剂、复合离子表面活性剂、复配表面活性剂等，经过技术攻关和矿场试验，聚合物—表面活性剂二元复合驱技术已经基本成熟，初步形成了系列配套技术，基本具备了工业化推广的条件。

《无碱二元复合驱技术》以聚合物—表面活性剂二元复合驱技术研究为重点，从配方设计、驱油机理、油水界面作用、液固界面作用、油藏工程、数值模拟等方面进行了详细论述，全书共分为八章。第一章论述了化学驱的现状、聚合物—表面活性剂二元复合驱技术特点和矿场试验进展等；第二章论述了聚合物表面活性剂二元复合驱用表面活性剂类型、生产工艺、评价方法，复合驱用聚合物的类型、合成方法、驱油用聚合物优化方法，复合体系注入界限主要研究了相对分子质量、浓度与油藏渗透率的匹配关系，复合驱油体系中聚合物—表面活性剂相互作用主要明确聚合物和表面活性剂相互影响等；第三章论述了聚合物—表面活性剂二元复合驱微观驱油机理、扩大波及体积机理以及渗流规律等；第四章论述了聚合物—表面活性剂二元复合体系与原油之间的 Marangoni 对流及其对自发乳化的影响、复合体系与原油的乳化机理等；第五章论述了油藏表面性能的实验方法、体系在单组分矿物、油砂上的吸附规律等；第六章论述了聚合物表面活性剂二元复合驱油藏工程方法以及注入参数的优化方法等；第七章论述了聚合物—表面活性剂二元复合驱数值模拟方法建立以及岩心参数的选取、计算实例等；第八章介绍了中国石油在高渗透砂岩油藏中低渗透砂岩油藏聚合物—表面活性剂二元复合驱重大开发试验情况及目前存在的问题。

在本书的编写过程中得到了中国石油勘探开发研究院、新疆油田公司勘探开发研究院、辽河油田公司勘探开发研究院、大港油田公司采油工艺研究院、吉林油田公司勘探开发研究院、长庆油田公司勘探开发研究院和石油工业出版社的大力支持，在此表示感谢。

由于笔者水平有限，书中不足之处在所难免，敬请广大读者批评指正。

目 录

第一章　绪论 1
第一节　化学驱发展历程与现状 1
第二节　化学驱技术发展趋势 10
第三节　聚合物—表面活性剂复合驱技术特点 13

第二章　聚合物—表面活性剂复合驱配方研究 15
第一节　表面活性剂 15
第二节　聚合物 25
第三节　注入界限研究 45
第四节　聚合物与表面活性剂相互作用 54

第三章　聚合物—表面活性剂复合驱驱油机理 61
第一节　聚合物—表面活性剂复合体系微观驱油机理 61
第二节　扩大波及体积机理 81
第三节　渗流规律 91

第四章　聚合物—表面活性剂复合体系与原油界面作用 99
第一节　Marangoni 对流 99
第二节　复合体系与原油乳化作用机理 113

第五章　聚合物—表面活性剂复合体系与岩石矿物相互作用 172
第一节　储层界面性质 173
第二节　单组分矿物吸附规律 188
第三节　油砂吸附规律 194
第四节　砂砾岩油藏吸附模型 206

第六章　聚合物—表面活性剂复合驱油藏工程 210
第一节　油藏工程方法 210
第二节　注入参数优化 227

第七章　聚合物—表面活性剂复合驱数值模拟 ... 240
第一节　复合驱油数学模型 ... 241
第二节　数值模拟物性参数 ... 251
第三节　复合驱数值模拟 ... 259

第八章　聚合物—表面活性剂复合驱矿场试验 ... 271
第一节　中国石油聚合物—表面活性剂复合驱重大开发试验概况 ... 271
第二节　高渗透砂岩油藏聚合物—表面活性剂复合驱试验 ... 273
第三节　中低渗透砂岩油藏聚合物—表面活性剂复合驱试验 ... 278
第四节　砾岩油藏聚合物—表面活性剂复合驱试验 ... 287
第五节　稠油油藏聚合物—表面活性剂复合驱试验 ... 293
第六节　聚合物—表面活性剂驱存在主要问题 ... 296

参考文献 ... 299

第一章 绪 论

三次采油也称提高石油采收率，一般经过三次采油方法开采过的油田，其最终采收率可达到50%以上[1-2]。在众多三次采油技术中，化学驱比较适合中国陆相沉积的非均质油藏，聚合物驱、碱—表面活性剂—聚合物三元复合驱、聚合物—表面活性剂二元复合驱（简称聚合物—表面活性剂复合驱）技术在中国应用范围广，技术比较成熟、提高采收率幅度大，已经进行工业化试验和规模推广应用，取得了较好的经济效益和社会效益[3]。

聚合物驱技术在国内的应用范围最广，提高采收率可以达到10%左右；碱—表面活性剂—聚合物三元复合驱提高采收率的幅度大，使用强碱的三元复合驱提高采收率可以达到20%以上，弱碱体系可以达到18%以上，但是碱的存在使其应用受到一定的限制[4]。聚合物—表面活性剂二元复合驱是近年来发展较快的一种提高采收率技术，聚合物使其具有较好的流度控制能力，提高了波及系数；表面活性剂降低油水界面张力，有利于残余油的启动，因此聚合物—表面活性剂二元复合驱既可以扩大波及体积，同时又可以提高微观驱油效率，是聚合物驱和三元复合驱外一种大幅度提高采收率技术。聚合物—表面活性剂复合体系由于去掉了碱，具有更高的水油流度比，对于非均质性油藏有更好的适应性。聚合物—表面活性剂二元复合驱提高采收率的幅度介于聚合物驱和三元复合驱之间，一般可以提高采收率15%左右。如果配方选择适当，其驱油效果可与三元复合驱相当，同时彻底消除碱带来的结垢等一系列问题，因此聚合物—表面活性剂二元复合驱已经成为复合驱中最重要的研究和发展方向[5]。

第一节 化学驱发展历程与现状

聚合物驱、聚合物—表面活性剂二元复合驱和碱—表面活性剂—聚合物三元复合驱是化学驱中最重要提高采收率方法[6]。聚合物驱虽然已经规模应用，但是其存在提高采收率幅度较小的问题；碱—表面活性剂—聚合物三元复合驱在矿场试验和工业化应用中存在注入困难、乳化严重以及结垢等问题，在试验过程中综合调整工作量大、难度大[7]。为了克服三元复合驱试验中存在的缺点，最大限度发挥化学剂在提高采收率中的作用，减少化学驱中存在问题，降低综合调整的难度，近年来国内外发展了聚合物—表面活性剂二元复合驱技术，它是一种可以充分发挥表面活性剂和聚合物协同作用来提高原油采收率的强化采油方法[8]。毛细管力是造成水驱油藏波及区滞留大量原油的主要原因，而毛细管力又是油水两相界面张力作用的结果，它抵消外部施加的黏滞力，使注入水与聚集的共生水只起到部分驱油作用[9]。毛细管力使一部分原油圈闭在低渗层孔隙之中，聚合物—表面活性剂二元复合驱通过降低界面张力和提高注入水的黏滞力，可以降低毛细管压力，增大毛细管数，从而提高采收率[10]。聚合物—表面活性剂二元复合驱油体系的黏度明显高于同等条件下的碱—表面活性剂—聚合物三元复合体系，界面张力达到超低，且驱油效率较高[11-13]。聚合物—表面活性剂二元复合体系作为一种新的驱油方法，可以最大限度地发挥聚合物的黏弹性和表面活性剂降低界面张力的作用[14-15]。

一、化学驱发展历程

化学驱技术发展历程大致可以分为 4 个阶段：

第一阶段为 20 世纪 60 年代初至 70 年代，主要研究的体系是表面活性剂微乳液驱。基于 P. A. Winsor 研究微乳液机理时提出的三种相态，表面活性剂能够达到 Winsor-Ⅲ 相态时，形成微乳液体系，此时油水充分混合形成稳定的体系，驱油效率很高，但形成微乳液体系需要的表面活性剂质量浓度很高（一般 3%~15%），由于成本高没有得到现场应用[16-18]。

第二阶段为 20 世纪 80 年代，主要研究碱驱、碱—聚合物驱、活性水驱。基于碱与酸性原油作用产生表面活性剂可以降低油水界面张力的机理，针对原油酸值较高的油藏进行碱水驱，同时由于聚合物驱的成功应用，开始尝试碱—聚合物复合驱的研究及矿场试验[19-21]。

第三阶段为 20 世纪 90 年代，是复合驱发展最快的阶段，主要基于化学剂之间的协同作用，重点发展三元复合驱，采用低浓度高效活性剂，通过碱与表面活性剂的协同作用，使体系油水界面张力达到超低，同时依靠聚合物增加黏度作用扩大波及体积，大幅度提高石油采收率。表 1-1 简要列出了几种化学驱提高原油采收率的潜力，各种化学驱方法提高采收率幅度变化较大，碱水驱提高采收率幅度最小，仅为 2%~8%；碱—表面活性剂—聚合物三元复合驱提高采收率幅度最大，可达 15%~25%。由于复合驱中各化学剂之间的协同作用，一方面使复合驱中化学剂的用量比单一化学剂驱大大减少（表面活性剂用量一般为 0.2%~0.6%）；另一方面复合驱通常比单一组分化学驱的采收率更高。从而使复合驱成为三次采油中经济有效地提高原油采收率的新方法[22-25]。

表 1-1 几种化学驱提高采收率方法的潜力

提高采收率方法	提高采收率幅度,%
碱水驱	2~8
聚合物驱	7~15
碱—聚合物复合驱	10~18
表面活性剂驱	8~20
碱—表面活性剂—聚合物三元复合驱	15~25
泡沫复合驱	10~20

目前采用的化学复合驱仅指碱、表面活性剂和聚合物三类化学剂驱为主的组合，它们可按不同的方式组合成各种复合驱，如图 1-1 所示。

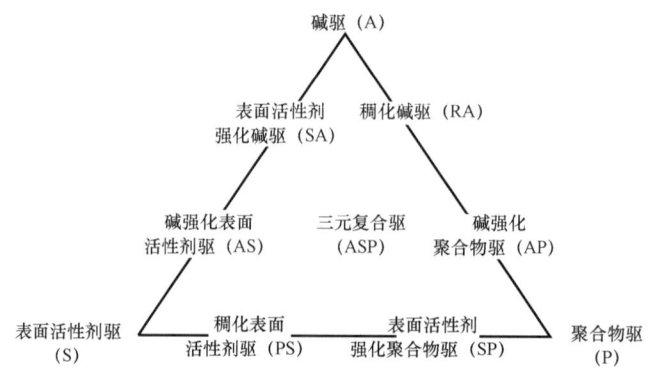

图 1-1 三类化学剂组合的复合驱种类

第四阶段是进入 21 世纪以来逐渐发展起来的聚合物—表面活性剂复合驱。随着表面活性剂研发及合成技术的发展，化学驱用表面活性剂的性能得到极大提高，原来要加入碱才能使油水界面张力降低到超低的三元复合体系去掉碱后界面张力仍然能够保持超低，因此聚合物—表面活性剂复合驱得到了较快的发展[26-28]。

二、化学驱发展现状

1. 聚合物驱

聚合物驱油是 20 世纪 60 年代初发展起来的一项三次采油技术，其特点是向水中加入高分子量的聚合物，从而使其黏度增加，改善驱替相与被驱替相间的流度比，扩大波及体积，进而提高原油采收率。由于其机理比较清楚、技术相对简单，世界各国开展技术研究和矿场试验比较早，美国于 50 年代末、60 年代初开展了室内研究，1964 年进行了矿场试验。1970 年以来，苏联、加拿大、英国、法国、罗马尼亚和德国等国家都迅速开展了聚合物驱矿场试验。从 20 世纪 60 年代至今，全世界有 200 多个油田或区块进行了聚合物驱试验。我国的大庆油田、胜利油田、大港油田、南阳油田、吉林油田、辽河油田和新疆油田等也相继开展了矿场先导试验及扩大工业试验。经过"七五""八五"和"九五"期间的持续攻关，这一技术在我国取得了长足发展，聚合物已经形成系列产品，其驱油效果和驱替动态可以较准确的应用数值模拟进行预测，矿场试验已经取得明显效果，并形成配套技术。

国内大庆油田自 1972 年开始进行聚合物驱油矿场试验，大庆油田的油层特征是渗透率较高，油层温度较低（45℃），地层水的矿化度较低，基本满足聚合物驱油条件。在 1987 年到 1988 年萨北地区现场试验的基础上，1990 年又在中西部地区开始试验，这些试验都获得了较高的经济效益，平均每吨聚合物增产原油 150t 以上。1996 年开始大规模工业化应用，逐步将聚合物驱油技术应用于整个油田，2002 年聚合物驱年产油量突破 1000×10^4 t，超过油田总产量的 20%，聚合物控制了含水的上升，较少了注水量，提升了大庆油田的总体开发按水平。大庆油田聚合物驱以其规模大、技术含量高、经济效益好，创造了世界油田开发史上的奇迹。聚合物驱油技术已成为保持大庆油田持续高产及高含水后期提高油田开发水平的重要技术支撑[29]。

大港油田从 1986 年开始对其主要油田港西四区进行聚合物驱油先导试验，试验历时约两年半，增产效果比较明显。试验前产油量为 7t/d，到 1989 年中期，产油量为 80t/d，增产效果达到 10 倍以上[30]。平均含水也有大幅度下降。试验表明，经济效益较为显著，吨聚合物增产原油 300t 以上。1991 年开始港西四区聚合物驱扩大试验，试验历时 3 年，扩大试验区日产油量从注聚合物前的 42.3t 增加到 80t，综合含水从 92% 下降到 85.2%，试验区累计增油 80112t，吨聚合物增油 275t，提高采收率 8.4%。在前期清水聚合物驱的基础上，近年来大港油田主要在港西三区等开展污水聚合物驱工业化，直至 2015 年底覆盖地质储量 2058×10^4 t，产油达到 16×10^4 t[31]。

胜利油田从 1992 年开始在孤岛油田开展了聚合物驱油先导试验，1994 年在孤岛油田和孤东油田开展了聚合物驱油扩大试验，1997 年进行了工业推广应用，均得到了明显的降水增油效果[32]。到 2012 年底共实施聚合物驱项目覆盖地质储量约 3.14×10^8 t，累计增油 1700×10^4 t。同时形成了一套完善的高温高盐油藏条件下聚合物驱油配套技术，主要包括室内聚合物产品筛选及配方研究技术、方案优化技术、数模跟踪预测技术、矿场实施跟踪评价技术等[33]。

克拉玛依油田七东$_1$区克下组砾岩油藏聚合物驱工业化试验自2005年开始，经过室内机理配方研究、方案优化、矿场实施等，到2014年底提高采收率12%以上，中心井含水下降最大值30.1%，采油速度从前缘水驱的0.49%提高到采油高峰期的3.5%，吨聚增油60t左右，内部收益率达到30%以上，形成了一整套适合砾岩油藏聚合物驱的配套技术。七东$_1$区克下组砾岩油藏30×10^{4}t聚合物驱工业化应用正在展开，预计提高采收率11.7%[34]。

我国陆相沉积油田的聚合物驱技术在大庆油田、胜利油田、大港油田以及其他油田规模应用的基础上，已经提出了聚合物驱适应的油藏条件，实现了理论上、认识上的飞跃[35-37]。目前我国已经成为世界上使用聚合物驱油技术规模最大，大面积增产效果最好的国家，聚合物驱油技术成为我国石油持续高产稳产的重要技术措施[38]。

相比之下国外的聚合物化学驱发展较慢。20世纪90年代以前美国一直是聚合物驱的应用大国，美国于1964年进行了第一次聚合物驱矿场试验，随后在1964—1969年间实施了61个聚合物驱项目，并于1986年达到高潮，进行中的聚合物驱项目共有183个，其中55.7%取得了明显的经济效益。到2006年项目数减至0。随着近年油价高速增长，美国又分别于2006年6月和2007年12月实施2个化学驱项目，但是产量并没有得到有效的改善，所以近几年并没有大力发展化学驱技术。除美国以外，苏联的奥尔良油田和阿尔兰油田，加拿大的Horsefly Lake油田、Rapdan油田，法国的Chaterenard油田以及德国和阿曼等国的部分油田都进行了聚合物驱矿场试验，原油采收率提高了6%~17%[39]。

尽管美国在20世纪80年代和90年代开展了许多化学驱先导试验，甚至在Yates油田，但就目前的信息看，美国没有正在进行重大的化学EOR项目。虽然美国的化学驱应用规模在三次采油中占的比例很小，但美国能源部对提高采收率的基础研究仍十分重视：（1）重点放在流体深部转向技术上，即凝胶或沉淀型调剖上。其中新的深度调剖体系（胶态凝胶CDG）近几年受到普遍关注，多数矿场试验获得成功。（2）加强了在高分子物理、高分子化学、流变学等学科上的研究，表面活性剂—聚合物的相互作用、吸附损失等界面化学问题一直在进行理论研究。（3）在化学剂合成领域开发了多种耐温耐盐聚合物，在表面活性剂合成方面向高效廉价、耐温、抗盐方向发展。（4）通过识别诊断和图像系统研究油藏岩石性质和岩石、流体相互作用对采油过程的影响，并探讨如何应用新认识提高采收率[40]。

根据"世界EOR调查"，除了中国、美国和加拿大以外，在阿根廷（EI Tordillo油田）、德国（Bockstedt油田）、委内瑞拉（Furrial油田）、印度（Jhalora油田）等多个国家在进行聚合物先导试验项目或大规模聚合驱油项目。其他国家报道的聚合物驱项目还包括巴西的Carmopolis油田、Buracica油田及Canto do Amaro油田。印度的Sanand油田在全油田范围内实施了聚合物驱。阿曼在Marmul油田进行了聚合物驱先导试验，并于约20年之后进行了大规模应用。此外，巴西Voador海上油田、埃及Be-layim Land油田、澳大利亚Pirawarth油田也宣布计划进行聚合物驱项目。Shehata等统计了除加拿大之外其他地区之前的聚合物驱项目，见表1-2。

加拿大在近几年里聚合物驱技术上的应用越来越多，成功率也越来越高，尤其是在稠油和油砂区。2011年，加拿大西部的32个聚合物驱产油量超过1.6×10^{6}m^3，在2012年上升至1.7×10^{6}m^3。在过去几年的时间里，不同聚合物驱项目的提高采收率范围在0.5%~14%（世界范围内的聚合物驱提高采收率值为5%~30%），加权平均值为1.6%。聚合物驱在加拿大实现了较好的增油效果，而且含水率有所下降。32个聚合物驱项目中有16个项目降低了水油比（WOR）。利用聚合物驱成功驱替了高黏原油（死油黏度最高达5000mPa·s）和低重度原油（低至15°API）。

表1-2 砂岩油田聚合物驱实例（不含加拿大）

油田	深度 m	厚度 m	含油饱和度 %	渗透率 mD	温度 ℃	黏度 mPa·s	聚合物浓度 mg/L	水矿化度 mg/L	段塞 PV	采收率 %
安哥拉 Dalia	—	100.0~119.8	25.0	100~6000	47.8	11.0	700	25000	—	3.0~7.0
美国俄克拉何马州 Sleepy Hollow	—	3.4	24.0	2580	37.8	24.0	750	718	0.480	8.0
尼日利亚 Niger Delta			39.0	100~6000	54.4	16.0	500~1500	20000	—	7.0
阿曼 Marmul	292.6	6.1	30.0	15000	46.1	80.0	1000	3000	0.630	15.0
美国俄克拉何马州 North Stanley Stringer	883.9	—	18.0	300	40.6	2.2	100~600	—	0.024~0.070	3.1
美国怀俄明州 West Selmek Crook	2206.8	8.2	20.0	647	62.2	12.3	200	7750	0.150	4.4
Taber Maniville South	984.5	—	26.0	2107	35.0	58.0	360~500	—	0.200	2.0

加拿大最成功的聚合物驱项目是CNRL和Cenovus公司的PelicanLake项目，目前产量为400t/d，大部分产量来自聚合物驱，此外还有HuskyOil公司的TaborSouth项目、BlackPearl公司的Mooney项目和MurphyOil公司的Seal项目等，参数见表1-3。

表1-3 加拿大典型聚合物驱油藏参数

油藏名称	Pelican Lake	Mooney	Seal
公司	CNRL和Cenovus	BlackPearl	Muphy
类型	聚合物驱	聚合物驱和三元复合驱	聚合物驱
地层	Wabiskaw	Bluesky	Bluesky
平均深度，m	300~450	900~959	610
平均产层厚度，m	1.0~9.0	2.5	8.5
孔隙度，%	28~32	30	27~33
渗透率，mD	300~5000	100~10000+	300~5800
含水饱和度，%	30~40	30	20~35
油藏温度，℃	12~17	29	20
原始油藏压力，MPa	0.80~2.60	5.80	5.15
重度，°API	12~14	12~19	10~12
地层体积系数，m^3/m^3	1.006	1.052	1.020
溶解气油比，m^3/m^3	4.0~6.0	17.5	9.9
油藏温度下含气原油黏度，mPa·s	800~80000	300~500	5000~12000
油藏温度下脱气原油黏度，mPa·s	800~80000	120~300	3000~7000
地质储量，10^6t	889.2	—	—

2. 碱—表面活性剂—聚合物三元复合驱

碱—表面活性剂—聚合物三元复合驱是20世纪80年代初国外出现的化学驱新技术[41]。三元复合驱体系是从二元复合驱体系（胶束—聚合物、表面活性剂—聚合物、碱—聚合物）发展而来的[42]。由于胶束—聚合物驱在驱油体系驱扫过的地区几乎100%的原油被有效地驱替出来，所以20世纪80年代，胶束—聚合物驱无论在实验室研究还是在矿场试验中都受到了人们的普遍重视。国内大庆油田最先开展了表面活性剂—聚合物和胶束—聚合物驱先导性矿场试验，取得了非常好的技术效果。但是由于经济上的原因，当时这种提高采收率的方法没有发展到商业应用的规模。胶束—聚合物驱到20世纪90年代还不能广泛应用，妨碍其商业化的一个主要问题是驱替体系中的表面活性剂和助剂的成本太高（表面活性剂浓度高达5%~10%）。而采用碱—表面活性剂—聚合物三元复合驱体系的主要目的是用廉价的碱剂来代替价格较昂贵的表面活性剂，降低复合驱的药剂成本。

20世纪80年代初，国外开始了三元复合体系驱油研究，其中美国Sertek公司在West Kiehl Unit油田进行的三元复合驱矿场试验，Shell石油公司也进行了同类矿场试验，三元复合驱技术研究取得了重要进展[43]。三元复合体系中表面活性剂的浓度一般为0.2%~0.5%，碱的加入降低了表面活性剂的吸附损失，大约可降低到原来的1/5。这个方法的原理是碱与原油中的有机酸反应生成石油酸皂，石油酸皂与加入的表面活性剂产生协同效应、碱与表面活性剂产生协同效应共同降低油水界面张力，同时聚合物发挥流度控制的作用，三种化学剂的综合作用提高了采收率。基于这一原理，三元复合驱对于高酸值原油的油藏是一种潜力巨大的化学驱方法。已开展高酸值原油的三元复合驱先导性矿场试验见到了较好的驱油效果。对于低酸值原油油藏，筛选出适合三元复合驱的高效表面活性剂的难度较大[44]。

国内三元复合驱的研究和矿场试验主要在大庆油田，1988年开展进行三元复合驱的室内研究，当时主要是进行配方的筛选、驱油效率评价和驱油机理的研究。1993年开始使用进口表面活性剂进行三元复合驱矿场试验，自1994年起，大庆油田先后在不同地区开展了5个三元复合驱先导性矿场试验，表面活性剂主要采用美国OCT公司产品（产品代号B-100，ORS41）。1996年开始扩大试验，试验结果表明大庆油田适合进行三元复合驱，提高采收率可以达到20%左右[45]。但是当时存在三元复合驱成本较高的问题，主要原因是进口表面活性剂的成本较高，此外在三元复合驱试验中还需要进一步研究举升技术、清防垢技术以及采出液破乳技术等[46]。针对进口表面活性剂矿场试验中存在的问题，在前期大量室内研究尤其是适合三元复合驱表面活性剂研究以及先导性试验取得成功的基础上，2000年以来，大庆油田利用自主研发的重烷基苯磺酸盐表面活性剂产品（HABS）和石油磺酸盐产品（DPS）开展了更大规模的强碱、弱碱三元复合驱工业性矿场试验[47]。三元复合驱由渗透率高、物性好的一类油层向渗透率中等的二类油层扩大应用。试验验证了三元复合驱的效果，国产表面活性剂三元复合体系提高采收率与进口表面活性剂体系相当，同时在试验中完善了三元复合驱的配套技术[48]。大庆油田在室内研究和矿场试验的基础上，形成了以下5项技术：室内配方优化技术、现场注入方案优化技术、矿场实施及动态检测技术、采油工艺技术、地面工艺技术等[49]。围绕实现"2010年三元复合驱达到工业化生产技术条件"的工作目标，为三元复合驱工业推广应用做好技术准备，中国石油重大开发试验自2005年相继开展了北一区断东二类油层强碱体系三元复合驱矿场试验、北二区西部二类油层弱碱体系三元复合驱矿场试验和南五区一类油层强碱体系三元复合驱矿场试验,试验的目的是验证大庆油田北部二类油层强碱、弱碱三元复合驱和南部一类油层强碱三元复合驱适用性,完善三元复合驱综合调整技术、采油工艺技术、油水井配套监测技术、地面配套工艺技术及采出液处理技术。到2012年底,北一区断东二类油层强碱体系三元复合驱重大开发试验阶段采出程度34.67%,提高采收率28.91个百分点,综合含水最大降低20%;北二区西部二类油层弱碱体系三元复合驱重大开发试验中心井区阶段采出程度32.43%,提高采收率26.59%,综合含水最大下降19.06%;南五区一类油层强碱体系三元复合驱重大开发试验提高采收率17%以上,综合含水最大下降21.1%,同时完善了三元复合驱油藏工程研究、钻井方案设计、井网井距优化、地面工程建设、采油过程优化、采出液破乳等系列配套技术。新疆油田在二中区北部采用石油磺酸盐(KPS)进行弱碱三元复合驱先导性矿场试验,小井距试验取得提高采收率24.5%的良好效果[50-52]。

大庆油田三元复合驱现场试验取得了良好效果,主要体现在以下方面:

(1) 收率提高幅度大。强碱三元复合驱平均提高采收率20%以上,弱碱三元复合驱平均提高采收率20%。

(2) 形成了三元复合驱用化学剂生产体系,确保进入现场的表面活性剂、聚合物和碱等产品的质量达到要求[53-57]。大庆炼化公司形成聚合物产业链,目前年产驱油用聚合物25×10^4t。大庆东昊化工公司已经形成了年产重烷基苯磺酸盐表面活性剂5×10^4t的生产能力,产品已经用于大庆油田三元复合驱现场试验和推广应用区块。大庆炼化公司建设了12×10^4t/a的石油磺酸盐中试生产装置,石油磺酸盐产品满足弱碱三元复合体系在北二区西部二类油层矿场试验的需要。

(3) 合理的注入方案设计和地面工程优化设计保证了现场试验效果。在三元复合驱矿场试验和工业化推广中形成了油藏工程方案、钻井设计方案、采油工程方案、地面建设方案的研究和设计技术。地面工程中采用点滴配注工艺流程、高压三元低压二元配注工艺流程等针对性配注技术,保证三元复合驱体系能经济有效地注入油藏。地面脱水系统保证三元复合驱采出液的处理基本达到要求,使试验得以正常进行。

(4) 采油工艺不断完善。由于强碱三元复合驱结垢严重,对原油举升有一定影响。以陶瓷螺杆泵替代合金泵,同时添加防垢、阻垢化学剂,提高了防垢、阻垢能力,形成了适合三元复合驱的采油工艺技术。

大庆油田在三元复合驱试验和推广应用过程中逐步形成了系列配套技术,包括:配方体系优化技术、层系组合及井网优化技术、油水井动态及采出化学剂变化规律预测技术、跟踪调整技术、采出液破乳与脱水技术、防垢技术、动态监测技术、经济评价技术[58]。

国外的三元复合体系驱油先导性试验最早于20世纪80年代初由美国开展。1993年,Barrett Resources公司子公司Plains石油经营公司在位于怀俄明州Crook县53N,68W镇区的Cambridge Minnelusa油田开展了三元复合驱矿场试验,体系配方为:1.25% Na_2CO_3 + 0.1% B-100 + 1475mg/L Alcoflood 1175A。三元复合体系段塞注入顺序是:0.39PV 碱—表面活性剂—聚合物三元复合段塞,后续0.25PV聚合物保护段塞,再后续水驱至经济界限。该试验区于1993年2月开始注入三元复合体系溶液。1996年10月开始注入聚合物溶液。1999年7月开始后续水驱。Cambridge油田三元复合驱最终采收率为波及区的60.9% OOIP,而数值模拟预测水驱采收率只有34.1% OOIP,三元复合驱较水驱提高采收率26.8% OOIP。

2010年美国在Illinois盆地Bridgeport砂岩油藏开始实施三元复合驱方案[59]。该试验由6个常规五点法井网构成。目前监测井的综合含水率已经由注水后的99%降到88%。

2008年Medco石油公司开始对印度尼西亚Kaji – Semoga油田进行三元—二元复合驱的可行性研究。室内配方筛选出抗盐聚合物和两性离子表面活性剂，岩心驱油实验表明，采用SP二元复合驱可以提高采收率约17%[60-62]。

马来西亚Petronas石油公司拟对海上Dulang油田开展化学复合驱试验研究。2011年初水驱采收率为22.5%，综合含水率为75%。化学复合驱作为极具潜力的进一步提高采收率技术，已经进入室内筛选评价阶段，采用有机酸—碱—聚合型表面活性剂的配方体系，有效克服了活性剂与二价阳离子产生沉淀的问题，已初步筛选出耐盐的表面活性剂配方和耐温100℃的新型聚合物室内样品[63]。

加拿大是除中国以外应用二元或三元复合驱技术最多的国家。Taber油田的三元化学复合驱是加拿大第一个试验项目。Mannville B（Glauconitic）是纯砂岩油藏，产层平均厚度是7.1m。油藏特征包括孔隙度24%，渗透率范围较广，从几百毫达西到几达西不等。19°API重度的重油在油藏温度下大约是120mPa·s；含气原油的黏度范围是40~50mPa·s，STOOIP大约是44×10⁶bbl。该油田自1967年以来一直使用水驱方式生产，2006年5月开始在整个油藏使用三元复合驱驱后的采收率是38.7%，这个生产效果没有之前的先导试验好：2006年11月开始见效，随着生产开始，产油量上升，含水率下降。

加拿大Alberta Mooney油田的大规模三元复合驱自2011年开始实施。该油藏地层是浅海Bluesky层（早期白垩纪），位于875~925m的深度。与其他许多加拿大油田一样，该油藏的储层薄（厚度3~5m），由具有优异特性的半固结滨海砂岩组成：平均孔隙度为26%（23%和31%），平均渗透率为1.5D，最多10D。原油很重（12~19°API）及其在储层温度（29℃）下的黏度在300~1000mPa·s之间变化。

该油田于2011年9月开始三元复合驱第一阶段注入，在开始大规模注入之前，没有进行任何先导试验。2012年生产井有一些见效成果，但其中一些成果归因于该地区的重新增压，而不是三元复合驱本身的作用。2015年石油价格暴跌时，停止了三元复合驱注入，在2016年最后一个季度重新启动。

三元复合驱现场试验和推广应用中也暴露出一些问题，主要体现在：

（1）碱引起结垢、腐蚀，造成生产维护工作量大。强碱结垢使检泵周期大幅度缩短，采出液中碱含量高时出现此类现象，持续时间1年左右，虽然采取了物理防垢和化学防垢措施，使平均检泵周期从100天延长到160天左右，但仍比聚合物驱检泵周期缩短了一半，造成生产过程维护工作量大。

（2）采出液乳化严重，处理难度大、成本高。在南五区、北一断东试验区出现产出液乳化严重、油水分离困难的情况，导致电脱水器电场运行不平稳，跨电场次数多，外输油含水率多数超标，水中固体悬浮物含量超标。采出液中碱、表面活性剂含量高时出现此类现象，持续时间3~5个月，高峰期1个月左右。通过改进电脱水器电极，投加大量破乳剂、消泡剂，增加净水剂和强化水处理工艺，可以基本解决产出液破乳脱水问题，但处理成本较高。

3. 聚合物—表面活性剂复合驱

聚合物—表面活性剂复合驱技术是近年来发展起来的三次采油技术，它是一种可以充分发挥表面活性剂降低界面张力和聚合物提高波及体积协同作用来提高原油采收率的三次采油方法[64]。很早以前人们就认识到毛细管力是造成水驱油藏波及区滞留大量原油的主要原因，而毛细管力又是油水两相界面张力作用的结果，它抵消外部施加的黏滞力，使注入水与聚集的共生水只起到部分驱油作用[65]。毛细管力使一部分原油圈闭在低层孔隙之中，通过降低界面张力和提高注入水的黏度，可以降低毛细管压力，增大毛细管数，从而提高采收率。聚合物—表面活性剂复合驱既具有聚合物驱提高波及体积的功能，又具有三元复合驱提高驱油效率的作用，预计提高采收率15%左右，介于聚合物驱和三元复合驱之间，是一种对油藏伤害小、投入产出前景好，具有发展潜力的三次采油方法，具有良好应用前景[66]。

近年来，聚合物—表面活性剂复合驱的快速发展得益于表面活性剂产品性能的改进以及新型表面活性剂产品的出现。20世纪80年代，由于受表面活性剂与原油界面张力不能达到超低的限制，在复合驱的研究以及矿场试验中为了提高体系的驱油效率，在体系中加入碱，形成了目前应用的三元复合驱技术[67]。近年来由于表面活性剂性能的改进，在不加入碱的条件下聚合物—表面活性剂复合驱体系与原油的界面张力仍然能够达到超低，为化学驱的发展开辟了一条新的思路，即聚合物—表面活性剂复合驱[68]。

2003年开始的中国石化胜利油田孤东七区西块进行的聚合物—表面活性剂复合驱试验，平均渗透率1320mD，渗透率变异系数0.58，孔隙度34%，原始含油饱和度72.0%，剩余油饱和度45.5%，地下原油黏度45mPa·s。它是目前国内较为成功的聚合物—表面活性剂复合驱试验。先导试验区日产油最高上升了166t，含水下降12.5%，提高采收率达12%以上[69]。与孤东油田聚合物驱效果最好的单元相比，先导试验区的含水下降幅度、增油幅度均高于单一聚合物驱单元。

自2008年开始，中国石油加快了聚合物—表面活性剂复合驱重大开发试验的步伐，部署了5个区块的试验，即辽河油田锦16块、新疆油田七中区、吉林油田红113块、长庆油田马岭北三区、大港油田港西三区，这些试验区先后开展了井网层系、配方优化、注采方案、钻采工程、地面工程等有关工作。目前各区块都已经进入主段塞的注入阶段，取得了明显的降水增油效果[70]。

辽河油田锦16块聚合物—表面活性剂复合驱工业化试验自2006年12月启动以来，先后完成了方案编制、地面工程建设、注采工艺配套、空白水驱等工作。2011年4月正式转驱，同年12月开始注入主段塞。通过不断的跟踪调整，试验区日产油由转驱前63t上升到2013年8月的300t左右，到2014年12月仍然稳定在289t，综合含水由96.7%下降到83.1%，阶段产油34×10⁴t，累产超万吨井16口，预计最终采收率可达18%左右。

新疆油田七中区克下组油藏聚合物—表面活性剂复合驱工业化试验自2007年立项以来开展了大量实验研究及试验调整工作，由于该区块存在物性较差、渗透率较低、非均质性严重等问题，试验初期注入的聚合物分子量和浓度偏高，因此造成油井产业能力下降幅度大、剂窜严重，经过多次配方调整，2015年7月试验整体达到见效高峰，呈"化学驱见效"特征。见效后液量保持平稳，日产油由14.7t上升至42.0t，上升率185.7%，含水由86.6%下降至63.8%，降幅近23个百分点，与前缘水驱末对比，含水降幅超过30个百分点。试验阶段采出程度17.3%，其中聚合物—表面活性剂复合驱阶段采出程度9.3%，预计最终采收率15.3%。

第二节 化学驱技术发展趋势

一、化学驱提高采收率发展趋势

为了削弱和避免碱的负面作用，进一步发展完善化学复合驱技术，弱碱三元驱、聚合物—表面活性剂二元复合驱成为目前研究的热点。大庆油田北二西二类油层弱碱复合驱提高采收率取得良好效果，采出液比强碱复合驱采出液容易处理，呈现良好应用前景，目前正在计划扩大试验区规模，进一步验证其效果。同时中国石油在辽河油田、吉林油田、新疆油田等开展了无碱复合驱现场试验，油藏类型分别为中高渗透率、中低渗透率的砂岩油藏和砾岩油藏。吉林油田聚合物—表面活性剂二元复合驱开始于2008年，辽河油田、新疆油田聚合物—表面活性剂二元复合驱于2010—2011年进入现场试验。胜利油田也在孤东七区开展了断块油藏聚合物—表面活性剂二元复合驱现场试验（表1-4），目前阶段提高采收率10.3%。

表1-4 国内聚合物—表面活性剂复合驱现场试验区块油藏性质及提高采收率效果预测

油田及区块	原油黏度 mPa·s	油层温度 ℃	渗透率 mD	地层水矿化度 mg/L	二价阳离子含量 mg/L	原油酸值 mg/g	表面活性剂	预测提高采收率 %
吉林油田红岗	12.9	55	163	14000	43~55	0.14	石油磺酸盐	13.8
新疆油田七中区	26.0	40	119	65000~8000	90~170	0.18	KPS+助剂	15.5
辽河油田锦16块	14.0	55	2859	3500	42.2	0.40~1.16	两性活性剂	15.4
长庆油田马岭	2.3	51	67	12610~26130	510		两性活性剂	15.1
胜利油田孤东七区	45.0	68	1320	8200	230	2.98	WPS+助剂	12.7

目前中国化学复合驱技术总的发展趋势是：复合驱体系由强碱三元复合驱向弱碱三元复合驱、无碱二元复合驱体系转变，适用油藏类型由高渗透率油藏向中低渗透率油藏推广，由整装砂岩油藏向砾岩、复杂断块油藏推广，由低矿化度油藏向高矿化度油藏推广。

化学复合驱推广应用中需要解决的关键技术问题主要有：（1）复合驱用高效廉价表面活性剂产品研制；（2）适合高温高盐油藏条件的新型耐温抗盐聚合物和表面活性剂的研制；（3）复合驱现场配套工艺技术改进；（4）复合驱现场跟踪调整优化技术。

1. 研制新型耐温抗盐聚合物

新型聚合物的研制方向主要为可控自由基聚合物和温增黏盐增黏聚合物。可控自由基聚合技术是由美国科学家Szware首先提出的，目前主要应用在高效黏合剂、高分子合金增溶剂及热塑性弹性材料领域，其主链为非丙烯酰胺，长度可控，耐温可达120℃，耐盐可达80000mg/L[72]。未来需要攻关优化合成工艺，提高其溶解性能。温增黏盐增黏聚合物技术是加州理工学院Tang教授、法国巴黎第六大学Hourdert团队提出，法国SNF公司首次合成出样品，应用于环境刺激响应功能聚合物材料领域，黏度随温度和矿化度升高而升高，耐温可达160℃，耐盐可达100000mg/L。未来需要研发低成本功能单体，优化合成工艺，提高油藏适应性。

2. 研制新型廉价普适性驱油用表面活性剂

新型表面活性剂的研制方向主要为内烯烃类磺酸盐活性剂和智能型表面活性剂。内烯烃类磺酸盐活性剂是美国得克萨斯大学 POPE 院士提出并合成的，因其双键位于碳链"内部"，具有性能稳定、普适性强的优势。未来需要降低其合成成本，以实现驱油廉价高效。智能型表面活性剂是加拿大 Queen 大学 Jessop 课题组提出，其主要优势是依据环境条件变化活性发生智能型变化，实现对原油的乳化和破乳，且表面活性高，可循环使用。未来需要深化认识其可逆变换机理，探索如何大幅度提高转换效率[73]。

3. 研制低成本高效颗粒型驱油剂

新型驱油剂的研制方向主要为黏弹性颗粒驱油剂和水相自悬浮颗粒驱油剂。黏弹性颗粒驱油剂是由胜利油田 2003 年提出并与四川大学联合研发成功的。其主要特点是部分交联成网状结构，以改善弹性和耐温抗盐，部分支化改善增黏、变形及悬浮性能，能够变形通过细小孔喉实现深部堵驱。未来研发方向是研制不含 AMPS 单体的低成本黏弹性颗粒驱油剂。水相自悬浮颗粒驱油剂是基于法国诺贝尔奖获得者 Flory 提出的超支化理论，主要用于涂料工业、药物缓蚀剂等领域[74]。

水相自悬浮剂能实现封堵调剖、扩大波及，同时能够进入油相"刷离"油滴提高洗油效率，进而实现提高采收率。目前，胜利油田正在探索工业废渣、橡胶粉有机改性，制备超支化颗粒。未来研发方向是优化有机改性工艺，提高悬浮能力及油藏适应性[75]。

4. 研制新型高效驱油体系

高效驱油体系未来研制方向主要为超分子化学驱油体系和高效纳米驱油体系。超分子化学驱油体系是由法国科学家 J. M. Lehn 提出，利用分子有序和分子间作用，构筑比单一分子更强性能的自组装体系。一方面超分子驱油剂能够形成类"内盐"分子结构，耐温抗盐性能好；另一方面在多孔介质内运移剪切过程中，超分子结构会不断自组装，抗剪切性能好。超分子结构主要有 3 种组合方式，并已取得突破。通过小分子/小分子自组装方式，如美国 OCT 公司合成黏弹性表面活性剂。通过小分子/大分子自组装方式，如澳大利亚墨尔本大学 Alen 研究团队制备自组装药物载体。

对于大分子/大分子自组装方式，张希院士将其应用于生物界面超分子化学。目前该技术主要应用于药物学领域，今后应探索超分子体系提高采收率的可行性。美国、法国等国家已经针对高效纳米驱油体系开展了相关研究，其中美国得克萨斯大学 Chun Huh 教授的研究团队研究较深入，其研制的聚硅纳米材料具有分离剥离原油、超强增溶和乳化作用、吸附改变界面性质等功能。新型高效驱油体系的未来研发方向是：尺寸足够小，实现全油藏波及；捕集、分散油滴；强憎水强亲油，实现智能找油。

二、化学驱乳化机理研究及其发展趋势

以往利用乳化作为主要驱替机理的技术主要是稠油的乳化降黏，且多从采油井注入作为单井或井组措施，并未作为"驱替"技术，从降低流度比角度考虑，乳化降黏的方法具有一定优势，其他油藏利用乳化的技术相对较少。随着高温、高矿化度、低渗透油藏的逐步开发，传统化学驱方法中，由于聚合物耐温抗盐性能的劣势，化学驱体系流度控制能力弱，并且在相对较低渗透率的油藏，化学驱体系的注入较为困难，因此化学驱应用受到限制。近年

来，有学者提出利用乳化技术，例如乳状液驱、微乳液驱、胶束或溶胀胶束驱替，作为一种多井组甚至区块的"驱油"技术，应用在这些油藏，以解决现在存在的问题。与稠油乳化"降黏"相反，稀油要实现乳化"增黏"驱替。注入体系在地面为水溶液，黏度与水接近，能够很容易地注入地层，经多孔介质剪切作用后发生乳化，利用乳化增黏作用驱替原油，乳化体系即使在高温条件下仍能保证较好的性能，因此乳化驱油技术既解决了低渗的注入问题，又克服了高温下性能变差的弊端[76]。

目前国内胜利、大庆等油田已经开展了一些室内及矿场试验，走在了前列。国内外常用石油磺酸盐或石油磺酸盐与聚氧乙烯醚磺酸盐的复配物以及磺化甜菜碱等配制微乳状液。殷代印等在室内实验中探索了不同的微乳液复配方法，使用的表面活性剂为十二烷基苯基磺酸盐（SDBS）与脂肪醇聚氧乙烯醚（AEO-9）、阴—非离子型Gemini表面活性剂与烷基苯磺酸盐，祝仰文等采用聚甘油脂肪酸酯和烷基苯磺酸钠为主剂的乳化剂评价了乳状液的驱油性能，认为乳状液中液滴对提高驱油效率发挥主要作用，而乳化剂对驱油效率的贡献相对很小，对于中高渗透率岩心，黏度相同的聚合物溶液与乳状液提高驱油效率值相近[77]。陈明采用烷基苯磺酸盐与Gemini表面活性剂作为主剂，采用正丁醇作为助剂，复配了微乳液体系，总含量为1%，2种主剂质量比为1:4~1:5时，能获得超低界面张力，且微乳液含量较多，乳化性能较佳。但是也产生了诸多与之相关的几点技术问题：

一是地下复杂流体条件下乳状液生成和稳定性，与聚合物在注入前就有黏度不同，乳化驱油体系在地面时是水溶液，注入地下后乳化前黏度与水接近，油藏条件复杂多变，驱油体系在运移过程中，地层条件均不同，不同的油水比、温度、水质、原油性质、驱替速度均会对乳化造成影响，不同条件下乳状液能否顺利生成，并且保证一定的稳定性，或者在运移过程中随着部分液滴的破裂聚并，又有新的乳状液滴生成，保证一定的增黏效果，是乳化驱油的一大难点。

二是乳状液液滴与地层孔喉的匹配关系，在乳状液驱替过程中，乳状液液滴与孔喉的匹配性在很大程度上决定了乳状液的驱油效果。乳状液的粒径范围与岩心孔径范围越接近，其驱油效率越高，说明只要保证乳状液与孔喉有较好的匹配性，并能保持稳定性，也可以取得与聚合物驱相同的驱油效果。反之，如果乳状液粒径与地层孔喉匹配不佳，不光驱油效果较差，同时也会带来弊端。与聚合物一样，多孔介质的剪切对乳状液黏度影响较大，乳状液如果远大于孔喉，孔喉的剪切使乳状液破碎分散，无法形成有效的驱替压力梯度。另外，乳化原油在井眼附近岩心孔隙中形成乳化块，附着较多的固体悬浮物，容易造成地层堵塞，同时在高含水区，细小孔喉使油滴滞留形成水锁，储层吸水能力受到影响，这些都会导致岩心的渗透率降低，甚至堵塞地层。当然，适度增加驱替压力梯度，会减少渗透率的降低幅度，改善这些不利后果。

三是胶束溶液等表面活性剂浓度高的体系会使用大量的表面活性剂，要求使用表面活性剂的成本要低。近年来，研究人员逐渐开始关注中相微乳液，可以同时增溶油和水，在乳液体系中驱油效果最好，驱油效率可达90%。与乳状液不同，微乳液中必须有较大浓度的性能较好的主表面活性剂，以及助表面活性剂和盐，才能自发形成稳定体系。制备性能较好且价格低廉的表面活性剂主剂是目前研究的难点。总体来说，乳化驱油的研究在国内才刚刚起步，仍然有大量的研究工作需要进一步深入。

第三节 聚合物—表面活性剂复合驱技术特点

聚合物驱主要利用聚合物的黏弹性，通过提高驱油效率和波及体积达到提高采收率的目的，提高采收率10%左右，幅度较小；三元复合驱主要利用聚合物的黏弹性以及表面活性剂和碱协同降低界面张力的特性，达到提高采收率的目的，是目前提高采收率幅度最大的三次采油技术，强碱三元复合驱体系提高采收率20%以上，弱碱三元复合驱体系提高采收率18%左右，但是由于碱的存在使其应用受到一定的限制[78]。近年来表面活性剂技术发展很快，原来必须加入碱后界面张力才能达到低（超低）的三元复合驱体系在去掉碱后也能够达到低（超低）；随着三次采油驱油理论的发展，聚合物的黏弹性在提高采收率中占有地位越加重要，在高黏弹性条件下，适当提高油水界面张力也能达到较高的驱油效率。两者相结合使聚合物—表面活性剂复合驱提高采收率技术得到了较快发展[79]。聚合物—表面活性剂复合驱提高采收率介于聚合物驱和三元复合驱之间，可提高采收率15%左右。聚合物—表面活性剂复合驱是目前三次采油技术的拓展，是聚合物驱和三元复合驱之外对三次采油技术的探索。

（1）提高采收率幅度大，适用油藏条件范围宽。

聚合物—表面活性剂复合驱是在聚合物驱中加入表面活性剂，利用聚合物扩大波及体积能力以及表面活性剂降低界面张力能力，既增大了波及系数又提高了驱油效率，提高采收率能力大于聚合物驱[80]。

聚合物—表面活性剂复合驱是聚合物驱和三元复合驱技术的拓展，从化学驱油藏筛选标准上分析，适合聚合物驱和三元复合驱的油藏基本都可以进行聚合物—表面活性剂复合驱[81]。

（2）属于无碱体系，减少岩石矿物溶蚀、井筒结垢、采出原油破乳困难等现象。

三元复合驱过程中，碱使油藏中的岩石矿物溶蚀，造成油藏中的颗粒运移堵塞孔道，如图1-2所示。溶蚀下来的离子与Ca^{2+}和Mg^{2+}等离子接触后产生沉淀，也对储层孔喉产生堵塞。井筒中不同层位的产出液混合后，由于溶液的稳定环境遭到破坏，井筒中离子发生反应、沉淀，造成井筒中结垢现象严重，缩短了油井的检泵周期，同时地面管线以及储罐也存在比较明显的结垢现象，影响了油田的正常生产。聚合物—表面活性剂复合驱中不加入碱，减少由于碱存在造成的油管及地面管线结垢引起的频繁作业。三元复合驱由于聚合物的增黏作用和碱的存在产生的乳化、结垢等的影响，注入压力上升明显，对油井的产液量影响较大；聚合物—表面活性剂复合驱中无碱，降低了乳化、结垢对注入压力和油井产液的影响，聚合物中加入表面活性剂后，能够降低聚合物驱注入压力，因此聚合物—表面活性剂复合驱的注入压力要比聚合物驱和三元复合驱压力小，油井产液量下降的幅度也小，如图1-3所示。

（3）地面注入工艺简单，简化了注入流程和防腐处理。

聚合物—表面活性剂复合驱体系中无碱，与三元复合驱相比减少了注入设备的数量；避免了对设备的腐蚀。聚合物—表面活性剂复合驱地面工程能够降低对设备的防腐、防垢的处理，简化了注入工艺和流程，降低了设备表面的处理难度。

（4）经济性较好，降低化学剂、设备和作业成本。

聚合物—表面活性剂复合驱中无碱，可以在保持体系黏度的条件下降低聚合物用量，从而

黏土溶蚀前后对比

结垢

结垢产物

长石溶蚀前后对比

图 1-2　三元复合驱中碱对岩石矿物的溶蚀及结垢

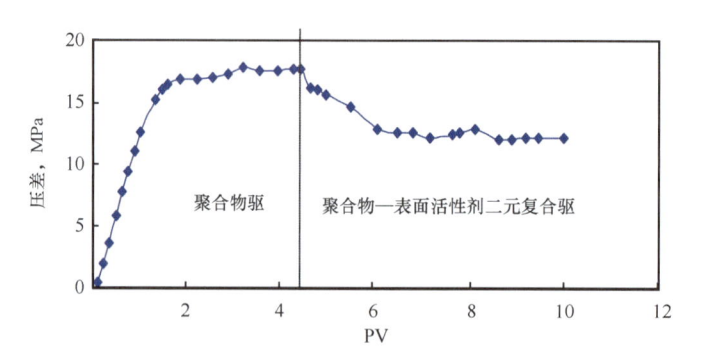

图 1-3　聚合物—表面活性剂复合驱降低注入压力

降低化学剂成本；减少由于碱存在造成的频繁作业，降低作业成本；注入设备、管线简单，不需要防腐，降低设备投资；采出液破乳容易，降低了破乳剂的使用量，降低破乳成本。

（5）对表面活性剂要求更高，无碱条件界面张力达到超低更难。

与三元复合驱相比，聚合物—表面活性剂复合驱达到超低界面张力的难度更大，对表面活性剂的要求也更高；三元复合驱用表面活性剂在聚合物—表面活性剂复合驱中不一定能达到超低界面张力，需要进一步进行改性研究。目前专门针对聚合物—表面活性剂复合驱用表面活性剂的研制还处于起步阶段，单一种类的表面活性剂在聚合物—表面活性剂复合驱中油水界面张力很难达到超低，为了保证聚合物—表面活性剂复合驱效果，可采取两种甚至几种表面活性剂进行复配。但是目前复配所用的表面活性剂以非离子表面活性剂为主，对原油的乳化和洗油能力都比较弱，造成最终的采收率比较低，达不到预期效果。

第二章　聚合物—表面活性剂复合驱配方研究

由化学驱驱油机理可知，聚合物—表面活性剂复合驱提高采收率主要基于提高驱油效率和波及体积两种作用，表面活性剂的作用主要是降低油水界面张力、改变岩石润湿性、乳化原油，从而驱动岩石孔隙中的残余油，提高微观驱油效率；聚合物的主要作用是增加水溶液黏度，降低驱替液与油的流度比，提高波及效率。

第一节　表面活性剂

一、表面活性剂驱油机理

1. 降低油水间界面张力机理

油水界面张力的降低可以很大程度上降低多孔介质对油滴的毛细围捕作用，降低原油与岩层间的黏附力，从而提高洗油效率。

2. 润湿反转机理

岩层的油湿性导致原油往往在岩层上铺展，原油与岩层间的黏附力较大，表面活性剂在岩层上的吸附，会改变岩层的润湿性，增加原油与岩层的接触角，降低原油与岩层间的黏附力，使原油更容易被水驱走因而提高了采收率。主要的过程如图 2-1 所示。

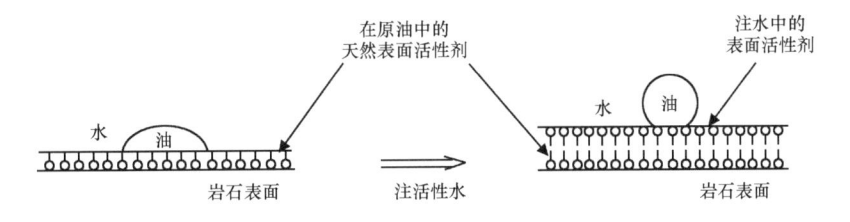

图 2-1　表面活性剂对岩石润湿性的改变过程

3. 乳化机理

表面活性剂对油的乳化，可以使原油形成乳状液分散在驱油体系中，然后被驱替液体携带至采油井，从而提高采收效率。

4. 提高表面电荷密度机理

表面活性剂吸附在油滴的表面和岩层上，由于带有同种电荷发生排斥作用使油滴不易重新与岩层相粘连，从而使原油更容易被携带运移。被驱出的油在向前运移时，彼此之间会发生碰撞，聚并。聚并到一定程度时就会形成油带。油带在向前推进时会聚并更多的油滴，结果油带不断扩大，最终被采出。此过程的示意图如图 2-2 所示。

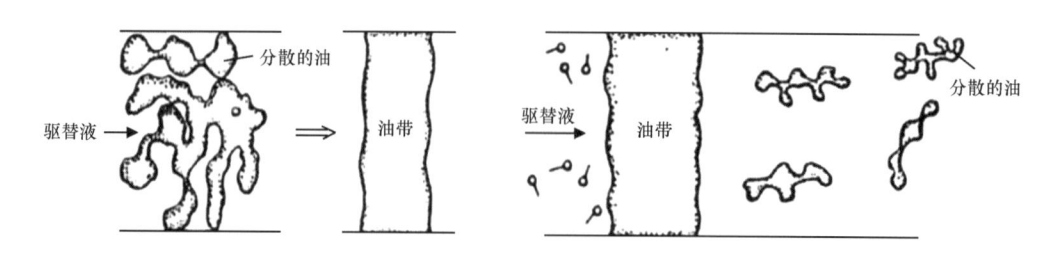

图2-2 油带的形成过程

二、表面活性剂分类

根据实验研究和现场试验验证,化学复合驱对表面活性剂的基本要求为:
(1)使油水界面张力降低至 10^{-3} mN/m 数量级。
(2)化学复合体系中表面活性剂总浓度小于0.4%,因而表面活性剂需具有较好的抗稀释性,且保证在整个驱替过程中不发生严重的色谱分离现象。
(3)能与聚合物有良好的配伍性,避免出现相分离沉淀等现象。
(4)表面活性剂在岩石上的滞留损失量应小于 1mg/g 岩石。
(5)复合驱体系在天然岩心上的驱油效率比水驱提高15%以上。
(6)表面活性剂的生产工艺可靠,产品质量稳定,价格便宜。

表面活性剂的种类很多,但涉及三次采油复合驱用的表面活性剂与一般通用的表面活性剂有一定的差别,主要是由于复合驱用表面活性剂涉及的是油水界面,由于原油的特殊性和复杂性以及地层水的不同性质特点,因而对表面活性剂的结构类型要求有别于气—液界面等采用的表面活性剂。目前研究认为可应用于复合驱三次采油用表面活性剂主要有石油磺酸盐、烷基苯磺酸盐、石油羧酸盐及植物羧酸盐、木质素磺酸盐、α-烯烃磺酸盐、非离子表面活性剂、生物表面活性剂、高分子聚表面活性剂、两性离子表面活性剂、新型孪链表面活性剂等。其中石油磺酸盐、烷基苯磺酸盐和生物表面活性剂已应用于矿场试验,木质素磺酸盐和非离子表面活性剂作为复配剂也应用于复合驱先导性试验,α-烯烃磺酸盐作为泡沫驱用表面活性剂也有应用。部分两性表面活性剂和非离子表面活性剂开始用于聚合物—表面活性剂复合驱先导性试验。

1. 石油磺酸盐

石油磺酸盐是以富芳烃原油馏分、糠醛脱蜡抽出油馏分为原料,采用 SO_3 或发烟硫酸磺化,再用碱中和得到烷基芳基磺酸盐。

石油磺酸盐类表面活性剂由于原料来源广、价格便宜,是近年来室内研究和矿场试验应用较多的一类驱油用表面活性剂。美国 Witco 公司生产石油磺酸盐工业化产品系列 TRS,部分已经用于美国 Wyoming 州 Kiehl 油田复合驱现场试验中。新疆石油管理局于1994年率先在国内合成了复合驱专用工业表面活性剂 KPS 产品。该表面活性剂是由克拉玛依炼油厂稠油减压蒸馏二线馏分油为主要原料经 SO_3 釜式磺化反应制备的阴离子型表面活性剂,产品性能达到弱碱复合驱指标要求,该产品应用于克拉玛依油田二中区弱碱三元复合驱先导性矿场试验,取得了提高采收率24%的良好效果。近年来新疆炼化公司进一步改进产品性能,目前研制出的产品可以在低碱浓度条件下达到超低界面张力,与其他助表面活性剂复配可以在无碱条件下使克拉玛依油藏油水界面张力达到超低,该改性产品已经开始在克拉玛依七中区无碱聚合物—表面活性剂复合驱现场试验应用。

中国石油勘探开发研究院采用孤岛油田馏分油、大连石化反序脱蜡油为原料,用 SO_3 瞬态膜式磺化,NaOH 中和,制得的石油磺酸盐在浓度 0.05%~0.3%(质量分数)范围能使油水界面张力降至 10^{-3}mN/m,目前该产品已经在吉林油田无碱复合驱先导性试验获得应用。

大庆炼化公司采用自己生产的反序脱蜡油为主要原料,用 SO_3 膜式磺化合成,获得的石油磺酸盐产品(DPS)可以在弱碱(Na_2CO_3)条件下使大庆油田油水界面张力达到超低,见表 2-1。表面活性剂在大庆油田油砂上静态吸附 4 次流出液使油水界面张力维持超低,界面张力长期稳定性达到 90 天。该产品已经在大庆油田第三采油厂进行的弱碱三元复合驱现场试验应用,目前现场试验阶段提高采收率 23.9%(OOIP),预测试验结束时最终比水驱提高采收率 26.3%(OOIP)。

表 2-1 石油磺酸盐产品 DPS 对大庆原油回注污水的界面张力(聚合物 HPAM 1400mg/L)

界面张力,mN/m DPS 相对分子质量	Na_2CO_3,%(质量分数) 0.4	0.6	0.8	1.0	1.2	1.4
700 万	3.02	6.12	6.62	5.36	5.16	7.71
1000 万	2.39	4.88	3.25	4.51	3.16	3.15
1500 万	3.68	2.63	0.692	0.257	2.22	1.14
1900 万	2.15	0.858	0.780	1.53	0.870	1.90

2. 烷基苯磺酸盐

烷基苯磺酸盐是采用洗涤剂化工厂的烷基苯为原料,采用 SO_3 或发烟硫酸磺化,再用碱中和得到烷基苯磺酸盐。一般采用烷基碳数为 C_{13}—C_{20} 烷基苯合成重烷基苯磺酸盐作为驱油剂。中国石油勘探开发研究院和大连理工大学通过合成不同结构的烷基苯磺酸盐研究表明,碳链长度为 C_{16}—C_{18} 烷基苯磺酸盐,采取支链结构或者带甲基、乙基取代基团对大庆原油的界面活性最佳。

大庆油田采用抚顺洗化厂生产的重烷基苯为主要原料,采用 SO_3 膜式磺化合成的重烷基苯磺酸盐表面活性剂产品 HABS,在加碱条件下能使油水界面张力降到 10^{-3}mN/m 超低界面张力,碱浓度范围 0.6%~1.2%,活性剂浓度范围 0.05%~0.3%(质量分数),如图 2-3 所示。在油砂充填岩心上的动态吸附损失为 0.12mg/g 砂,静态油砂吸附四次界面张力仍然维持超低,三元体系岩心驱油效率提高 22%~25%,强碱条件下乳化原油能力强。该产品已经用于大庆油田强碱三元复合驱工业化现场试验并且已经取得大幅度提高原油采收率的良好效果。合成产品已经应用于大庆油田杏二中矿场试验,试验取得了良好增油效果。应用于大庆油田北一断东强碱三元复合驱工业化现场试验,目前阶段提高采收率 26.15%,预测到含水达到 98% 试验结束时最终比水驱提高采收率 27.97%。

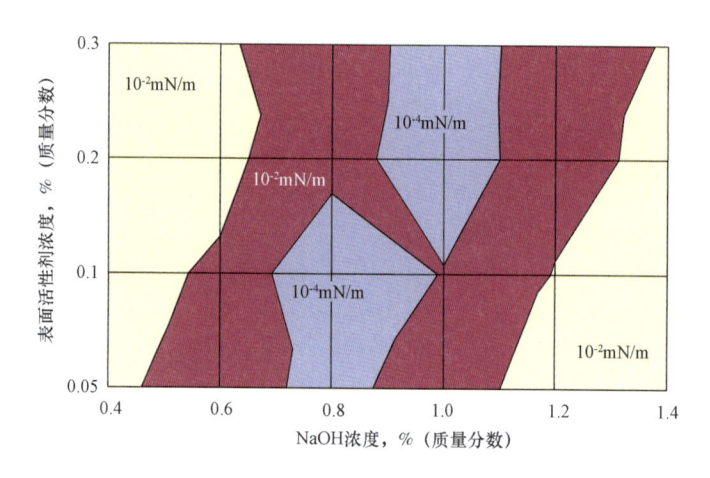

图 2-3 重烷基苯磺酸盐产品 HABS 对大庆油田油水界面张力的活性图

3. 羧酸盐

1) 石油羧酸盐

石油羧酸盐是由石油馏分经高温氧化后,再经皂化、萃取分离制得的。常规合成方法是由烷烃气相氧化法直接制备石油羧酸盐,该方法包括馏分油气相氧化与碱溶液皂化两个阶段,单程收率为 60% 左右。由于气相氧化法合成工艺难以控制,无法生产出稳定的产品,"九五"期间,黄宏度等研究出液相氧化法工艺,并进行了中试放大生产。该石油羧酸钠产品单独使用界面活性不理想,但与重烷基苯磺酸盐或石油磺酸盐进行复配后,复配产品界面活性大大增强,可以在强碱、弱碱条件下使大庆油田油水在较低的碱浓度下界面张力达到 10^{-3} mN/m 数量级,产品抗稀释性和与碱的配伍性大有改善,石油羧酸盐与重烷基苯磺酸盐或石油磺酸盐复配配方色谱分离现象不严重,配方体系可以满足大庆油田弱碱复合驱的技术要求。

2) 天然羧酸盐

天然羧酸盐是将油脂下脚料水解、改性和皂化制得的。李干佐等研究出了复合驱用表面活性剂天然羧酸盐 SDC-1 和 SDC-3。据报道,该表面活性剂的表面活性高,有较强的抗二价阳离子能力,价格便宜且来源丰富,具有应用前景。

4. α-烯烃磺酸盐

α-烯烃磺酸盐主要成分是链烯基磺酸盐[$RCH=CH(CH_2)_nSO_3Na$]和羟基链烷磺酸盐[$RCH(OH)(CH_2)_nSO_3Na$],还有少量的二磺化物即二磺酸盐。α-烯烃磺酸盐也称 AOS。

α-烯烃磺酸盐主要通过 α-烯烃磺化、中和成盐而制得的。其中 α-烯烃主要由石蜡裂解法和 Ziegler 法制备。AOS 作驱油主剂,对钙镁离子不但不敏感,反而其生成的钙镁盐又是很好的活性剂,因而具有抗盐能力,有利于高矿化度油层三次采油。另外,AOS 的合成原料可来源于原油的组分,原料充足。裂解烯烃工艺及磺化工艺都比较成熟,工业化产品具备条件。α-烯烃磺酸盐由于国内缺乏合适碳链的烯烃原料,用于复合驱研究报道较少,目前主要应用于蒸汽驱高温发泡剂。

5. 木质素磺酸盐及改性产品

木质素是自然界唯一能提供可再生芳基化合物的非石油资源。木质素主要来源于造纸业

5. 木质素磺酸盐及改性产品

木质素是自然界唯一能提供可再生芳基化合物的非石油资源。木质素主要来源于造纸业和纤维水解业。由于木质素具有多种官能团和化学键，存在酚型和非酚型芳香环，因此，木质素的反应能力是相当强的，有关合成木质素表面活性剂及改性产品的报道很多。木质素经磺化、中和得到木质素磺酸盐。木质素磺酸盐由于其表面活性差，因此主要用作牺牲剂或助表面活性剂。必须设法对其结构进行改造，即合成改性木质素磺酸盐。主要利用木质素所具有的结构单元，通过烷基化反应，或缩合反应引入烷基，再经磺化、后处理等工序得到改性木质素磺酸盐产品。

中国科学院广州化学研究所采用烷基酚与木质素反应，合成了具有良好界面活性的改性产品，在弱碱碳酸钠浓度1%条件下，可以使胜利油田油水界面张力达到超低，且产品抗二价阳离子能力较强。大连理工大学采用脂肪胺与木质素反应，选择不同碳链多胺作为改性剂，将疏水碳链引入木质素分子中，改善了木质素磺酸盐的疏水性，改性产品可以在碱浓度0.4%~1.2%（质量分数）、活性剂浓度0.1%~0.4%（质量分数）范围使大庆油田油水达到超低界面张力。

6. 非离子表面活性剂

非离子表面活性剂在溶液中以分子或胶束状态存在，不受电解质的影响，因而抗盐耐碱性能好，与阴离子或阳离子表面活性剂相容性好。非离子表面活性剂的缺点是浊点低，不适合应用于高温油藏。非离子表面活性剂种类较多，但用于驱油剂的研究主要集中在烷醇酰胺、脂肪醇聚氧乙烯醚、烷基酚聚氧乙烯醚、平平加和 Tween 系列。非离子表面活性剂单独使用降低油水界面张力性能一般，通常与阴离子表面活性剂复配使用，发挥协同作用，既有利于降低油水界面张力，同时提高体系耐盐性能，增强体系乳化性能。胜利油田采用石油磺酸盐与烷基酚聚氧乙烯醚非离子表面活性剂复配体系，可以在无碱条件下使胜利孤岛油田油水达到超低界面张力，已经在胜利孤岛油田 SP 无碱复合驱现场试验中获得应用，现场试验提高采收率达12.1%。

7. 生物表面活性剂

生物表面活性剂是微生物的代谢产物，具有化学方法难以生成的化学基团，性能良好，生产成本低，环境污染小。鼠李糖脂是生物表面活性剂的一种，由生物发酵法制得，经"九五"国家重点科技攻关，其工艺路线日趋成熟，是一种性能优良的复合驱用表面活性剂。因其生产工艺简单、成本低、原料来源广而具有竞争力。大庆油田采用鼠李糖脂生物表面活性剂与烷基苯磺酸盐复配，减少了烷基苯磺酸盐的用量，现场试验效果良好。

8. 高分子聚表面活性剂

高分子表面活性剂由于相对分子质量高，分子缠结影响其在油水界面上的吸附与排列，界面活性低。高分子表面活性剂与原油的界面张力难以降到超低值。近年来随着分子设计技术的发展，合成复合驱用高分子表面活性剂取得重要进展。杨金华等采用化学超声波辐射方法合成了梳形和嵌段型高分子表面活性剂。西南石油大学、中国石油勘探开发研究院等通过在聚丙烯酰胺高分子聚合过程中引入可聚合的疏水单体，合成产品可以使油水界面张力降低至 10^{-2} mN/m 数量级，中国科学院化学所研制出一种高分子聚表面活性剂，能够增强体系乳化性能来提高驱油效率，目前该产品已经开始应用于大庆油田现场试验中，尤其在聚合物驱后采用该高分子聚表面活性剂驱油现场试验效果良好，某试验区聚合物驱后提高采收率达到

9.6%，优于其他方法，显示良好的应用前景。

9. 两性离子表面活性剂

两性离子表面活性剂具有良好的表面活性和界面活性，抗盐抗二价阳离子性能好，在目前对无碱复合体系表面活性剂开发中受到研究人员的广泛重视。江南大学（原无锡轻工业学院）和东北石油大学（原大庆石油学院）等单位对磺基甜菜碱类两性离子表面活性剂用于驱油剂进行了深入研究，采用油酸等长碳链脂肪酸合成的磺基甜菜碱产品，可以在无碱条件下使大庆油田油水界面张力达到超低。中国石油勘探开发研究院最近合成出一种新型羟基磺基甜菜碱类两性表面活性剂产品 HAB，在无碱 SP 复合驱条件下，在表面活性剂浓度 0.05%~0.3%（质量分数）使大庆油田油水界面张力达到超低，如图 2-4 所示。目前已经在长庆油田马岭北三区聚合物—表面活性剂复合驱现场试验中应用。

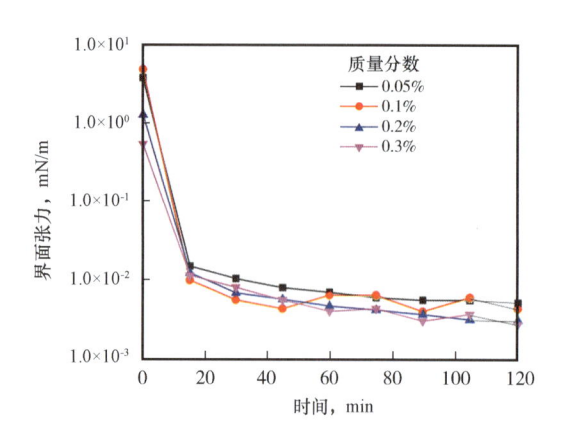

图 2-4 两性表面活性剂 HAB 对大庆油田油水界面张力（无碱体系）的影响

10. 新型孪链表面活性剂

孪链表面活性剂具有独特的性能、优异的表面活性，其临界胶束浓度 CMC 和降低表面张力的效率比传统表面活性剂低百倍，可以大幅度降低使用浓度，被誉为新一代表面活性剂，成为表面活性剂研究开发的热点。孪链表面活性剂抗盐性能好，对高矿化度油藏无碱复合驱有应用潜力，西南石油大学、中国石油勘探开发研究院、石油化工研究院、天津大学等都进行了合成探索研究。不同碳链的双烷基双磺酸盐系列孪链表面活性剂，对矿化度较高的中原油田（20×10^4 mg/L）双碳链 C_{14} 双磺酸盐可以使油水界面张力在无碱条件达到超低。

总体上说，驱油用表面活性剂研制在中国已经取得了快速发展，研制的重烷基苯磺酸盐产品已经在大庆油田强碱三元复合驱工业性矿场试验及扩大应用区块获得应用，年生产能力达到 5×10^4 t。石油磺酸盐产品也已经在大庆油田弱碱三元复合驱矿场试验应用，进入工业化试验推广应用阶段。其他类型表面活性剂室内研究取得良好进展，部分通过复配体系也开始进入现场试验。新疆油田和大港油田复合驱试验目前采用了以石油磺酸盐为主剂的复配产品，辽河油田复合驱试验采用了以两性表面活性剂为主剂的产品。

三、聚合物—表面活性剂复合驱用表面活性剂工业化生产

目前现场试验应用最多的是磺酸盐类表面活性剂。磺酸盐表面活性剂具有合成工艺简单、生产成本低的特点，尤其是石油磺酸盐表面活性剂原料来源广、与原油的适应性好，具有进一步推广应用前景。磺酸盐合成方法中以 SO_3 磺化合成工艺优点突出，它具有生产效率高、无副产物、成本低、易规模化生产等特点，因而这里主要介绍 SO_3 磺化合成工艺。由于 SO_3 磺化反应属气液两相非均相反应，该反应是强放热反应，反应速度快，所以对磺化反应要求严。典型的采用 SO_3 磺化合成石油磺酸盐的工艺流程及设备配置如图 2-5 所示。

将熔化后的液硫经计量泵送入燃硫炉，在炉内和空气干燥系统送来的干空气燃烧生

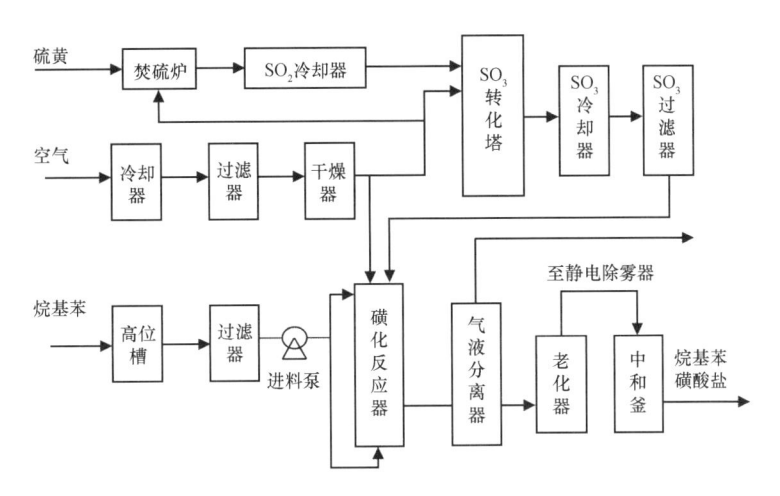

图 2-5 SO₃ 磺化合成烷基苯磺酸盐的工艺流程及设备配置图

成 SO₂，再经转化塔氧化为 SO₃，然后将 SO₃ 用干空气稀释到适当的浓度后，送入磺化反应器中，与计量泵送来的烷基苯进行磺化反应，磺化产品磺酸经老化后进行中和，中和后的产品即为石油磺酸盐表面活性剂液体产品。磺化产生的尾气送入尾气处理系统，经静电除雾和碱洗后排空。整个工艺过程主要包括 SO₃ 发生、空气干燥、磺化反应及磺酸中和 4 个系统。

磺化反应是生产工艺的关键，目前有 4 种典型的磺化反应器。其结构分别如图 2-6 至图 2-9 所示。

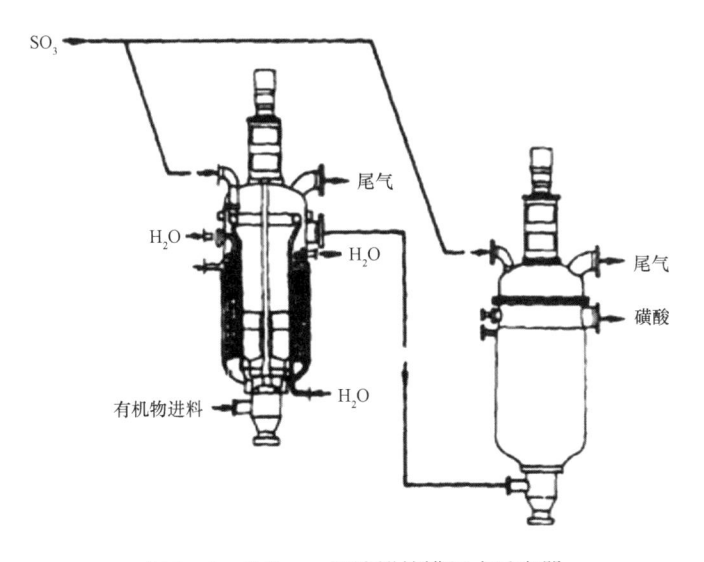

图 2-6 Ballestra 连续搅拌罐组式反应器

1. 釜式磺化

优点：釜式磺化对原料黏度的适应范围较广。

缺点：反应传热效果较差，容易发生过磺化，副反应多；合成工艺落后，合成产品质量稳定性差；高黏度物料磺化需要加入稀释剂，稀释剂有毒性，回收困难。

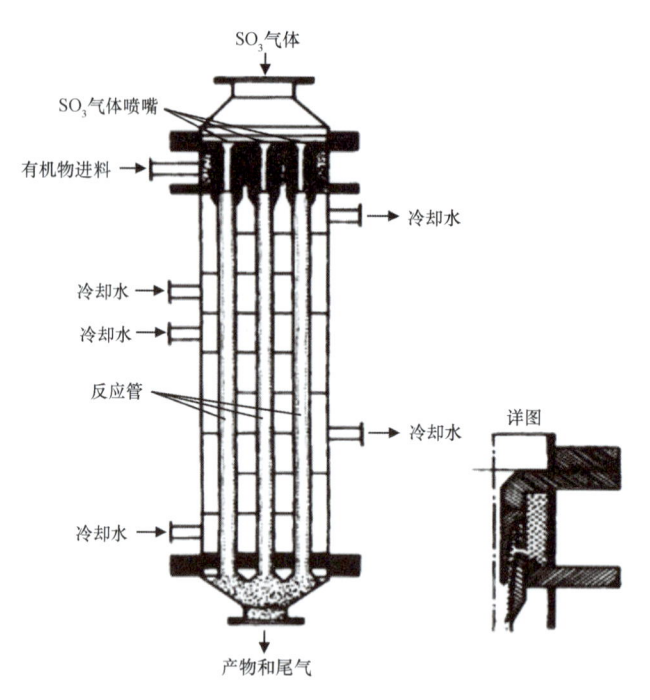

图 2-7 Ballestra 多管降膜式反应器

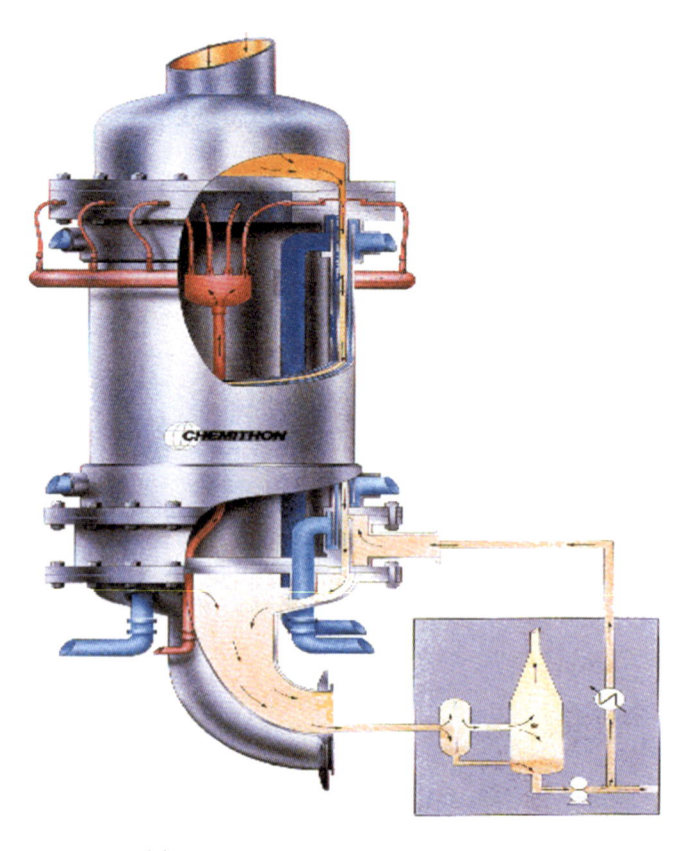

图 2-8 Chemithon 双膜式磺化反应器

图 2-9 喷射式磺化反应试验装置

2. 降膜式磺化

优点：反应效率高、传热传质效果好、副反应少、产品质量稳定。

缺点：反应原料黏度适应范围小，降膜式磺化反应装置的最大反应中间产物黏度是 2000mPa·s，适合中等黏度物料磺化，如烷基苯磺酸盐类产品的生产。反应物黏度过大易使膜变厚或堵塞反应器，不适合高黏度物料磺化，如石油磺酸盐类产品的生产。反应器有两种类型，第一种是多管降膜式反应器，第二种是双膜式磺化反应器。

3. 喷射式磺化

优点：可以磺化较高黏度的有机物料，磺酸黏度适合 300~5000mPa·s，磺化反应瞬间温度高，高黏度物料容易产生副反应，磺化产品颜色较深。

缺点：对高黏度物料不加稀释剂时中间反应物磺酸黏度大，反应不充分或容易过磺化，用于合成高黏度石油磺酸盐也有一定难度。

4. 湍流式磺化

优点：磺酸黏度在 5000~50000mPa·s，克服了一般降膜反应器需要加许多溶剂来磺化高黏度物料的缺点，提高了反应速度，降低了生产成本。

缺点：适合单一组分黏度较高的有机物料，如单一馏分油磺化合成石油磺酸盐产品，如果原料为多组分物料，重芳烃含量高，反应时也易发生堵塞。

此外目前国内也针对石油磺酸盐的磺化合成，研制出短柱型膜式磺化反应器、超重力磺化反应器等，显示出良好的应用前景。

四、聚合物—表面活性剂复合驱用表面活性剂评价方法

1. 复合体系的超低界面张力的产生规律

阴离子磺酸盐表面活性剂对正构烷烃进行扫描，界面张力最低点所对应的烷烃碳数称为该表面活性剂最小碳数 N_{min}。当表面活性剂体系的最小碳数与原油的等效碳数相等时，达到最低界面张力。等效碳理论同样适用于非离子表面活性剂体系与混合表面活性剂体系。最小

碳数与 HLB 呈相反的关系。N_{min} 越小，亲水性越强，表面活性剂易于分布在水中，反之则易分布在油中，当石油磺酸盐的平均相对分子质量增加，N_{min} 相应增加。N_{min} 随着盐度的改变而改变，最低界面张力 γ_{min} 只与 N_{min} 有关。大多数原油的等效碳数在 6~9 之间。

碳链的支化将 N_{min} 移到高位，温度升高降低 N_{min}，增加电解质和醇 N_{min} 移到高位，可以通过改变 HLB 来调节 N_{min}，N_{min} 随着表面活性剂链长的增长而增加。外露的—CH_3 越多，界面张力越低，表面活性剂中含有苯环时，苯环越靠近中间，界面张力降低得越厉害，混合表面活性剂体系的 N_{min} 比单一的 N_{min} 都高。

2. 亲水亲油平衡理论

超低界面张力的产生所需要的条件为表面活性剂集中在油水界面，并且它的亲油基团和亲水基团分别对油和水的引力相等，在油水界面上所占据的面积也相等。若亲水基的亲水性太强，则表面活性剂倾向分布在水中。加盐或者碱可以压缩亲水基的面积，降低水溶性。有支链亲油基的表面活性剂有效面积比直链活性剂的大。

3. 表面活性剂在油水界面排列的紧密程度

表面活性剂在油水界面上排列越紧密，界面效率越高，降低油水界面张力的能力越强。且硫酸基和磺酸基表面活性剂的降低界面张力的幅度大于其他表面活性剂。表面活性剂有支链时，会使得表面活性剂单体分子以较"直立"的空间姿态在油水界面上排列。在合适的链长条件下，会达到亲水亲油平衡，此时表面活性剂的排列紧密，故界面张力很低。

4. 聚合物—表面活性剂复合驱用表面活性剂评价方法

2012 年中国石油标准化委员会制定了进入现场试验的二元复合驱用表面活性剂技术性能要求，见表 2-2。

表 2-2 二元复合驱用表面活性剂的技术要求

	项 目		指标
表面活性剂性能	游离碱含量（1.0% 溶液），mg/g		≤ 0.25
	闪点，℃		≥ 60
	界面张力(0.2% 溶液)，mN/m		$< 1.00 \times 10^{-2}$
	吸附后界面张力(0.2% 溶液)，mN/m		$< 1.00 \times 10^{-2}$
	洗油效率(0.2% 溶液)，%		≥ 12.0
	乳化综合指数，%		≥ 30.0
	OP 和 NP 含量		无
二元复合驱体系性能	配伍性	黏度保留率，%	≥ 90
		界面张力，mN/m	$< 1.00 \times 10^{-2}$
	长期稳定性	30 天后黏度保留率，%	≥ 90
		30 天后界面张力，mN/m	$< 1.00 \times 10^{-2}$

注：OP 为辛基酚聚氧乙烯醚；NP 为壬基酚聚氧乙烯醚。

除了以上标准规定的聚合物—表面活性剂复合驱用表面活性剂评价方法外，一般还要对聚合物—表面活性剂复合体系进行以下评价：

（1）复合驱油体系与原油的界面张力性能测试。
（2）复合驱油体系的乳化、增溶能力性能测试。

(3)复合驱油体系中驱油剂静吸附与动滞留测试。
(4)复合驱油体系物理模拟驱油效果测试。
(5)复合驱油体系抗盐性能测试。
(6)复合驱油体系长期稳定性测试。

通过以上单一表面活性剂和聚合物—表面活性剂复合体系指标的确定,优选适合复合驱用表面活性剂。

第二节 聚 合 物

一、聚合物特点

聚合物—表面活性剂复合驱用聚合物的种类很多,已经在国内现场试验及工业化推广中应用的包括部分水解聚丙烯酰胺、黄胞胶、疏水缔合聚合物、梳形抗盐聚合物、其他聚合物等。各种聚合物的应用范围不同,应用最为广泛的是部分水解聚丙烯酰胺,主要在大庆油田、胜利油田、大港油田、新疆油田等的聚合物驱和复合驱中应用,其次是疏水缔合聚合物和梳形抗盐聚合物,主要在高温、高盐油藏中应用。油气开采用水溶性聚合物一般要满足以下技术要求:

(1)水溶性。水溶性是聚合物能否用于油气开采的首要条件,由于溶解性差的聚合物会导致现场施工困难和带来一系列后续问题。因此聚合物的快速溶解一直是国内外研究人员的追求目标,通常现场施工要求聚合物在2h内完全溶解。

(2)增黏性。增黏性是水溶性聚合物在油气开采过程中所应用的主要性能。在聚合物的使用过程中,一般都希望聚合物能以很低的浓度获得很高的表观黏度或达到工程所需要的黏度。

(3)剪切稀释性和触变性。剪切稀释性指的是高剪切速率下溶液黏度明显比低剪切速率溶液黏度低。触变性指的是在高剪切速率下,溶液黏度较低,而当剪切速率降低时,其黏度能随时间的变化而有所恢复。

(4)稳定性。稳定性包括剪切稳定性、化学稳定性、热稳定性和生物稳定性等。一般而言,聚合物分子在酸性或碱性介质中以及在生物酶或光照、高剪切等条件下会发生不同程度的变化。剪切稳定性指聚合物溶液在泵注和流经孔隙极其微小的油藏受高剪切力作用后,其黏度不会降低。化学稳定性指聚合物溶液的黏度在盐水中或溶解氧以及复杂的pH值条件下不受影响或受影响的程度较低。热稳定性和生物稳定性则分别指在高温和微生物存在的条件下,聚合溶液的黏度不丧失或不丧失到无法满足工程要求的地步。由于盐、高温、溶解氧、高剪切等不利因素并非单独存在,而是常常同时在起作用,因此聚合物溶液的稳定性是一个极其复杂的问题。

二、常见聚合物

1. 聚丙烯酰胺

聚丙烯酰胺(Polyacryamide,简称PAM),是丙烯酰胺(Acrylamide,简称AM)及其衍生的均聚物和共聚物的统称,工业上凡含有50%以上AM单体的聚合物都泛称聚丙烯酰胺。由于结构单元中含有酰胺基，易形成氢键，具有良好的水溶性和很高的化学活性，可发生酰胺的各种典型反应，通过这些反应可以获得多种功能性的衍生物，其相对分子质量有很宽的调节范围，从几万到4000万的聚丙烯酰胺目前都能够工业化生产。聚丙烯酰胺的结构式：

$$-[CH_2-CH]_n-[CH_2-CH]_m-$$
$$\qquad\ \ |\qquad\qquad\ \ |$$
$$\ \ \ CONH_2\qquad COONa$$

聚丙烯酰胺的特性具有很好的适合驱油的特性：

（1）增黏性好。与其他聚合物相比，聚丙烯酰胺具有良好的增黏性和黏弹性。在聚合物的使用过程中，聚合物能以很低的浓度获得很高的表观黏度或达到工程所需要的黏度。

（2）水溶性好。由于溶解性差的聚合物会导致现场施工困难和带来一系列后续问题，聚合物的快速溶解一直是国内外研究人员的追求目标，通常现场施工要求聚合物在2h内完全溶解。

（3）具有一定的抗温抗盐能力。目前的聚丙烯酸胺能够在75℃和10000mg/L矿化度下使用。

（4）具有较大的阻力系数和残余阻力系数，具有良好的扩大波及体积的作用。

（5）稳定性好。具有较好的剪切稳定性、化学稳定性、热稳定性和生物稳定性等。

（6）性能满足油气开采工程的要求。聚丙烯酰胺在油藏中吸附量小，能与其他流体配伍，不堵塞油层。

根据不同行业的需求，聚丙烯酰胺有固体粉状、凝胶、水溶液和乳液4种形式；按离子形式划分，有阴离子、阳离子、非离子和复合离子4种类型。聚丙烯酰胺是水溶性高分子中应用最广泛的品种之一，主要应用于石油开采领域、水处理领域、纺织印染工业、采矿工业、洗煤、制糖工业、医药工业、建材工业、建筑工业等。在石油开采中，聚丙烯酰胺主要用于钻井液材料以及提高采收率等方面，广泛应用于钻井、完井、固井、压裂、强化采油等油田开采作业中，具有增黏、降滤失、流变调节、胶凝、分流、剖面调整等功能。目前中国油田开采已经步入中后期，为提高原油采收率，目前主要推广聚合物驱油、二元复合驱油、三元复合驱油技术。通过注入聚丙烯酰胺水溶液，改善油水流速比，使采出物中原油含量提高。目前聚丙烯酰胺在油田三次采油方面的应用较多，由于特殊的地质条件，大庆油田和胜利油田已经开始广泛采用聚合物驱油技术，三元复合驱和二元复合驱的应用也发展很快。国内三次采油用聚丙烯酰胺的年生产能力已经超过$60 \times 10^4 t$。

2. 黄胞胶

黄胞胶又称汉生胶，是一种由黄单胞杆菌发酵产生的细胞外酸性杂多糖。是由D-葡萄糖、D-甘露糖和D-葡萄糖醛酸按2:2:1组成的多糖类高分子化合物，相对分子质量在100万以上。黄胞胶的二级结构是侧链绕主链骨架反向缠绕，通过氢键维系形成棒状双螺旋结构。结构如图2-10所示。

黄胞胶是目前国际上集增稠、悬浮、乳化、稳定于一体，性能最优越的生物胶。黄胞胶的分子侧链末端含有丙酮酸基团的多少，对其性能有很大影响。黄胞胶具有长链高分子的一般性能，但它比一般高分子含有较多的官能团，在特定条件下会显示独特性能。它在水溶液中的构象是多样的，不同条件下表现不同的特性。

（1）悬浮性和乳化性。

黄胞胶对不溶性固体和油滴具有良好的悬浮作用。黄胞胶溶胶分子能形成超结合带状的螺旋共聚体，构成脆弱的类似胶的网状结构，所以能够支持固体颗粒、液滴和气泡的形态，显示出很强的乳化稳定作用和高悬浮能力。

（2）良好的水溶性。

黄胞胶在水中能快速溶解，有很好的水溶性。特别在冷水中也能溶解，可省去繁杂的加工过程，使用方便。但由于它有极强的亲水性，如果直接加入水而搅拌不充分，外层吸水膨胀成胶团，会阻止水分进入里层，从而影响作用的发挥，因此必须注意正确使用。

（3）增稠性。

黄胞胶溶液具有低浓度高黏度的特性（1%水溶液的黏度相当于明胶的100倍），是一种高效的增稠剂。

（4）假塑性。

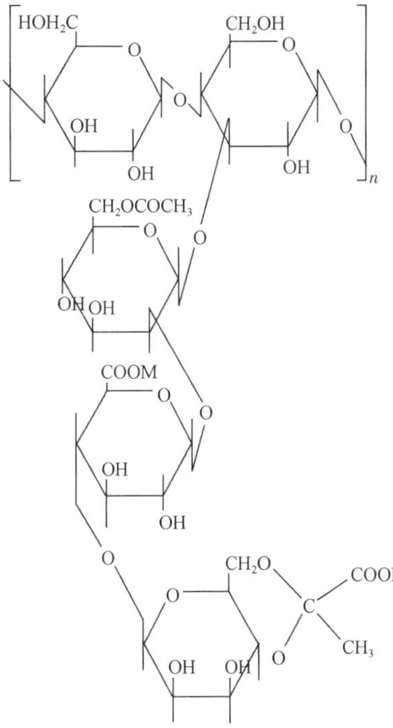

黄胞胶水溶液在静态或低的剪切作用下具有较高黏度，在高剪切作用下表现为黏度急剧下降，但分子结构不变。而当剪切力消除时，则立即恢复原有的黏度。剪切力和黏度的关系是完全可塑的。黄胞胶假塑性非常突出，这种假塑性对稳定悬浮液、乳浊液极为有效。

图2-10　黄胞胶的分子结构

（5）对热的稳定性。

黄胞胶溶液的黏度不会随温度的变化而发生很大的变化，一般的多糖因加热会发生黏度变化，但黄胞胶的水溶液在10~80℃之间黏度几乎没有变化，即使低浓度的水溶液在较宽的温度范围内仍然显示出稳定的高黏度。1%黄胞胶溶液（含1%氯化钾）从25℃加热到120℃，其黏度仅降低3%。

（6）酸碱稳定性。

黄胞胶溶液对酸碱十分稳定，在pH值在5~10之间时，其黏度不受影响；在pH值小于4和大于11时，黏度有轻微的变化；在pH值在3~11之间时，黏度最大值和最小值相差不到10%。黄胞胶能溶于多种酸溶液，如5%的硫酸、5%的硝酸、5%的乙酸、10%的盐酸和25%的磷酸，且黄胞胶酸溶液在常温下相当稳定，数月之久性质仍不会发生改变。黄胞胶也能溶于氢氧化钠溶液，并具有增稠特性。黄胞胶溶液在室温下十分稳定。

（7）盐稳定性。

黄胞胶溶液能和许多盐溶液（钾盐、钠盐、钙盐、镁盐等）混溶，黏度不受影响。在较高盐浓度条件下，甚至在饱和盐溶液中仍保持其溶解性而不发生沉淀和絮凝，其黏度几乎不受影响。

（8）酶解反应稳定性。

黄胞胶稳定的双螺旋结构使其具有极强的抗氧化和抗酶解能力，许多的酶类如蛋白酶、淀粉酶、纤维素酶和半纤维素酶等酶都不能使黄胞胶降解。

黄胞胶在工业中用作多种目的的稳定剂、稠化剂和加工辅助剂，广泛应用于食品、医药、石油开采、陶瓷、印染、造纸、轻纺、水处理、选矿等行业。在石油开采中，黄胞胶用于三次采油、钻井液、修井液、压裂液、调剖堵水等方面。胜利油田曾经使用黄胞胶进行聚合物驱，初期效果很好，但是由于黄胞胶价格高、弹性差、阻力系数和残余阻力系数小、易生物降解、驱油效果比聚丙烯酰胺差等原因，近年来在三次采油方面应用较少。

3. 疏水缔合聚合物

疏水缔合聚合物（HAWP）是指在聚合物亲水性大分子链上带有少量疏水基团的水溶性聚合物。其溶液具有独特的性能，在水溶液中，此类聚合物的疏水基团由于疏水作用而发生聚集，使大分子链产生分子内和分子间缔合。当聚合物浓度高于某一临界浓度（CAC）后，大分子链通过疏水缔合作用聚集，形成以分子间缔合为主的超分子结构——动态物理交联网络，流体力学体积增加，溶液黏度大幅度升高，小分子电解质的加入和升高温度均可增加溶剂的极性，使疏水缔合作用增强。疏水缔合的思路就是利用聚合物分子链（束、团）间作用来建立体系黏度。这种思路假设：

（1）聚合物溶液中聚合物分子链间适当结合，形成一定形态的超分子聚集体，而各超分子聚集体之间相互联结，在静止条件下形成一均匀的、布满整个体系的三维立体网状结构（多级结构）。

（2）超分子聚集体以及由它们联结而组成的空间网状结构的形成和拆开随疏水缔合程度的增减而可逆变化。

（3）此溶液体系为结构流体：视黏度由结构部分形成的黏度和非结构部分形成的黏度所构成。其中非结构黏度由分子链（束、团）的流体力学尺寸所决定，而结构黏度由分子链间的作用状态和强弱所决定。

疏水缔合聚合物链间缔合形成超分子聚集体，其聚集数及聚集体大小受多种因素影响，但人为可调、可控，而聚集体之间也可靠这种链间缔合作用而相互连接。从而静止时形成布满体系空间的网络结构，此网状结构将随剪切速率变化而可逆变化。

疏水缔合聚合物优点：

（1）增黏及抗温、抗盐能力强，在浓度缔合点以上，疏水缔合聚合物具有很强的增黏性，在高温、高盐的油藏条件下能够保持较高的黏度。

（2）抗剪切能力强，疏水缔合聚合物是低相对分子质量聚合物，在高速剪切条件下，分子间的缔合作用变弱，黏度降低，剪切速度降低，缔合作用增强，黏度升高。

（3）岩心流动有较大的阻力系数与残余阻力系数，疏水缔合聚合物产生缔合作用后黏度急剧增加，阻力系数和残余阻力系数增加。

目前疏水缔合聚合物已经进入工业化生产，疏水缔合聚合物能在一定程度上克服油气开采中常用的聚丙烯酰胺耐温耐盐性差和易剪切降解的缺陷，成为一种具有良好应用前景的油气开采用水溶性聚合物材料。目前，国外如法国及国内的四川大学、中国石油勘探开发研究院、西南石油大学等科研生产单位在疏水缔合聚合物的研究与生产方面都取得了重大的进展，有的已经进入了先导性矿场试验。目前的应用主要集中在中国海油的渤海油田、中原油田、河南油田等的高温、高盐油藏。

4. 梳形聚合物

梳形聚合物是指作为侧链的聚合物分子链的一端高密度地以化学键结合于柔性的聚合物主链上，从而形成一种高密度的接枝共聚物。这种聚合物在分子尺度上一般具有梳状或蠕虫状的构象。侧链之间的空间位阻会导致梳形聚合物主链的伸展,这种作用与主链本身的柔性相互竞争,导致梳形聚合物在不同尺度下(微观、介微观、宏观)和不同状态下(溶液中、无定形态、晶态)都具有异于一般线形聚合物的结构。梳形抗盐聚合物主链上引入了含离子基团的成双侧链,两侧链间相互排斥而发生扭转,对分子链起更强的桥墩支撑作用,使高分子链在水溶液中呈现辫状梳齿的梳状,流变性能测定表明,此聚合物在高盐含量的水溶液中仍然具有较高的黏度,有利于该类聚合物应用于三次采油提高采收率。

梳形聚合物具有以下特点:

(1)良好的抗温抗盐能力,梳形聚合物具有特殊结构,分子链具有一定的刚性,在高温、高盐下不易卷曲,具有较强的抗温、抗盐能力。

(2)较好的增黏能力,梳形聚合物具有较高的相对分子质量,增黏能力强。

(3)溶解性好,具有与部分水解聚丙烯酰胺相似的水溶性基团,梳形聚合物具有良好的溶解能力。

梳形聚合物 KYPAM 系列产品已经在国内的大庆油田、胜利油田、新疆油田等聚合物驱、复合驱中应用,取得了良好的增油降水效果。

三、聚合物合成方法

聚合物生产方法按单体在介质中的分散状态分类有:本体聚合、溶液聚合、悬浮聚合和乳液聚合,其中主要有水溶液聚合、悬浮聚合和反相乳液聚合。按单体和聚合物的溶解状态分类,可分为均相聚合和非均相聚合。

1. 水溶液聚合法

水溶液聚合法是聚丙烯酰胺工业化生产最早采用的聚合方法,因其操作简单容易,聚合产率高,易获得高相对分子质量的聚合物并具有环保的概念,一直是聚丙烯酰胺生产的主要方法。AM 水溶液在适当温度下,几乎可使用所有自由基聚合的方式进行聚合。聚合过程也遵循一般自由基聚合机理的规律。在工业上最常采用的是引发剂的热分解引发和氧化还原引发。随引发剂种类不同,聚合产物结构和相对分子质量有明显差异。研究引发剂体系、溶液 pH 值、添加剂、单体浓度和温度的变化对聚丙烯酰胺的影响以提高聚丙烯酰胺的相对分子质量是目前聚合物合成的主要研究方向。

2. 反相乳液聚合

反相乳液聚合是将单体水溶液按一定比例加入油相中,在乳化剂的作用下形成油包水型乳液。水溶性单体 AM 的反相乳液聚合是乳液聚合研究领域中新开拓的一个分支,多采用非离子型的低分子或高分子油包水(W/O)型乳化剂分散在油的连续介质中,形成油包水型乳化体系而进行乳液聚合,生产高相对分子质量聚合物。乳胶粒是通过乳化剂吸收膜的阻隔或高聚物的位阻作用而稳定的,所得产品是被水溶胀的亚微观聚合物粒子($100\sim1000\mu m$)在油中的胶体分散体即 W/O 型胶乳。有人认为这种乳胶粒也是通过胶束成长起来的。近 10 年的研究丰富了乳液聚合理论,获得了有实际价值的胶乳型产品,其具有速溶等显著特点。乳液聚合工艺在生产过程中减少了聚合物胶体的切割、造粒、干燥等工序,降低了聚合物工厂的设备投入和能耗,但同时增加了产品的运输、贮存及后处理等工序,在生产中需用大量的有机溶剂。

3. 反相悬浮聚合

采用反相悬浮法制备 AM 聚合物与反相乳液聚合有许多相似之处，AM 水溶液在分散稳定剂存在下，可分散在惰性有机介质中进行悬浮聚合，产品粒径一般在 100~500μm，而产品粒径在 0.1~1mm 时，则称为珠状聚合。在悬浮聚合中，AM 水溶液在 Span 60、无机氨化物、C_{12}—C_{18} 脂肪酸钠或醋酸纤维素等分散稳定剂存在下，在汽油、二甲苯、四氯乙烯中形成稳定的悬浮液，引发后聚合。聚合完毕经共沸脱水、分离、干燥得到微粒状产品。关键在于分散相粒子尺寸的控制。决定粒子尺寸的因素主要是搅拌和分散稳定剂等，反相悬浮聚合可采用热引发或氧化还原体系引发，有人认为聚合物的相对分子质量与 K2S208 浓度无关，相对分子质量较水溶液聚合的低。采用环己烷和一种非离子表面活性剂作为乳化剂，以 K2S208 作为引发剂，在 30~40℃ 及浓度 50% 条件下，可得到相对分子质量大于 1000 万的速溶性粉状聚丙烯酰胺。悬浮聚合和乳液聚合法较适合制备粒状、粉状聚丙烯酰胺，产品的质量也比较均匀、稳定。其缺点是需要用大量的非水溶剂，生产操作不太安全。

4. 辐射聚合

在 30% 丙烯酰胺的水溶液中加入乙二胺四乙酸二钠等添加剂，脱除氧气后用 CO60、伽马射线辐射进行引发聚合，再经造粒、干燥、粉碎即得聚丙烯酰胺。如造粒时加碱处理则得水解聚丙烯酰胺产品。所合成的产品相对分子质量可控，易溶于水及残余单体少，产品质量均一、稳定、便于使用和降低成本，是当今聚合物生产技术发展的方向。

四、聚合物优化方法

随着化学驱技术的发展，目前国内的化学驱试验和工业化已经从大庆油田推广到其他油田，油藏物性也逐渐变差，目前聚合物—表面活性剂复合驱试验区的渗透率最低达 50mD 以下，在试验的过程中出现注入压力高、注入量和油井产液量下降明显等问题，因此需要深入研究聚合物与油藏物性尤其是渗透率的匹配关系，为聚合物—表面活性剂复合驱的进一步推广应用提供技术支持。

1. 聚合物溶液的水动力学尺寸测定

聚合物分子在水中其实是被水化分子层所包裹的，聚合物的水动力学尺寸一般是指包裹着聚合物分子的水化分子层的尺寸。对于溶液中聚合物水动力学尺寸的认识缺乏深入研究，一般认为聚合物水动力学尺寸主要是由聚合物相对分子质量决定的，而与其他因素无明显关系。然而实际情况是，当溶液中的聚合物浓度增大到一定程度后，聚合物分子链相互之间将会发生明显的缠结作用，使聚合物的水动力学尺寸增大。另外，水质的不同，水中阳离子、高价金属离子的存在和浓度大小均会对聚合物分子线团的存在状态产生一定影响。在复合驱和三元驱中，溶液中还含有表面活性剂或碱，这两种化学剂的存在以及浓度也会对聚合物分子线团的尺寸以及存在状态产生影响。因此，有必要用实验的方法测量各种因素对聚合物水动力学尺寸的影响关系，明确聚合物水动力学尺寸在各种条件下的变化趋势，从而为进一步矿场试验聚合物的优化提供技术支持。

测量聚合物溶液水动力学尺寸的常用方法主要有两种：一种是显微摄影法，另一种是动态光散射法，这两种方法各有其优点，同时又具有局限性。显微摄影法是先将聚合物溶液制成干片然后将干片置于显微镜下进行观测，优点是可以直观观测聚合物分子线团凝聚形态，但缺点也比较明显，因为溶液是在干片形式下进行的观测，其分子形态可能和溶液中的分子形态有一定的差别,所以无法直接测定溶液中线团的形态。动态光散射技术具有准确、快速、可重复性好等优点,可以直接测定溶液中线团的形态和尺寸,但是对样品及溶液的洁净度具有很高的要求,除尘比较困难,而且只能观测较低浓度聚合物溶液的分子线团,当聚合物溶液的浓度较大时,这一方法并不适用,此外,分散相与分散介质的折射率相差很小,也给线团分布情况的测定带来很大困难。

近年来建立了岩心驱替装置测量不同条件下的聚合物水动力学半径的方法,且测量结果较为准确。它不仅克服了显微摄影法只能观察干片中的分子形态而无法直接测量聚合物水动力学尺寸的缺点,同时又克服了动态光散射法无法测量高浓度聚合物溶液水动力学尺寸的缺点,能更真实地反映聚合物水动力学尺寸,这种方法可以测定多种高分子体系的水动力学尺寸,与显微摄影法和动态光散射法相比,可以更加有效地反映高分子体系的水动力学尺寸与油藏孔喉配伍性关系。

2. 微孔滤膜法的原理

使用实验室常见的岩心驱替设备和不同孔径(0.10~3.0μm)的微孔滤膜,利用垫块将滤膜固定在岩心夹持器中部,实验过程中保持压差(0.20MPa)恒定不变,使不同水质配制的各种聚合物溶液通过不同孔径的微孔滤膜进行过滤,然后收集通过每种孔径滤膜的约50mL的聚合物流出液,测定聚合物溶液在过滤前后的浓度或者黏度,在直角坐标系中作聚合物流出液的浓度或黏度随微孔滤膜孔径的变化曲线图,通过以下分析可以确定聚合物的水动力学尺寸(水动力学直径D_h):如果聚合物溶液能够在恒压条件下顺利通过某种孔径的微孔滤膜且不破坏该面膜孔径,并且流出液的黏度或者浓度尚未发生明显降低,那么该微孔滤膜的孔径就是所能通过的聚合物溶液的水动力学直径D_h。再与确定的孔喉尺寸对比,分析判断聚合物溶液在不同条件下的过孔能力。

利用微孔滤膜方法测量聚合物溶液的水动力学尺寸的实验流程如图2-11所示。

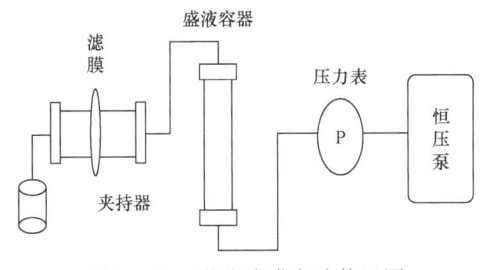

图2-11 微孔滤膜实验装置图

下面以1000万相对分子质量浓度为1000mg/L的聚合物溶液水动力学尺寸的测量为例,简要叙述使用微孔滤膜实验装置测量聚合物水动力学尺寸的过程。

(1)在图2-11所示的实验装置中分别安放不同孔径(0.10μm、0.22μm、0.30μm、0.45μm、0.65μm、0.8μm、1.0μm、1.2μm、1.5μm、2.0μm、3.0μm)的微孔滤膜,在实验所设定的恒定压差(0.2MPa)下进行过滤,收集通过每种滤膜后的滤出液各50mL,分别测定各流出液的黏度或浓度。

(2)在直角坐标系中,以微孔滤膜孔径尺寸为横坐标,以聚合物溶液通过滤膜后的相对浓度(聚合物流出液的浓度C/聚合物母液浓度C_0)为纵坐标,绘制聚合物流出液的相对浓度随滤膜孔径的变化曲线,分析通过不同孔径微孔滤膜后聚合物溶液浓度,找到聚合物浓度损失率的最大值,即聚合物相对浓度随微孔滤膜孔径的变化曲线的拐点,该拐点所对应的横坐标的值,即可近似认为是聚合物的水动力学尺寸。

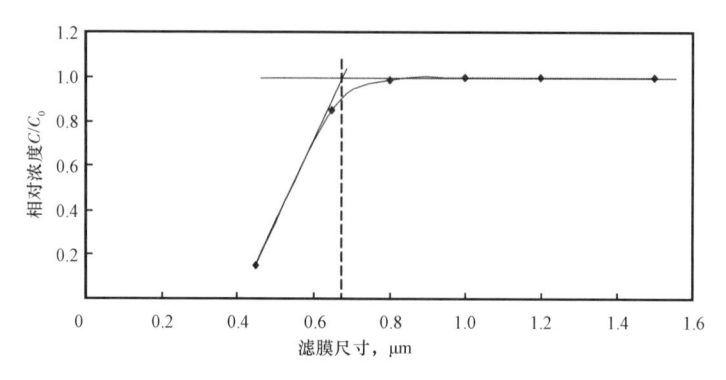

图 2-12 聚合物溶液相对浓度随微孔滤膜孔径的变化曲线图

从图 2-12 可以看出聚合物溶液在通过微孔滤膜后浓度的损失变化趋势,当聚合物溶液通过孔径大于 0.8μm 的微孔滤膜过滤后,流出液的浓度并没有发生明显的变化,同过滤前的溶液相比,浓度基本保持不变,这说明聚合物在通过此滤膜滞留量很少;而当微孔滤膜孔径小于 0.8μm,特别是小于 0.65μm 时,曲线下降趋势很明显,表明流出溶液的浓度发生剧烈变化,浓度迅速降低,聚合物滞留量变大;所以据此可以判定在该条件下,1000 万相对分子质量聚合物配制的 1000mg/L 的溶液其水动力学尺寸介于 0.6~0.8μm 之间。当微孔滤膜的孔径小于 0.8μm 以后,滤出液的浓度随微孔滤膜孔径的减小而降低,并且会出现一个浓度降低最明显的点,该点对应的横坐标(微孔滤膜尺寸)即为聚合物溶液水动力学尺寸,即图中两条直线的交点处。

当滤膜孔径大于 0.8μm 时,聚合物溶液(1000 万相对分子质量 1000mg/L)很容易就能通过滤膜,而当滤膜孔径小于 0.65μm 时,聚合物溶液难以通过滤膜。因此可以确定该聚合物溶液的水动力学尺寸介于 0.65~0.8μm 之间,做拐点附近点的延长线,在 0.68μm 时相交,这一点是聚合物溶液过滤后浓度降低最大的点,而这个值与该聚合物溶液的水动力学尺寸是最为接近的。所使用的聚合物样品基本参数见表 2-3。

表 2-3 实验用聚合物样品基本参数

名称	固相含量,%	相对分子质量	水解度,%	不溶物,%	残留单体,mg/L
KY-4	89.07	2300 万	26.5	0.132	0.023
KY-3	89.43	1900 万	30.2	0.132	0.0281
KY-2	90.41	1500 万	24.9	0.092	0.0169
KY-1	89.93	1000 万	24.3	0.120	0.0066
63008	90.49	700 万	29.3	0.112	0.005

3. 聚合物一元体系水动力学尺寸研究

在矿场试验中,聚合物的驱油效果受很多因素影响。例如聚合物的浓度和相对分子质量、油藏岩石的组成、地层水的矿化度、注入水的水质等都对聚合物的驱油效果有着直接的影响。聚合物溶液在流经多孔介质时，孔喉尺寸将对其起到自然选择的作用，若是大部分聚合物水化分子在经过孔喉时遭遇到阻碍，那么聚合物的注入将会变得很困难。针对这些因素的影响，通过微孔滤膜法，使用实验室驱替设备，测定各种情况下聚合物溶液水动力学尺寸的大小，通过对比分析研究聚合物溶液的水动力学尺寸在各种因素影响下的变化情况。

1）蒸馏水配制的聚合物溶液水动力学尺寸

用蒸馏水配制5种不同相对分子质量（700万、1000万、1500万、1900万、2300万）、5种不同浓度（500mg/L、1000mg/L、1500mg/L、2000mg/L、2500mg/L）的聚合物溶液，利用微孔滤膜实验装置，在恒定压差0.2MPa下进行过滤实验，分别测定上述聚合物溶液的水动力学尺寸，实验结果见表2-4。

表2-4 蒸馏水配制聚合物溶液水动力学尺寸

水动力学尺寸，μm \ 浓度，mg/L \ 相对分子质量	500	1000	1500	2000	2500
700万	0.51	0.59	0.67	0.71	0.74
1000万	0.63	0.68	0.81	0.85	0.92
1500万	0.73	0.8	0.93	0.98	1.02
1900万	0.87	1.04	1.12	1.24	1.29
2300万	0.91	1.16	1.24	1.30	1.34

浓度对于聚合物的水动力学尺寸影响较大，当聚合物的浓度逐渐变大时，不论聚合物的相对分子质量高低，聚合物的水动力学尺寸都是随浓度的增加逐渐增大的。当聚合物的相对分子质量逐渐增大时，同一浓度聚合物溶液的水动力学尺寸也是逐渐增加的，说明聚合物的水动力学尺寸受相对分子质量影响也较大。控制聚合物的浓度和相对分子质量中的其中一种因素发生变化，当相对分子质量变大时，聚合物的水动力学尺寸的增幅要大于浓度增加时水动力学尺寸的增幅，可以推断：聚合物的水动力学尺寸受相对分子质量的影响比受浓度对其的影响更大。

2）污水配制的聚合物溶液水动力学尺寸

实验中所用的污水总矿化度约为3900mg/L，Ca^{2+}和Mg^{2+}含量约为55mg/L。使用0.45μm的滤膜过滤污水，去除其中较大颗粒。然后使用过滤后的污水分别配制5种不同相对分子质量（700万、1000万、1500万、1900万、2300万）、5种不同浓度（500mg/L、1000mg/L、1500mg/L、2000mg/L、2500mg/L）的聚合物溶液，利用微孔滤膜实验装置，保持压差0.2MPa恒定不变，分别测定上述聚合物溶液的水动力学尺寸，实验结果见表2-5。

使用污水配制与清水配制的情况相同，当聚合物溶液浓度逐渐增大时，不论是大相对分子质量还是小相对分子质量聚合物，使用污水配制的聚合物溶液的水动力学尺寸都是逐渐增大的。随着聚合物相对分子质量的增大，同一浓度的污水配制的聚合物溶液的水动力学尺寸也是逐渐增加的，这和清水配制变化情况一致，与配制聚合物溶液时使用何种水质并无关系。通过对比可以知道：使用污水配制聚合物溶液时，聚合物相对分子质量对其水动力学尺寸的影响比浓度对其水动力学尺寸的影响更大。

表 2-5 污水配制聚合物溶液水动力学尺寸

水动力学尺寸, μm　　浓度, mg/L 相对分子质量	500	1000	1500	2000	2500
700 万	0.42	0.48	0.58	0.64	0.72
1000 万	0.57	0.66	0.69	0.77	0.82
1500 万	0.66	0.70	0.81	0.85	0.87
1900 万	0.74	0.78	0.87	0.94	1.01
2300 万	0.81	0.89	0.95	1.04	1.10

3) 相对分子质量对聚合物溶液水动力学尺寸的影响

图 2-13 和图 2-14 分别是使用蒸馏水和污水配制的聚合物溶液水动力学尺寸随聚合物相对分子质量的变化曲线。可以看到，不管使用何种水质配制聚合物溶液，一定浓度的聚合物溶液，当聚合物的相对分子质量逐渐变大时，聚合物溶液的水动力学尺寸也逐渐增大。

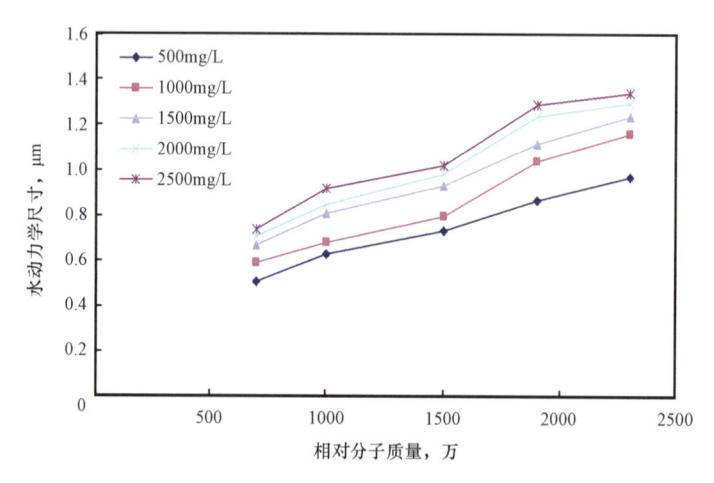

图 2-13 不同浓度聚合物溶液水动力学尺寸随相对分子质量的变化曲线(蒸馏水)

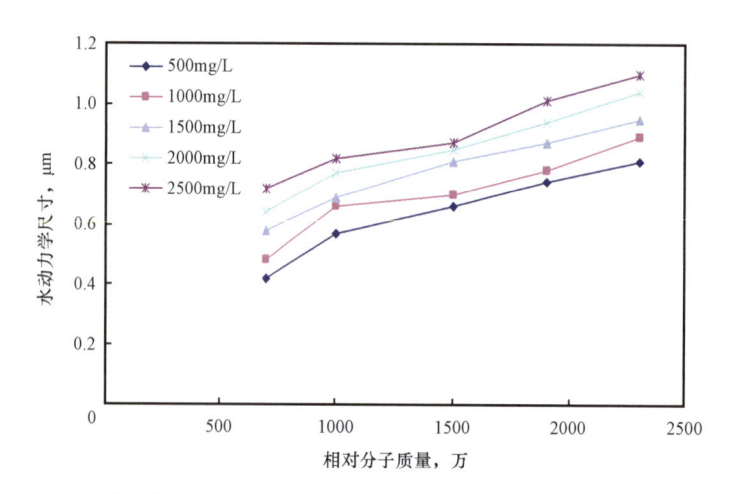

图 2-14 不同浓度聚合物溶液水动力学尺寸随相对分子质量的变化曲线(污水)

实验结果说明聚合物溶液的水动力学尺寸受相对分子质量的影响比较明显。聚合物溶液的水动力学尺寸受相对分子质量影响较大主要是因为聚合物溶于水中后，分子长链上有大量强极性的—$CONH_2$和—$COONa^+$侧基，氢键作用很强，分子与分子之间容易形成物理交联点，从而构成空间网状结构。当聚合物相对分子质量增大，聚合物分子链越长，使水溶液中的聚合物分子链越容易发生缠绕，会形成更加复杂、更加稳定的网状结构。所以聚合物溶液的水动力学尺寸随相对分子质量增大而增加。

4）聚合物溶液的浓度对水动力学尺寸的影响

图 2 -15 和图 2 -16 为不同水质配制的聚合物溶液水动力学尺寸随浓度的变化曲线。从图中可以看出，一定相对分子质量的聚合物，当溶液浓度逐渐增大时，无论是使用清水还是污水配制，聚合物溶液的水动力学尺寸都明显增大。

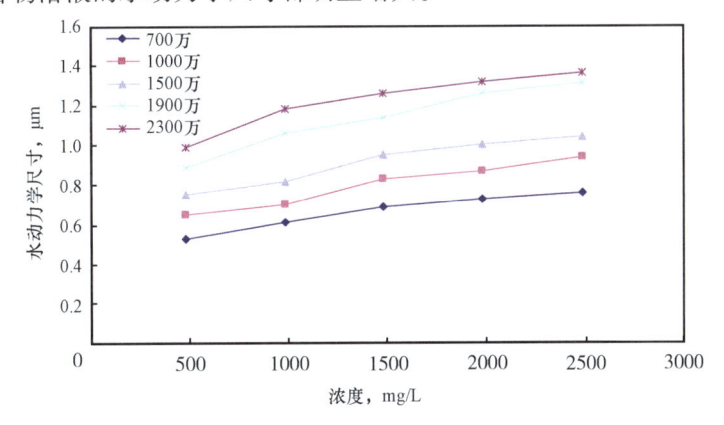

图 2 -15　不同相对分子质量的聚合物溶液水动力学尺寸随浓度的变化曲线（蒸馏水）

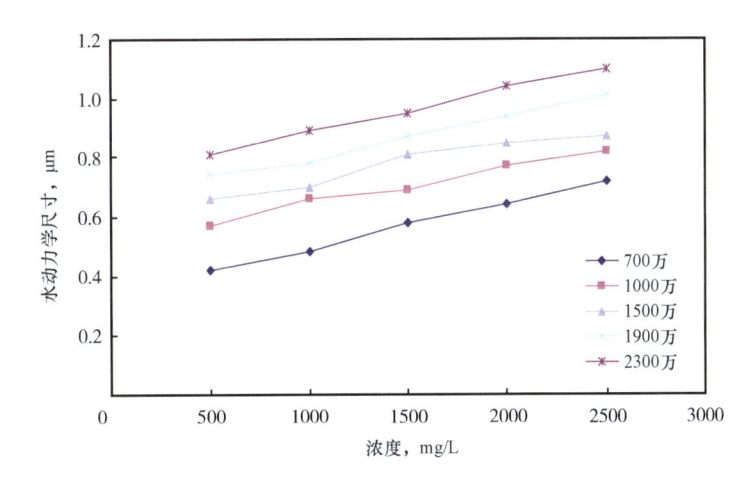

图 2 -16　不同相对分子质量的聚合物溶液水动力学尺寸随浓度的变化曲线（污水）

当聚合物溶液的浓度较低时，分子线团之间相互比较独立，溶液中的链段分布并不均一，分子链之间很少发生缠绕穿插，所以尺寸较小；当浓度较高时，溶液中的分子线团数量也相应增加很多，线团之间容易产生纠结而缠绕在一起。此时浓度对于高分子链尺寸的影响很大，浓度越大，高分子链之间穿插交叠的机会也就越大，而且缠绕也越复杂。因此聚合物溶液的水动力学尺寸与浓度密切相关，浓度越大，则水动力学尺寸越大。

5）不同过滤压差下的聚合物溶液水动力学尺寸

使用驱替设备，通过恒压泵调节压力变化，在不同的过滤压差条件（0.05MPa、0.10MPa、0.15MPa、0.20MPa、0.25MPa）下，测定蒸馏水配制的 3 种相对分子质量（700万、1500万、2300万）、三种浓度（500mg/L、1500mg/L、2500mg/L）的聚合物溶液的水动力学尺寸，测定结果详见表 2-6。

表 2-6 不同压力下聚合物溶液水动力学尺寸

水动力学尺寸，μm 相对分子质量/浓度	0.05	0.10	0.15	0.20	0.25
700 万/500mg/L	0.66	0.64	0.57	0.51	0.43
700 万/1500mg/L	0.82	0.79	0.73	0.67	0.60
700 万/2500mg/L	0.89	0.87	0.80	0.74	0.65
1500 万/500mg/L	0.88	0.85	0.79	0.73	0.64
1500 万/1500mg/L	1.08	1.06	0.99	0.93	0.85
1500 万/2500mg/L	1.18	1.15	1.09	1.02	0.93
2300 万/500mg/L	1.12	1.10	1.05	0.97	0.88
2300 万/1500mg/L	1.39	1.37	1.31	1.24	1.16
2300 万/2500mg/L	1.49	1.47	1.40	1.34	1.25

对于同一种聚合物溶液，在不同的过滤压差下，其水动力学尺寸是不一样的。不管聚合物溶液相对分子质量大小抑或浓度高低，当过滤压差越大时，则聚合物溶液的水动力学尺寸就越小。尽管聚合物溶液的浓度和相对分子质量都不尽相同，但是测量结果都具有相同的变化趋势，即水动力学尺寸随过滤压差的增加而减小。

从图 2-17 和图 2-18 中的变化曲线可以看出，随着压差的增加，不论聚合物相对分子质量和浓度大小，聚合物溶液的水动力学尺寸都逐渐减小，而且在 0.05~0.10MPa 的较小

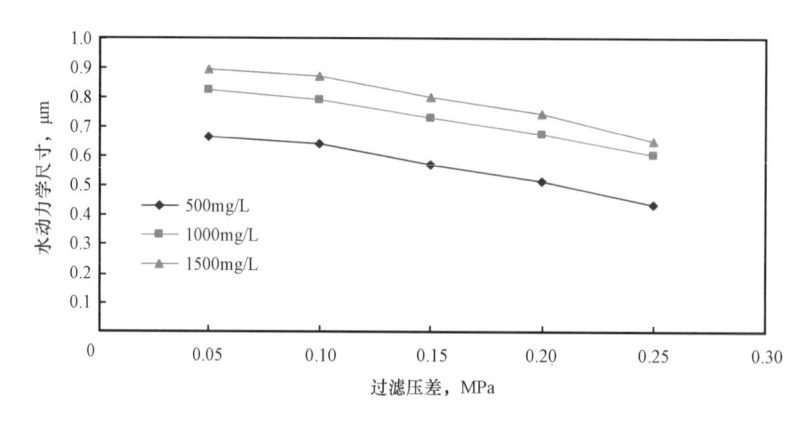

图 2-17 不同浓度的 700 万相对分子质量聚合物溶液水动力学尺寸随压力变化曲线

压差下过滤时,水动力学尺寸的降低比较平缓;当过滤压差在 0.10~0.25MPa 之间时,水动力学尺寸的降低变得较为明显。这表明在油藏深部的较低驱替压差下,水动力学尺寸较大的聚合物溶液不能够顺利流过一定孔喉尺寸的油层岩石孔隙,而在较高的驱替压差下,同样相对分子质量、同样浓度的聚合物水动力学尺寸变小,它可以通过较小的岩石孔道而不造成堵塞孔喉。

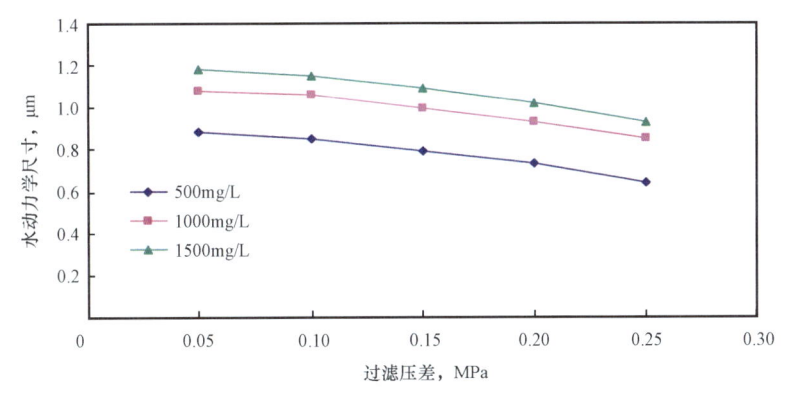

图 2-18 不同浓度的 1500 万相对分子质量聚合物溶液水动力学尺寸随压力变化曲线

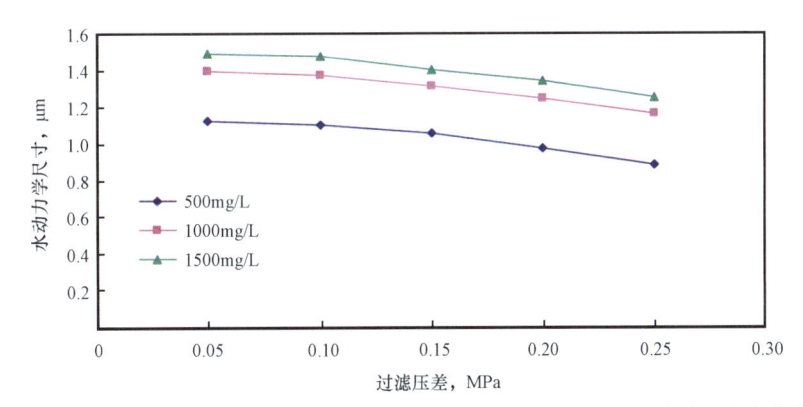

图 2-19 不同浓度的 2300 万相对分子质量聚合物溶液水动力学尺寸随压力变化曲线

这是因为聚合物分子线团具有一定的弹性,当压差较大时,聚合物分子线团受到的压力也较大,分子线团较为蜷缩,而且分子链之间的空间也会受到挤压,宏观上将表现出体积收缩,从而导致聚合物水动力学尺寸较小;而当压差较小时,聚合物分子线团受到的压力作用也较小,分子之间的间隙相对较大,此时分子线团较为舒展,分子链之间的空间相对较大,致使聚合物水动力学尺寸较大,从而导致不同压力条件下聚合物水动力学尺寸具有一定的差异性。

6)不同矿化度的聚合物溶液的水动力学尺寸

(1)Na$^+$ 的影响。

为研究单一的矿化度因素对聚合物水动力学尺寸的影响,排除溶液中其他阳离子的干扰作用,用不同质量浓度的 NaCl 溶液稀释聚合物溶液。使用微孔滤膜装置测定各聚合物溶液的水动力学尺寸,实验结果详见表 2-7。

表 2-7　不同矿化度下聚合物溶液(1000mg/L)水动力学尺寸

水动力学尺寸，μm　　NaCl浓度，mg/L　　　　　　　相对分子质量	1000	2000	3000	4000	5000	10000	20000	50000
700 万	0.59	0.57	0.54	0.51	0.48	0.45	0.42	0.41
1500 万	0.80	0.77	0.75	0.72	0.69	0.66	0.63	0.62
2300 万	1.16	1.13	1.11	1.08	1.05	1.02	0.99	0.98

同一种聚合物溶液，溶液的矿化度不同时，聚合物的水动力学尺寸也是不同的。NaCl 浓度越高，聚合物的水动力学尺寸越小。

由图 2-20 可以清楚地看到矿化度对聚合物水动力学尺寸的影响。从曲线的变化趋势可以看出，不论相对分子质量高低，聚合物溶液的水动力学尺寸都是随着矿化度的增加而降低的。当溶液的矿化度在 0~5000mg/L 之间时，聚合物的水动力学尺寸随着矿化度的增大而迅速降低；当 NaCl 溶液矿化度超过 5000mg/L 后，聚合物水动力学尺寸随着矿化度的增加缓慢降低或趋于平缓。

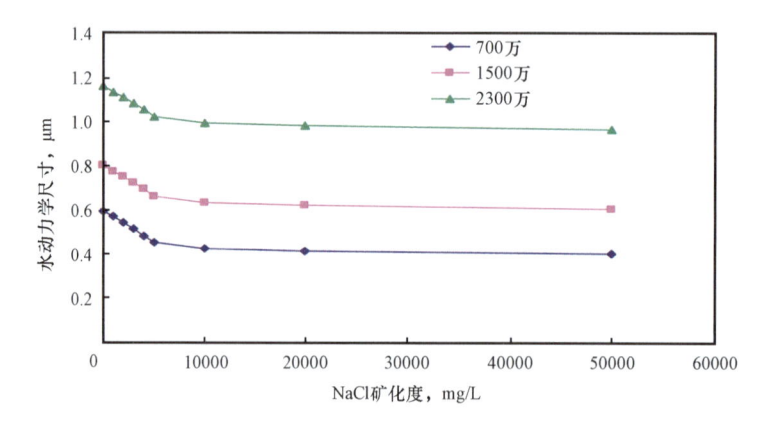

图 2-20　1000mg/L 不同相对分子质量的聚合物溶液水动力学尺寸随矿化度的变化曲线

一定相对分子质量和浓度的聚合物溶液，当配制水的矿化度逐渐增加时，聚合物的水动力学尺寸呈逐渐减小的趋势。这种变化主要是由于钠离子的盐效应而引起的，盐引起聚丙烯酰胺分子链皱缩，使分子之间的缠绕更紧密，分子之间的空间变小，从而使水化分子线团变小，导致水动力学尺寸减小。无机盐溶于水中对聚合物分子会产生如下影响：(1)无机盐溶于水中产生金属阳离子，一是中和溶液中的羧基负电荷，二是产生静电屏蔽，分子间的斥力减小，而这部分斥力刚好是使分子链保持伸展的力，因此分子线团蜷缩。(2)聚合物溶于水中后，分子周围有一层水化膜，这层水化膜在无机离子的影响下容易发生去水化作用，导致水化膜的厚度减小。水化层包括电缩水化层及协同水化层，其中协同水化层占很大的比例，这部分水化层受无机离子的影响，很容易遭到破坏。此外，分子链的蜷缩与位阻有关，当位阻变小时，分子链蜷缩。

(2) Ca^{2+} 和 Mg^{2+} 的影响。

不同质量浓度(20mg/L、40mg/L、60mg/L、80mg/L、100mg/L、120mg/L、140mg/L)

的 Ca^{2+} 和 Mg^{2+} 溶液，稀释聚合物溶液。使用微孔滤膜装置测定各聚合物溶液的水动力学尺寸，实验结果详见表 2-8。

表 2-8 不同浓度二价离子配制的聚合物溶液水动力学尺寸

离子类型 \ 水动力学尺寸，μm \ 离子浓度，mg/L	20	40	60	80	100	120	140
Ca^{2+}	0.79	0.74	0.68	0.65	0.6	0.57	0.54
Mg^{2+}	0.77	0.68	0.66	0.62	0.6	0.55	0.51

当溶液中二价阳离子的浓度发生变化时，聚合物的水动力学尺寸也是不同的。具体来说，聚合物的水动力学尺寸是随着溶液中 Ca^{2+} 和 Mg^{2+} 浓度的增大而减小的。

由图 2-21 可见，虽然 Ca^{2+} 和 Mg^{2+} 对聚合物溶液的水动力学尺寸在不同离子浓度时的影响程度不尽相同，但总体的影响趋势却是一致的，而且同一价阳金属离子相同，二价金属阳离子的影响程度要大于一价金属离子。二价金属离子使聚合物溶液水动力学尺寸减小的原因同一价金属离子基本一致，唯一的差别在于二价金属阳离子具有更强的电中和作用。

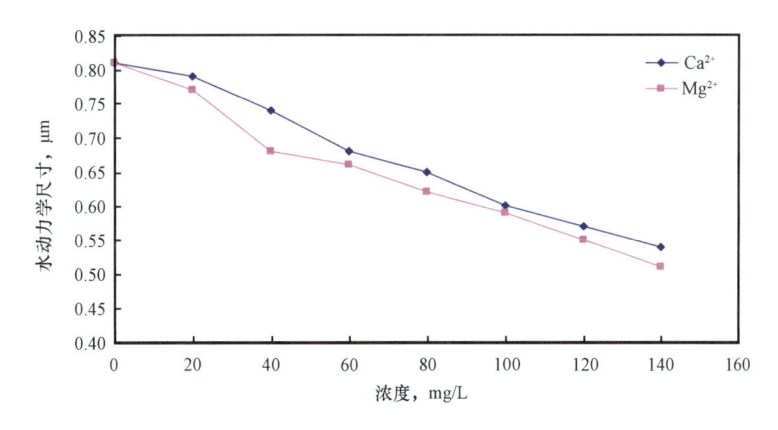

图 2-21 聚合物溶液水动力学尺寸随二价金属离子的变化曲线图

7）相同浓度下不同黏度聚合物溶液的水动力学尺寸

使用蒸馏水配制相对分子质量为 1500 万（1000mg/L、1500mg/L、2000mg/L）的聚合物溶液，分别取出若干母液剪切至某黏度，使用微孔滤膜装置测定其水动力学尺寸，实验测定结果见表 2-9。

表 2-9 不同黏度下同一浓度聚合物溶液水动力学尺寸

样品溶液 \ 水动力学尺寸，μm \ 黏度保留率	母液（100%）	剪切（80%）	剪切（60%）	剪切（40%）	剪切（20%）
1000mg/L	0.80	0.62	0.42	0.2	<0.1
1500mg/L	0.93	0.72	0.49	0.25	0.13
2000mg/L	0.98	0.78	0.59	0.39	0.19

同一浓度的聚合物溶液，其黏度越小，则相应的水动力学尺寸也越小。由图 2-22 可以清楚地看到聚合物溶液的黏度对其水动力学尺寸的影响。一定浓度的聚合物溶液，若溶液的黏度越小，则相应的聚合物溶液的水动力学尺寸也就越小。由于聚合物分子都是由链节所组成的，对于剪切应力十分敏感，如果聚合物分子在短时间内在受到较大的拉伸作用，会导致之前形成的大量的网状结构不复存在，有的缠结分子甚至来不及解缠就已经在应力作用下产生断裂，使得扩散层中的切变面越来越接近离子的骨架，而且输送体系如果具有较高的能量，还会通过流体的应力传递作用降低分子间的相互作用，而使扩散双层变薄，从而导致聚合物溶液的水动力学尺寸减小。

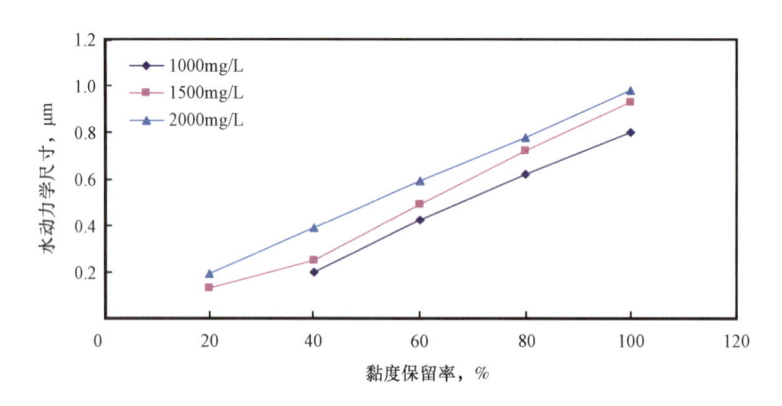

图 2-22 不同浓度聚合物溶液水动力学尺寸随黏度的变化曲线（聚合物相对分子质量1500 万）

4. 聚合物水动力学尺寸研究

近年随着化学驱技术的发展，在矿场实际采油中，除了聚合物驱油以外，复合驱技术也成为三次采油的重要研究对象。经过一系列有针对性的研究后，对于聚合物—表面活性剂复合驱技术有了更深入的认识，在很多方面诸如配方研究、机理认识、采油工艺、地面工程、动态监测、矿场实施等都取得了长足的进步。

1）表面活性剂对聚合物溶液水动力学尺寸的影响研究

蒸馏水配制两种相对分子质量（1000 万、1900 万）、两种浓度（500mg/L、2500mg/L）的聚合物溶液，分别加入不同量的十二烷基苯磺酸钠（SDBS），使用微孔滤膜装置测定其水动力学尺寸结果见表 2-10。

表 2-10 不同 SDBS 浓度下聚合物的水动力学尺寸

聚合物相对分子质量	聚合物浓度 mg/L	不同 SDBS 浓度对应的聚合物水动力学尺寸，μm						
		0mg/L	100mg/L	500mg/L	1000mg/L	2000mg/L	3000mg/L	4000mg/L
1000 万	500	0.63	0.62	0.60	0.57	0.55	0.54	0.54
	2500	0.92	0.94	0.96	0.91	0.88	0.85	0.84
1900 万	500	0.87	0.85	0.84	0.82	0.79	0.78	0.78
	2500	1.29	1.31	1.35	1.28	1.24	1.22	1.21

聚合物溶液水动力学尺寸随SDBS浓度的变化规律如下：

（1）低浓度聚合物溶液的水动力学尺寸随SDBS浓度的增加而减小，对于聚合物浓度为500mg/L的两种不同相对分子质量的二元体系溶液，随着SDBS浓度的增加，聚合物的水动力学尺寸都呈下降趋势，1000万相对分子质量二元体系中，当SDBS浓度由0增加到2000mg/L时，聚合物的水动力学尺寸由0.63μm降低到0.55μm，继续增加SDBS的浓度，水动力学尺寸基本保持不变。1900万相对分子质量二元体系中，当SDBS浓度由0增加到2000mg/L时，聚合物的水动力学尺寸由0.87μm降低到0.79μm，继续增加SDBS的浓度，水动力学尺寸降低较为缓慢。高浓度聚合物溶液的水动力学尺寸随SDBS浓度的增加先增大后减小，如图2-23所示。

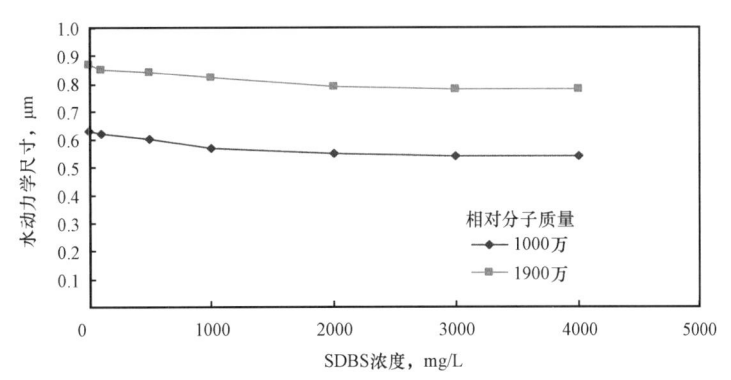

图2-23 SDBS对低浓度（500mg/L）聚合物水动力学尺寸的影响

（2）对于聚合物浓度为2500mg/L的两种不同相对分子质量的二元体系溶液，当SDBS的浓度逐渐增加时，聚合物的水动力学尺寸呈现先增加后减小的趋势。当SDBS浓度从0增加到500mg/L时，聚合物的水动力学尺寸逐渐变大，而且在500mg/L时达到最大值，而后随着SDBS的浓度继续增大，聚合物的水动力学尺寸又逐渐下降最后趋于平缓，如图2-24所示。

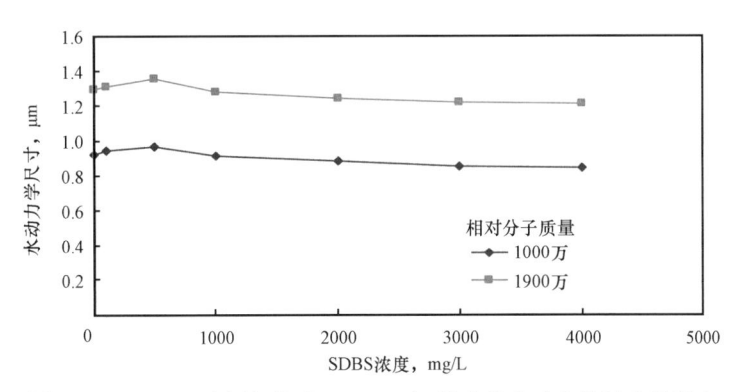

图2-24 SDBS对高浓度（2500mg/L）聚合物水动力学尺寸的影响

表面活性剂对聚合物溶液水动力学尺寸的影响主要如下：①表面活性剂在水中电离产生钠离子，聚合物分子链由于受到钠离子的盐效应影响而收缩，使分子之间形成更加紧密的缠绕，导致聚合物的水动力学尺寸变小。当聚丙烯酰胺在水中溶解时，由于静电斥力和水化作用，分子链呈舒展状态，溶液中若存在钠离子，一会中和溶液中的羧基负电荷，二会产生静电屏蔽，分子间的斥力减小，而这部分斥力刚好是使分子链保持伸展的力，因此分子线团蜷缩，导致水动力学尺寸变小。②表面活性剂进入溶液中后，与聚合物分子之间发生缔合，当溶液中聚合物的浓度较高，分子链之间会产生缠绕形成较复杂的网状结构，削弱了与表面活性剂分子之间的缔合作用，若溶液中聚合物浓度较低时，由于分子链之间相互比较独立，表面活性剂分子很容易就与溶液中的聚合物分子发生缔合，形成聚合物—表面活性剂聚集体，增大水动力学尺寸。

当聚合物浓度较低时，表面活性剂水解释放的钠离子的影响占主导地位。聚合物分子的双电层会受到钠离子的压缩，导致体积减小，因而聚合物的水动力学尺寸随表面活性剂的浓度增加有减小的趋势。

聚合物分子内存在疏水微区，聚合物浓度较高时，表面活性剂一方面与聚合物产生疏水缔合作用进入疏水微区使其膨胀，另外表面活性剂亲水基处在疏水微区与水接触的部位，能代替聚合物的亲水基，这样可以对疏水微区起到保护作用使之不与水接触，聚合物分子链更为舒展，水动力学尺寸有所上升。当表面活性剂的浓度小于临界胶束浓度（CMC）时，聚集体的浓度随表面活性剂浓度的增高而增加，水动力学尺寸也逐渐变大，但是当表面活性剂浓度达到 CMC 时，其与聚合物分子的缔合已经达到平衡，此时的聚合物水动力学尺寸最大。如果表面活性剂的浓度继续增大，一方面可能会在聚合物链上形成新的疏水微区，这样又使聚合物链变得卷曲；另一方面，这部分表面活性剂也相当于电解质，会压缩聚合物分子的双电层，使分子链由舒展变为蜷缩，导致聚合物水动力学尺寸变小。

2）碱对聚合物溶液水动力学尺寸的影响研究

用蒸馏水配制三种相对分子质量（700 万、1500 万、2300 万）浓度为 1000mg/L 的聚合物溶液，分别加入不同量的强碱（NaOH）和弱碱（Na_2CO_3），测定其水动力学尺寸，实验测定结果见表 2-11 和表 2-12。

表 2-11 不同 Na_2CO_3 浓度下聚合物（1000mg/L）水动力学尺寸

水动力学尺寸，μm 相对分子质量 \ Na_2CO_3 浓度，%	0	0.4	0.6	0.8	1.0	1.2	1.4
700 万	0.59	0.56	0.54	0.52	0.50	0.49	0.48
1500 万	0.80	0.77	0.75	0.73	0.72	0.70	0.69
2300 万	1.16	1.13	1.10	1.08	1.06	1.05	1.04

表 2-12 不同 NaOH 浓度下聚合物（1000mg/L）水动力学尺寸

水动力学尺寸，μm 相对分子质量 \ NaOH 浓度，%	0	0.4	0.6	0.8	1.0	1.2	1.4
700 万	0.59	0.54	0.52	0.50	0.48	0.47	0.46
1500 万	0.80	0.75	0.73	0.71	0.70	0.68	0.67
2300 万	1.16	1.11	1.08	1.06	1.04	1.03	1.02

二元体系中不论强碱还是弱碱，聚合物的水动力学尺寸都随着碱浓度的增加而减小，而且强碱对聚合物水动力学尺寸的影响比弱碱的影响要大。

碱可能以两种方式影响聚合物的水动力学尺寸：一种方式是碱在溶液中电离产生阳离子，与分子链上的羧基负电荷产生中和作用，而且还能屏蔽负电荷基团，使分子间的斥力减小，而这部分斥力刚好是使分子链保持伸展的力，因此分子线团蜷缩，导致水动力学尺寸变小，这其实和无机盐因为盐效应影响聚合物大的水动力学尺寸机理相同；另一种方式是聚合物链上的酰胺基由于碱的存在水解程度更高，溶液中的聚合物分子增加，增大了聚合物链穿插叠加的机会，可能导致水动力学尺寸变大。在碱—聚合物复合体系中，前者起主导作用，聚合物链上的扩散双电层会受到阳离子的压缩，使分子链蜷缩，一些分子线团变得相对独立，线团之间不再有分子链牵连，导致聚合物水动力学尺寸减小，所以聚合物分子的尺寸是随着碱浓度的升高而减小的，如图2–25所示。

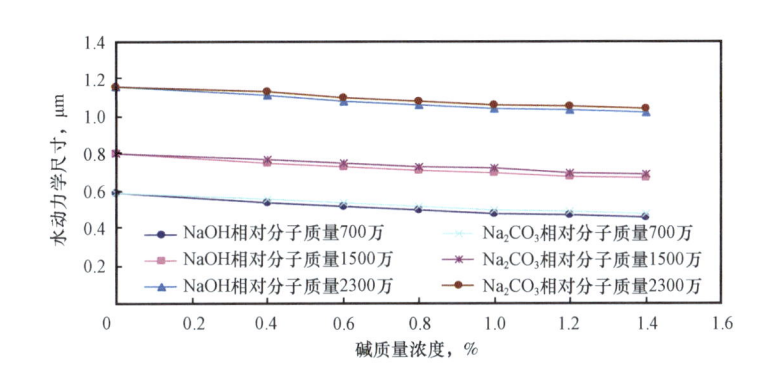

图2–25 碱对1000mg/L聚合物溶液水动力学尺寸的影响

5. 碱—表面活性剂—聚合物三元体系中聚合物溶液的水动力学尺寸研究

碱—表面活性剂—聚合物三元体系中同时存在碱、表面活性剂和聚合物，聚合物的水动力学尺寸在碱、表面活性剂两种药剂的共同作用下发生变化。

1）三元体系中碱对聚合物水动力学尺寸影响研究

用蒸馏水配制若干聚合物相对分子质量1000万、两种不同浓度（500mg/L、2500mg/L），SDBS浓度为0.3%，碱浓度从0到1.4%变化的三元体系溶液，分别测定其中聚合物的水动力学尺寸，实验测定结果见表2–13和表2–14。

表2–13 弱碱三元体系中碱浓度对聚合物水动力学尺寸影响（一）

水动力学尺寸，μm　　Na$_2$CO$_3$浓度,%　　聚合物浓度，mg/L	0	0.4	0.6	0.8	1.0	1.2	1.4
500	0.54	0.52	0.51	0.49	0.48	0.47	0.46
2500	0.85	0.84	0.82	0.81	0.79	0.78	0.77

表 2-14 强碱三元体系中碱浓度对聚合物水动力学尺寸影响（二）

水动力学尺寸，μm 聚合物浓度，mg/L	NaOH 浓度，%						
	0	0.4	0.6	0.8	1.0	1.2	1.4
500	0.54	0.51	0.49	0.48	0.46	0.45	0.44
2500	0.85	0.83	0.81	0.79	0.77	0.76	0.75

三元体系中聚合物的水动力学尺寸与碱浓度有关。当溶液中聚合物和表面活性剂浓度保持不变时，聚合物的水动力学尺寸是随着碱浓度的升高而减小的，与溶液中的碱属于强碱还是弱碱并无关系。通过对比可以发现三元体系中强碱对聚合物水动力学尺寸的影响要略大于弱碱对水动力学尺寸的影响，如图 2-26 所示。

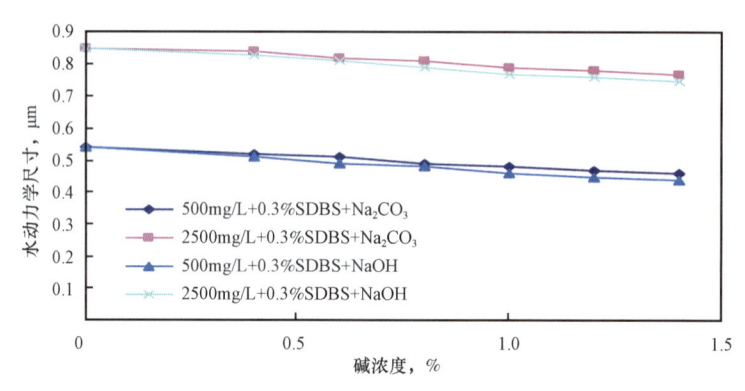

图 2-26 三元体系中碱对聚合物水动力学尺寸影响（聚合物相对分子质量 1000 万）

2）三元体系中表面活性剂对聚合物水动力学尺寸影响研究

用蒸馏水配制若干聚合物相对分子质量 1000 万、两种不同浓度（500mg/L、2500mg/L），碱浓度固定为 1.2%，表面活性剂浓度从 0 到 4000mg/L 变化的三元体系溶液，分别测定其中聚合物的水动力学尺寸，实验测定结果见表 2-15 和表 2-16。

表 2-15 弱碱三元体系中表面活性剂浓度对聚合物的水动力学尺寸影响

水动力学尺寸，μm 聚合物浓度，mg/L	SDBC 浓度，mg/L						
	0	100	500	1000	2000	3000	4000
500	0.52	0.51	0.49	0.49	0.48	0.47	0.47
2500	0.81	0.80	0.79	0.79	0.78	0.78	0.77

表 2-16 强碱三元体系中表面活性剂浓度对聚合物的水动力学尺寸影响

水动力学尺寸，μm 聚合物浓度，mg/L	SDBC 浓度，mg/L						
	0	100	500	1000	2000	3000	4000
500	0.50	0.48	0.47	0.47	0.46	0.45	0.45
2500	0.79	0.78	0.77	0.77	0.76	0.76	0.75

不论弱碱三元体系还是强碱三元体系，当体系中的聚合物和碱的浓度一定时，随着 SDBS 的浓度逐渐增加，聚合物的水动力学尺寸缓慢下降后趋于平缓。而且，相对于无碱二元体系，三元体系中不论聚合物浓度高低，当 SDBS 的浓度逐渐增加时，聚合物的水动力学尺寸都缓慢减小后趋于平缓，这不同于无碱二元体系中聚合物的水动力学尺寸还受到聚合物浓度的影响，再结合图 2－27 来看，可以发现三元体系中碱对聚合物水动力学尺寸的影响要强于表面活性剂对水动力学尺寸的影响。

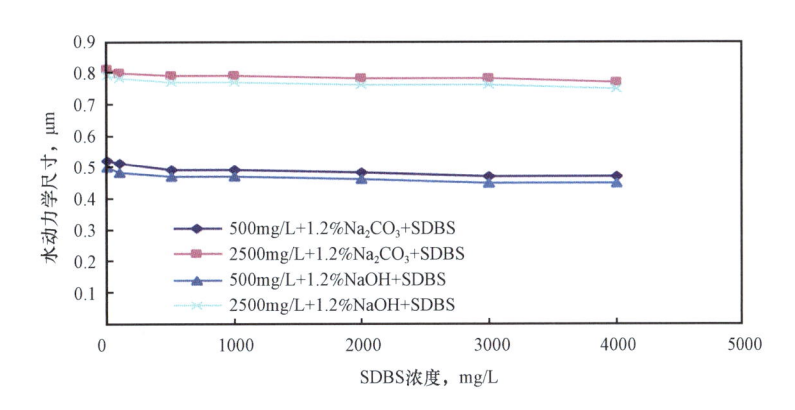

图 2－27　三元体系中表面活性剂浓度对聚合物的水动力学尺寸影响（聚合物相对分子质量 1000 万）

第三节　注入界限研究

聚合物—表面活性剂复合体系注入界限研究主要研究的是聚合物相对分子质量和浓度与油藏渗透率的匹配关系，该方面的研究大部分是从聚合物的水动力学尺寸与聚合物的注入性这两个方面展开的。聚合物溶于水中后，其分子链具有缠绕性，相邻的分子链很容易发生缠绕，因此聚合物的性能和结构受相对分子质量和浓度的影响非常大。聚合物分子间的相互作用是随着聚合物相对分子质量的增加以及浓度的增高而变强的。在注入聚合物—表面活性剂复合体系时，有些区块为保持黏度而使用高相对分子质量、高浓度的聚合物，但是聚合物的相对分子质量和浓度太大时，会堵塞地层，造成注入压力上升快、注入困难。如果聚合物的相对分子质量和浓度过低，虽然注入过程会很顺利，却又达不到预期的驱油效果。因此在进行聚合物驱方案设计时，必须结合实际的地层条件，选择合适的聚合物相对分子质量和浓度，这样才能充分发挥聚合物—表面活性剂复合体系提高采收率的作用。

现有注入性研究方面，关于注入性能的评价标准往往只是根据岩心端面是否发生了堵塞为依据，评价标准并不明确。但多数学者研究发现高分子聚合物体系在地层多孔介质中发生堵塞的原理如图 2－28 所示（其中 R_h 表示高分子体系的水动力学尺寸，R 为储层孔喉半径）。

当 $R_h > 0.46R$ 时，聚合物分子堵塞多孔介质孔喉的情况有以下 4 种：

（1）$R_h > R$ 时，聚合物分子根本无法通过孔喉，一旦进入就会堵塞，这种情况下即使注入压力很高，也很难将聚合物溶液注入地层；

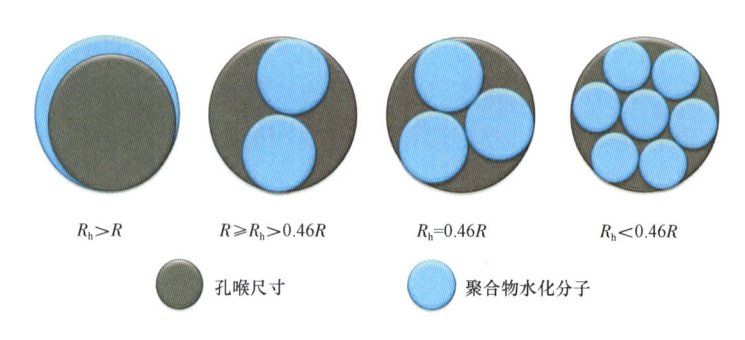

图 2-28 聚合物分子对多孔介质孔喉的堵塞示意图

(2) $0.46R < R_h \leq R$ 时，相邻的 2 个聚合物分子可以通过"架桥"方式，堵塞孔喉，这种堵塞比较稳定；

(3) $R_h = 0.46R$ 时，3 个聚合物分子相互紧靠，能够以三角"架桥"的形式形成比较稳定的堵塞；

(4) $R_h < 0.46R$ 时，也能形成堵塞，但这种堵塞属于"堆积"堵塞，并不稳定，只要稍大的冲力，就能解堵。

当聚合物的分子水动力学半径(R_h)与孔喉半径(R)的关系满足 $R_h > 0.46R$ 时，聚合物溶液会对岩石孔喉形成比较稳定的堵塞。但是由于聚合物分子在压力下具有一定的变形能力，该方法仅能从原理上对聚合物的相对分子质量进行初步筛选，所确定的相对分子质量没有考虑聚合物的变形能力，因此小于油田实际能够注入的聚合物相对分子质量。该方法中没有考虑聚合物浓度对注入能力的影响，相关相对分子质量、浓度的确定需要通过注入性实验来确定。

聚合物注入性实验都是采取恒速驱替的方式进行的，这种方法只是粗略地以驱替过程中压力大小的变化情况来判断注入性的好坏，无法准确给出具体的评价，没有形成有效的评价标准。最佳的确定方法是采取恒压驱替的方式进行聚合物的注入性实验，对实验中的流量进行监测，以聚合物溶液在岩心中的平均渗流速度作为评价注入性好坏的指标。

模拟新疆油田七中区矿场试验中聚合物—表面活性剂注入的实际情况，根据矿场资料与数据，考虑到流体在地层中渗流与在室内岩心实验中渗流的对应性，以五点法井网理想模型为基础，计算了聚合物溶液在地层中各处的渗流速度。排除地层中部的较低流速渗流区域以及井底附近的较高渗流速度情况，综合考虑实验结果与实际情况制定了聚合物溶液在不同岩心渗透率下的注入性能判定标准，得到了聚合物的相对分子质量、浓度与岩心渗透率的匹配关系。以此为聚合物驱、复合驱以及三元驱油体系中聚合物的选择提供一定的依据与参考。

一、实验方法

研究对象主要为中低渗透率岩心。实验方案中选择人造圆柱岩心，尺寸为 $2.5cm \times 10cm$，由石英砂环氧胶结而成，岩心的渗透率分别为 29mD、53mD、91mD、146mD、199mD、252mD 和 305mD 共计 7 种，岩心参数见表 2-17。

表 2-17 注入性实验岩心基本参数

岩心号	直径, cm	长度, cm	孔隙度, %	水测渗透率, mD
K-1	2.50	9.98	20.8	29
K-2	2.51	10.00	21.2	53
K-3	2.49	9.99	20.4	91
K-4	2.50	9.99	21.7	146
K-5	2.49	9.98	21.5	199
K-6	2.51	10.00	23.4	252
K-7	2.50	10.01	30.5	309

实验中所有的聚合物溶液均采用新疆油田七中区注入水配制，矿化度为 449.5mg/L。岩心进行饱和时均使用模拟新疆油田七中区地层水饱和，矿化度为 5187.4mg/L。

实验采用相对分子质量从高到低的 7 种聚合物，相对分子质量分别为 700 万、1000 万、1500 万、1900 万、2300 万、2700 万、3000 万。由低到高共设计 5 种浓度，相邻浓度间隔为 500mg/L，依次是 500mg/L、1000mg/L、1500mg/L、2000mg/L、2500mg/L。采用正交方法依次进行驱替实验。

实验按照以下步骤进行：
(1) 将实验所用岩心置于 FY-3 型恒温箱中烘干，依次气测岩心渗透率，检测其气测值是否与设计值相吻合；
(2) 将岩心放入抽真空设备中抽空并饱和模拟地层水，根据饱和前后岩心的质量差计算其孔隙度；
(3) 利用模拟地层水进行恒速水驱，调节不同的驱替速度，记录稳定后的实验压差，由达西公式计算各岩心渗透率；
(4) 调节 ISCO 泵压力为 0.2MPa，并在此压力下进行聚合物驱替实验，当出口端的采出液达到 3 倍孔隙体积时，记录实验数据；
(5) 根据实验数据计算聚合物溶液在不同岩心中的渗流速度。

二、聚合物的注入性研究

1. 聚合物的注入性室内评价

有些矿场实际进行聚合物驱油时，为了保持体系的高黏度，使用超高相对分子质量的聚合物进行驱替，虽然一定程度上取得了聚合物驱开发效果，但是各区块的地层条件都不尽相同，具有一定的差异性，导致区块动用不均衡。出现这种现象有两方面的原因：一是各区块的油层由于沉积条件不同导致发育情况有差异，在进行聚合物驱油时，出现比较严重的层间干扰；二是聚合物与实际储层条件不适应，这对动用状况的影响也很大。因此，为了弄清楚聚合物的注入参数与油层的适应性，有必要进行一系列实验来开展不同相对分子质量和浓度的聚合物溶液在岩心中的注入实验，为聚合物驱油方案设计优化提供一定的参考和依据，充分发挥聚合物的驱油效果，取得良好的经济效益。同时也能为复合驱体系的注入性研究提供一定的参考和依据。

以聚合物溶液在岩心中的平均渗流速度作为评价注入性好坏的指标。

$$v = \frac{Q}{\pi R^2} \qquad (2-1)$$

式中 v——平均渗流速度，cm/s；

Q——流量，mL/s；

R——岩心半径，cm。

用新疆油田七中区注入水配制实验所用的聚合物溶液，使用恒压驱替设备按照实验方案进行驱替实验。聚合物溶液在相应渗透率岩心中的平均渗流速度见表2-18至表2-24。

表2-18 渗透率29mD的岩心聚合物溶液注入性实验结果

流速，m/d 相对分子质量 浓度，mg/L	700万	1000万	1500万	1900万	2300万	2700万	3000万
500	0.22	—	—	—	—	—	—
1000	0.06	—	—	—	—	—	—
1500	—	—	—	—	—	—	—
2000	—	—	—	—	—	—	—
2500	—	—	—	—	—	—	—

注："—"表示注入速度<0.05m/d，表2-19至表2-24同此。

表2-19 渗透率53mD的岩心聚合物溶液注入性实验结果

流速，m/d 相对分子质量 浓度，mg/L	700万	1000万	1500万	1900万	2300万	2700万	3000万
500	0.5	0.14	—	—	—	—	—
1000	0.32	—	—	—	—	—	—
1500	0.07	—	—	—	—	—	—
2000	—	—	—	—	—	—	—
2500	—	—	—	—	—	—	—

表2-20 渗透率91mD的岩心聚合物溶液注入性实验结果

流速，m/d 相对分子质量 浓度，mg/L	700万	1000万	1500万	1900万	2300万	2700万	3000万
500	0.73	0.22	—	—	—	—	—
1000	0.63	0.14	—	—	—	—	—
1500	0.54	—	—	—	—	—	—
2000	0.36	—	—	—	—	—	—
2500	0.15	—	—	—	—	—	—

表2-21 渗透率146mD的岩心注入性实验结果

流速, m/d　相对分子质量　浓度, mg/L	700万	1000万	1500万	1900万	2300万	2700万	3000万
500	1.39	0.89	0.67	0.4	0.17	—	—
1000	0.76	0.61	0.44	0.14	—	—	—
1500	0.6	0.47	0.23	—	—	—	—
2000	0.42	0.31	0.11	—	—	—	—
2500	0.35	0.1	—	—	—	—	—

表2-22 渗透率199mD的岩心注入性实验结果

流速, m/d　相对分子质量　浓度, mg/L	700万	1000万	1500万	1900万	2300万	2700万	3000万
500	2.01	1.74	1.13	0.91	0.73	0.32	—
1000	1.23	0.89	0.64	0.43	0.31	—	—
1500	0.91	0.67	0.45	0.25	0.11	—	—
2000	0.75	0.43	0.24	0.08	—	—	—
2500	0.49	0.3	0.09	—	—	—	—

表2-23 渗透率252mD的岩心注入性实验结果

流速, m/d　相对分子质量　浓度, mg/L	700万	1000万	1500万	1900万	2300万	2700万	3000万
500	2.68	2.11	1.65	1.16	0.89	0.48	0.21
1000	1.74	1.35	0.89	0.63	0.44	0.23	—
1500	1.24	0.97	0.7	0.41	0.24	—	—
2000	0.98	0.64	0.44	0.2	0.06	—	—
2500	0.61	0.43	0.22	—	—	—	—

表2-24 渗透率305mD的岩心注入性实验结果

流速, m/d　相对分子质量　浓度, mg/L	700万	1000万	1500万	1900万	2300万	2700万	3000万
500	3.58	2.43	1.96	1.64	1.19	1.05	0.91
1000	2.31	1.86	1.42	1.03	0.91	0.76	0.64
1500	1.79	1.32	1.1	0.81	0.7	0.54	0.41
2000	1.31	0.98	0.73	0.33	0.15	0.07	—
2500	0.76	0.57	0.36	0.14	—	—	—

聚合物溶液在岩心中的渗流速度受相对分子质量和浓度影响很大，在同一渗透率的岩心中，当聚合物的相对分子质量和浓度略有增大，其渗流速度就迅速下降。低相对分子质量、

低浓度的聚合物溶液即使在低渗透率的岩心中，渗流速度也较大，而高相对分子质量、高浓度的聚合物溶液即使在高渗透率的岩心中，渗流速度也较小。

2. 不同相对分子质量聚合物溶液的注入性

聚合物的相对分子质量是影响聚合物驱效果的主要参数之一。聚合物分子在水中呈长链状，能够大大增加体系黏度，聚合物在水中溶解后，会形成分子长链，链与链之间容易相互缠绕，形成具有一定缠绕性的复杂网状结构。分子长链之间的缠绕程度与相对分子质量有关，聚合物相对分子质量越大，分子链之间的空间更小，缠绕越复杂，导致聚合物溶液的黏度也越大。聚合物溶液的黏度受水解度的影响很大，聚合物水解时会产生电荷，对聚合物分子链会产生一定的电荷作用，使分子链尽可能舒展开来，聚合物的增黏性效果越好。然而，聚合物相对分子质量过高也会带来一些问题，不仅会降低油层渗透率，聚合物的相对分子质量越高，对机械降解作用越敏感，注入性和流动性能越差。

通过测定不同相对分子质量的聚合物溶液的渗流速度，可以了解不同相对分子质量聚合物在不同渗透率地层中的注入性和流动性能。

聚合物属于黏弹性流体，相对分子质量越大，聚合物的水动力学尺寸越大。恒压驱替中，聚合物溶液的浓度一定时，随着相对分子质量的增大，在相同渗透率的岩心中流动时受到的阻力也越大，因而渗流速度就会越小，如图2-29所示。

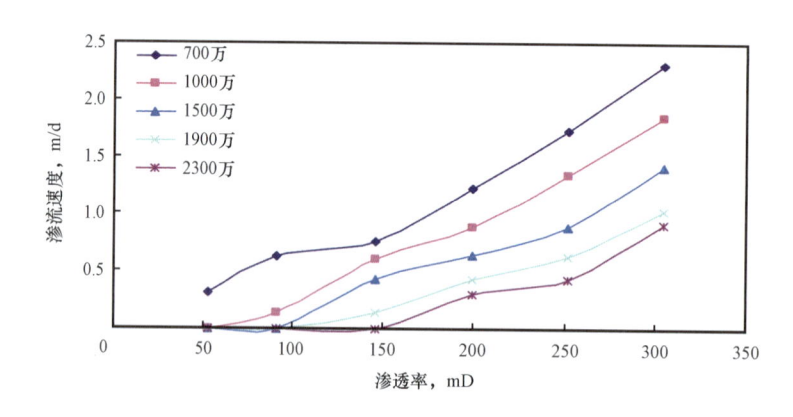

图2-29 不同相对分子质量的聚合物体系渗流速度随渗透率的变化曲线（聚合物浓度1000mg/L）

3. 不同浓度聚合物溶液的注入性

聚合物溶液的浓度也是影响驱替效果的主要参数之一。聚合物浓度越大，溶液中的分子数越多，分子与分子之间更容易相互缠绕，溶液黏度变大。聚合物溶液的黏度对剪切应力比较敏感，当聚合物分子相互缠绕时，剪切应力增大，假塑性特性会变得更为明显。聚合物浓度越高，增黏性能效果也越好，会大大降低溶液的流动性，同时也更容易降低油层渗透率，造成地层堵塞，降低聚合物溶液在地层中的流动，使注入困难。不同浓度聚合物溶液在不同渗透率岩心里的渗流速度，可以了解不同浓度聚合物溶液在不同渗透率地层中的注入性和流动性能，如图2-30所示。

相同相对分子质量的不同浓度聚合物溶液的渗流速度随岩心渗透率的变化曲线中，当聚合物相对分子质量一定时，不同浓度聚合物溶液渗流速度都随着渗透率的升高而明显增大；不同渗透率岩心里，随着聚合物质量浓度增大，渗流速度明显减小，渗透率越低，渗流速度

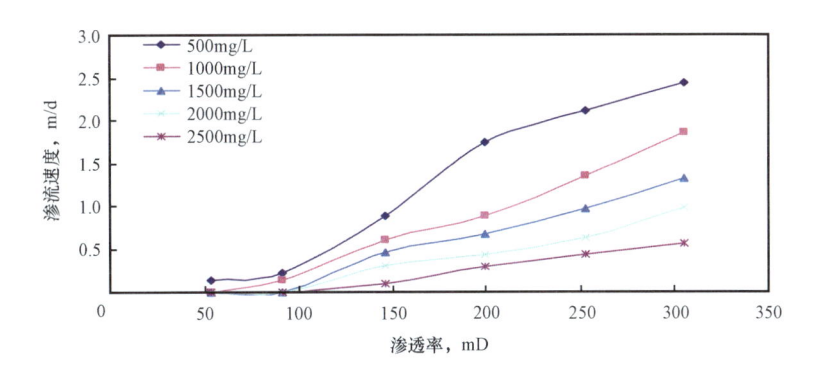

图 2-30　不同浓度聚合物溶液渗流速度随渗透率的变化曲线（聚合物相对分子质量 1000 万）

越小。这是因为随着聚合物溶液浓度的增加，溶液黏度明显增大，聚合物分子线团之间的缠结程度也增加，水动力学尺寸变大，流动阻力也增大，导致渗流速度减小。

三、聚合物合理注入能力界限的判定

1. 判定标准

聚合物驱中，聚合物的注入性是影响驱油效果的重要因素。若选择的聚合物相对分子质量偏大、浓度偏高，则会引起地层堵塞，引起目的油层渗透率急剧下降，造成后续注入困难；反之，聚合物相对分子质量偏小，浓度偏低，则驱油效果不理想。因此编制聚合物驱油方案时，应该考虑实际的油层条件，选择与储存相适应的聚合物，这样才能保证驱油效果，但是对于聚合物注入性判定标准多是依据室内实验聚合物的驱替压力的变化来判断，存在一定的问题，因此有必要制定更为具体的聚合物的注入性判定标准。

根据新疆油田七中区矿场的实际注入情况、矿场资料与数据，考虑到流体在地层中渗流与在室内岩心实验中渗流的对应性，以五点法井网理想模型为基础，计算了聚合物溶液在油藏中渗流速度。井底附近区域的渗流速度较其区域明显偏高，而地层中部的某些区域渗流速度也明显偏低，排除这两块区域，当渗流速度基本趋于稳定时的区域距离井底 15~20m，选择此稳定渗流速率区域作为注入能力界限的参考界定区域，经过计算此区域内的平均渗流速度 0.2~0.3m/d，据此划定聚合物合理注入能力界限：

（1）渗流速度小于 0.2m/d，视为注入能力差；
（2）渗流速度介于 0.2~0.3m/d，视为注入能力中等；
（3）渗流速度大于 0.3m/d，视为注入能力好。

由此，可以得到聚合物注入能力的判定标准，具体见表 2-25。

表 2-25　聚合物注入能力判定标准

注入能力判断指标	差	中等	好
渗流速度，m/d	<0.2	0.2~0.3	>0.3

2. 聚合物相对分子质量、浓度与岩心渗透率的匹配关系

聚合物相对分子质量、浓度与岩心渗透率的匹配关系能为现场应用提供技术参数，由上述标准可以得到聚合物相对分子质量和浓度与岩心渗透率的匹配关系，详细结果见表 2-26。

表 2–26　聚合物相对分子质量和浓度与岩心渗透率的匹配关系

渗透率 mD	浓度 mg/L	不同相对分子质量对应的注入能力						
		700 万	1000 万	1500 万	1900 万	2300 万	2700 万	3000 万
29	500	中	差	差	差	差	差	差
	1000	差	差	差	差	差	差	差
	1500	差	差	差	差	差	差	差
29	2000	差	差	差	差	差	差	差
	2500	差	差	差	差	差	差	差
53	500	好	差	差	差	差	差	差
	1000	好	差	差	差	差	差	差
	1500	差	差	差	差	差	差	差
	2000	差	差	差	差	差	差	差
	2500	差	差	差	差	差	差	差
91	500	好	中	差	差	差	差	差
	1000	好	差	差	差	差	差	差
	1500	好	差	差	差	差	差	差
	2000	好	差	差	差	差	差	差
	2500	差	差	差	差	差	差	差
146	500	好	好	好	好	差	差	差
	1000	好	好	好	差	差	差	差
	1500	好	好	中	差	差	差	差
	2000	好	中	差	差	差	差	差
	2500	好	差	差	差	差	差	差
199	500	好	好	好	好	好	中	差
	1000	好	好	好	好	中	差	差
	1500	好	好	好	中	差	差	差
	2000	好	好	中	差	差	差	差
	2500	好	中	差	差	差	差	差
252	500	好	好	好	好	好	好	中
	1000	好	好	好	好	好	中	差
	1500	好	好	好	好	中	差	差
	2000	好	好	好	中	差	差	差
	2500	好	好	中	差	差	差	差
305	500	好	好	好	好	好	好	好
	1000	好	好	好	好	好	中	差
	1500	好	好	好	好	好	中	中
	2000	好	好	好	好	中	差	差
	2500	好	好	中	差	差	差	差

为了对聚合物的相对分子质量、浓度与岩心渗透率的匹配性有更直观的认识,以聚合物相对分子质量为横轴,以聚合物浓度为纵轴,并以不同的标记表示注入性较差、中等和良好,绘制匹配图,如图2-31所示。

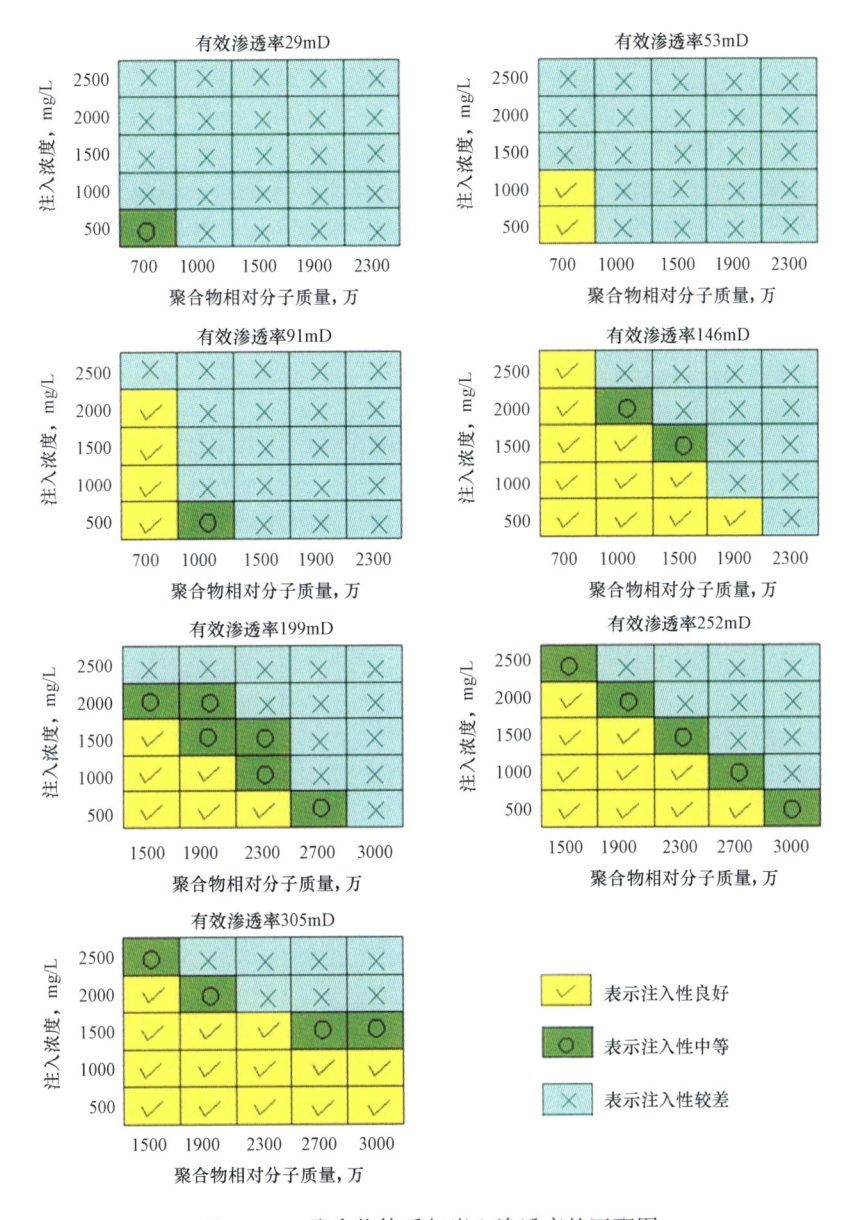

图2-31 聚合物体系与岩心渗透率的匹配图

当聚合物的相对分子质量和浓度都比较小时,聚合物溶液能有效通过渗透率较低的岩心,例如,700万相对分子质量500mg/L的聚合物溶液在通过渗透率只有53mD的岩心时,其渗流速度都达到了0.50m/d,注入性能良好。而当聚合物的相对分子质量和浓度都比较大时,即使在较大渗透率的岩心里驱替,聚合物溶液的注入能力也很差,例如2700万相对分子质量2000mg/L的聚合物溶液,在实验所选的所有不同渗透率岩心驱替试验中,其注入性能都很不理想。

（1）渗透率在 30~100mD 的油层注入性普遍较差，适合低相对分子质量、中低浓度的聚合物注入，建议选择相对分子质量 700 万~1000 万、浓度 500~1500mg/L 的聚合物注入，聚合物的水动力学尺寸不宜超过 0.68μm；

（2）渗透率在 100~200mD 的油层适合中相对分子质量、普通浓度的聚合物注入，建议选择相对分子质量 1500 万~1900 万、浓度 1000~2000mg/L 的聚合物注入，聚合物的水动力学尺寸不宜超过 1.12μm；

（3）渗透率在 200~300mD 的油层适合中高相对分子质量、普通浓度的聚合物注入，建议选择相对分子质量 1900 万~2300 万、浓度 1500~2000mg/L 的聚合物注入，聚合物的水动力学尺寸不宜超过 1.34μm。

在进行聚合物驱油方案设计时，一定要考虑地层的实际情况，选择符合要求的聚合物，这样才能充分发挥聚合物驱的效果，取得良好的经济效益。

第四节　聚合物与表面活性剂相互作用

表面活性剂和聚合物可以相互作用形成复合物，由于在复合物中聚合物和表面活性剂的性质得到相互改性，具备协同作用，主要表现在：体系表面活性提高，加强了表面活性剂的分散、乳化和起泡等方面的性能，聚合物与表面活性剂的相互作用也可使聚合物链的构象发生变化，更重要的是聚合物的存在影响表面活性剂溶液的物理化学性质，使溶液的表面张力、临界胶束浓度（CMC）和聚集数等物理参数及溶液流变性、胶体分散体系的稳定性、界面吸附行为及水溶液的增溶量等均发生了重大变化。在适当表面活性剂存在下，聚合物易附着于固态物质的表面，可显著改变固体的界面行为；利用该类体系可在低于表面活性剂临界胶束浓度的条件下实现增溶的目的；聚合物的流变性随表面活性剂浓度的增加可发生显著的变化，利用此特性可控制体系的流变行为，基于以上这些特殊的性能，使其在采油行业中得到广泛的应用。

表面活性剂—聚合物水溶液体系结构、性能非常复杂，导致其相互作用的机制也异常复杂，又由于表面活性剂—聚合物相互作用的起始浓度非常低，由此限制了许多实验方法的使用，这些都给实际研究带来了相当大的困难。所以，尽管大量的研究工作已见报道，但对于表面活性剂—聚合物相互作用微观机理的认识还远远不够，许多问题仍然没有解决，如表面活性剂和聚合物的结构和形态与它们之间相互作用的强度有怎样的联系；如何准确定量地测量表面活性剂与聚合物相互作用的强度及相互作用过程中的聚集数；表面活性剂与聚合物相互作用的主要驱动力是什么等，这些问题仍然是目前争论的焦点。研究条件的变化，如聚合物的相对分子质量、表面活性剂和聚合物的浓度、电解质的存在与否等，都给不同研究结果的比较带来了相当大的困难，因此系统全面地研究表面活性剂—聚合物相互作用势在必行。

一、水溶性聚合物与表面活性剂之间的作用类型

水溶性聚合物与表面活性剂之间的作用一般分为三种，即电性相互作用、疏水作用及色散力相互作用。在水溶液中，水与水分子和水与碳氢链之间的色散力相互作用大小差别不大，其数量级是相同的。但由于水这种溶剂具有特殊的液体结构引起了碳氢链之间的疏水相

互作用增强。因此对于一般非电解质的中性水溶性聚合物，与表面活性剂的相互作用主要是碳氢链之间的疏水结合。几乎所有的研究工作表明，聚合物的疏水性越强，则越容易与表面活性剂形成"复合物"。这样就很好地证明了疏水作用是水溶性聚合物与表面活性剂的主要相互作用。表面活性剂与聚合物之间相互作用的主要驱动力，具体包括以下 6 种形式：

（1）表面活性剂与聚合物分子间的疏水相互作用；
（2）表面活性剂分子间的疏水相互作用；
（3）聚合物分子间的疏水相互作用；
（4）表面活性剂与聚合物分子间的静电相互作用；
（5）表面活性剂分子间的静电相互作用；
（6）聚合物分子间的静电相互作用。

表面活性剂与聚合物之间的相互作用就是由上述各种相互作用共同决定的，是上述各种作用的一个复杂平衡，任何能够改变其中一种相互作用的因素，都会影响到表面活性剂与聚合物之间的相互作用。

二、水溶性聚合物与表面活性剂之间作用影响因素

聚合物—表面活性剂复合驱中所应用的主要是离子表面活性剂和中性聚合物，表面活性剂—中性聚合物之间的相互作用的影响因素包括以下 10 项。

1. 温度

一般情况下，随着温度的升高，表面活性剂与聚合物之间的缔合减弱，离子表面活性剂的临界胶束（CMC）增大。

2. 无机电解质

无机电解质盐的加入，一般能够促进表面活性剂—聚合物复合物的形成，并且增加表面活性剂与聚合物结合的比例。无机盐的作用是双重的：第一种机理是降低聚合物与表面活性剂的静电相互作用；第二种机理是稳定表面活性剂聚集体。第一种机理在低离子强度时起作用，第二种机理是在高离子强度时起作用，因此可以推测在高盐浓度时临界聚集浓度（CAC）降低。

3. 表面活性剂的链长

在同系物中，随着表面活性剂链长的增加，与聚合物开始作用的浓度即临界聚集浓度降低。

4. 表面活性剂链的结构

除了表面活性剂的链长，其链的结构的不同也对表面活性剂与聚合物之间的相互作用有很大影响，例如将十二烷基硫酸钠（SDS）的硫酸碳氢链结构中插入乙氧基进行改性，会使它与聚乙烯吡咯烷酮（PVP）之间的相互作用明显减弱，表现为含有表面活性剂的溶液黏度没有增加。

5. 表面活性剂亲水基团的带电性质

离子表面活性剂包括阴离子表面活性剂和阳离子表面活性剂，和中性聚合物发生作用时，阴离子表面活性剂比相同链长的阳离子表面活性剂强，中性聚合物与阳离子表面活性剂的相互作用比较弱是一个非常普遍的现象。对于这种现象的解释有以下几种：第一种是认为阳离子表面活性剂的极性端头很大，使得聚合物不易接近阳离子表面活性剂胶团的表面，但

这种理论只能部分解释阴离子表面活性剂与中性聚合物的相互作用更强这一实验现象。第二种解释是认为由聚醚中的醚氧和 PVP 中的酰胺部分质子化而使聚合物带有部分正电荷，但是，醚和酰胺的酸度系数很小，在中性条件下的质子化是令人怀疑的。第三种解释认为阳离子和阴离子表面活性剂与聚合物的水化外壳相互作用是有差别的，导致阴离子表面活性剂与中性聚合物的相互作用更为有利。除了表面活性剂极性端头正负电性的不同外，极性端头带电荷的多少也会影响表面活性剂与聚合物之间的相互作用。对链烃磷脂盐与聚氧化乙烯（PEO）相互作用的研究表明，与相似的硫酸钠盐相比，链烃磷酸酯盐与 PEO 的相互作用更弱，且随着磷酸酯盐的电荷由 1 增加到 2，与 PEO 的相互作用明显降低。

6. 表面活性剂的反离子

离子表面活性剂的反离子是一个非常重要的影响因素，反离子与胶束表面的作用不同，必然会影响表面活性剂—聚合物的相互作用，但是对这一因素尚未进行系统的研究。离子表面活性剂胶束在聚合物上的吸附程度决定于反离子的性质。反离子对表面活性剂—聚合物相互作用的影响机制有待进一步深入研究。

7. 表面活性剂的浓度

表面活性剂与聚合物之间的相互作用随表面活性剂浓度的增加而发生变化。一般情况下，在临界胶束浓度前，表面活性剂以单个分子形式存在，几乎不与聚合物发生作用；达到临界聚集浓度时表面活性剂开始在聚合物上聚集，与聚合物发生作用；随着表面活性剂浓度的继续增加，表面活性剂自由胶束开始形成，聚合物与表面活性剂的相互作用达到饱和。此时，表面活性剂浓度的增加不再改变其与聚合物之间的相互作用。

8. 聚合物的相对分子质量

聚合物的相对分子质量为某一最小值时，它与表面活性剂的作用较强，对于 PEO 和 PVP 体系该相对分子质量约为 4000，当相对分子质量大于 4000 以后，表面活性剂与聚合物之间的相互作用几乎与聚合物的相对分子质量无关。当聚合物的相对分子质量小于 1500 时，与表面活性剂之间的作用减弱。

9. 聚合物的浓度

表面活性剂与聚合物的相互作用的临界聚集浓度与聚合物的浓度基本无关，但是相互作用的饱和浓度随着聚合物浓度的增加而线性增加，表面活性剂与聚合物相互作用过程中的焓变也与聚合物的浓度有关，但当聚合物的浓度增加到某一值后，焓变就不再随聚合物浓度的改变而改变。

10. 聚合物的结构和疏水性

聚合物的结构性质，即聚合物的疏水性、亲水性和柔韧性，都对表面活性剂—聚合物相互作用有很大的影响。柔韧且具有较高极性基团的聚合物可与整个表面活性剂胶束在极性区发生缔合，表面活性剂的极性端基和疏水链都可能参加与聚合物的作用，因此柔韧的聚合物容易与表面活性剂发生相互作用，而亲水性与疏水性对相互作用的影响，由它们之间的平衡结果决定，这种平衡受基团性质、空间位阻等因素的共同影响。对于具有相同亲水基团聚合物，引入疏水基团能够大大增强表面活性剂与聚合物之间的相互作用。引入疏水基团的聚合物通常被称为疏水改性聚合物。疏水改性聚合物与表面活性剂相互作用时，具有丰富而特殊的模式，表现出有趣的流变行为。加入少量的表面活性剂，就可以使含有疏水改性聚合物的水溶液的黏度发生很大的变化。近年来疏水改性聚合物受到了人们的极大重视，聚合物疏水基团与表面活性剂碳氢链之间的疏水相互作用是这类体系中引起表面活性剂在聚合物上发生聚集的主要驱动力，它使表面活性剂的临界聚集浓度降低，并改变表面活性剂和聚合物自身聚集的结构和形态。

三、聚合物—表面活性剂相互作用

由于砂岩的吸附作用，一般不用阳离子表面活性剂作驱油剂，常用的多为阴离子、非离子和两性离子表面活性剂。聚合物—表面活性剂复合体系中聚合物、表面活性剂的存在会影响另一种化学剂与原油、油藏矿物的作用，聚合物和表面活性剂之间的相互作用主要有：

（1）表面活性剂和聚合物之间协同吸附；

（2）表面活性剂和聚合物之间存在排斥作用或者两者相互作用不明显；

（3）表面活性剂与聚合物之间形成络合物，导致表面活性剂在体相中的分布发生变化，最终导致界面张力的升高；

（4）表面活性剂与聚合物之间存在有竞争吸附。

聚合物—表面活性剂复合体系中聚合物的存在还会影响表面活性剂的临界胶束浓度（通常会使聚合物的临界胶束变大）、界面吸附行为、胶体分散体系的稳定性以及溶液的流变性。表面活性剂则会影响到体系中聚合物的形状、构型，进而影响聚合物溶液的黏度、流变等性能。

1. 聚合物对表面活性剂性能影响

聚合物和表面活性剂复配时，聚合物和表面活性剂在溶液中发生相互作用，使表面活性剂在油水界面上的吸附量和吸附方式发生变化，最直接的表现是界面张力随着聚合物浓度的增加而增大，如图2－32所示。加入聚合物或者聚合物浓度升高以后，均会导致溶液与原油的界面张力升高，由此可以看出两者确实存在相互作用，聚合物占据油水界面后，使得油水界面表面活性剂浓度降低，聚合物的亲水作用使与其作用的表面活性剂分子更多地存在水相中，减少了界面层上表面活性剂的浓度，从而使界面张力上升。聚合物与表面活性剂的相互作用主要来源于静电力和氢键，以及表面活性剂的极性头与聚合物极性部分的离子—偶极作用。表面活性剂中加入聚合物后，复合体系与原油的界面张力都高于表面活性剂与原油的界面张力。由于体系黏度的增加，使得活性剂由水相向油水界面扩散速度减慢，因而使得达到

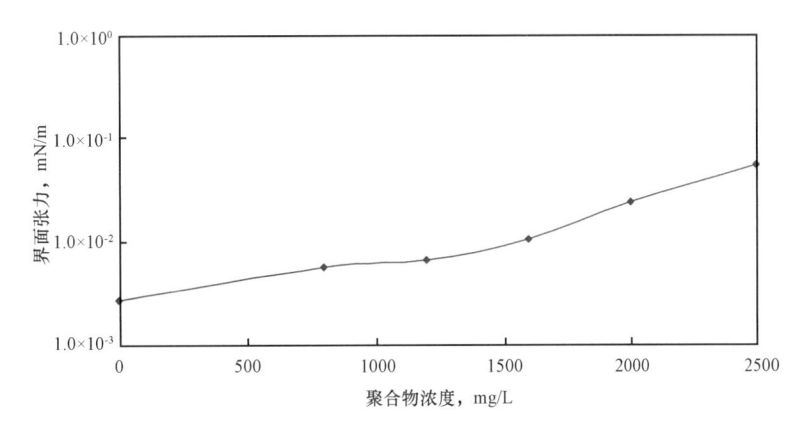

图2－32　聚合物—表面活性剂二元体系中聚合物浓度对界面张力影响

超低界面张力时间加长，但是最低界面张力的数量级并没有发生太大变化，这表明加入聚合物后仍能保持好的降低界面张力能力，如图2-33和图2-34所示。但是不同的表面活性剂二元体系中聚合物对界面张力的影响不同，阴离子表面活性剂KPS-2体系的影响较小，而非离子表面活性剂SP-1207的影响较大，这可能与表面活性剂在聚合物溶液中的扩散速度有关，因此在进行复合驱配方的研究过程中需要注意界面张力达到最小时的时间对体系性能的影响。

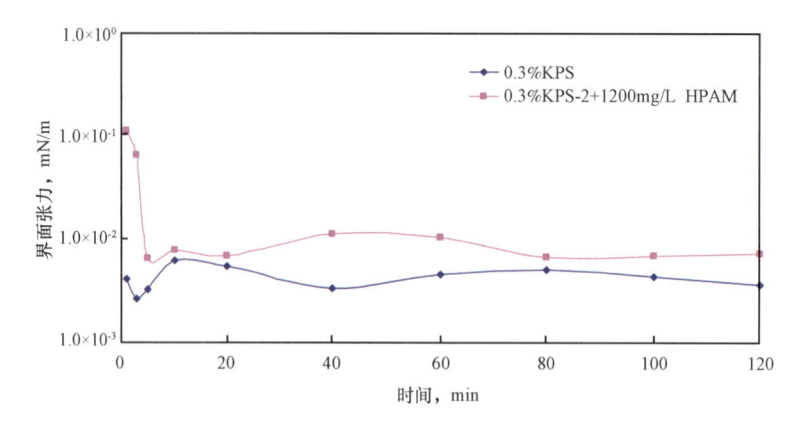

图2-33 聚合物对KPS-2二元体系界面张力影响

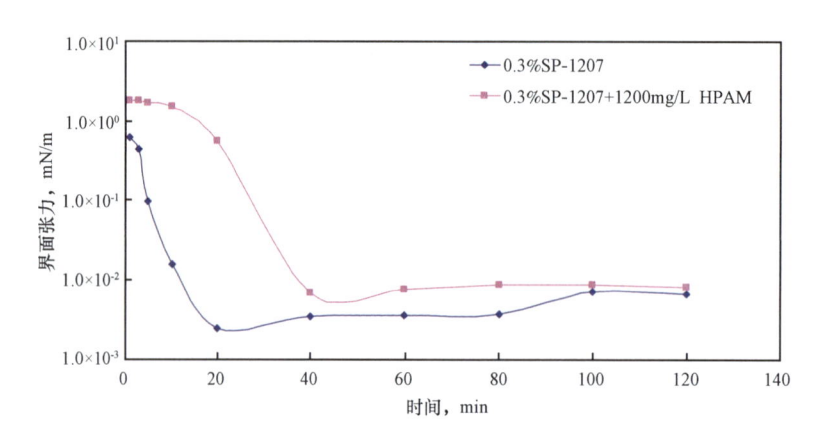

图2-34 聚合物对SP-1207二元体系界面张力影响

2. 复合体系中表面活性剂对聚合物性能影响

聚合物相对分子质量比较大，在溶液中的存在状态、舒展程度直接影响溶液的整体黏度，加入表面活性剂后，会改变聚合物分子的构象和聚合物与溶液之间的内摩擦力，进而影响复合体系的黏度。表面活性剂对复合体系黏度的影响是评价表面活性剂优劣的一个重要指标，表面活性剂影响复合体系黏度的因素主要有两个方面：一是表面活性剂水解释放出钠离子，对二元体系黏度的影响相当于电解质，聚合物的抗盐能力比较差，同时钠离子也会破坏聚合物的水化层，导致溶液黏度的降低。二是表面活性剂与聚合物分子之间产生缔合作用，聚合物浓度较高时，大分子链间相互作用使之成线团状，不利于大分子与表面活性剂的缔合；当聚合物浓度较低时，大分子与溶剂之间的相互作用促使大分子链伸展，伸展的聚合物大分子链通过离子—偶极作用与带负电荷表面活性剂发生缔合，形成聚合物—表面活性剂聚集体，从而导致体系黏度的升高。如果表面活性剂水解释放钠离子的影响占主导作用，则复合体系的黏度降低，如果聚合物—表面活性剂之间的缔合作用占主导作用，则复合体系的黏度增加。由表2-27和图2-35可以看出，当聚合物浓度一定时，复合体系黏度随着表面活性剂浓度增加黏度首先上升，然后平稳或略有降低。所选择的几种表面活性剂不会对二元体系的黏度产生不利影响。这说明聚合物溶液中加入表面活性剂后，表面活性剂与聚合物的疏水基团相互作用，产生的缔合作用占据主导地位，对聚合物的增黏有一定的作用。表面活性剂直接通过疏水缔合作用进入聚合物分子内疏水微区，其中表面活性剂亲水基处在疏水微区与水接触的部位，水链在疏水微区内，使微区膨胀。同时，表面活性剂的亲水基可以代替聚合物的亲水基保护疏水微区，使之不与水接触，从而使聚合物分子链从卷曲变得较为伸展，此时复合体系的黏度增大。继续增加表面活性剂浓度，聚合物链上原已存在的疏水微区缔合表面活性剂的量已达极限，同时可能由于表面活性剂的参与，在聚合物链上形成新的疏水微区，这样又使聚合物链变得卷曲。还有另一个可能是在表面活性剂浓度较高时，溶液中未缔合的表面活性剂也增多，这部分表面活性剂对带负电荷的聚合物来说相当于电解质，电解质压缩聚合物链上所带负电荷的双电层，同样会使聚合物链变得卷曲，使聚合物溶液黏度降低，从而使它和表面活性剂分子在表面上的吸附量增加。

表2-27 表面活性剂类型和浓度对二元体系黏度影响

黏度, mPa·s 类型	浓度,% 0	0.1	0.2	0.3	0.4
DR-3	19.48	20.33	20.54	21.04	20.03
LAyL	19.48	21.22	20.56	21.43	20.22
KPS-1	19.48	20.56	21.76	19.88	20.65
KPS-2	19.48	19.45	20.65	21.01	19.45
SP-1207	19.48	21.32	20.46	20.76	19.77

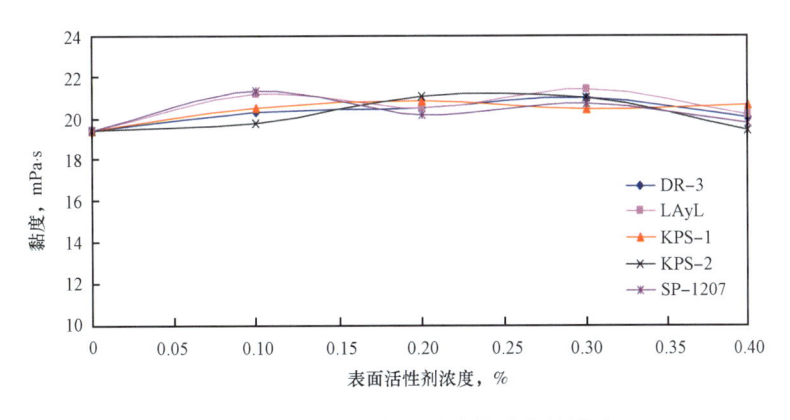

图2-35 表面活性剂对聚合物黏度的影响

聚合物、表面活性剂复配后，它们之间的相互作用对界面特性、界面张力、体相黏度具有显著影响，随着表面活性剂浓度的增大，二元体系界面张力降低，随着聚合物浓度的增大，二元体系的界面张力增大。在进行复合驱油剂配方选择时，应综合考虑聚合物、表面活性剂的相互作用对界面张力、体相黏度影响，这里主要依据为界面张力参数，合理的选择化学剂的浓度，以达到最佳的驱油效果。

第三章　聚合物—表面活性剂复合驱驱油机理

聚合物—表面活性剂复合驱驱油机理主要包括微观驱油机理、扩大波及体积机理以及渗流规律。复合体系提高采收率主要以提高驱油效率和扩大波及体积为主，通过驱油机理的研究，可以指导复合驱配方设计、采收率预测以及为矿场试验调整提供理论依据。

第一节　聚合物—表面活性剂复合体系微观驱油机理

聚合物—表面活性剂复合体系微观驱油机理的研究结果表明：复合体系会降低油水之间界面张力，改变介质润湿性，进而使毛细管力和黏附力大大降低，甚至使毛细管力由阻力变为驱油动力，此为复合驱驱替柱状残余油和簇状残余油的主要机理；复合体系具有降低黏附力和内聚力的作用，此为驱替膜状残余油的主要机理；复合体系通过降低内聚力将孤岛状残余油在下游端先被拉成油丝、然后被拉断、最终逐渐形成分散的小油滴，而变小后的油珠较容易通过细小孔喉，此为驱替孤岛状残余油的主要机理。核磁共振成像技术对复合体系驱油的微观机理的研究结果表明：复合驱体系启动了水驱无法启动的残余油，并在向前推进过程中形成油墙，油墙的形成扩大和加大了油相的分流量，促进了油相渗流。平板夹砂模型和微观仿真模型技术对复合体系驱油的微观机理的研究结果表明：复合体系无论对亲水介质还是亲油介质都具有较强的洗油能力，使流体流动性增强，提高波及系数。

一、微观模型的类型

在渗流的过程中存在多尺度的问题，它以研究对象所在空间的大小为标志，对于不同的学科和运动过程，会有不同的尺度范围和等级划分。

在油气渗流的研究中，可以归纳为三个尺度：

(1)以油田、井组为渗流单元的千米、米；

(2)宏观物理模拟实验范围的米；

(3)微观模拟实验研究的微米。

在连续的过程中，任何界限的划分都是相对的，期间总有"过渡区"，其性质具有该界限两边事物的某些特征。关于微观渗流的界定也同样存在这个问题，对于微观渗流作如下界定：微观渗流是孔隙水平的渗流，它直接观察和研究多孔介质孔道内各种流体的分布、流动的具体细节和规律性。

虽然微观渗流在整个渗流领域中局限在第三尺度的研究范围，但它所涉及的研究内容却是相当广泛的。为了适应不同研究内容的要求，人们研制了各种各样的物理模型来模拟多孔介质的孔隙系统，以求得到尽量接近地下真实情况的详细确切的研究结果。因此，物理模拟必须具备以下两种性能：一是模拟多孔介质的孔隙系统的孔径大小，孔径几何形态，以及表面矿物成分等，模拟得越逼真，越接近实际油层的孔隙介质的孔隙系统就越好；二是具有必要的透光性，以便于借助光学仪器观测研究孔道内多相流体的分布和流动状况，透光性越好，越能得到清晰的图像，这种模型就越具有实用研究价值。但是，事情往往不能尽如人意。油层岩心具有真实的孔隙系统，如用这种岩心模型进行微观渗流实验研究，是最真实的；但是，它透光能力弱，无法借助光学仪器观察孔道内流体的分布和流动。因此，在满足一定透光性的前提下，研制了不同类型的物理模型以进行微观渗流实验力学的模拟实验，研究微观渗流的各种问题。这些物理模型大体上可分为 4 类：夹砂模型、毛细管网络模型、孔隙网络模型和砂岩孔隙模型。每一种微观模型都有自己的特点，应该针对自己所要研究的问题去选择合适的模型，这样才能得到比较理想的研究结果。

1. 夹砂模型

1）发展历程

夹砂模型是最早应用于研究微观渗流方面的物理模型。Chatenever 等在单层玻珠夹层模型上进行水驱油实验，结果发现：在互不相溶两种流体同时流动时，每种流体沿着各自连通的渠道网络运动，即所谓渠道流态；当饱和度改变时，渠道网络的范围大小也相应改变，在水驱油后期，还发现油以珠状形态流动；对残余油的分布，在玻珠夹砂模型中，有大片的，也有珠间岛状的，存在于平板与玻珠的接触点处，或珠与珠的接触之处呈水环形状，而在有机玻璃模型中，油水分布与上述的相反。

2）制作方法

夹砂模型的制作工艺是用两片玻璃或有机玻璃密集地夹持一层分选良好的玻璃微珠或者石英砂，封闭四周，留下进口和出口，制成一个层状的多孔介质模型

3）适用条件

夹砂模型能够较好地再现孔隙介质的三维孔隙结构，且因为它是透明的，所以在一定程度上，适于显示流动的某些特征细节，因此不少研究者用它来研究各种驱油过程。

但是，夹砂模型不易精确地控制孔隙系统孔道大小的变化，而且在这种模型内，要想完整地显示和详细地观察相间运动和各相的相互作用是非常困难的。

2. 毛细管网络模型

1）发展历程

中国科学院渗流流体力学研究所在 20 世纪 80 年代初成功研制了毛细管网络模型，并成功研制了孔道内表面润湿性控制技术，孔道表面粗糙度控制技术，模型再生和改性技术等配套技术，使微观渗流的模拟技术有了很大发展。虽然这种模型在理论上是毛细管网络，但在制作时毛细管交叉处腐蚀的毛细管半径增大，所以实际上具有一定程度的孔喉特征。应用这种模型和配套技术系统地进行了水驱油、泡沫驱油、碱水驱油、微乳液驱油等方面的驱油机理的实验研究工作，取得了一系列成果，所得结论在一定程度上已反映了孔隙结构的影响。

2）制作方法

毛细管网络模型是刻蚀在玻璃平板上的毛细管网络。在这种模型上研究油水的流动状态，发现大部分的油为活塞式驱动。在亲水模型中，水能沿着毛细管壁上的水环流动。在驱替过程中也观察到驱油时润湿性的改变，使孤立的油滴展开并连片，增加了油的流动通道，提高了微观驱油效率。

3) 适用条件

毛细管网络模型是二维的透明模型，它的优越之处在于，能够确切设定孔隙系统的孔道大小和形态分布。例如，孔隙系统的配位数可以从 3 到 6 任意控制，因而它得到广泛的应用。但是，毛细管网络模型不具备三维孔隙系统的某些形态分布特征，特别是孔喉变化的特征。

3. 孔隙网络模型

1) 发展历程

国外最早采用光刻技术制成了多孔介质孔隙系统的图案，制作了孔隙网络模型。微观模型孔道宽 $25\sim76\mu m$，深约 $25\mu m$，有亲水的润湿性，通过处理能够使其润湿性发生改变。

中国科学院渗流流体力学研究所在 20 世纪 80 年代中期已掌握了光刻技术，用以前已研制成功的烧结成型技术相应地制成了孔隙网络模型，结合以前研制成功的配套技术，进行了系统的实验研究工作。

近年来国内外采用尼龙作的微观模型，其优点是可以把孔隙做得很小，但是，其润湿性和粗糙度却不易控制。而用玻璃烧结成型制作的微观模型，其孔道孔径很难小于 $20\mu m$，但润湿性和粗糙度则容易控制，且模型可以重复再生使用。

2) 制作方法

孔隙网络模型是刻蚀在玻璃平板上的毛细管网络。孔隙网络模型是一种在某种程度上可模拟三维结构的二维透明模型，它可以再现多孔介质的孔隙结构特征，特别是孔喉变化的特征。

3) 适用条件

孔隙网络模型非常适用于观察孔道中流体分布和流动的实验，适用于研究各种流体之间界面现象的相互作用的机理。但是，不论是用玻璃制作的，还是用尼龙制作的，这种模型都难以模拟真实岩心和矿物成分及孔道内表面的复杂性质。

4. 砂岩孔隙模型

1) 发展历程

在砂岩孔隙模型水驱实验过程中，油水两相流体受到黏滞力、毛细管力、驱替压力三种作用力的共同作用，流体运动的速度和方向由这三种力的合力的大小和方向所决定。由于多孔介质孔喉网络的非均质性，导致这三种力在孔喉大小不一、形态不一、连通程度不一的储集体中对流体的作用效果必然存在差异，从而形成了油水两相流体在孔隙中的各种不规则的渗流现象。

2) 制作方法

砂岩孔隙模型是一种真实油层孔隙结构的微观模型，它是用实际岩心经洗油、制成切片后，黏夹在两个光学玻璃板之间，将周围封好，连接进口和出口而制成的。

3) 适用条件

砂岩孔隙模型优点在于：由于它是由真实岩心制作的，所以它基本上保持真实岩心的孔隙结构、形态及矿物成分，如果在制作模型时操作细心，还可以保留大部分胶结物（黏土矿物等）。这是其他各类模型所不具备的。砂岩孔隙结构的缺点是透光性差，使部分流场的显示不清晰。

仿真孔隙模型真实水驱实验是有效的研究微观渗流机理的方法，其最大优点就是可视性强，同时可以模拟各种水驱环境。实验过程中可以清晰地观察驱油过程中的渗流现象及水驱结束后微观油的形态及分布。

二、微观刻蚀模型的制作

一般微观刻蚀模型是利用岩心切片照片制作透明仿真模型，进行了模拟驱替实验研究。微观仿真模型是一种透明的二维模型，它采用光化学刻蚀技术，按天然岩心的铸体切片的真实孔隙系统精密地光刻到平面玻璃上制成，微观模型的流动网络在结构上具有储层岩石孔隙系统的真实标配，相似的几何形状和形态分布。

用光刻法将岩心铸体薄片上的孔隙网络复制下来，在结构上具有储层岩石孔隙系统的真实标配，相似的几何形状和形态分布。再经过制版、涂胶、光成像、化学刻蚀和烧结成型等步骤，制成微观仿真透明孔隙模型。模型尺寸为 62mm×62mm×3.0mm，平面上有效尺寸为 45mm×45mm，模型孔隙直径 0.1～100μm。模型为五点井网的 1/4，在对角线处分别打一小孔，作为注入井和采出井。

微观物理模拟已经被广泛应用于石油开采和提高采收率的评价过程中，毛细管网络模型在研究孔喉比小的均匀多孔介质中的驱油机理和界面现象等方面有独到之处。但由于其形状与真实的多孔介质相差较大，因而油藏模拟实验中一些因素（如孔喉比、非均质性、配位数等）对驱油机理影响的研究受到了限制。国内外许多学者通过不同的途径和方法研制了与多孔介质内孔道相近的模型。其中由中国科学院渗流所研制的光刻微观模型在国内处于领先地位。应用此种模型已经进行多方面的研究，如孔隙结构对采收率的影响、化学驱驱油机理等，这些研究清楚显示了在油层孔道中原油的移动、扩散、运移和圈闭的物理过程。研制的光刻微观物理模型是以岩心薄片的原始通道为依据稍做修改而制成的，因而能够模拟不同油田的特性，研究多孔介质中流体动态微观机理，能在孔隙水平上相当清晰、真实地考察各种驱油现象。

1. 制版

首先将岩心的铸体薄片在显微镜下对不同部位照相，如图 3-1 所示。对不同部位的照片进行拼接，拼接后再手工画出孔道的形状，并做出适当的修改，使孔道连通。这时的孔道大小要比真实的网络尺寸要大得多。通过照相把原版图缩小到高反差的 35mm 负片上如图 3-2 所示，然后用底片扩大到所需的尺寸，此时与实物孔隙尺寸相仿的底片即为制作微观模型模版，如图 3-3 所示。

图 3-1　岩心铸体薄片

图 3-2　微观模型负片

图 3-3　微观模型正片

2. 曝光、显影、定影

利用制成的微观模型模版，使用照片曝光设备，将模版上的微光孔道曝光到铬版上。把曝光后的铬版在显影液中除去未曝光的部分，使底片的图形在玻片上显现出来。在定影液中将孔道固定，如图 3-4 所示。

3. 腐蚀

腐蚀是微观模型制作过程中的重要工序，通过腐蚀可以将微观孔道在玻片上完整、精确地刻蚀出来。实验中使用的腐蚀液是氢氟酸。由于玻片在未涂胶的一面是不需要腐蚀的，因此在腐蚀前要将此面用蜡覆盖保护。腐蚀好的玻片，应用水冲刷，然后用煤油浸泡除去蜡后，再用硫酸溶液除去胶膜。

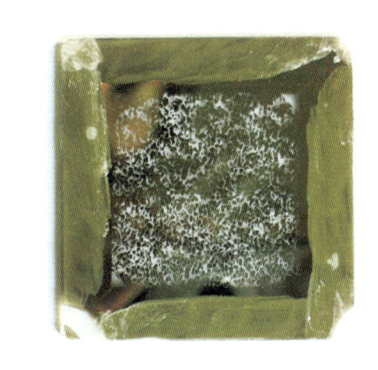

图 3-4　微观模型制作（显影定影后）

4. 烧结

将刻蚀好的玻片洗净，在其中一片上钻好注入孔和采出孔。在马弗炉中进行烧结，烧结温度为 600℃ 左右。

5. 润湿性处理

烧结好的微观模型为亲水模型，为了模拟中性或者亲油性孔道，可以将亲水模型用二氯二甲基硅烷处理，可以得到中性或者亲油性模型。亲油性模型也可以通过烧结使其再次变为亲水。

三、实验设备及流程

1. 实验设备

该实验技术的主要实验设备有：图像观察系统、图像采集系统、图像处理系统，以及恒温、高压等装置，具体流程示意图如图 3-5 所示，主要由以下几部分组成：

（1）驱动系统。本实验采用恒速驱替（Sysco 微量泵）。

（2）图像观察系统（Olympus 生物显微镜以及监视设备）。

(3)图像采集及记录系统。由高分辨率CCD摄像头、图像采集卡、图像压缩卡等组成，采用硬盘记录或录像机记录，该系统可以实现对动态图像进行自动实时采集。

(4)图像处理系统。通过计算机图像处理软件，可以实现对RGB图像的进行处理，可以计算出图像的RGB像素点数，得到不同时刻的原油饱和度、含水率、采收率及面积波及系数等。

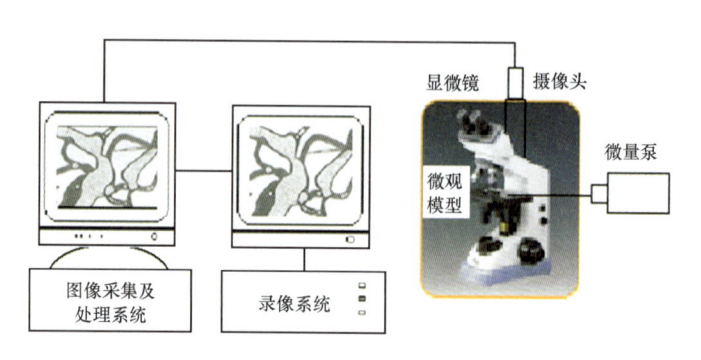

图3-5 微观驱油流程示意图

2. 实验流程

(1)将微观模型抽空后饱和油；
(2)以模拟油层的驱替速度水驱油至模型不出油为止；
(3)水驱油建立束缚水，用复合体系驱替，观察实验过程中的现象，并在出口用微观计量装置计量，并录取驱替过程中的动态图像；
(4)分析图像，计算此驱替条件下的驱油效率；
(5)清洗岩心；
(6)再用不同复合体系配方驱替，重复（1）～（5）。

四、微观驱油机理

1. 油膜状残余油

水驱后模型中的油膜附着在岩石壁面上，水驱过程的剪切力不足以使油膜脱离壁面，当聚合物—表面活性剂复合体系接触到油膜以后，受到低界面张力和聚合物黏弹性的共同作用，油膜开始发生变形，逐渐被拉长；由于体系中表面活性剂的吸附作用，壁面的润湿性发生改变，油膜前缘与壁面接触角逐渐变小，使得油膜前缘逐渐脱离壁面，最后前缘逐渐被拉长、断脱成油滴被携带渗流；剩余油在内聚力作用下收缩成油滴，继续拉长、断脱，持续重复这一过程，直至油膜被驱替干净。在整个驱油过程中发现，水驱油膜受三个力的作用：剪切力、与岩石的黏附力和本身的内聚力，其中黏附力和本身的内聚力是驱油阻力。由于复合体系沿着壁面上的扩散及其吸附作用，壁面润湿性逐渐改变，当前缘脱离壁面时，油膜前缘只受本身产生的内聚力和切应力的作用，并且低界面张力使油的内聚力减小，所以油膜前缘在复合体系剪切力的作用下，首先以较大油滴的形式发生断脱。油膜持续沿着"前缘断脱"这种方式，最终被驱替干净，如图3-6所示。

在较大孔道中的残余油虽然受到超低界面张力的作用，由于孔道较大，受到复合体系的剪切力的作用较弱，油滴存在变形启动的趋势（油滴变形），但是由于聚合物—表面活性剂

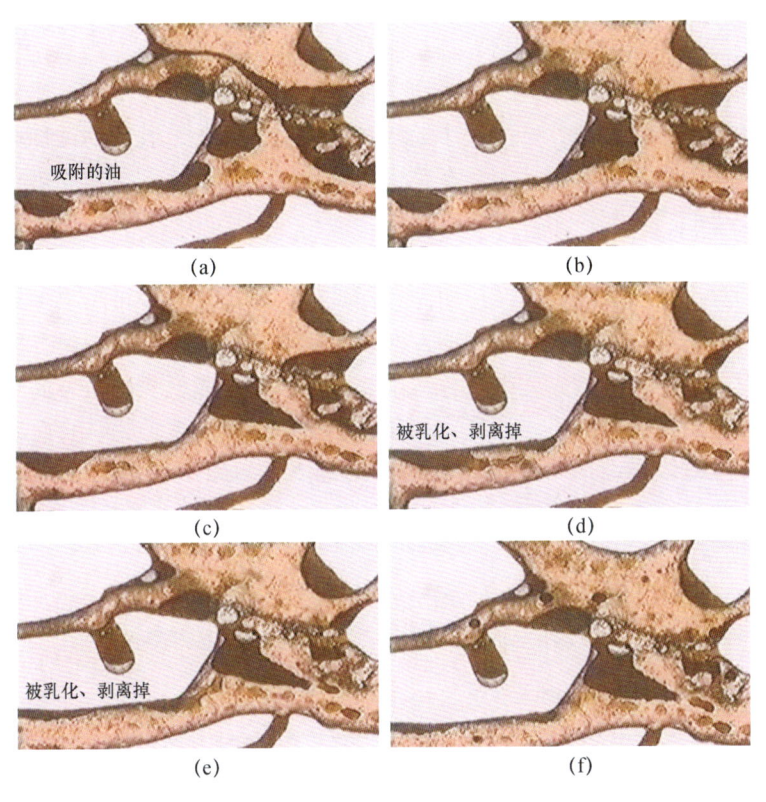

图 3-6 油膜的乳化剥离
(a)~(f)为不同时刻残余油的变化

复合驱过程中存在绕流现象,大孔道中部分残余油没有被驱替出来,主要由于复合体系与原油的界面张力虽然降低到超低,但是由于复合体系中无碱,驱油体系与原油的作用较弱,因此部分孔道中的原油不能完全驱替出来。

2. 盲端残余油

图 3-6 中显示了盲端残余油的驱替过程,图片显示在聚合物—表面活性剂复合驱的过程中盲端的部分残余油可以被复合体系驱替出来,但是大部分盲端的残余油仍然滞留在原处,分析原因主要是复合体系中聚合物的黏弹性给盲端口的残余油一个侧向驱动力,与复合体系驱替过程中的驱动力相结合,对盲端口的残余油产生一个向前的合力,克服了盲端残余油的黏滞力和内聚力,使部分盲端的残余油启动,同时聚合物—表面活性剂复合驱体系中表面活性剂在油水界面上的有序排列分布,在驱替液的携带之下,破坏了原有的油水界面,并逐渐形成新的油与表面活性剂界面。界面张力的降低,导致残余油滴内聚力下降,所以油滴很容易变形,并被拉长、逐渐断裂。随后表面活性剂继续扩散,残余油滴继续变形、拉长、断裂,不断重复这一过程。在这一过程中,原有的油水界面束缚的油面积逐渐减小,油水界面逐渐消失,界面逐步为新的复合体系与油的界面取代,盲端只有少量油被驱替。复合体系进入后,一方面对主流道上附着的油膜进行驱替;另一方面,复合体系中表面活性剂分布于盲端内的油水界面,降低了界面张力,逐步破坏盲端处残余油表面的坚固水膜,并将油滴表面向流动方向拖、拉成油丝至断裂成小油珠,被驱替液携带走,因此盲端内残余油变少。

在模型驱替过程中，残余油的变形，主要受两种力的作用：一种是驱替液的剪切应力，它与剪切速率以及界面黏度有关；另一种是驱替液与油的界面张力。当剪切力大于界面张力的影响时，拉长的油丝就发生断裂，形成水包油珠，被驱替液夹带流动。当界面张力非常低时候，即使流体有很小的扰动，产生很小的相对运动也会乳化，乳化的油珠可以通过更小的孔隙喉道。由实验中观察也可以证实，在整个聚合物—表面活性剂复合驱过程中，残余油被乳化后形成较多小油滴，被体系夹带渗流，如图 3-7 所示。在乳状液流动过程中，由于乳状液的黏度较大，会对模型盲端和部分水驱未波及的区域产生一定程度的驱替，提高了聚合物—表面活性剂复合驱的驱油效率，说明在复合驱的过程中，乳化也是提高采收率的一个重要机理。另外与三元复合体系在亲油模型上微观驱油乳化剥离机理相比较，聚合物—表面活性剂复合体系中由于不含有碱，使得复合体系与原油作用形成低界面张力的时间延长，不能迅速启动残余油，而是逐渐的将原油乳化剥离成小油珠，因此聚合物—表面活性剂复合驱现场注入工艺中应考虑体系的注入速度，以保证复合体系与原油作用的时间，形成低界面张力，达到提高原油采收率的目的。

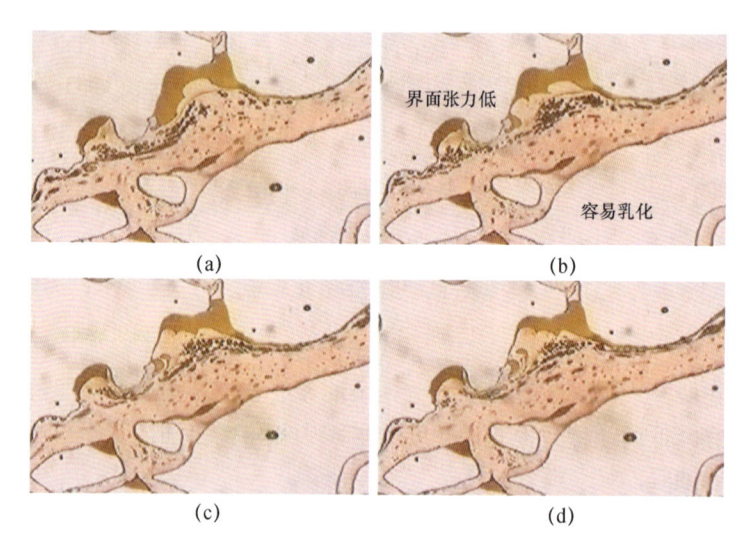

图 3-7 聚合物—表面活性剂复合驱过程中的乳化
(a)~(d) 为不同时期残余油的变化

3. 油丝状残余油

聚合物—表面活性剂复合体系注入模型后，出现了水驱残余油拉丝现象。油丝主要出现在模型中间的主流区域，主要是这一区域复合体系溶液的流动较快，对油滴产生一个侧向力，同时复合体系与原油界面张力较低，所以油滴容易随着注入流体向前运移。在复合体系的携带下，油丝易与壁面接触，沿壁面运移。拉长的油丝通常路径很长，而且不易断裂，在不断拉长的过程中，逐渐到下一个岩石富集，在岩石与岩石之间易形成原油输送的"油桥"。这样就保持了一个连续的通向下游的油流通道，减小了毛细管阻力，有利于残余油的采出。但也有部分油丝在体系的强剪切力的作用下断裂成微小的油滴，以乳化的微小油滴形式运移。一方面由于聚合物的黏弹性作用，其法向力使油丝通道趋于稳定。在各种力作用下，在油丝的油水界面处，形成凸凹的油水界面。沿着孔道的中心部位随着其形状的改变向前运移。油流呈波纹状轴向流动，复合体系溶液以油流为中心，围绕油流进行流动。在突起的波纹曲面上，产生较大的法向力作用在曲面上，增加了作用在该曲面上的压力；在凹陷的波纹曲面上，产生的法向力较小，作用在凸起界面上的法向应力与凹陷界面上的法向应力的差值越大。所以，法向应力的作用是阻止流线变形，使聚合物溶液的流线基本稳定状态。因此，单纯聚合物溶液在驱油过程中形成的油丝通道基本上是稳定的，黏弹性聚合物的法向应力可以使残余油形成稳定的"油丝"。复合体系中由于表面活性剂的存在，形成的低界面张力，油丝的内聚力下降，复合体系本身由于聚合物的作用具备了较大的剪切黏度，导致油丝本身容易在体系的强剪切作用下被拉断。所以最后实验中所看到的油丝是黏弹性和界面张力二者综合作用的结果。可以得出结论，如果配制的复合体系黏弹性较强、黏弹性影响较大时，形成的油丝较多；如果配制的复合体系黏弹性较弱，界面张力影响较大时，油丝相对容易乳化为小油滴。聚合物—表面活性剂复合驱微观实验中的油滴拉丝现象与聚合物驱试验过程中的现象基本一致，如图3-8和图3-9所示。

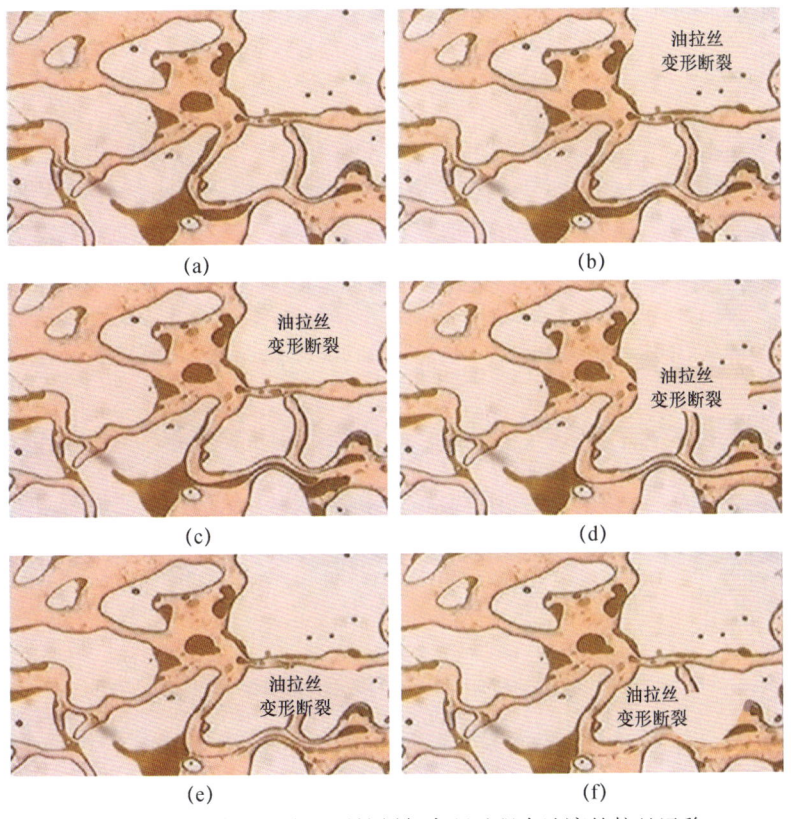

图3-8 聚合物—表面活性剂复合驱过程中油滴的拉丝运移
(a)~(f)为不同时刻残余油的变化

4. 油滴残余油

切削作用是指模型中水驱残余油在聚合物—表面活性剂复合体系驱替过程中，由于受到剪切力和黏滞力、内聚力的共同作用。在克服黏滞力和内聚力等驱替阻力的过程中产生的现象，一般在与大孔道连接的小孔道、大孔道中的水驱残余油都存在这一现象，如图3-10所示。在复合体系的注入过程中，大孔道的中心部位和大孔道边部的部分残余油在驱替过程中

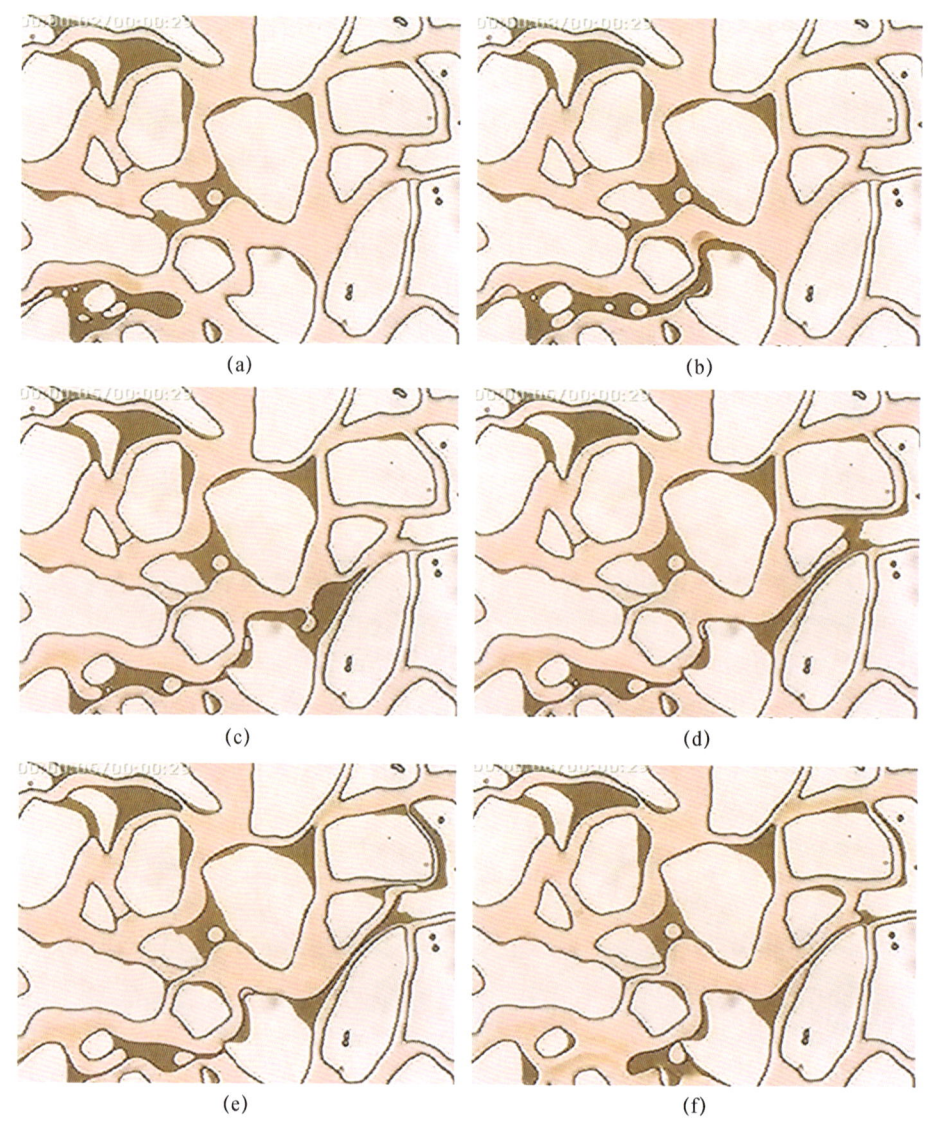

图 3-9　聚合物驱过程中油滴的拉丝运移
(a)~(f)为不同时刻残余油的变化

首先拉长，由于复合体系与原油界面张力较低，拉长的油滴比较柔软，在后续注入复合体系剪切力的作用下，油滴被剪断，前部被剪掉的油滴随着驱油体系向前运移，剩余部分收缩，然后再次被拉长、剪断，如此反复直至残余油被驱替干净。此现象在聚合物驱的过程中也存在，如图 3-11 所示，但是由于聚合物驱过程中油水界面张力较高，油滴变形能力差，因此要克服黏滞力和内聚力所需要的剪切力较大。在聚合物驱过程中油滴的切削作用完全依靠剪切力的作用，而没有界面张力的帮助。

5. 柱状及簇状残余油

在亲油模型中，毛细管力是孔道中非润湿相流体驱替润湿相流体所受到的阻力，对于亲油孔道，毛细管力是驱替柱状、簇状残余油以及使大油珠通过较细孔道须克服的力，即驱油

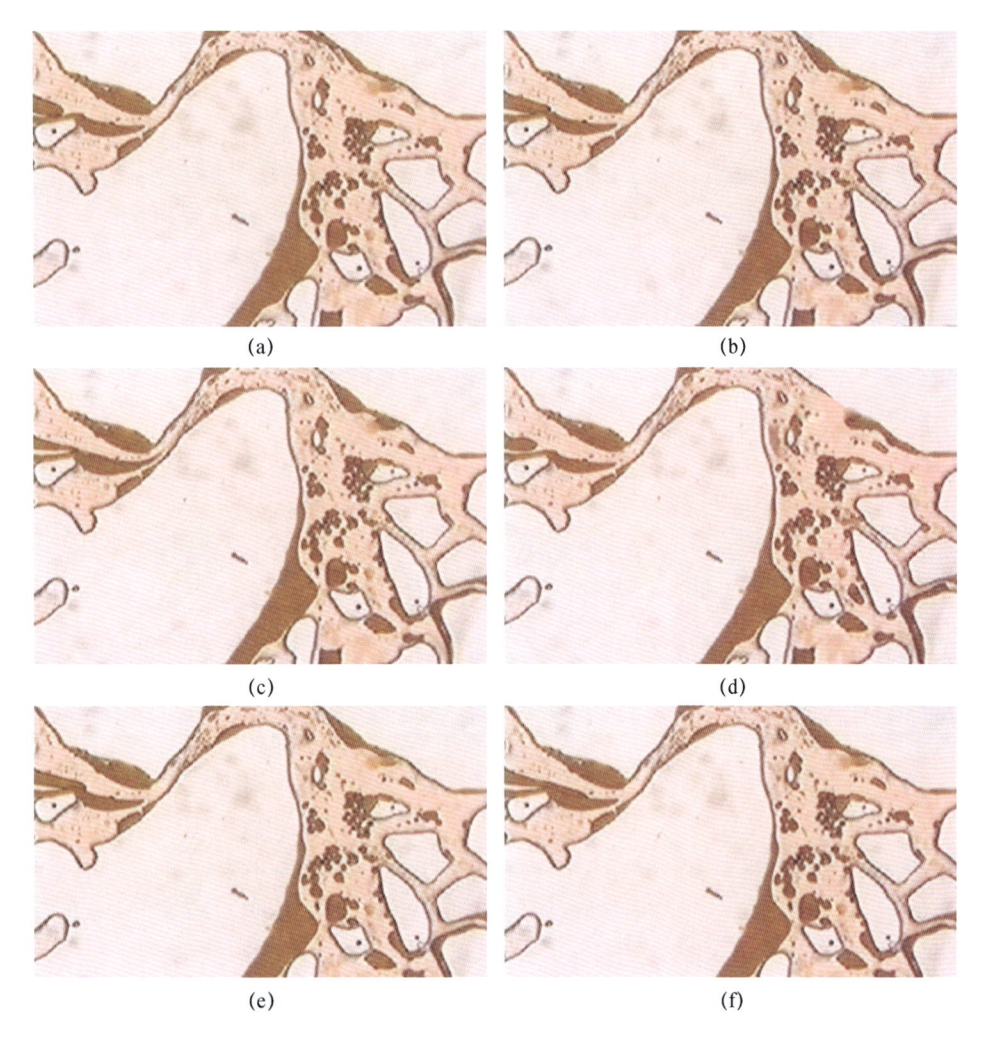

图 3－10　聚合物—表面活性剂复合驱过程中油滴的切削
(a)~(f) 为不同时刻残余油的变化

阻力。聚合物—表面活性剂复合体系进入模型后，较为明显的是启动柱状残余油及其控制的部分簇状残余油，使这部分残余油启动需要一定的力，这种力主要是模型中驱油的驱替动力，此外在驱替过程中复合体系中的表面活性剂在模型的壁面吸附，降低了孔隙的毛细管力，两者共同作用使模型中存在比较多的柱状、簇状残余油得以启动运移。实验中复合体系使油水界面张力最低降到 $5×10^{-3}$ mN/m 左右，接触角也存在着不同程度的降低，由于界面张力 σ 和接触角 θ 的改变，与水驱相比，毛细管力可大大降低。在残余油启动以后，若不存在良好的运移条件，在流度比过大的情况下，油在运移的过程中容易被孔喉捕集，重新形成残余油，会限制采收率的提高。由于复合体系的加入，形成的低界面张力环境为残余油提供了较好的运移条件。孔喉处的簇状残余油在超低界面张力条件下，部分被驱出原有的孔道，改变了水驱后残余油分布，增加了油与复合体系接触面积；与复合体系接触的残余油前缘逐渐变成小油滴，如图 3－12 所示。在聚合物驱的过程中同样存在柱状、簇状残余油的启

(a)　　　　　　　　　　　　　(b)

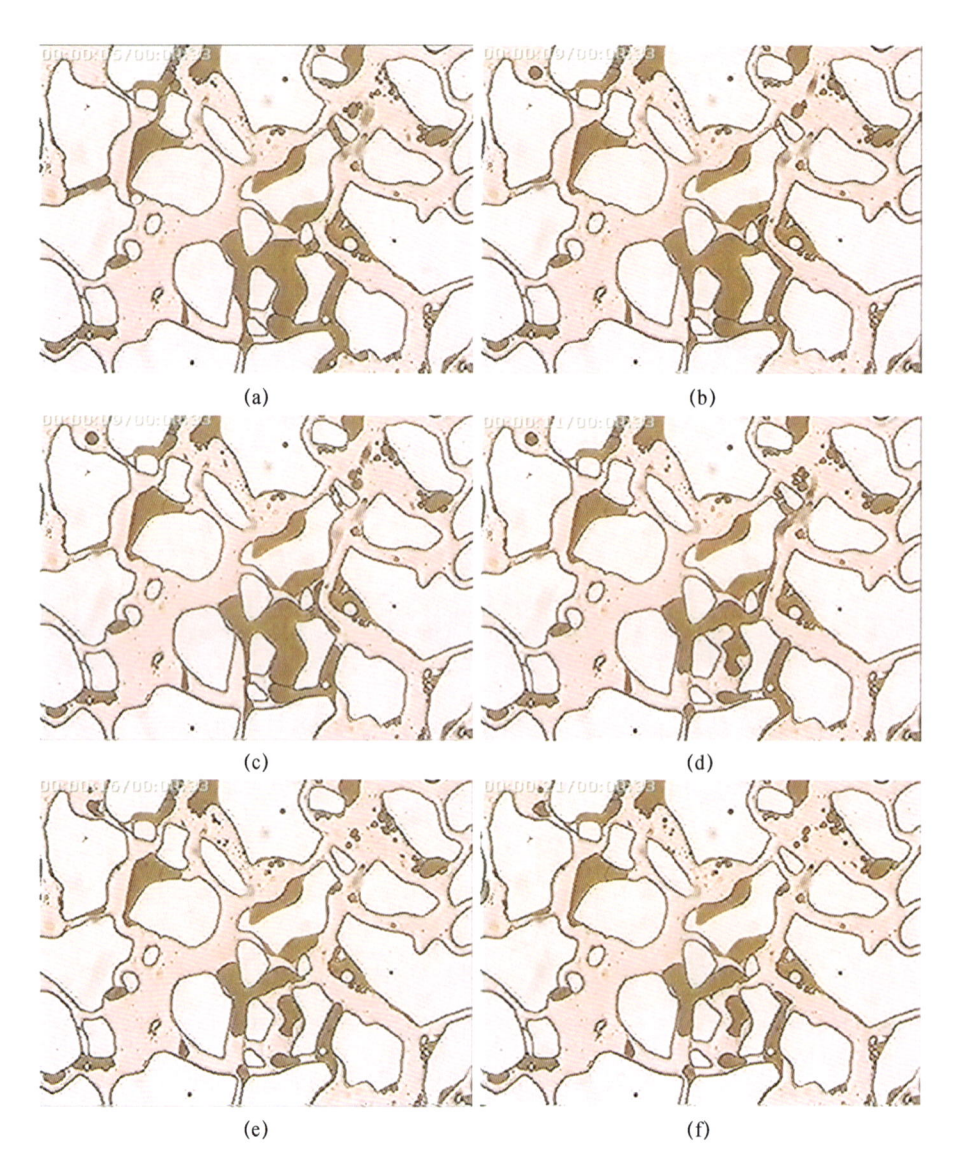

(c)　　　　　　　　　　　　　(d)

(e)　　　　　　　　　　　　　(f)

图 3-11　聚合物驱过程中油滴的切削
(a)~(f)为不同时刻残余油的变化

动，如图 3-13 所示。由于聚合物与原油之间的界面张力约为 36mN/m，在聚合物驱的过程中没有润湿性的改变，因此在驱替过程中克服孔隙的毛细管力的是驱替动力，因此在驱替过程中需要更大的注入压力才能启动柱状、簇状残余油。

在聚合物—表面活性剂复合驱过程中还有一个明显的现象是附着在岩石壁面的油滴沿着壁面运移，如图 3-14 所示。这主要是在驱替过程中孔道的中心部位驱油体系的流动速度快，而壁面处的流动速度慢，剪切力不足以完全克服黏滞力和内聚力，在附着油滴的后部由于复合体系中存在表面活性剂，使得接触角发生变化，亲水性有所增强。在剪切力和黏滞力降低的共同作用下，油滴沿壁面向前运移。

碱—表面活性剂—聚合物三元复合物驱中碱与原油的活性组分反应生成活性物质，这些

(a)　　　　　　　　　　　　　　(b)

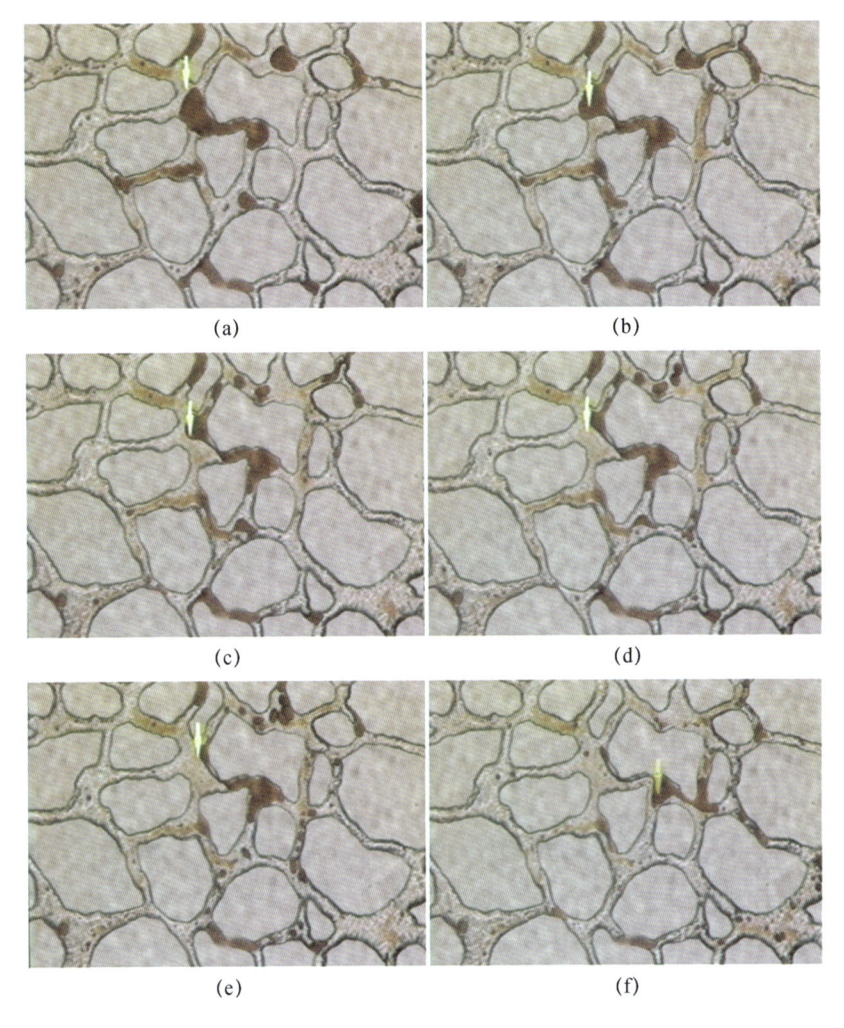

(c)　　　　　　　　　　　　　　(d)

(e)　　　　　　　　　　　　　　(f)

图 3-12　聚合物—表面活性剂复合驱过程中孔道残余油的启动
(a)~(f)为不同时刻残余油的变化

新生成的活性物质与三元体系中的表面活性剂共同作用，使得三元体系启动原油的能力更强，同时三元体系界面张力可以达到超低，使得三元体系驱动原油能力更强。与三元复合驱相比，聚合物—表面活性剂复合体系中表面活性剂与原油作用时间延长，启动原油的能力降低，同时聚合物—表面活性剂复合驱要达到与三元驱同等的驱油能力，这就需要研发出合适的表面活性剂，另外由于复合体系不含碱，保证了复合体系的黏弹性。

五、原油黏度比对微观采收率影响

为了研究聚合物—表面活性剂复合体系黏度与原油黏度比(黏性)对微观采收率影响，本节不同黏度比实验采用 0.2% DWS-3 加入不同浓度聚合物或者甘油，使复合体系与原油黏度比为 0.5、1.0、2.0、3.0、4.0、5.0。甘油只有黏性而没有弹性，因此该实验主要考察黏性对微观驱油效果的影响；与甘油完全不同，聚合物属于高分子，具有明显的黏弹性，

(a)　　　　　　　　　　　　(b)

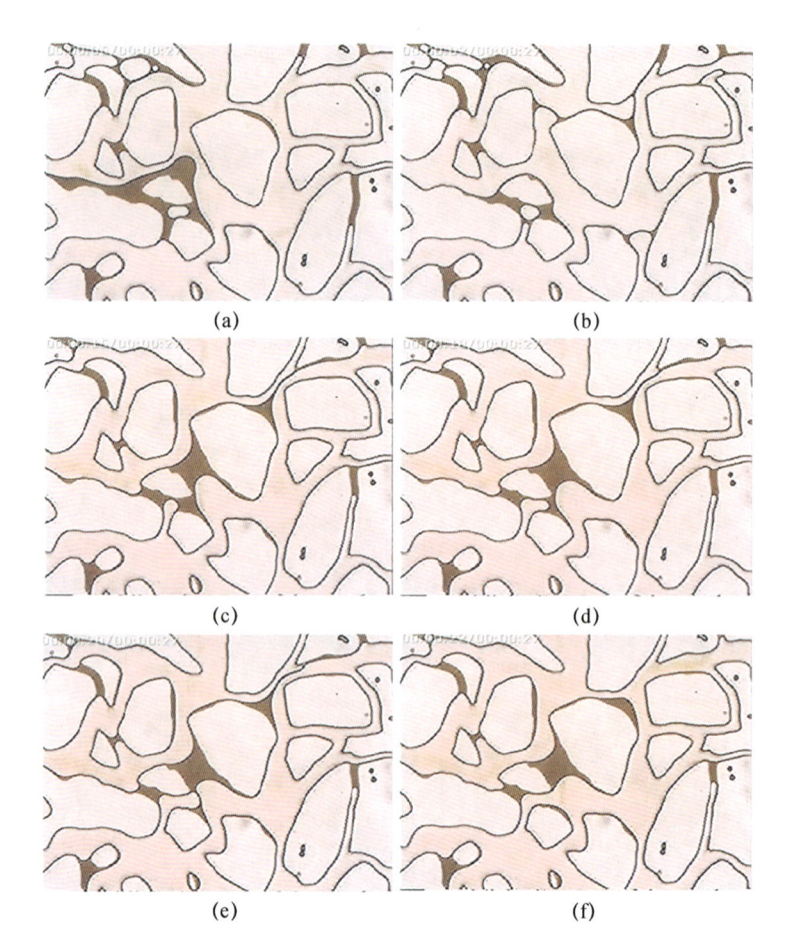

(c)　　　　　　　　　　　　(d)

(e)　　　　　　　　　　　　(f)

图 3-13　聚合物驱过程中孔道残余油的启动
(a)~(f)为不同时刻残余油的变化

而不是仅仅具有黏性。

1. 甘油复合体系黏度与原油黏度比(黏性)对微观采收率影响

实验中复合体系使用的甘油为增黏剂，由于甘油只有黏性而没有弹性，因此该实验主要考察黏性对微观驱油效果的影响。通过调整甘油浓度的大小，使复合体系黏度与原油的黏度比为 0.5、1.0、2.0、3.0、4.0、5.0，如图 3-15 至图 3-20 所示。残余油饱和度随着复合体系原油黏度比的增加而降低。甘油属于低分子化合物，只有黏性而没有弹性，因此在模型中起到驱替作用的是黏度和界面张力两个影响因素。甘油复合体系提高采收率如图 3-21 所示，提高采收率幅度随着黏度比的增加而增加，在黏度比为 1.0 处存在明显拐点，黏度比大于 1.0 后再增加黏度采收率能够进一步提高，但是提高的幅度较小。主要原因是复合体系在孔隙渗流过程中，驱替相和被驱替相的黏度比达到 1.0，在孔道中流动属于活塞式驱替，整体采出程度都比较高。

2. 黏度(黏弹性)比对微观采收率影响

实验中复合体系使用的聚合物为 2500 万相对分子质量部分水解聚丙烯酰胺，通过调整其浓度的大小，使复合体系黏度与原油的黏度比为 0.5、1.0、2.0、3.0、4.0、5.0，如图 3-22 至图 3-27 所示。残余油饱和度随着复合体系黏度与原油黏度比的增加而降低。与

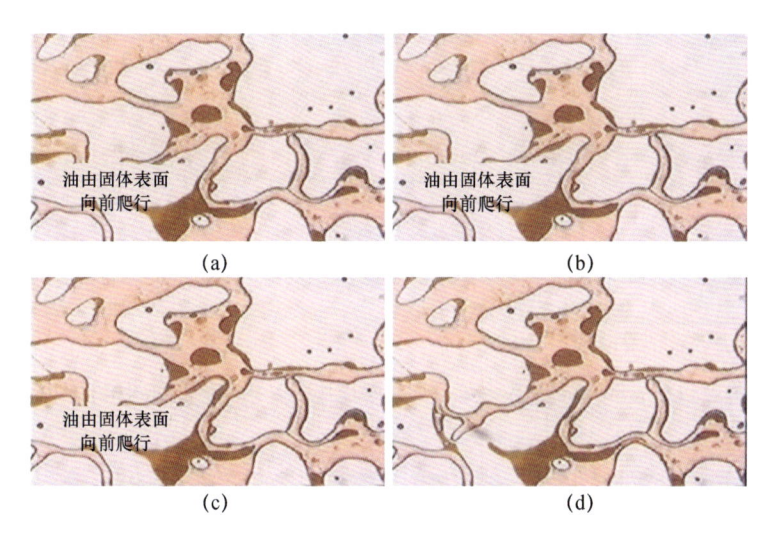

图3-14 聚合物—表面活性剂复合驱过程中油滴的壁面运移
(a)~(d)为不同时刻残余油的变化

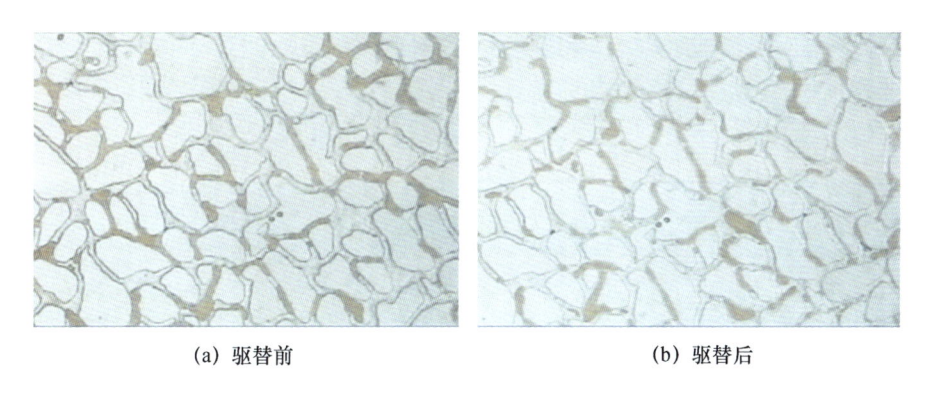

图3-15 甘油复合体系黏度与原油黏度比为0.5驱替前后残余油变化

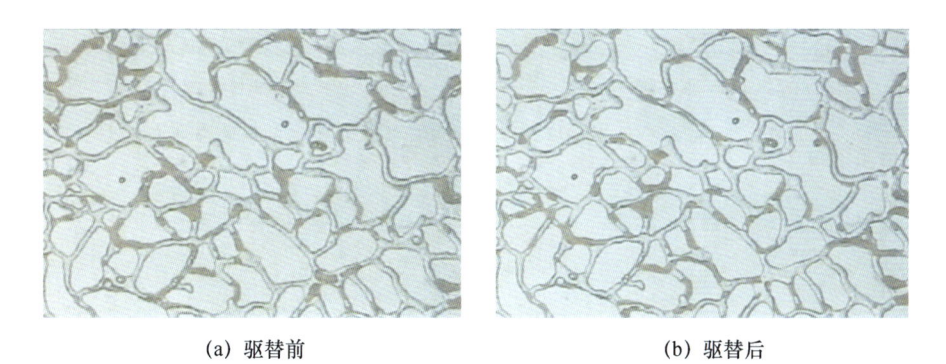

图3-16 甘油复合体系黏度与原油黏度比为1.0驱替前后残余油变化

甘油完全不同，聚合物属于高分子，具有明显的黏弹性，而不是仅仅具有黏性。因此本实验研究的是黏弹性和界面张力对微观驱油效果的影响。随着聚合物—表面活性剂复合驱油体系的黏度的增加，采收率逐渐提高。因为随着体系黏度的增加，提高了与油的剪切应力，进而

(a) 驱替前　　　　　　　　　　　　(b) 驱替后

图 3-17　甘油复合体系黏度与原油黏度比为 2.0 驱替前后残余油变化

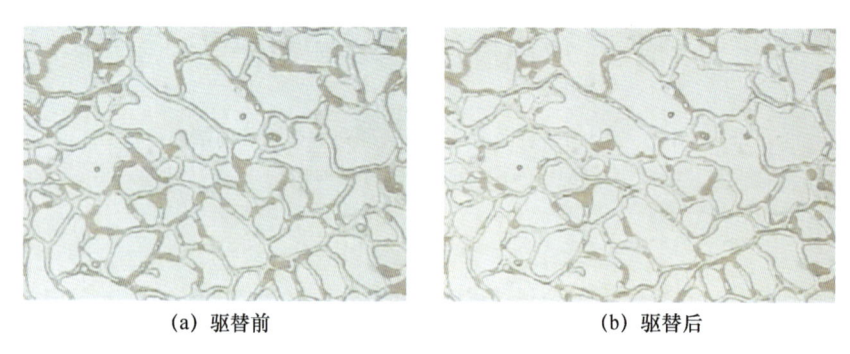

(a) 驱替前　　　　　　　　　　　　(b) 驱替后

图 3-18　甘油复合体系黏度与原油黏度比为 3.0 驱替前后残余油变化

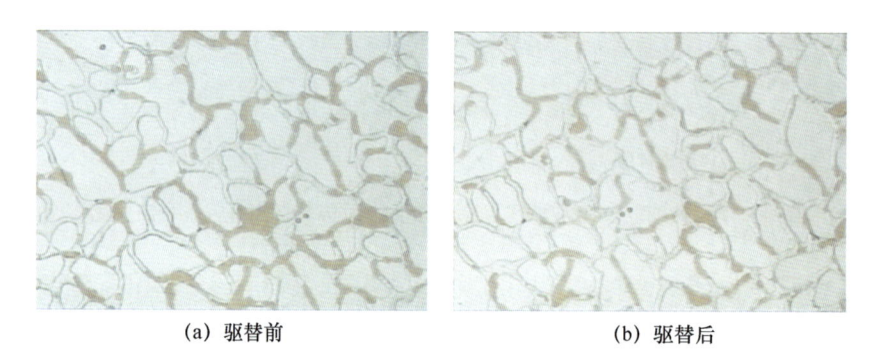

(a) 驱替前　　　　　　　　　　　　(b) 驱替后

图 3-19　甘油复合体系黏度与原油黏度比为 4.0 驱替前后残余油变化

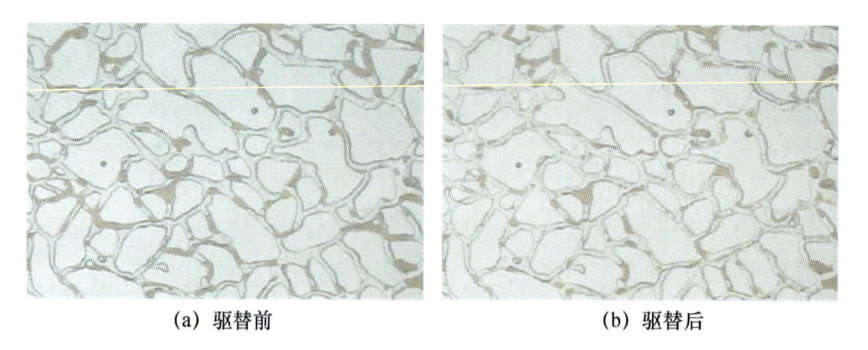

(a) 驱替前　　　　　　　　　　　　(b) 驱替后

图 3-20　甘油复合体系黏度与原油黏度比为 5.0 驱替前后残余油变化

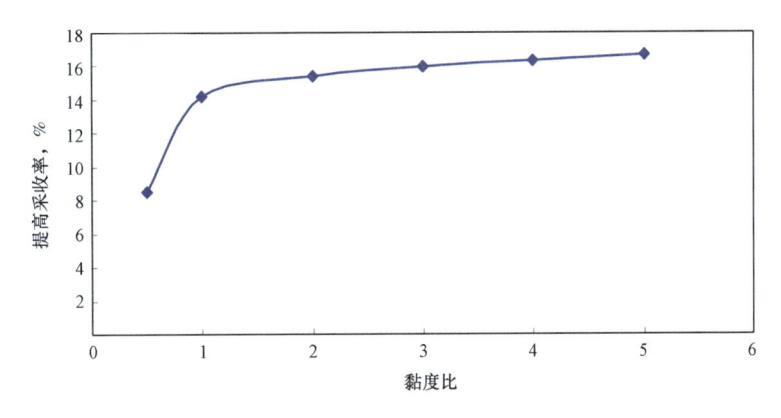

图 3-21 甘油复合体系黏度与原油黏度比和提高采收率关系

提高了携油能力，使一部分水驱后的残余油又进一步被带出来，提高了驱油效率。同时，随着聚合物黏度的上升，流度比下降，驱替液的波及体积增加，从而提高了采收率。在黏度比达到 2.0 后，采收率提高值渐趋稳定，如图 3-28 所示。继续增加黏度，虽然能够进一步提高采收率，但是增加幅度变小。

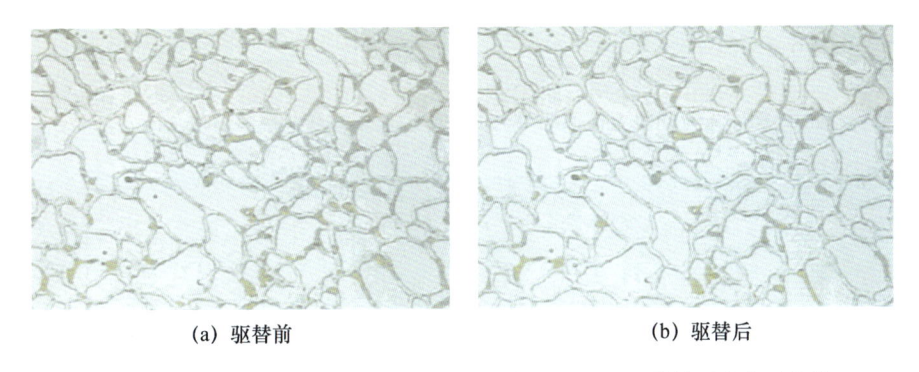

(a) 驱替前   (b) 驱替后

图 3-22 聚合物复合体系黏度与原油黏度比为 0.5 驱替前后残余油变化

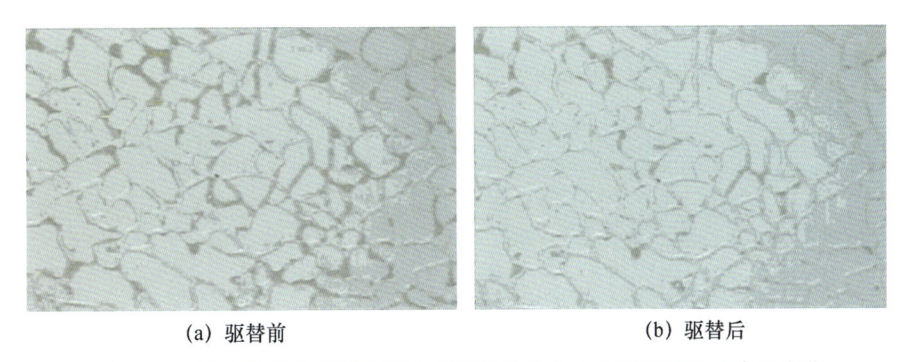

(a) 驱替前   (b) 驱替后

图 3-23 聚合物复合体系黏度与原油黏度比为 1.0 驱替前后残余油变化

综合考虑黏性和黏弹性对提高采收率的影响，应该在保证复合体系黏度的前提下，进一步增强溶液的弹性，复合体系的弹性在复合驱提高采收率中占有重要的地位。随着复合体系

(a) 驱替前　　　　　　　　　　　(b) 驱替后

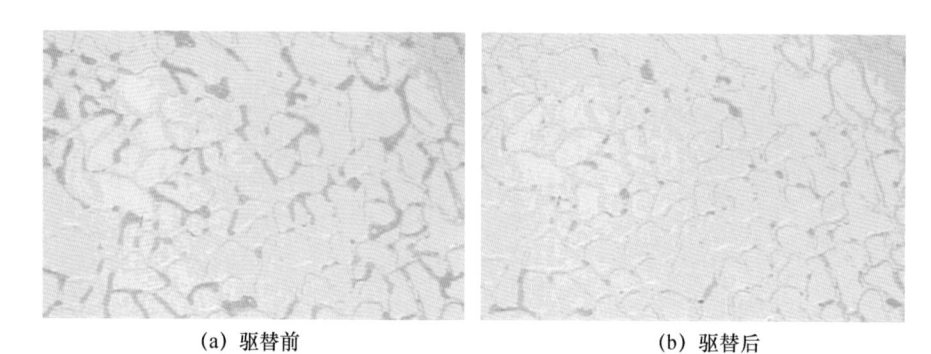

图 3-24　聚合物复合体系黏度与原油黏度比为 2.0 驱替前后残余油变化

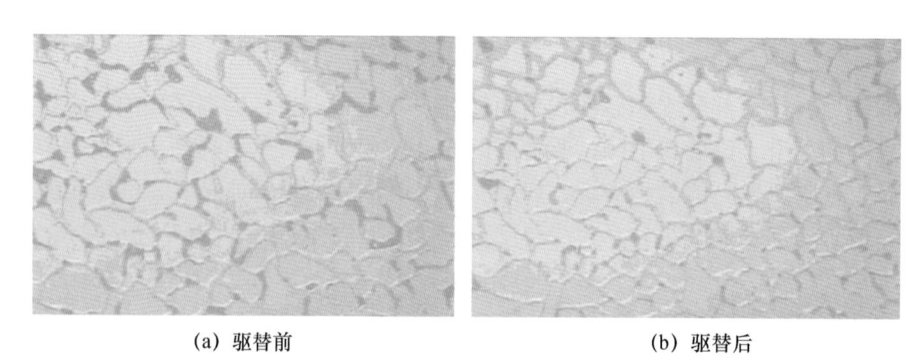

(a) 驱替前　　　　　　　　　　　(b) 驱替后

图 3-25　聚合物复合体系黏度与原油黏度比为 3.0 驱替前后残余油变化

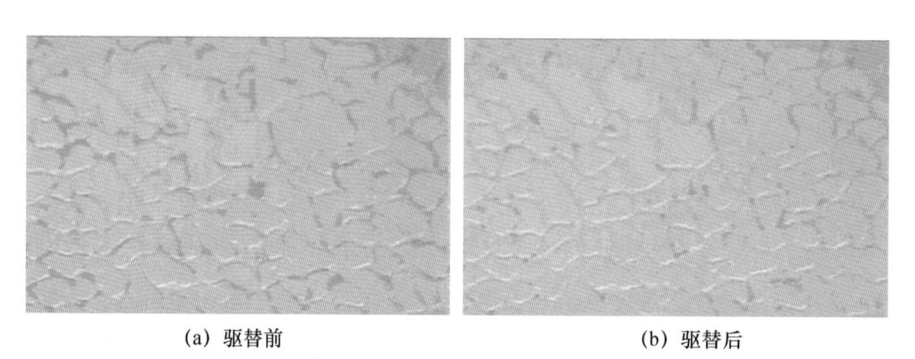

(a) 驱替前　　　　　　　　　　　(b) 驱替后

图 3-26　聚合物复合体系黏度与原油黏度比为 4.0 驱替前后残余油变化

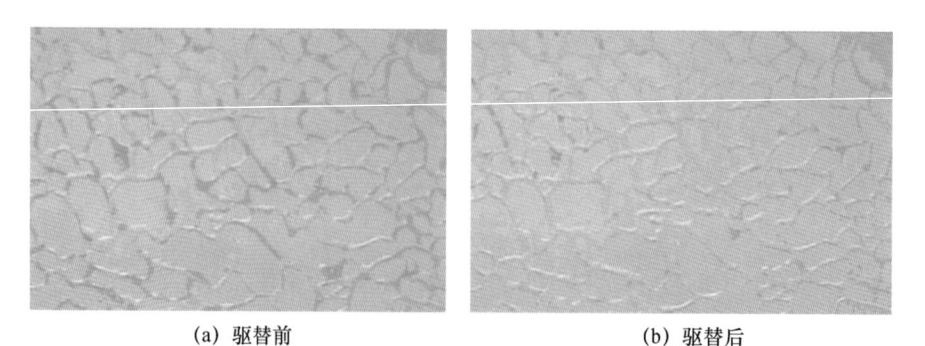

(a) 驱替前　　　　　　　　　　　(b) 驱替后

图 3-27　聚合物复合体系黏度与原油黏度比为 4.0 驱替前后残余油变化

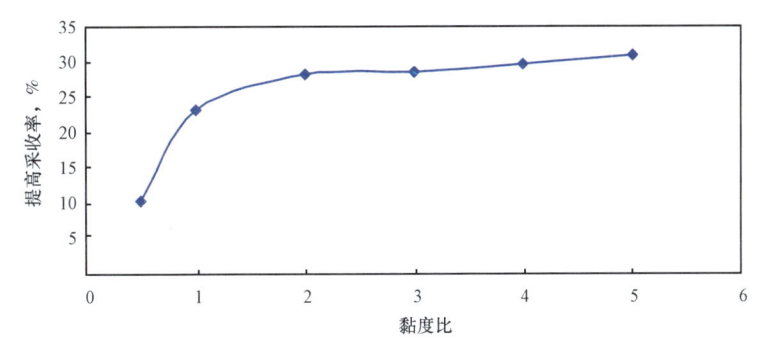

图 3-28　聚合物复合体系黏度与原油黏度比和提高采收率关系

中聚合物浓度的增大,弹性在复合驱提高采收率中的作用越强。黏度比为 0.5 的复合体系驱油中,弹性对提高采收率的贡献为 18.3%,而黏度比为 2.0 时,弹性对提高采收率的贡献为 27.4%,黏度比为 5.0 的复合体系驱油中,弹性对提高采收率的贡献更高达 41.8%。因此在进行复合驱配方研究的过程中,应根据油藏的实际条件,在保证体系注入能力的前提下,选用相对分子质量更大的聚合物,以提高复合体系的弹性,最大限度提高复合驱的采收率。微观实验确定的适合黏度比为 1.0,与岩心驱替实验的最佳黏度比为 2.0 有一定的差距,这主要是岩心驱替过程中存在一定的非均质性,黏度大有利于提高复合体系的波及体积,提高岩心的驱油效率。而微观实验是在孔隙水平的模拟实验,模型比较小,均质性较强,并且在孔隙中容易形成活塞驱替,因此优化出的最佳黏度比较小。在实际油藏方案设计过程中,必须考虑油藏的非均质性,在保证注入性以及经济性前提下,适当提高复合体系的注入黏度,也有利于提高复合体系的弹性,有利于提高采收率。甘油—表面活性剂复合驱主要体现的是流体黏性和界面张力的作用,而聚合物—表面活性剂复合驱体现的是流体的黏性、弹性和界面张力的作用,在界面张力大小相同的前提下,可以认为甘油和聚合物复合驱提高采收的差别主要是由黏性和黏弹性的作用引起的,见表 3-1。通过实验发现,聚合物的弹性在微观驱油中占有重要的作用,复合体系黏度与原油黏度比为 0.5 时,复合体系弹性的贡献占提高采收率的 18.3%,而黏度比为 2.0,贡献为 45.5%,随着黏度比的增大,弹性的贡献率增大。具有黏弹性的柔性聚合物分子能够通过尺寸比它小的孔喉,从而保持进入孔洞中溶液的黏度,使毛细管数保持高值。刚性以及非柔性的聚合物分子,不能通过尺寸比它小的孔喉,被堵塞在小孔喉处,进入孔洞的溶液黏度必将降低,从而降低毛细管数。低的毛细管数不能产生高的驱油效率,因此聚合物—表面活性剂复合驱的提高采收率幅度要高于甘油—表面活性剂复合驱。

表 3-1　甘油和聚合物复合驱提高微观采收率对比

黏度比	提高采收率,%			弹性贡献率,%
	甘油复合	聚合物复合	差值	
0.5	8.5	10.4	1.9	18.3
1.0	14.2	23.2	9.0	38.8
2.0	15.4	28.3	12.9	45.5
3.0	15.9	30.6	14.7	48.0
4.0	16.3	32.2	15.9	49.4
5.0	16.6	33.4	16.8	50.2

六、原油界面张力对微观采收率影响

实验选用 2500 万相对分子质量聚合物，复合体系黏度与原油黏度比为 2.0，所用表面活性剂及界面张力见表 3-2。

表 3-2　表面活性剂界面张力数据

表面活性剂	浓度，%	界面张力，mN/m
DR-3	0.2	2.67×10^0
DPS	0.2	5.41×10^{-1}
DAFLZ-1	0.2	6.24×10^{-2}
DWS-3	0.2	2.14×10^{-3}

不同界面张力复合体系驱替实验前后残余油分布如图 3-29 至图 3-32 所示，在实验过程中随着界面张力的降低，复合驱后残余油饱和度逐渐降低，提高采收率幅度逐渐增加，界面张力为 2.14×10^{-3} mN/m 的体系驱油效果最好。从提高采收率幅度来看，随着界面张力升高采收率变化明显，如图 3-33 所示。该曲线存在明显的变化，在低界面张力区，从 6.24×10^{-2} mN/m 到 2.14×10^{-3} mN/m 提高采收率值变化明显，因此驱替孔隙中的残余油需要超低的界面张力。

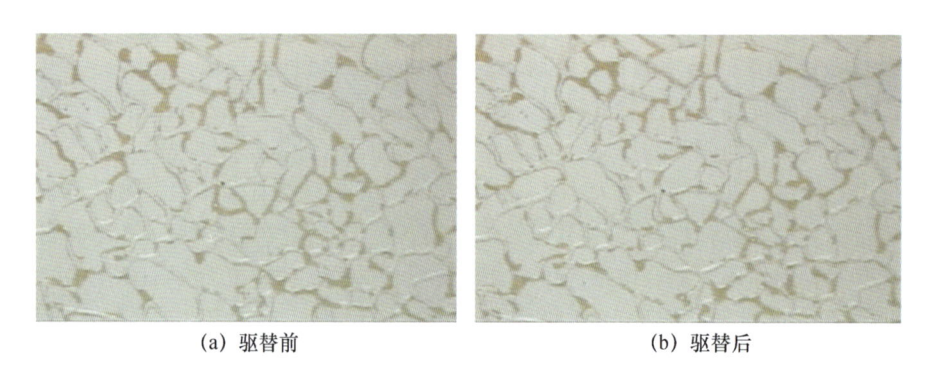

(a) 驱替前　　(b) 驱替后

图 3-29　界面张力 2.67×10^0 mN/m 复合体系驱替前后残余油变化

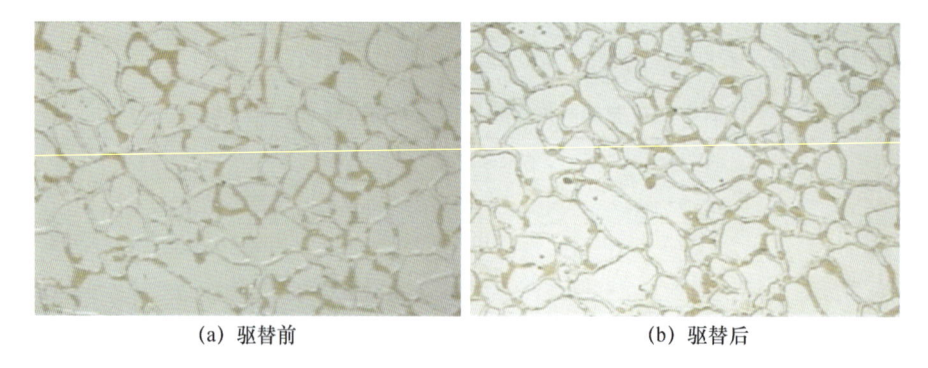

(a) 驱替前　　(b) 驱替后

图 3-30　界面张力 5.41×10^{-1} mN/m 复合体系驱替前后残余油变化

(a) 驱替前　　　　　　　　　　　　　(b) 驱替后

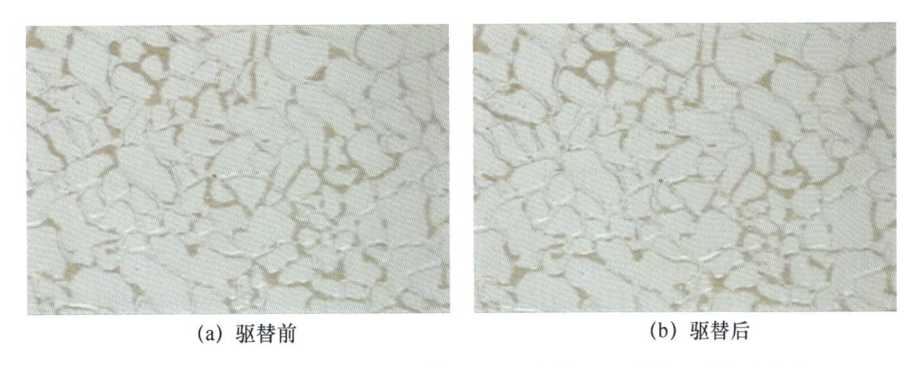

图 3-31　界面张力 6.24×10^{-2} mN/m 复合体系驱替前后残余油变化

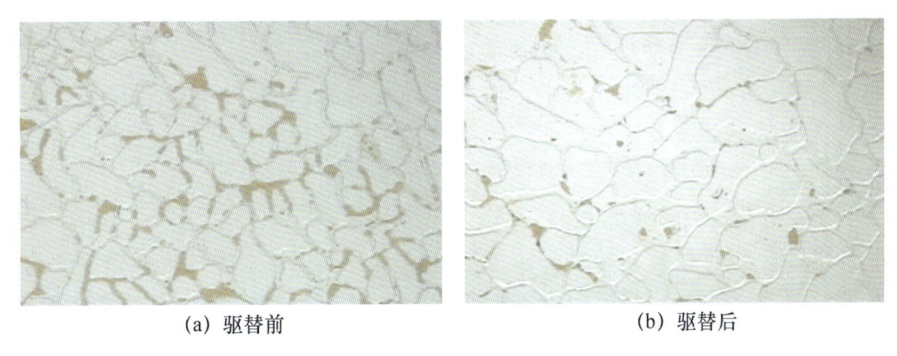

(a) 驱替前　　　　　　　　　　　　　(b) 驱替后

图 3-32　界面张力 2.14×10^{-3} mN/m 复合体系驱替前后残余油变化

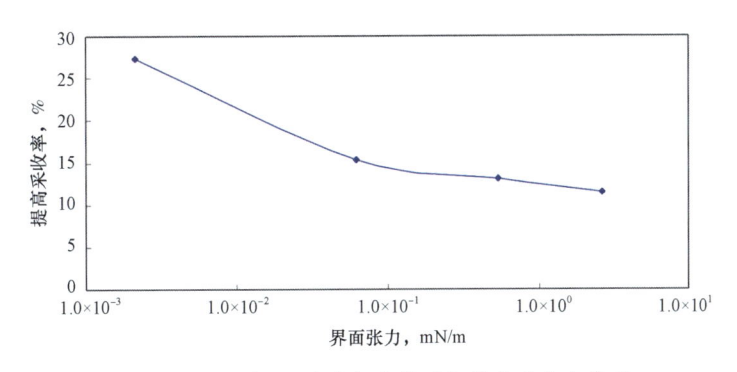

图 3-33　不同界面张力复合体系与提高采收率关系

第二节　扩大波及体积机理

在二次采油注水开发过程中,水驱油效果并不太理想,油井见水早,水驱突破时原油采收率较低,而原油可采储量仍然可观,如何提高二次采油后的原油采收率是转换油藏开发方式的重点。聚合物化学驱技术可以很好弥补这个缺陷,扩大水驱后油藏波及体积,提高原油采收率。如何准确地应用化学驱油技术和方案设计很大程度上取决于化学驱体系扩大波及体积机理,要想最大限度地使化学驱中聚合物与地层条件相匹配,充分提高原油采收率,就必须研究清楚化学驱扩大波及体积机理。

聚合物—表面活性剂复合体系在注入地层后,将会产生两项非常重要的作用:一是使水相黏度增加；二是因化学剂的吸附滞留引起油层渗透率不同程度下降。上述两项作用的共同结果会导致复合体系在油层中的流度明显降低。因此，在复合体系注入油藏后，产生两种基本作用机理：一方面控制水淹层段中的水相流度，从而改善油水流度比，这样可以提高水淹层段的实际驱油效率；另一方面降低高渗透率水淹层段中的流体总流度，缩小高、低渗透率层段间水线推进速度差，调整吸水剖面，提高实际波及系数，从而达到提高原油采收率的目的。

复合驱油过程中岩石结构和流体性质对最终的驱油效果影响非常显著。因此，实际中使用复合体系驱油时，必须选用与目的油层相匹配的化学剂体系，以达到最佳驱油效果，获得最大经济效益。目前，国内外油田上使用最多、应用范围最广的聚合物是部分水解聚丙烯酰胺（HPAM）。HPAM水溶液的黏度较高，可以有效地降低油水流度比，调整吸水剖面，提高波及系数，对微生物也不甚敏感，但缺点是其机械剪切稳定性较差，对矿化度比较敏感，高矿化度盐水会降低HPAM溶液的黏度，影响实际驱油效果。

复合驱是将聚合物添加到注入水中，使水相黏度增加，驱替相的流度降低，同时减小渗透率，从而扩大驱替剂的波及体积，使波及区域内的含油饱和度降低，进而提高驱油效率。含聚合物化学驱扩大波及体积机理主要包括以下几个方面。

(1) 降低流度比，扩大波及系数。

复合驱油的主要机理是改善了油与水的流度比 M。在驱替水中加入适量的聚合物后，驱替相的黏度明显增大，流度比显著降低，使吸水剖面得到改善，减少了"黏性指进"，从而提高波及系数。流度比的定义如下：

$$M = \frac{\lambda_w}{\lambda_o} = \frac{\mu_o K_w}{\mu_w K_o} \tag{3-1}$$

式中　λ_o——油的流度，D/(mPa·s)；

　　　λ_w——水的流度，D/(mPa·s)；

　　　K_o——孔隙介质中油相渗透率，mD；

　　　K_w——孔隙介质中水相渗透率，mD；

　　　μ_w——水的黏度，mPa·s；

　　　μ_o——水的黏度，mPa·s。

由上述公式中可以看出，流度比 M 是水、油的相对渗透率及其黏度的函数。当 $M>1$ 时，表明驱替相流动能力大于油相流动能力，驱替相在油水接触带将会绕过前方的原油而产生"黏性指进"现象，M 越大，则越容易发生突破，形成优势通道或窜流渠道，从而降低波及效率；当 $M<1$ 时，表明驱替相流动能力小于油相流动能力，这种情况下不易出现"黏性指进"现象，波及效率较高。所以，为了提高驱替剂的波及效率，提高驱替剂的使用效率，在驱油过程中，要保证流度比 $M<1$。根据流度比的概念可以看到，降低流度比可以从两方面着手：一是降低水相渗透率或提高油相渗透率，二是提高水的黏度（如增黏水驱）或降低油的黏度。

复合体系在注入地层时，由于多孔介质的吸附滞留作用，大大地降低了地层的水相渗透率，同时降低了驱替相的流度；由于聚合物溶液与原油是互不相溶的，因此聚合物溶液会将油滴聚集在驱替前缘，使油相渗透率和油相流度增大，从而大幅降低流度比，提高平面波及效率。

（2）调整吸水剖面，扩大纵向波及系数。

调整吸水剖面，扩大纵向波及系数是含聚合物化学驱的另一个主要机理。将复合体系注入纵向非均质地层中，使得流度比降低，由此可以降低高渗层的水线推进速度，缩小高、低渗透率层段间水线推进速度差，起到调整吸水剖面的作用。此外在复合驱油过程中，体系首先会进入非均质油层中渗透率较大的高渗层，驱替相的黏度增大以及地层中多孔介质的吸附滞留作用将会增大驱替相在高渗层中的流动阻力，随着油层压力梯度的逐渐增大，使得后续的驱替剂逐渐进入地层中的中、低渗层位，从而增大纵向波及系数，启动低渗层中难以波及的剩余油，改善驱油效果，提高原油采收率，如图3-34所示。

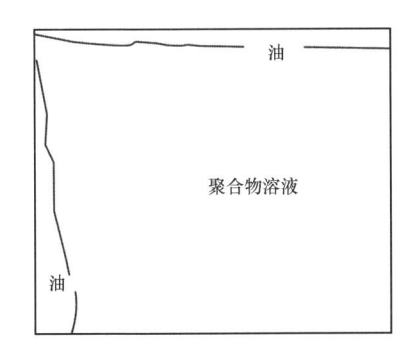

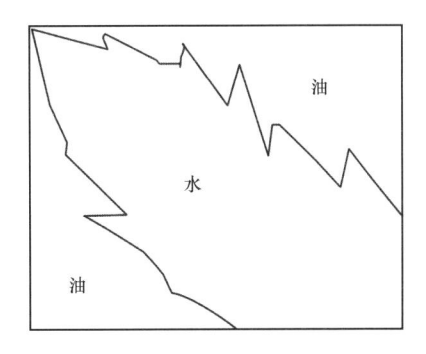

图3-34 聚合物—表面活性剂复合驱和水驱的波及系数

聚合物—表面活性剂复合驱是一种提高采收率的新方法，其提高采收率机理主要是提高洗油能力和扩大波及体积，目前的物理模拟方法主要以天然岩心和人造岩心物理模拟为主，针对目前化学驱提高波及体积研究的需要，建立了以平面模型模拟化学驱过程，应用玻璃中间填充油砂（石英砂）的方法，使该模型具有透光性，能够观测到化学驱过程中化学剂的流动状态，直观反映化学驱的机理。可视化平面模型按照地层的情况可以模拟单渗、双渗或者多渗。按照韵律分可以模拟正韵律、反韵律或者复合韵律，如图3-35所示。将模型分为三层，砂层厚度约2mm，实验模型尺寸大约为180cm×180cm×2.0cm。在三种渗透率层的两端各打一个孔，作为模型的注入端和采出端，注入端和采出端的三个口可以并联也可以单独注入（采出）。

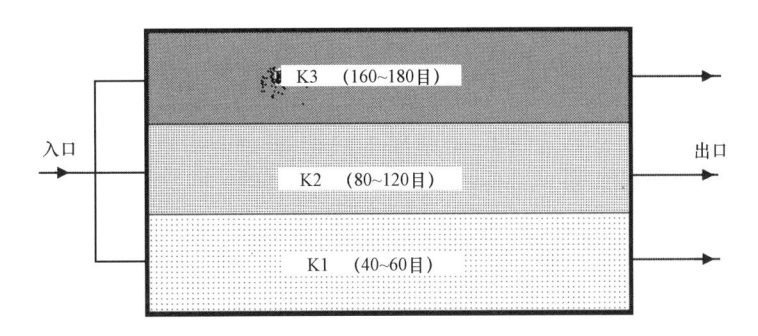

图3-35 可视化正韵律填砂实验模型示意图

一、实验方法

(1)平板夹砂模型称干重 W_1。

(2)饱和水：将平面夹砂模型抽真空，饱和地层水，称重 W_2，$W_2 - W_1$ 即为饱和进平面夹砂模型中水的质量，根据地层水的密度换算为水相的体积，即为平面夹砂模型的孔隙体积 $V_{孔}$。

(3)饱和油：用模拟油驱替地层水，建立原始含油饱和度 S_{oi}。

(4)水驱油：以一定的速度（0.3mL/min）进行水驱油，记录不同时刻模型出口产油、产水变化，计算不同时刻含水率变化情况，直至模型出口不出油为止。

(5)注聚合物—表面活性剂复合驱体系（0.2% DWS-3 表面活性剂 +1500mg/L 聚合物）：当出口流体中含水率达到100%左右，停止注水，注入聚合物—表面活性剂复合体系，段塞大小为0.3PV。

(6)后续水驱：继续进行水驱，直到出口流体中含水率为100%为止，计算调聚合物—表面活性剂复合驱后采出程度变化及残余油分布情况。

二、实验流程

平面模型驱替实验流程示意图如图3-36所示。主要由以下几部分组成：

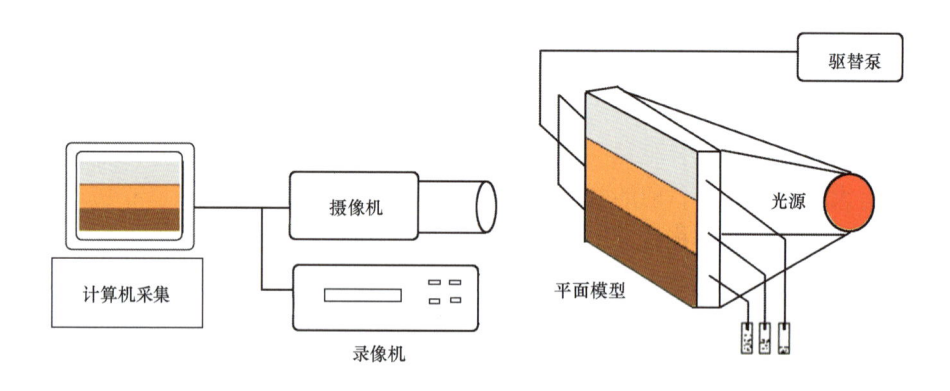

图3-36 平面模型驱替实验流程示意图

(1)摄录系统，分别由摄像机和录像机组成；
(2)采集系统，由计算机图像采集卡，以及图像处理等部分组成；
(3)驱替系统，由恒速或恒压泵组成；
(4)模型，为可透射光源的模型；
(5)光源，提供透射光。

三、层间非均质模型聚合物—表面活性剂复合驱扩大波及体积机理

模型采取充填不同粒度的石英砂来模拟不同渗透率的油层，根据岩心实验的结果，模型的高渗透层的渗透率在1500mD左右，低渗透层的渗透率在600mD左右。

在实验过程中，首先将模型饱和模拟油（图3-37），模型的饱和油比较充分，通过多相饱和的方法，模拟的主流线以及边部都具有较高的原油饱和度。通过计量流出液的体积，模型的含油饱和度达到72%。

模型饱和好模拟油后进行水驱,如图 3-38 所示,注入水首先进入模型的高渗透层,主要是由于高渗透层的渗流阻力较小,注入水优先进入阻力较小的高渗透层。

继续进行水驱,由于模拟油的黏度较大,造成驱替过程中油水黏度比较大,使得高渗透层的流动阻力变大,因此有部分注入水进入低渗透层,对低渗透层中的原油进行驱替,如图 3-39 所示。

继续进行水驱,注水水在高渗透层和低渗透层交替进入,使得整个模型的水驱效率都比较高,如图 3-40 至图 3-43 所示。在注入过程中由于不利的油水黏度比,在高渗透层中存在部分剩余油,主要是由于油水黏度比较大,注入水存在突进现象,后续注入水存在绕流现象造成的。

图 3-37 平面双渗模型饱和原油状态

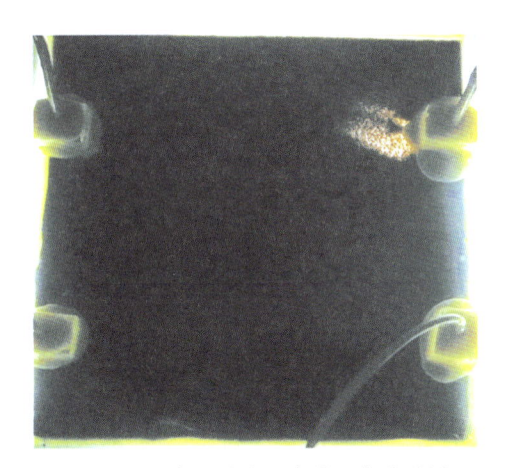

图 3-38 水驱后注入水进入高渗透层

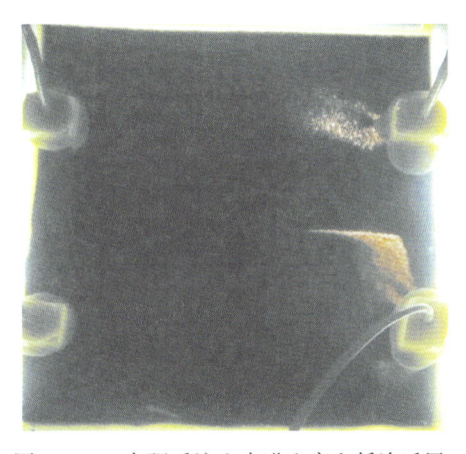

图 3-39 水驱后注入水进入高和低渗透层

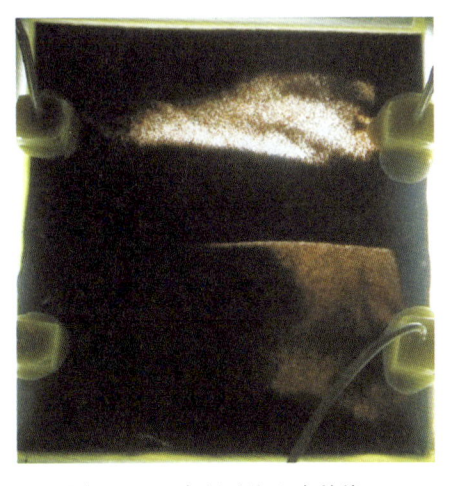

图 3-40 水驱后注入水前缘 1

图 3-41 水驱后注入水前缘 2

图 3-42　水驱后注入水前缘 3 　　　　　　图 3-43　水驱结束时的残余油

在聚合物—表面活性剂复合体系注入后，复合体系首先进入高渗透层，而进入低渗透层的复合体系很少，随着注入的进行，也有部分复合体系进入低渗透层，主要是由于复合体系的黏度较大，进入高渗透层后对其产生一定程度的封堵，使得高渗透层的流动阻力变大，迫使复合体系开始进入流动阻力较小的低渗透层，如图 3-44 至图 3-47 所示。在聚合物—表面活性剂复合驱的注入过程中，由于复合体系与原油的界面张力达到超低，复合体系具有较强的洗油能力，因此在聚合物—表面活性剂复合驱的前缘形成原油的富集带，即形成油墙。在化学驱的过程中，油墙是其提高采收率的重要机理之一，在油墙向前推进的过程中，能够将残余在孔道中的残余油进行较大程度的驱替。同时通过复合体系注入过程中的图片可以看出，虽然注入了 0.3PV 的复合体系，但是在油藏中的波及体积要小于 0.3PV，主要是由于聚合物和表面活性剂在油砂（石英砂）上有较大的吸附和滞留，因此在矿场试验过程中应在经济合理的条件下，尽可能增加复合体系的注入体积，使聚合物—表面活性剂复合驱发挥最大的作用。

图 3-44　复合体系注入 1 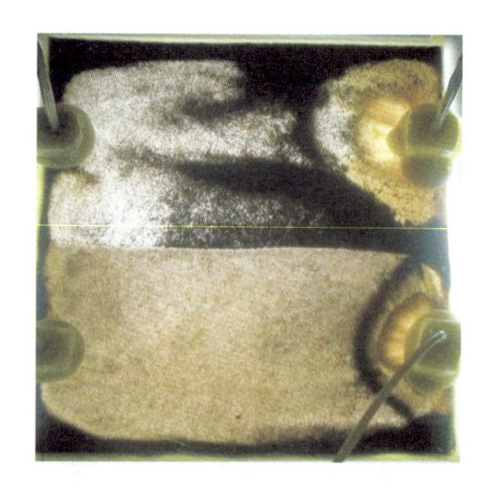　　　　　　图 3-45　复合体系注入 2

图 3-46 复合体系注入 3

图 3-47 复合体系注入 4

注入 0.3PV 的复合体系后继续注水,如图 3-48 至图 3-54 所示。注入水后复合体系随着后续水驱向前运移,由于吸附和滞留消耗掉部分化学剂,使得后续聚合物—表面活性剂复合驱的效果变差,体系洗油能力远远低于开始复合体系。在复合体系注入过程中形成的油墙继续向前运移,对残余油有一定的驱替作用,随着注水的进行,油墙逐渐在出口(油井)采出,在整个后续水驱过程中高渗透层的驱替速度明显快于低渗透层,因此对于渗透率级差较大的油藏,应该首先进行调剖,降低渗透率级差,使高渗透层和低渗透层在聚合物—表面活性剂复合驱和后续水驱过程中均匀推进,更好地发挥聚合物—表面活性剂复合驱的作用。

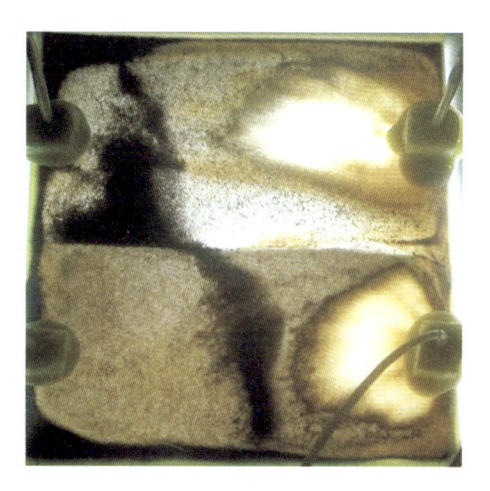

图 3-48 复合体系注入后进行后续水驱 1

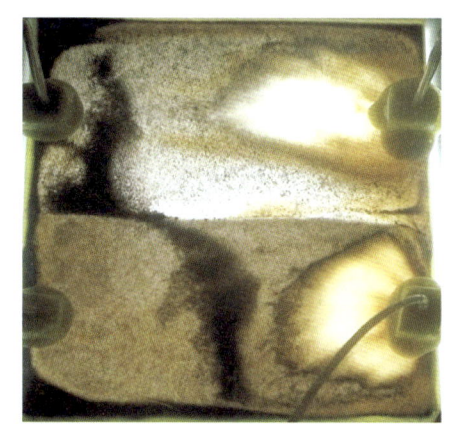

图 3-49 复合体系注入后进行后续水驱 2

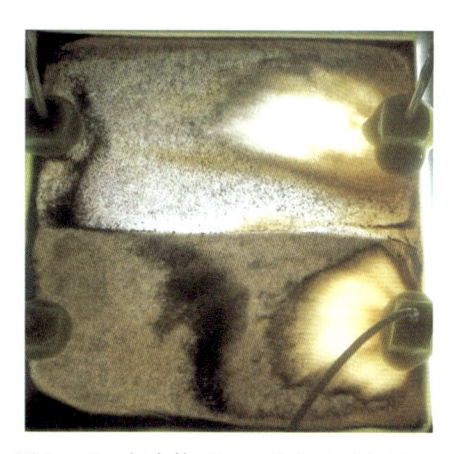

图 3-50 复合体系注入后进行后续水驱 3

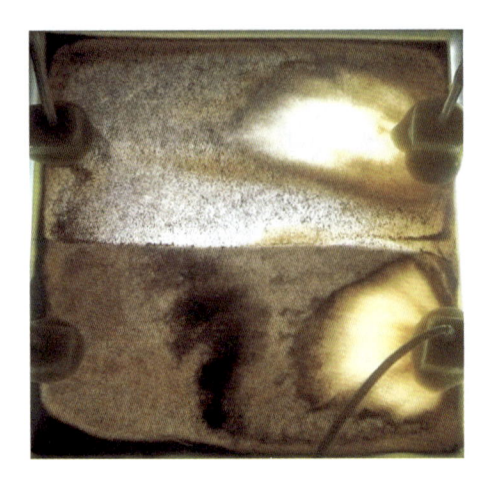

图 3-51　复合体系注入后进行后续水驱 4

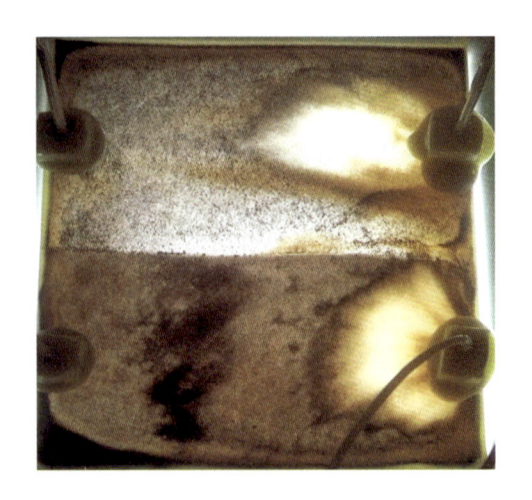

图 3-52　复合体系注入后进行后续水驱 5

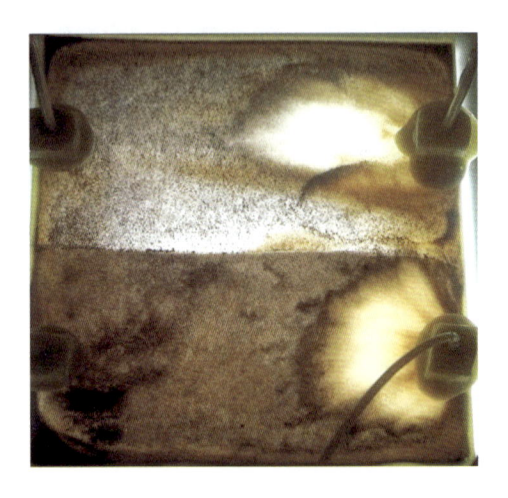

图 3-53　复合体系注入后进行后续水驱 6

图 3-54　复合体系注入后进行后续水驱结束

四、层内非均质模型扩大波及体积机理

在聚合物—表面活性剂复合驱矿场试验中，目前普遍采用的是五点法井网，因此制作了模拟五点法井网的模型，采用五点法井网的1/4作为模拟对象，考察聚合物—表面活性剂复合体系在扩大层内波及体积的机理。模型的制作过程中在四角打孔，方便模拟油的饱和，然后将对角的两个出口关闭，利用另外两个出口进行实验，其中一个模拟注入井，另外一个模拟油井。

首先将模型饱和模拟油，如图 3-55 所示。模型饱和模拟油比较充分，含油饱和度在 74.3%。

进行水驱后，在注入水的过程中，与模拟层间非均质性研究结果类似，注入水首先进入高渗透层。由于在模拟的充填过程中在高渗透层和低渗透层之间存在一个高渗透条带，因此部分注入水沿着该条带向前窜流，如图 3-56 所示。

图 3-55 五点井网层内非均质模型饱和油 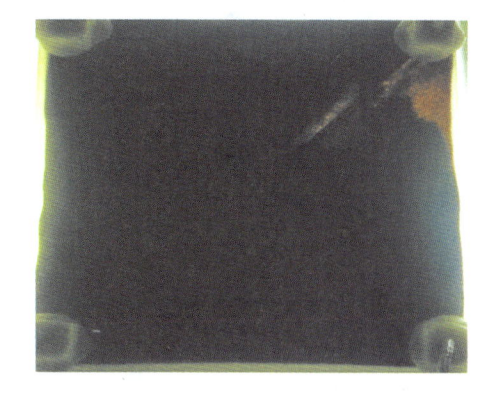　　　　图 3-56 水驱后注入水首先进入高渗透带

在水驱过程中，注入水开始主要沿高渗透层和高低渗透层之间的高渗透条带运移，而低渗透层的波及比较少。随着水的注入，注入水在高、低渗透层都有较好的波及，水驱效率较高，如图 3-57 所示。

(a) 过程1 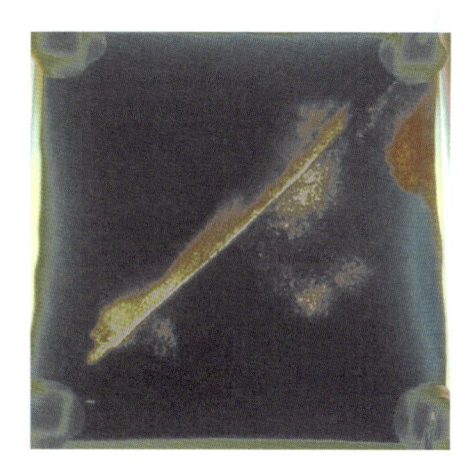　　　　(b) 过程2

图 3-57 水驱过程

水驱后注入复合体系，在复合体系注入后，首先在高渗透层形成油墙，但是由于水驱采收率较高，高渗透层残留的剩余油较少，随着复合体系的注入，所形成的油墙被破坏，油墙仅在水井周围形成，如图 3-58 和图 3-59 所示。由于高低渗透层的渗透率级差较大，造成复合体系仅仅进入高渗透层，基本没有进入低渗透层。

进行后续水驱，注入水主要沿高渗透层向前突进，注入水将较少的原油推进到油井采出，如图 3-60 至图 3-61 所示。

聚合物—表面活性剂复合驱过程中不仅能够扩大层间波及体积，而且能够扩大层内波及体积。渗透率级差较大，聚合物—表面活性剂复合驱扩大波及体积作用不明显，此时要采取调剖或者高浓度聚合物驱的方式来扩大聚合物—表面活性剂复合驱波及体积。

图3-58 注入复合体系1

图3-59 注入复合体系2

图3-60 注入复合体系后水驱1

图3-61 注入复合体系后水驱2

图3-62 注入复合体系后水驱3

图3-63 注入复合体系后水驱4

第三节 渗流规律

当聚合物—表面活性剂复合体系流经油层时，由于体系中的各驱油组分性质不同而受到不同的作用力，导致各驱油组分在地层中的运移速度不同从而产生分离的现象称为色谱分离。其分离程度主要受以下几方面因素控制：

(1) 竞争吸附。

表面活性剂和聚合物在油层中的吸附是复合体系驱油过程中发生的重要物理化学现象之一，油层中的胶结物——蒙皂石、高岭土等黏土矿物是引起复合体系中化学剂吸附的主要因素。由于各种化学剂分子结构不同，这些黏土矿物对它们的吸附能力存在差异，因而在岩石表面将发生表面活性剂和聚合物分子间的竞争吸附，这种竞争吸附对化学剂的运移速度产生影响，导致它们之间的差速运移。

(2) 离子交换。

油层中含有一定量的黏土矿物，它与地层水长期共处使各种离子运动达到了平衡状态。当复合体系注入后，由于注入溶液中各种离子的浓度与其环境不同，从而产生离子交换现象。溶液与岩石表面的离子交换是一个可逆过程，它虽然不会对化学剂产生永久性消耗，但会对化学剂的运移速度产生阻滞作用。离子交换作用越强，这种阻滞作用越大，化学剂的运移速度越慢。表面活性剂和聚合物与岩石表面的离子交换能力不同，因而对这化学剂运移速度产生阻滞作用的大小也不同，造成离子交换能力强的化学剂以较慢的速度运移，而离子交换能力弱的化学剂以较快的速度运移。

(3) 液—液分配。

当岩石表面被不可动油膜覆盖时，化学剂将会在溶液和油膜间发生多次分配作用。化学剂在油膜中的浓度与它在溶液中浓度的比值称为分配系数。化学剂的分配系数与其在多孔介质内的停留时间有关，分配系数越大，停留时间越长，则运移速度越慢。表面活性剂和聚合物具有不同的分配系数，因而将影响各种化学剂在油层中的运移速度。

(4) 多路径运移。

油层是由直径大小不同的颗粒和胶结物组成的一种多孔介质，颗粒间的孔隙大小不同。当化学剂分子直径大于孔隙直径时，则化学剂分子将无法进入这些孔隙，人们称之为体积排斥效应。体积排斥效应使大小和形状不同的表面活性剂和聚合物分子沿着不同的路径流动，相对分子质量高的聚合物由于不可及孔隙体积的存在，只能在相对大的孔隙和喉道中流动，因而到达出口时走的路程最短，流经的孔隙体积最少；表面活性剂分子几乎可进入所有的孔隙，走的路程和流经的孔隙体积小于聚合物，由于流经孔隙体积的多少对表面活性剂和聚合物的真实运移速度产生影响，导致它们之间的差速运移。

(5) 滞留损失。

化学剂在多孔介质内渗流过程中的滞留损失主要包括吸附、在不能流动的油相中的分布与捕集、机械滞留、与多价阳离子反应生成沉淀等。复合体系中的化学剂在油层中的滞留损失量不同，也会引起它们之间的差速运移。

上述几种因素所造成的化学剂间的速度差异都将使各种化学剂在运移中相互分离开来，从而产生色谱分离现象。复合体系的色谱分离是每种化学剂由以上一种或几种因素共同作用的结果。

一、实验研究方法

在模型管中充填砂,抽真空,饱和地层水,求出孔隙体积。在常温条件下注入一定量的化学驱油剂,用注入水驱替。收集排出液,测定排出液中化学剂的浓度。

在直径为1.8cm、长度分别为80cm、100cm和120cm的填砂管模型中,填入大港油田港西三区的油砂,在未饱和油的情况下考察了复合及表面活性剂复合体系中各化学剂的色谱分离情况。填砂管的各种物理参数及注入参数见表3-3,色谱分离结果如图3-64至图3-72所示。

表3-3 复合驱填砂管色谱分离实验物理参数统计

填砂管编号	长度 cm	直径 cm	渗透率 mD	孔隙体积 mL	孔隙度 %	复合驱 PV
1	100	1.8	1046	90.4	35.54	0.3
2	100	1.8	973	91.4	35.94	0.6
3	100	1.8	1064	91.9	36.13	0.8
4	80	1.8	1002	90.8	35.70	0.3
5	120	1.8	915	91.0	35.78	0.3
6	100	1.8	1008	92.3	36.29	0.3
7	100	1.8	984	75.2	36.46	0.3
8	100	1.8	997	107	35.05	0.3

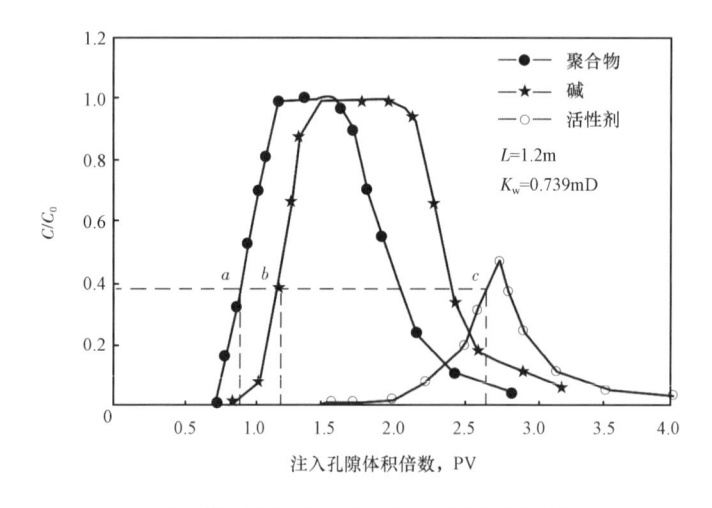

图3-64 模型出口端流出液中化学剂浓度变化曲线

二、复合体系色谱分离现象

复合体系的色谱分离主要发生在驱替前缘,并且对驱油效果影响比较大,在色谱分析

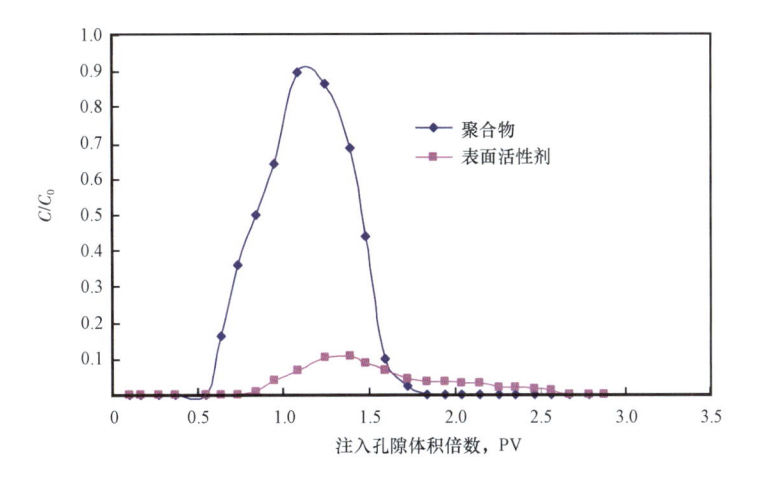

图 3-65　模型 1 色谱分离实验结果

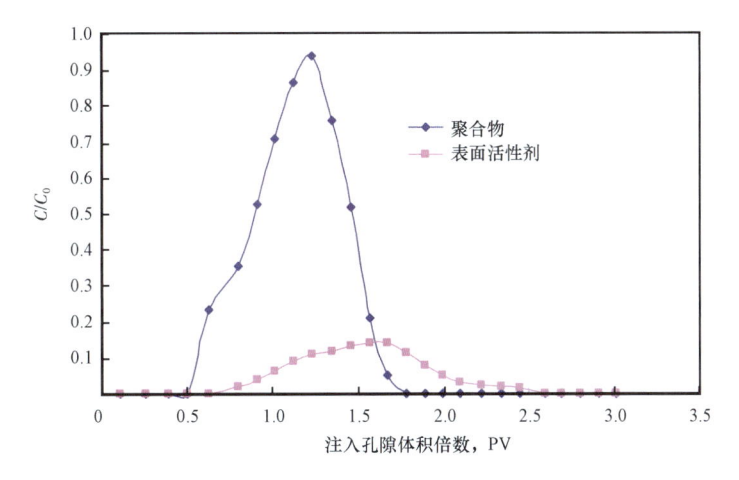

图 3-66　模型 2 色谱分离实验结果

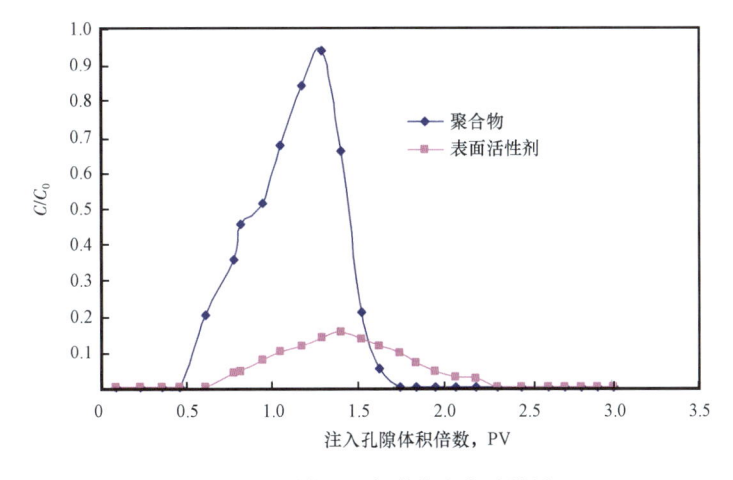

图 3-67　模型 3 色谱分离实验结果

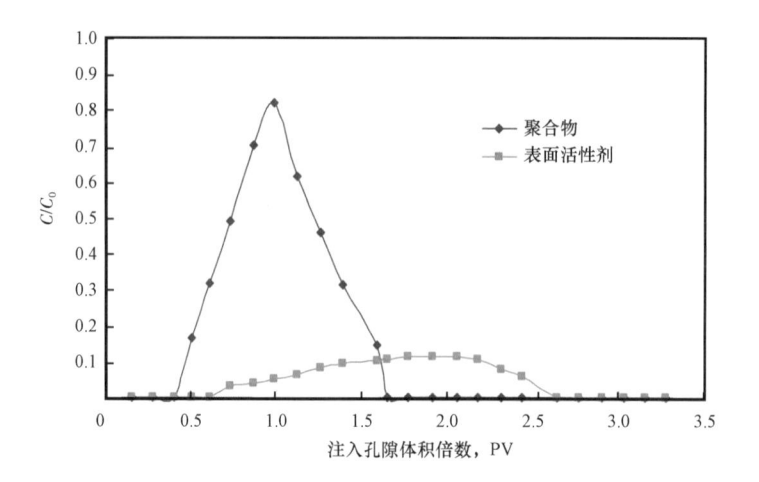

图 3-68　模型 4 色谱分离实验结果

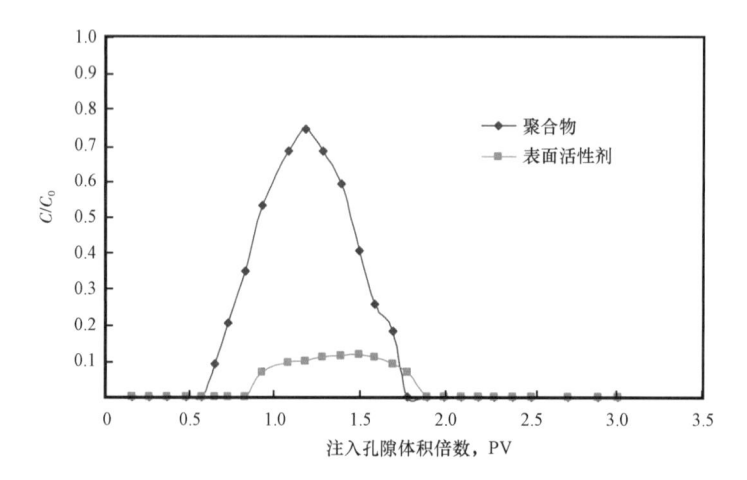

图 3-69　模型 5 色谱分离实验结果

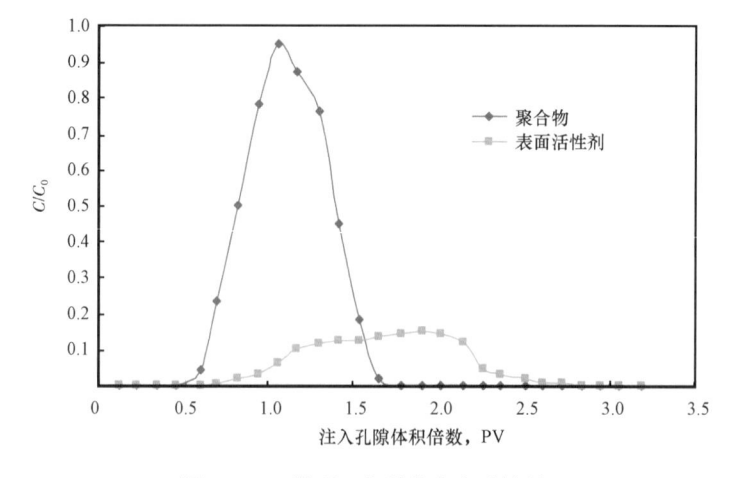

图 3-70　模型 6 色谱分离实验结果

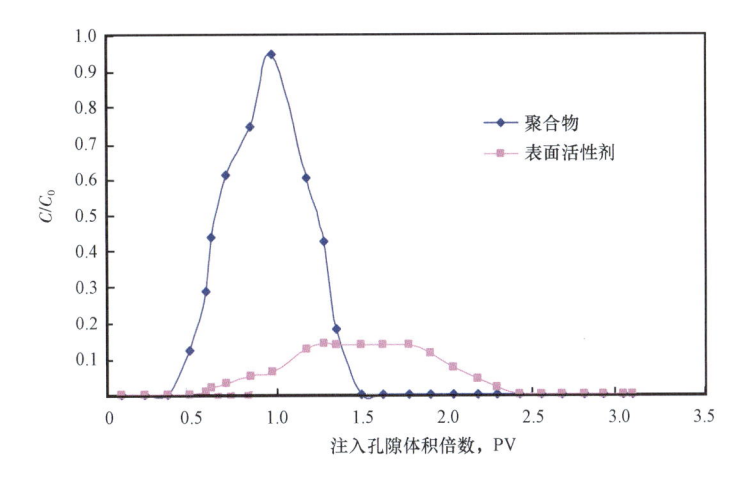

图 3-71 模型 7 色谱分离实验结果

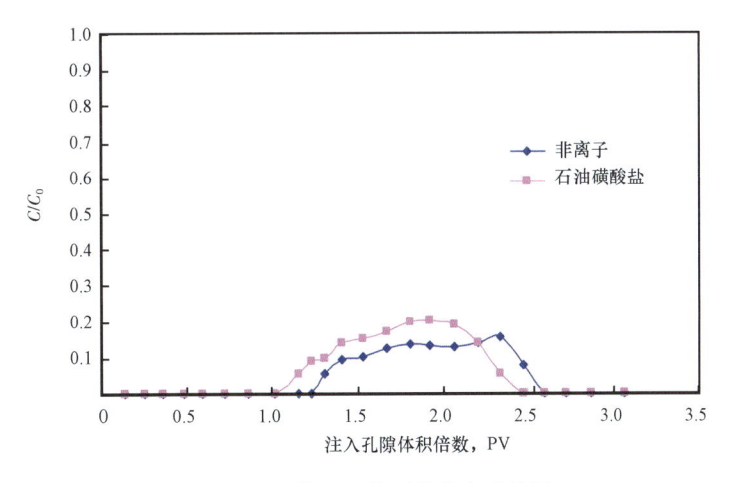

图 3-72 模型 8 色谱分离实验结果

中，常用两个相邻色谱峰的分离度来描述两组分被分离的程度，一般采用两个指标来表示其色谱分离程度。

(1) 无量纲突破时间。

将在模型管出口端流出液中最早检测到化学剂时的注入孔隙体积倍数定义为该化学剂的无量纲突破时间。化学剂的无量纲突破时间不同，表明化学剂之间存在色谱分离现象。

(2) 无量纲等浓距。

将两种化学剂在模型管中驱替前缘达到同一相对浓度时的注入孔隙体积倍数之差定义为两种化学剂的无量纲等浓距，其值越大，表明色谱分离程度越明显。在图 3-64 中，a 与 b 间的距离表示聚合物和碱之间的无量纲等浓距，a 与 c 间距离表示聚合物和表面活性剂之间的无量纲等浓距，b 与 c 间距离表示碱和表面活性剂之间的无量纲等浓距。在计算无量纲等浓距时，其相对浓度值应优先选用 $C/C_0 = 0.5$，若某种化学剂的相对浓度值未达到 0.5 时可适当降低其选值。

从图 3-65 至图 3-72 中看出，复合体系在填砂管渗流的过程中，聚合物和表面活性剂发生了色谱分离：聚合物首先在流出液中被检测出，表面活性剂随后被检测出；聚合物及表面活性剂的相对浓度曲线的极值不同，由于在渗流过程中砂对表面活性剂的滞留与吸附量大，表面活性剂的极值远远小于聚合物的极值；并且这两个极值出现的时间不同，聚合物在前，表面活性剂在后。

在本次色谱分离实验中采用无量纲突破时间和无量纲等浓距来衡量聚合物和表面活性剂之间的色谱分离程度。表 3-4 列出了聚合物及表面活性剂的无量纲突破时间及无量纲等浓距。由于流出液中表面活性剂的最低相对浓度值高于 0.1 但小于 0.2，各化学剂的等浓流出量值取 $C/C_0 = 0.1$。

表 3-4 复合体系中聚合物及表面活性剂的无量纲突破时间及等浓距($C/C_0 = 0.1$)

编号	段塞尺寸 PV	渗流距离 cm	驱替速度 PV/h	无量纲突破时间 聚合物	无量纲突破时间 表面活性剂	无量纲等浓距 W_{P-S}
1	0.4	100	0.5	0.54	0.72	0.69
2	0.6	100	0.5	0.5	0.63	0.56
3	0.8	100	0.5	0.45	0.60	0.50
4	0.6	80	0.5	0.51	0.61	0.75
5	0.6	120	0.5	0.57	0.83	0.51
6	0.6	100	0.8	0.45	0.59	0.60
7	0.6	100	1.0	0.4	0.52	0.63

1. 段塞尺寸对色谱分离程度的影响

在注入水流速为定值 1.00PV/h 时，复合体系段塞尺寸由 0.4PV 增大到 0.6PV 和 0.8PV 时，在模型中注入较大的复合体系段塞尺寸时，段塞的前缘越接近模型的出口端，因此大段塞复合驱突破时间会减小，复合体系中化学剂的无量纲突破时间均变小。当段塞尺寸由 0.4PV 增大为 0.8PV 时，无量纲等浓距 W_{P-S} 由 0.69 减至 0.50，增大段塞尺寸可以适当地减小色谱分离程度，但是考虑到开发区块的投入采出比，当段塞尺寸为 0.8PV 时模型出口端的聚合物流出量远远多于小段塞的流出量，0.8PV 的段塞尺寸并不适宜，0.4PV 及 0.6PV 的段塞尺寸更适宜。

2. 渗流距离对色谱分离程度的影响

当注入复合体系段塞尺寸为 0.6PV 时，渗流距离选取了 80cm、100cm 和 120cm 三个值，实验中随着渗流距离的增加，聚合物和表面活性剂的无量纲突破时间均延长，即渗流距离由 80cm 增至 100cm 时，在模型出口端检测到复合驱溶液的时间越晚。无量纲等浓距 W_{P-S} 随着渗流距离的减小而减小，W_{P-S} 由 0.75 减至 0.51。

3. 驱替速度对色谱分离程度的影响

当注入复合体系段塞尺寸为 0.6PV 时，注入水流速选取了 1.00PV/h、0.80PV/h 和 0.50PV/h 三个值，在本实验中随着注入水流速的减小，聚合物和表面活性剂的无量纲突破时间均增大，即注入水流速由 0.50PV/h 增至 1.00PV/h 时，在模型出口端检测到复合驱溶液的时间越早。无量纲等浓距 W_{P-S} 随着注入水流速的减小而减小，W_{P-S} 由 0.63 减至 0.56。

注入的复合驱溶液使注入压力增大,填砂管内整个压力场改变,由于聚合物分子在填砂管内存在不可及孔隙体积,注入速度增大会使聚合物主要沿着较大的孔隙迅速流出,表面活性剂分子可以进入较小的孔隙中,增大了聚合物和表面活性剂的无量纲等浓距。

综上所述,复合体系在多孔介质中运移时存在着色谱分离现象,由于岩心中存在高相对分子质量聚合物不可及孔隙体积,相对分子质量较高的聚合物分子因尺寸较大,在运移过程中只能通过油砂中的大孔隙,不会进入油砂中的小孔隙及微孔,因而这部分分子将以最快速度通过而被最先检出;相对分子质量较小的表面活性剂分子因其尺寸较小,在通过地层油砂中所有孔隙(尤其是小孔隙)时必将有较大的滞留。因此聚合物在色谱分离曲线中出峰时间早,浓度上升快,且最先得到最大值。表面活性剂分子在驱油过程中与油砂存在的主要作用力与聚合物分子有所不同,主要表现为吸附—脱附和分子扩散作用,表面活性剂与地层油砂间的吸附作用相对较弱,脱附成为主导作用力,从而导致表面活性剂的出峰时间略晚于聚合物。

三、降低色谱分离现象方法

由于复合驱中各种化学剂的物理化学性质不同,它们在液—液和液—固相互作用中的损耗也就不同,在渗流过程中的运移滞后程度就不同。随着运移距离的延伸,在相同的空间位置上,各种化学剂的相对浓度出现差异而不能保持初始值。这是复合驱体系渗流的规律性特征。这些特征的具体表现决定于流体的性质(流体的组成、结构、相态、流变性等)、多孔介质的性质(矿物成分、表面性质、比表面、渗透率、孔隙度及其非均质性等)和渗流环境条件(液—液及液—固相互作用、离子强度、温度、压力、流速等)。复合体系的这种色谱分离会连续改变体系的组成,从而改变其性能,使注入表面活性剂溶液与石油间的界面张力迅速上升,减少了表面活性剂段塞的有效作用距离,并且有可能改变它的驱油能力,甚至会导致整个驱油实验的失败。因此,提出减少复合体系色谱分离的具体措施具有非常重要的意义。

当复合体系流经油层时,将会发生不同程度的色谱分离,其分离程度主要受竞争吸附、离子交换、液—液分配、多路径运移及滞留损失等因素控制。这些因素所造成的两种化学剂间的速度差异都将使表面活性剂和聚合物在运移中相互分离开来,从而产生色谱分离现象。复合体系的色谱分离是每种化学剂由以上一种或几种因素共同作用的结果。

(1)减小驱替速度。

通过对色谱分离实验中不同驱替速度的研究发现,随着驱替速度的减小,聚合物和表面活性剂的无量纲突破时间均增大,无量纲等浓距 W_{P-S} 也随着注入水流速的减小而变小,减小驱替速度是一个在矿场中可操作性强的方法。

(2)在表面活性剂中加入助表面活性剂。

在复合体系的色谱分离实验中,聚合物与表面活性剂之间存在着一定的色谱分离程度,为了更好地发挥两者的协同作用,建议在表面活性剂中加入助表面活性剂以减少表面活性剂的损失。

(3)增加前置段塞和后置保护段塞。

增加前置段塞和后置保护段塞可以减少吸附、化学反应、离子交换和滞留捕集等,这些损耗归纳为综合吸附损耗,同时也能减少化学剂在各相中的分配、扩散和弥散等综合扩散损失。

（4）适当增加体系黏度或表面活性剂浓度。

增大聚合物浓度可以提高复合体系黏度，利于延迟体系中化学剂突破时间和改善化学剂间的色谱分离现象。同时适当增加体系黏度可以改善流度，提高原油采收率。增加表面活性剂的浓度可以增加地层中可流动表面活性剂浓度，减小色谱分离程度，此外，这种方法也利于充分降低界面张力，提高采收率。

（5）改善聚合物的结构。

化学剂间的相互作用可以在一定程度上决定复合体系中化学剂间的色谱分离问题。如果改善聚合物的结构，增大了体系中聚合物的疏水链浓度，就能增大聚合物与表面活性剂之间的相互作用力，有利于降低聚合物与表面活性剂之间的色谱分离程度。

上述方法均可在一定程度上改善色谱分离现象，进而提高水驱后剩余油采收率。多孔介质的渗透率、润湿性及化学剂的渗流距离等都对复合体系的色谱分离产生影响，使其注入段塞的完整性受到不同程度的破坏。一般来说在驱油过程中，水湿条件下复合体系的色谱分离程度比油湿条件下明显，渗透率越低、渗流距离越长，复合体系的色谱分离程度越明显。通过增产措施提高储层的渗透率，适当的减小注采井距，通过运用上述的几种方法，都可以有效地降低色谱分离现象带来的不利后果。

第四章 聚合物—表面活性剂复合体系与原油界面作用

聚合物—表面活性剂复合体系与原油界面作用主要以 Marangoni 对流和乳化为主。Marangoni对流产生的界面扰动在低界面张力条件下能使界面附近的原油自发乳化，自发乳化能否产生是界面张力大小和界面扰动剧烈程度两个因素综合作用的结果。界面张力越低、界面扰动越剧烈，自发乳化作用越强。随着聚合物—表面活性剂驱的研究和矿场试验的发展，复合体系对原油乳化越来越得到重视，近年来的研究认为，乳化液是复合驱提高采收率的重要机理。

第一节 Marangoni 对流

Marangoni 对流是指物质在界面之间迁移或温度改变时，导致自发的界面变形和界面运动。聚合物—表面活性剂复合驱中界面组分浓度、温度以及界面形状改变都会产生界面张力梯度。在平衡状态时，这些因素在整个界面上都是统一的，因此界面张力也是一致的；当体系的平衡状态发生改变时，就有可能使局部的界面张力发生改变，从而产生界面张力梯度，在持续的界面张力梯度作用下就会引发 Marangoni 对流。Marangoni 对流有利于复合体系对残余油的启动，有利于提高采收率。

一、Marangoni 对流研究概况

1. Marangoni 对流的发展

液—液界面或气—液界面存在表面活性物质的迁移或温度改变时，可能导致自发的界面变形和界面运动。这种现象是界面局部区域物理化学作用和流体动力学作用的综合表现。这种现象的驱动力是界面张力梯度产生的界面压，它所导致的界面运动被称为Marangoni对流，图 4-1 为 Marangoni 对流产生的示意图。

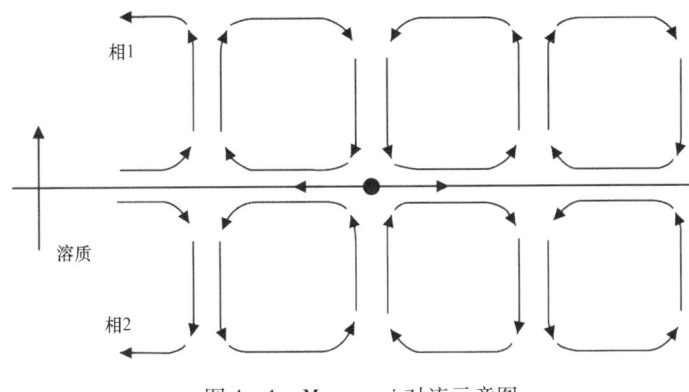

图 4-1 Marangoni 对流示意图

19世纪初，人们发现盛在玻璃杯中的酒会自动沿杯壁爬升形成液体膜，随后在液体膜顶部聚集成凸起的边缘，并最终收缩成液滴滚落回酒中，人们将之形象地称为"酒的眼泪"。Thomson 在 1855 年首先报道了 Marangoni 对流，他在实验中描述了这种自发界面流动现象"如果在容器中的水表面小心滴加少量的醇或强烈挥发的液体，就能观察到液滴加入后自加入中心处向外剧烈的运动。产生这个现象是由于容器中表面富水处比富醇处有相对较大的表面张力，在表面张力牵引下产生上述观察到的现象"。1865 年意大利物理学家Marangoni 再次报道了油在水面上的自发运动，并将液体表面的这种运动归因于液体表面物质浓度或温度的变化导致的表面张力梯度。

此后，有关界面不稳定现象的研究多有报道，Mcbain 和 Woo 提出，在没有外界机械搅拌的情况下，由于界面张力梯度引起的局部界面运动可促进水、油两相的混合，他们认为这是产生自乳化现象的部分因素。Ward 和 Brooks 也观察到了伴随物质穿越自由界面时的此类现象，他们发现一些有机酸在水和甲苯之间迁移时伴随着非常剧烈的自发搅动。

1953 年 Lewis 和 Praff 在用悬滴法测量界面张力时发现悬滴表面有剧烈搅动，并伴随液滴表面周期性的"喷发"和"震颤"。Haydon 在 1955 年证明这种搅动和震颤是由 Marangoni 对流引起的，并展示在悬挂液滴的一侧添加溶质时液滴可以被"踢开"，如图4-2 所示。

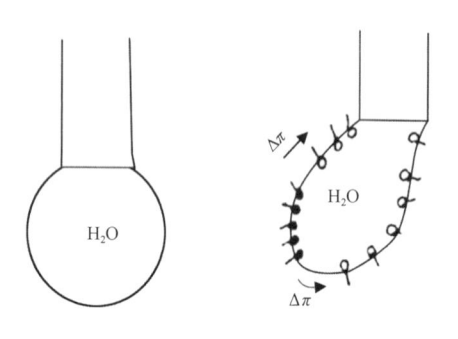

图 4-2 悬滴法测量界面张力中 Marangoni 对流

2. 毛细管中的 Marangoni 对流

驱油过程中的油水界面都存在于微小的储层孔隙中。因此 Marangoni 对流能否在毛细管中产生并发挥作用是一个重要问题。Dussan 在研究毛细管中两相驱动过程时，通过界面染色观察界面的流动状态，发现在界面形成喷泉状的流动，说明在驱动过程中，界面存在持续的变形，如图4-3 所示。

Ratulowski 和 Chang 以及 Stebe 和 Barthes 通过实验显示了气泡驱动毛细管中的表面活性剂溶液的过程中存在 Marangoni 对流。在气泡驱动过程中，Marangoni 对流影响润湿层在毛细管壁的厚度。罗旌豪通过两相同心管流的实验研究了表面活性剂对界面动态的影响，实验系统由附着在毛细管壁的硅油和流经毛细管中央的水组成，毛细管内壁的硅油会因毛细不稳定性增长而将水分割形成液体栓塞，而在水中加入表面活性剂后产生的 Marangoni 对流可以有效地减缓阻止栓塞的形成，这在原油输送以及三次采油过程中具有重要意义。

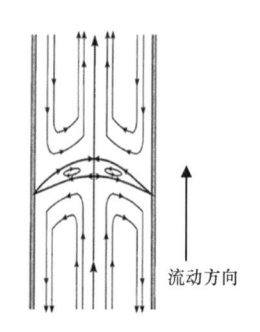

图 4-3 驱动过程中毛细管内界面流动示意图

石英用 Hele-Shaw 模型研究了两相接触时从 Marangoni 对流胞元到大尺度界面变形的动力学不稳定性，并在另一个实验中研究了毛细管内化学反应驱动的润湿过程，通过在流体中加入示踪粒子观察到了毛细管内化学反应引起的 Marangoni 对流。

3. Marangoni 对流对固体表面液滴流动影响

在油田开发过程中，对于油润湿的储层来说，水驱后常在孔隙表面残余一层油滴或油膜。研究 Marangoni 对流对液滴、油膜流动的影响对于分析化学驱油过程中油膜的变化规律具有指导意义。关于 Marangoni 对流对固体表面的液滴和液膜作用的研究主要有以下几个方面：一是液滴的动态接触角和内部流场是由温度梯度产生 Marangoni 对流作用以及毛细管力共同作用的结果，Marangoni 对流驱动力的作用明显大于毛细管力的作用。图 4-4 为固体表面上的微液滴受 Marangoni 对流和毛细管力共同作用流动的示意图。

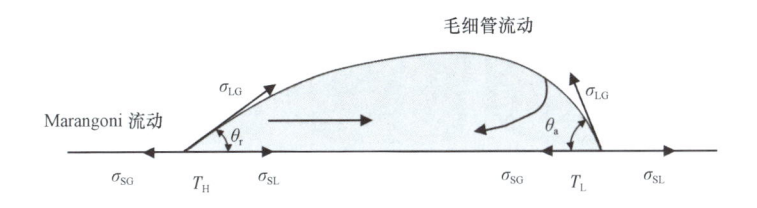

图 4-4 温度梯度表面微液滴驱动机理

二是 Marangoni 对流对液体在蒸发液滴过程中沉积作用的影响时，通过实验观察到了蒸发辛烷液滴过程中由于蒸发速率不均导致液体表面产生温度梯度，从而产生表面张力梯度而引起的 Marangoni 流动，如图 4-5 所示，实验所观察到的流动与理论预测相符。

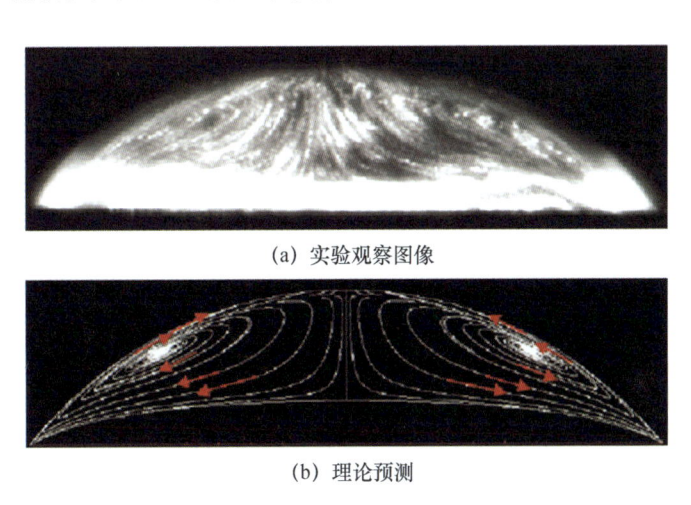

(a) 实验观察图像

(b) 理论预测

图 4-5 蒸发辛烷液滴中的 Marangoni 流动

三是碱溶液与原油中的极性物质反应，生成的表面活性物质在油膜表面分布不均造成了局部的界面张力梯度，从而产生 Marangoni 对流拉伸油膜，使油膜出现厚薄不均的现象，如图 4-6 所示。

4. Marangoni 对流在提高采收率中的应用研究

有关 Marangoni 对流与提高石油采收率的研究主要集中在国外，不同体系驱动残余油所需的毛细管数的研究中发现，与处于平衡状态相比，驱替和被驱替两相处于非平衡状态时驱动残余油所需要的毛细管数要低，在非平衡条件下 Marangoni 对流所产生的界面扰动是产生这种差异的原因。Marangoni 对流可能作为提高石油的采收率的一种新方法，注入合适的表

图 4-6 Na$_2$CO$_3$ 溶液中油膜聚集现象

面活性剂段塞通过溶质在油水两相的传质扩散作用而产生的 Marangoni 可以促进油滴的聚并、变形和启动。在单个孔隙中一个油滴的捕集和启动研究中，证明了合适的表面活性剂体系可以在 Marangoni 对流和界面扰动作用下使原油自发乳化从而被启动。可以通过分析将油滴注入醇溶液后的界面变化，研究了不同醇溶液、不同界面张力体系中产生 Marangoni 对流的强弱；并通过可视化模型证明混相不是提高采收率的必要条件，Marangoni 对流及其产生的界面扰动对提高采收率具有重要作用。

表 4-1 化学驱过程中相关的 6 种力

类别	力的性质
库伦力	分子间作用力，包括范德华力、离子键等
分离压	受表面影响使薄膜偏离体相性质，如空间双电层
Marangoni	由界面张力梯度引起的力
毛细管力	由于液体界面弯曲引起界面两侧压力不同而产生的力
黏滞力	与黏度相关的力，影响一种流体被另一种流体的驱替效率
重力	影响宏观范围上密度不同引起的油水分离

利用微观可视化模型研究 ASP 三元复合驱的微观驱油机理时，可以发现 ASP 体系与油相接触后首先观察到油水界面膜的软化，接着可观察到界面的变形和乳化作用。分析发生这种现象的原因是 ASP 体系与原油接触时形成瞬时超低界面张力，局部界面张力的急剧变化引起 Marangoni 对流，促进了界面变形和乳化。

Marangoni 对流流场显示的方法通常是通过在液相中添加示踪物质如细微铝粉、铝箔及光敏材料等，通过观察示踪粒子随 Marangoni 对流运动的轨迹，得到 Marangoni 对流流场的信息。示踪物质的选择应该以不改变界面物化性质为原则，以得到不受干扰的流场结构。还可利用光对研究介质无影响的特点，使用纹影仪等连续可视的光学系统观测相界面上的 Marangoni 对流。

二、Marangoni 对流形成机理及动力性质分析

1. Marangoni 对流形成机理

Marangoni 对流是指由于界面张力梯度而引发的流动。实验表明，界面组分浓度、温度以及界面形状改变都会产生界面张力梯度。在平衡状态时，这些因素在整个界面上都是相同的，因此界面张力也是相同的；当体系的平衡状态发生改变时，就有可能使局部的界面张力发生改变，从而产生界面张力梯度，在持续的界面张力梯度作用下就会引发 Marangoni 对流。根据其诱因不同可分为两种：一种是热作用的 Marangoni 对流，另一种是组分作用的 Marangoni 对流；前者是由于界面区域内的热不平衡（温度梯度）造成的，后者是由于界面吸附的不平衡（浓度梯度）造成的；热不平衡状态产生的 Marangoni 对流可以是由体系中某组分的蒸发、溶解释放出潜热引起的，也可以是由外部的温度梯度引起的；浓度不平衡状态产生的 Marangoni 对流可以是由表面活性剂的相间转移造成的，也可以是由体系中某组分的溶解或化学反应而引起的。

一般情况下，原油与表面活性剂溶液产生 Marangoni 对流的机理是由表面活性剂的相间转移或组分的化学反应引起浓度不平衡而产生的。原油与表面活性剂溶液接触后，会产生新的液—液界面，对于刚产生的液—液界面，界面层达到平衡需要一定的时间。这段时间的动态界面性质反映了体系内传质过程、界面分子的排布过程、界面两侧的分配过程和可能存在的界面化学反应过程。

在这个动态过程中，表面活性剂分子在界面产生不均匀吸附，界面上某些点的表面活性剂分子浓度高于周围界面，那么一个界面张力梯度 $d\gamma/dA$ 就会形成，其中 A 为界面面积，相对于周围界面产生一个界面压 $\Delta\pi$。

$$\Delta\pi = \gamma_a - \gamma_b \tag{4-1}$$

这个界面张力梯度有时也被定义为吉布斯膨胀弹性 ε。

$$\varepsilon = \frac{d\gamma}{dA} \tag{4-2}$$

在界面张力梯度的驱动下，高浓度处的表面活性剂分子层趋于向周围扩张，并带动相邻的流体流动，引起界面上质量迁移，此区域就会出现物质被耗散的情况，因而体相液体倾向于从体相扩散到界面以补充在界面上的耗散部分，此过程包含界面相和体相液体的运动两个方面，这种由界面张力梯度驱动的流动即 Marangoni 对流。在合适的黏度、溶解性以及浓度条件下，Marangoni 对流能带动邻近界面的体相液体形成旋涡状流动，如图 4-7（a）所示。

原油与表面活性剂溶液接触后，存在的迁移机理包括：（1）体相中的对流及扩散；（2）界面区域中的吸附及解吸；（3）界面对流及扩散。其中，界面对流受界面张力梯度控制是一个快过程，而体相中的对流受两相之间的扩散层限制，是一个慢过程。图 4-7（a）表示由于自然对流及扩散使界面附近表面活性剂分子浓度发生变化，产生界面张力梯度，Marangoni 对流引起界面上快速的质量迁移，促进了表面活性剂分子在界面的吸附；当表面活性剂分子在界面上达到饱和吸附后，如图 4-7（b）所示，界面张力梯度趋近于零，Marangoni 对流过程停止，两相之间的传质仅靠缓慢的溶解扩散过程；如果表面活性剂分子的活性不很强，易于从吸附的界面上解吸，即难以达到图 4-7（b）的状态，在持续的界面张力梯度下，Marangoni 对流仍可以产生，如图 4-7（c）所示。

(a) 体相中的对流与扩散

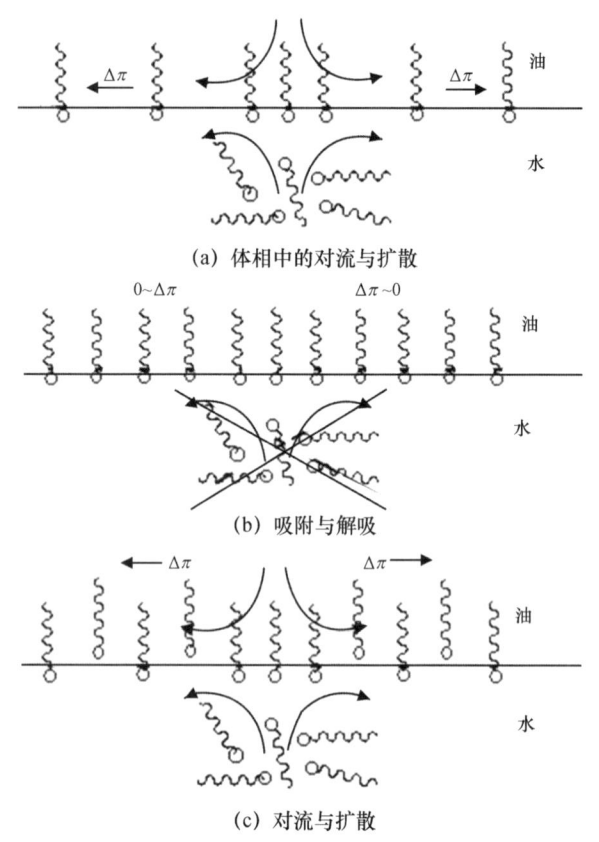

(b) 吸附与解吸

(c) 对流与扩散

图 4-7 Marangoni 对流形成机理

2. Marangoni 对流动力性质分析

吸附的表面活性剂分子（离子）处于不断的运动中。除了自身振动和转动以外，还存在二维和三维的迁移，前者是与体相中分子（离子）的交换，即动态吸附平衡，后者则是表面上的扩散、流动。

吸附的分子处于周围分子力场的作用之中，由于吸附层的定向结构，这种结构可划分成两部分：亲水基层和疏水基层。亲水基层主要是亲水基与水分子的水化作用和由此形成的水合基团间的水化斥力和电性斥力，疏水基层主要是色散力的吸引作用。水化斥力是两亲水基水化层接近时的空间排斥作用。它发生作用的基团间距离相比电性斥力的要小，在非离子表面活性剂吸附层中起主要作用。电性斥力在单一品种离子型表面活性剂吸附层中起主要作用。吸附分子（离子）间相互作用使吸附层具有以下特点：(1) 疏水基的相互吸引作用使吸附层对外力作用具有一定的承受能力，即具有一定的强度，这表现在表面黏滞性质上。(2) 极性基的水合作用使表面活性剂分子在做二维迁移时携带水分子一同运动，从而产生了 Marangoni 效应和反 Marangoni 效应。

三、与原油产生的 Marangoni 对流

1. 表面活性剂对 Marangoni 对流的影响

为了研究聚合物—表面活性剂复合体系中的表面活性剂对 Marangoni 对流的影响，本节选用了相同量的不同类型的多种表面活性剂在相同的表面活性剂浓度下接触同一区块的相同

量的原油，观察其产生的 Marangoni 对流。

选用不同类型的表面活性剂如下。(1)阳离子型表面活性剂：季铵盐、十六烷基三甲基溴化铵（CTAB）；(2)阴离子型表面活性剂：十二烷基硫酸钠(SDS)、十二烷基苯磺酸钠(LAS)、新疆石油磺酸盐 KPS、石油磺酸盐 DR - 3、石油磺酸盐 LAYL；(3) 非离子表面活性剂：OP7、TritonX - 100、Span60、Tween80、DWS - 3。表面活性剂浓度为 0.3%，实验体积量为 5mL。原油来源于新疆油田，实验体积量为 1mL。实验装置如图 4 - 8 所示。

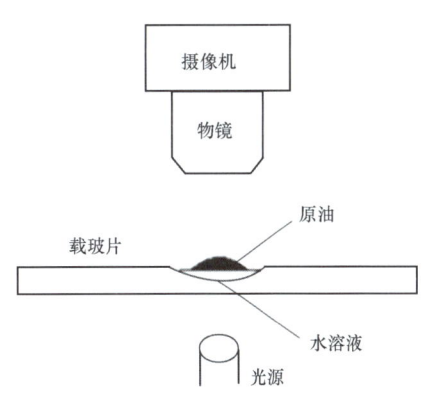

图 4 - 8 实验装置图

图 4 - 9（a）为将油滴滴到季铵盐液滴中间时界面的变化过程。可以看出，油滴滴到季铵盐液滴中间后出现了"喷发式"的剧烈界面扰动，油滴在界面扰动作用下不断地分散变形，在油滴边缘与液滴的分界面处出现了很多旋涡状的流动，油滴在漩涡处聚集。

为更清楚地反映油水接触时界面的变化情况，采用使油滴和表面活性剂液滴边缘刚好接触的实验方法观察。首先在载玻片上滴加一滴季铵盐表面活性剂溶液，然后在紧邻季铵盐液滴旁边滴一滴模拟油，使油滴的边缘刚好和表面活性剂液滴的边缘接触。如图 4 - 9（b）所示，油滴与季铵盐液滴刚一接触立即出现了剧烈的界面扰动，界面附近的油在剧烈扰动作用下不断扩散到表面活性剂液滴中。油相在本实验中既作为参与反应的一相，又充当了显示界面流动的示踪剂；图中界面附近油的颜色深浅所反映出的流动为 Marangoni 对流的流动特征，证明界面扰动就是由 Marangoni 对流引起的。可以看出油水接触一段时间后，液滴边缘的大部分油已经在界面扰动下进入到液滴内部，并且在界面扰动作用下发生了明显的乳化现象。

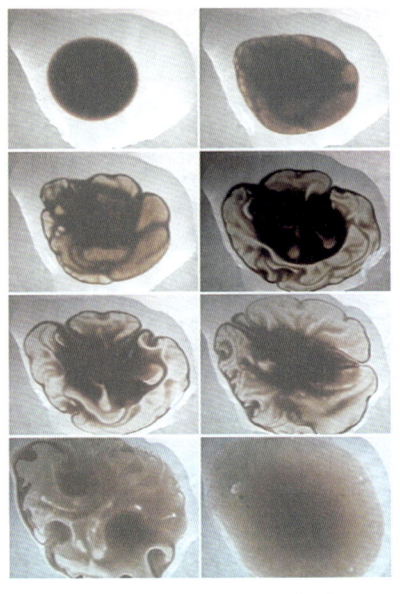

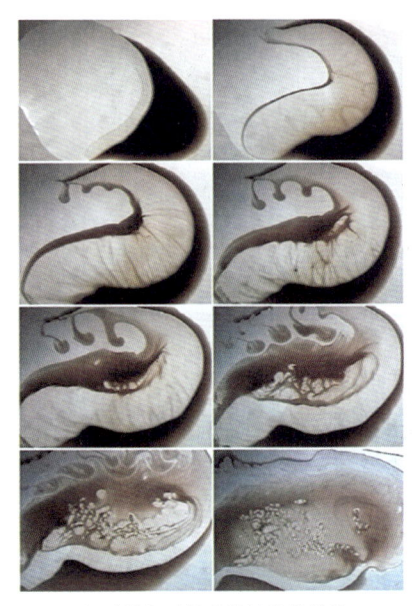

(a) 油滴滴在季铵盐液滴中间　　(b) 油滴与季铵盐液滴边缘接触

图 4 - 9　0.3% 季铵盐溶液与油滴接触后界面变化

图 4-10 为油滴与十六烷基三甲基溴化铵（CTAB）溶液接触后界面变化，从图中可以看出，油滴与 CTAB 溶液刚一接触即产生了非常剧烈的界面扰动，油滴在剧烈扰动的作用下迅速分散变形，接触一段时间后，剧烈的界面扰动使油滴分散为很多大小不一的小油滴。当剧烈界面扰动停止后，有些分散的油滴又重新聚集为大的油滴。

图 4-11 和图 4-12 分别为油滴与阴离子表面活性剂 KPS 和 SDS 溶液接触后界面变化，从图中可以看出，油水接触后界面扰动比较剧烈，油滴边缘与表面活性剂液滴交界处有很多 Marangoni 对流产生的涡流引起的油滴聚集，油滴聚集到一定程度后回到油滴中心，中心油滴又在扰动作用下重复分散，如此不断反复直到达到平衡。与前面两种阳离子表面活性剂季铵盐和 CTAB 相比，KPS 和 SDS 溶液与油滴界面扰动的剧烈程度相对要弱，但界面扰动持续的时间相对较长。

图 4-10　0.3% CTAB 溶液与油滴接触后界面变化

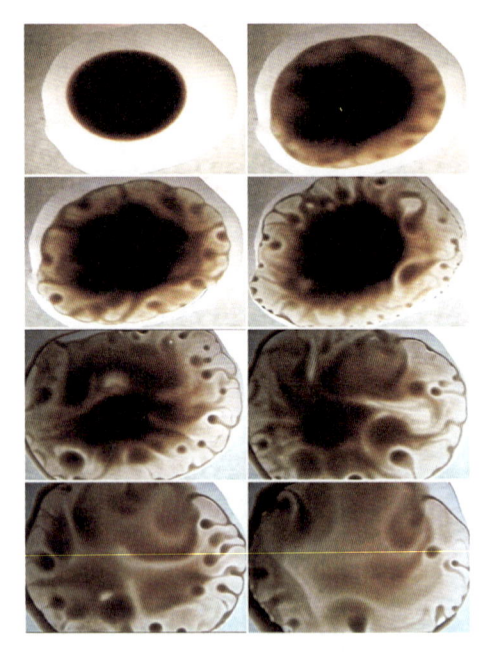

图 4-11　0.3% KPS 溶液与油滴接触后界面变化

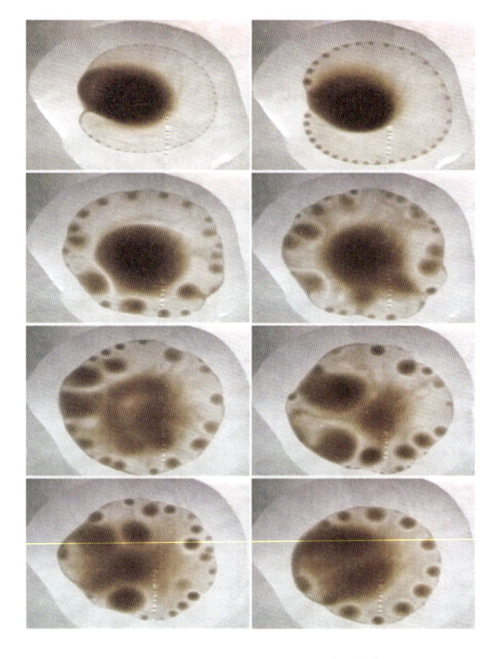

图 4-12　0.3% SDS 溶液与油滴接触后界面变化

图 4-13 和图 4-14 为油滴与非离子表面活性剂 DWS-3 和 OP7 溶液接触后界面变化，油滴与 DWS-3 溶液接触后未观察到界面扰动，与 OP7 溶液接触比较长一段时间后观察到了轻微的界面扰动。

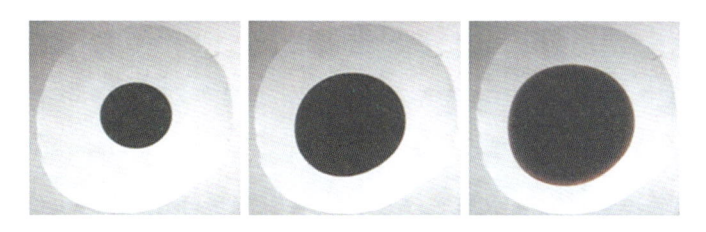

图 4-13　0.3%DWS-3 溶液与油滴接触后界面变化

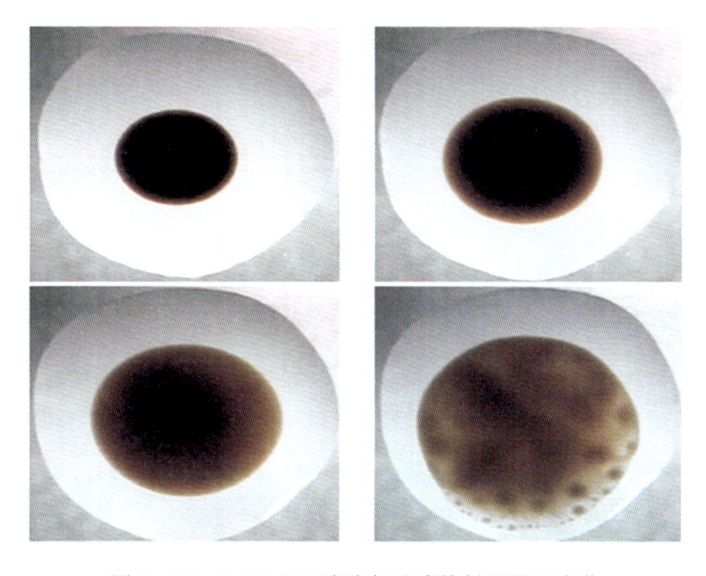

图 4-14　0.3%OP7 溶液与油滴接触后界面变化

从图 4-9 至图 4-14 分析以及表 4-2 可以看出，油滴与阳离子和阴离子表面活性剂容易产生 Marangoni 对流，与非离子表面活性剂不容易产生；Marangoni 对流能否产生以及剧烈程度与界面张力大小没有直接的相关性。由 Marangoni 对流产生的机理可知，是否存在持续的界面张力梯度是能否产生 Marangoni 对流的决定条件。表面活性剂能否产生 Marangoni 对流与表面活性剂分子的结构、大小有关。长链表面活性剂（通常为非离子型）一般具有较好的降低界面张力的能力，在界面的吸附能力也更强，只要少量的表面活性剂分子到达界面就能大大降低界面张力，随着表面活性剂分子吸附浓度的继续增加，界面张力继续降低的数值很小，因此不容易因表面活性剂分子浓度差异产生界面张力梯度。而比较小的表面活性剂分子（通常为离子型）由于吸附界面的表面活性剂分子的极性端之间以及与体相内极性相同离子的电性排斥，在界面吸附的不是很牢固；并且界面张力在比较宽的浓度范围内随表面活性剂分子浓度改变而改变；因此，存在持续的界面张力梯度促使 Marangoni 对流产生。

2. 聚合物对 Marangoni 对流的影响

聚合物—表面活性剂复合驱中的聚合物使复合体系的黏度比表面活性剂一元体系大大增加，而黏度的增加必然会增加界面流动的阻力，从而对 Marangoni 对流造成影响。

107

表 4-2　油水接触界面变化实验结果表

表面活性剂类型	表面活性剂名称	表面活性剂质量分数,%	界面张力数量级,mN/m	界面扰动
阳离子表面活性剂	CTAB	0.3	10^{-1}	剧烈扰动
	季铵盐	0.3	10^{-2}	剧烈扰动
	季铵盐	0.2	10^{-2}	剧烈扰动
阴离子表面活性剂	KPS	0.3	10^{-2}	剧烈扰动
	KPS	0.2	10^{-2}	有扰动
	KPS	0.1	10^{-1}	有扰动
	SDS	0.3	10^{-1}	有扰动
	LAS	0.3	10^{-1}	有扰动
	LAYL	0.3	10^{-1}	有扰动
	DR-3	0.3	10^{0}	轻微扰动
非离子表面活性剂	TritonX-100	0.3	10^{-1}	有扰动
	OP7	0.3	10^{-2}	轻微扰动
	Tween80	0.3	10^{0}	轻微扰动
	DWS-3	0.3	10^{-3}	无扰动
	DWS-3	0.2	10^{-3}	无扰动
	DWS-3	0.1	10^{-3}	无扰动
	Span60	0.3	10^{0}	无扰动

为了研究聚合物浓度(体系黏度)对 Marangoni 对流的影响,设计了不同黏度聚合物—表面活性剂复合体系与原油接触后的 Marangoni 对流实验。

配制不同浓度聚合物(2000mg/L、1500mg/L、1000mg/L、500mg/L) + 0.3% KPS 的聚合物—表面活性剂复合体系;室温下测量复合体系的黏度;在显微镜下观察 5mL 的聚合物—表面活性剂复合体系与 1mL 的新疆油田原油接触后产生的 Marangoni 对流。

从图 4-15 至图 4-20 可以看出,随着聚合物浓度的增大,体系黏度增加,界面扰动作用逐渐减弱,从油水接触到开始出现界面扰动的时间也增长,当体系黏度大于 150mPa·s 时,油滴与聚合物—KPS 复合体系接触后基本观察不到界面扰动。这是因为聚合物的加入增加了水相黏度,体系黏度的增加必然使界面流动需要克服的黏滞阻力增大;同时黏度增加还使表面活性剂的传质扩散速率降低,表面活性剂分子在界面的吸附速率减缓,因此,黏度的增加使 Marangoni 对流产生的速率减慢。

另外,如图 4-16 和图 4-17 所示,未加入聚合物的 KPS 溶液和黏度较低的 500mg/L 聚合物/KPS 复合体系在界面扰动产生的过程中可以观察到 Marangoni 对流产生的涡流引起的油滴聚集,而图 4-18、图 4-19 和图 4-20 黏度较高的复合体系则观察不到 Marangoni 对流产生的涡流引起

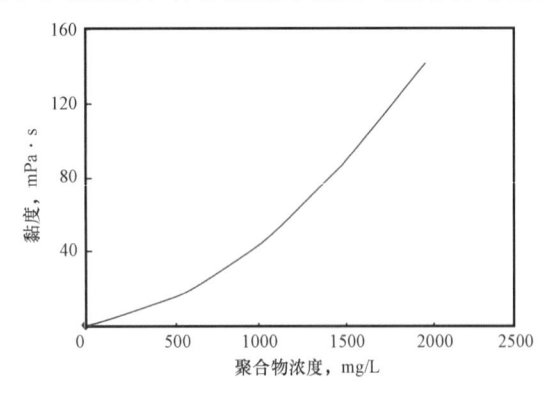

图 4-15　不同浓度聚合物 + 0.3% KPS 复合体系黏度变化

的油滴聚集，界面扰动在整个界面分布比较均匀，其原因可能是由于聚合物黏弹性使界面扰动的流动速率变化在界面传播趋于更缓慢更均匀。

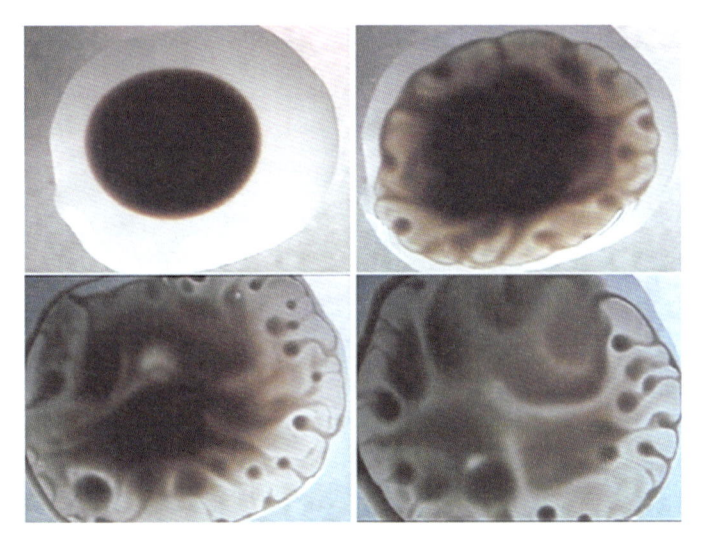

图 4 – 16　0.3%KPS 溶液与原油界面变化

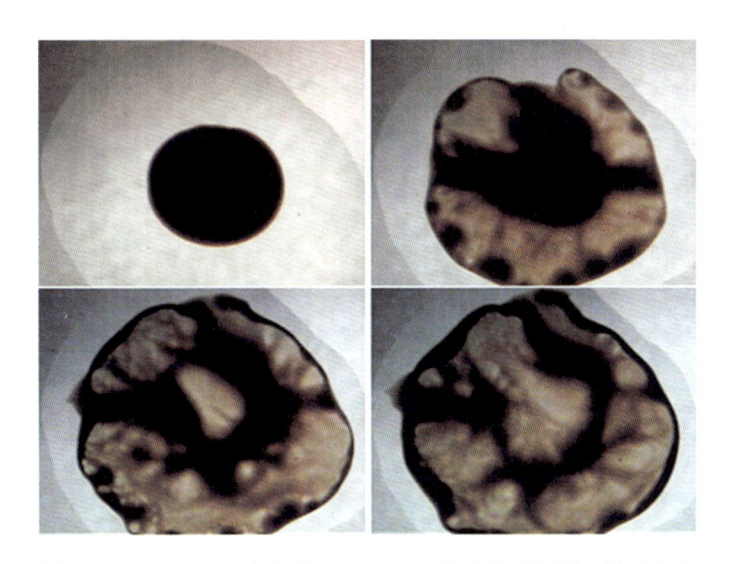

图 4 – 17　500mg/L 聚合物 + 0.3%KPS 复合体系与原油界面变化

四、Marangoni 对流与自发乳化的关系

1. 自发乳化的定义及产生机理

乳化作用是独立的大液滴逐渐变成以多个小液滴的形式分散地存在于另一种液体之中的过程，在分散过程中，分散相使体系的界面面积增大，此时界面自由能 ΔG 的增量为：

$$\Delta G = \gamma \Delta A \tag{4-3}$$

式中　γ——油水界面张力，mN/m；

ΔA——体系界面面积增量，m^2。

图4-18 1000mg/L聚合物+0.3%KPS复合体系与原油界面变化

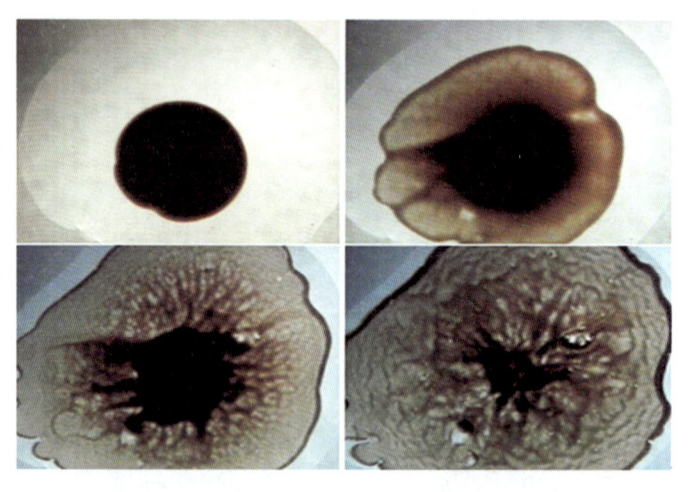

图4-19 1500mg/L聚合物+0.3%KPS复合体系与原油界面变化

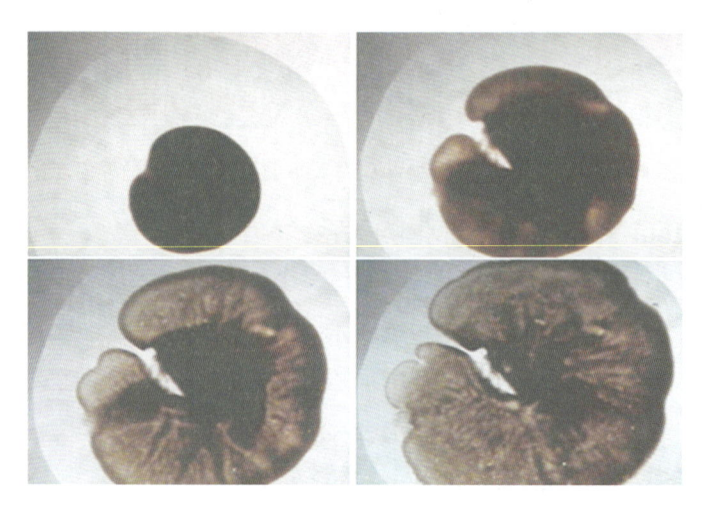

图4-20 2000mg/L聚合物+0.3%KPS复合体系与原油界面变化

乳化过程是自由能增加的过程,根据热力学第二定律,乳化作用不可能自发进行。这里所说的自发乳化发生的条件是,在界面张力足够低的情况下,存在由于湍流扩散引起的扰动、重力场等作用。由式(4-3)可知,降低界面张力可以降低增大界面面积所需的能量,此时由于界面张力极低,热力学不稳定性较弱,只需不明显的机械作用即能使液体被分散。实际上乳化仍需要环境对体系做非体积功,从热力学的意义来说乳化是不会自发进行的。目前已经提出的自发乳化的三个机理如下。

(1) Marangoni 效应。

当一个新的界面迅速产生(如将一种液体喷射入另一种液体)或一个存在的界面扩展(如一个液珠由球形变成其他形状)时,由于溶质在新产生的界面上的吸附形成界面张力梯度,产生 Marangoni 对流,引发剧烈的界面扰动。在低界面张力条件下能使处于界面附近的液体发生运动而成为液珠,形成乳状液。

(2) 扩散和滞留。

扩散引起了局部的过饱和,从而导致了在这些区域中发生了相转移,而且在界面的过饱和促使了它自身的分散,扩散引起的局部过饱和可以引起自发乳化。

(3) 负界面张力。

表面活性剂使油水界面张力下降,若再加入一定量极性有机物则界面张力进一步降低以致形成暂时的负值,负界面张力使界面面积增加时体系能量反而降低,因此乳化成为自发过程。但目前还没有实验结果支持负界面张力存在的观点。

2. Marangoni 对流对自发乳化的影响

测量 Marangoni 对流对乳化影响的方法一是在测量有些表面活性剂溶液与原油界面张力的实验中发现将油滴注入表面活性剂溶液后油滴自发分散成颗粒大小不同的小油滴。油滴自发分散成小油滴的原因是由于油滴与表面活性剂溶液接触后产生 Marangoni 对流和界面扰动。二是将一滴所配表面活性剂溶液滴到载玻片上,调整显微镜物镜对准液滴,然后在液滴边缘滴一滴模拟油并使液滴和油滴边缘接触,通过高倍显微镜观察液滴内自发乳化产生过程及乳状液的形态。

将油滴慢慢注入水平放置的玻璃管内 OP7 溶液中,如图 4-21 所示,通过摄像机记录油滴在表面活性剂溶液中的变化。如图 4-22 所示,将油滴注入玻璃管中的 OP7 溶液后,油滴呈球形,没有明显的界面变形,轻轻转动玻璃管油滴也没有发生分散。

如图 4-23 所示,油滴注入季铵盐溶液后出现了自动拉长,轻轻转动玻璃管油滴即分散为许多颗粒不等的小油滴。图 4-23(a)放大图显示油滴在拉长的过程中可以观察到明显

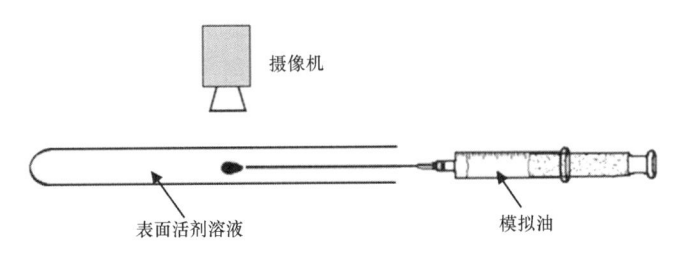

图 4-21 油滴分散实验示意图

图4-22 油滴注入OP7溶液后变化

的界面扰动，Marangoni对流产生的界面扰动被认为是油滴自动拉长的主要原因。表面活性剂与原油间的界面扰动在比较低的界面张力条件下使注入的油滴分散乳化为很多小油滴。轻轻转动玻璃管的过程使乳化的油滴进一步分散成小油滴。

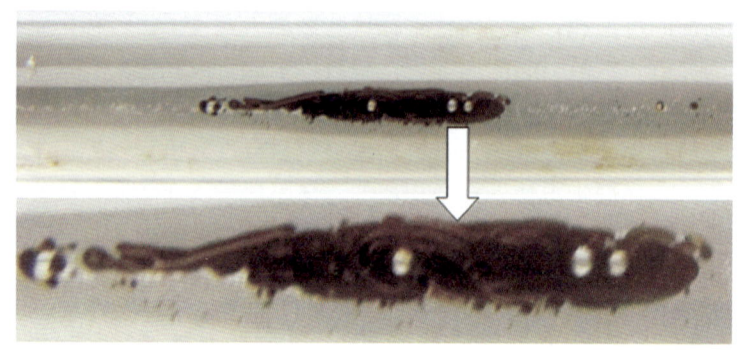

(a) 油滴注入季铵盐溶液后自动拉长，并观察到界面扰动

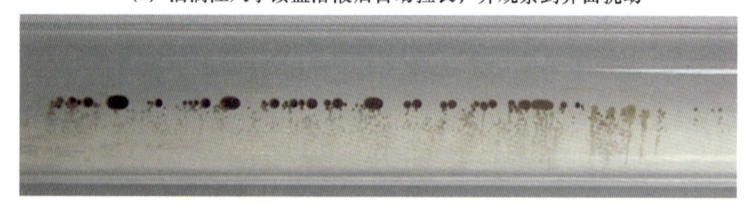

(b) 轻轻转动玻璃管油滴分散为颗粒不等的小油滴

图4-23 油滴注入季铵盐溶液后变化

如图4-24和图4-25(a)所示，用高倍显微镜分别观测油滴与季铵盐溶液和KPS溶液接触后的液滴表面，均观察到O/W型乳状液，说明Marangoni对流产生的界面扰动能够使界面附近的原油自发乳化。

如图4-25(b)所示，在刻度试管中加入一定体积KPS溶液，然后缓慢加入相同体积的模拟油，静置观察油水两相未发生明显的乳化现象。由于界面扰动作用于界面附近，所以当接触两相的接触界面表面积与体相体积比越大时，界面扰动对整个体系的影响越显著；由Marangoni对流产生的界面扰动作用范围在界面附近1mm范围内，重力使Marangoni对流产生的扰动范围减小。在体相乳化的实验中，相对油水两相的体积而言，油水两相接触的界面面积比较小，在重力的作用下，Marangoni对流产生界面扰动的作用范围十分有限，因此体相乳化实验观察不到明显的自发乳化。

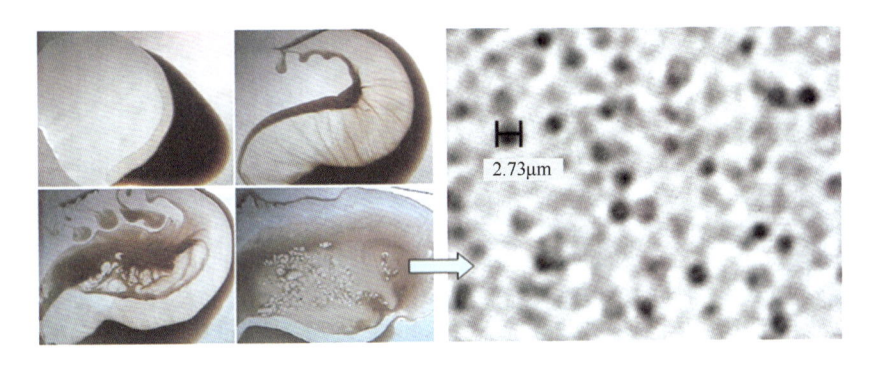

图 4-24　季铵盐溶液与原油自发乳化显微镜观测图像

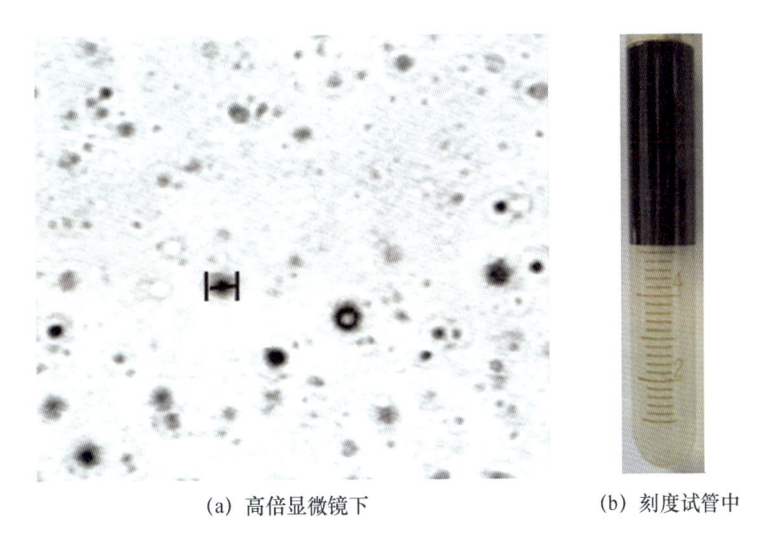

(a) 高倍显微镜下　　　(b) 刻度试管中

图 4-25　KPS 溶液与原油自发乳化显微镜观测图像和体相乳化实验

有些样品实验中虽然观察到了界面扰动，但是并没有产生自发乳化。能否产生自发乳化取决于油水两相界面张力的大小和界面扰动的剧烈程度，界面张力越高，增加界面面积需要的外界做功就越多，此时只要界面扰动足够剧烈，机械能做功能够补充体系自由能的增加，则可以产生自发乳化。如果界面张力比较低，增加相同界面面积所需要的外界做功就越少，此时可能只要轻微的界面扰动就能产生自发乳化。因此，能否产生自发乳化是界面张力大小和界面扰动剧烈程度两个因素综合作用的结果。

第二节　复合体系与原油乳化作用机理

一、复合体系与原油乳化研究现状

1. 乳状液的定义

乳状液是一种相组分液体以微液珠形式分散在另一种与其不相溶的相组分液体中而形成

的多相分散体系,乳状液作为一种热力学不稳定体系有很大的界面总面积及界面能。乳状液主要有两种类型,即水包油型(O/W)和油包水型(W/O),可根据连续相的性质(如溶解度、电导性、水溶性)来判别乳状液的类型。当含有表面活性剂的复合剂进入地层的高温高压环境后,混合液在地层中主要受到多孔介质的剪切、重力、毛细管力、压力等作用。当油水两相共存时,在多种力作用下会生成小液滴,若液滴足够稳定会被采出,即我们观察到的乳化现象。

2. 乳状液的特性

在室温下,黏度太高的原油一般不能形成乳状液,当天然表面活性剂含量太低时,在没有外加的表面活性剂时原油也不能成为乳状液。当天然表面活性剂适量且黏度适宜时,原油在剪切力作用下可以形成比较稳定的乳状液。若将人造表面活性剂添加到原油中,在剪切力作用下原油都可以形成乳状液。表面活性剂主要通过降低表面能、在液珠表面形成保护膜或使液珠带电来稳定乳状液。乳化剂也分为两类,即水包油型乳化剂和油包水型乳化剂。

当乳状液流经采出井周围时,压力梯度增大,流速增加,剪切力增强,在泵的加压混合作用下进入井筒中,因此乳状液在紊态流动中所受作用力更加复杂。当油水混合液由井底沿油管被举升到井口,流经油嘴、管线、阀件等地面设备时也会受到剧烈剪切、搅拌作用,因此油水相从注入井到产出液处理终端所受到的作用力复杂多样。在油藏的高温高压条件下油水相混合后可以形成乳状液,特别是当原油中的沥青质具有析出趋势时乳状液容易形成。乳状液的特性与细颗粒密切相关,包括有机沥青质和无机盐的原位动力学沉淀、油藏中的颗粒迁移。以目前的实验室实际条件,虽然不能将油水乳化的各个环节在室内条件下依次再现,但乳状液的黏度反映了油水乳化所受到的剪切程度,乳状液的液滴粒径大小及分布情况决定了乳化程度,利用室内实验设备可以模拟油水相在地层中承受的剪切力,分析制备乳状液的条件及其特性。

3. 乳状液制备方法

目前,国内外并没有统一的制备模拟原油乳状液的标准流程。由于地质条件的多样性及油水混合过程的复杂性,研究人员很难模拟与真实地层及相关设备相近的条件。乳状液的形成研究主要采用室内搅拌设备模拟现场条件来制备出与现场符合的乳状液,如采用反演法。相关学者在室内试验中使油水相形成乳状液的搅拌与混合方式主要有手摇法、机械搅拌、胶体磨研磨、超声波、乳化器乳化、高压均化器等乳化方式。(1)手摇或低强度搅拌条件不能使油相和水相充分混合,乳状液形成后在短时间内便分离为油相和水相,稳定时间短,与现场的乳状液差异大,因此不宜采用手摇方式制备乳状液。(2)高压均化器通过向乳状液施加强大的机械作用,虽然可以有效降低粒径,但这种乳化设备成本投入高,推广性差,因此不推荐使用该方式制备乳状液。(3)最近有学者提出使用高剪切分散乳化机制备乳状液的方法,通过特制的乳化分散头来提高乳状液的稳定性,该方法的制备效果需要进一步验证。目前虽然对乳状液的形成机理进行了多方位研究,但没有对常用的制备乳状液方法进行比较,无法得出各种方法的优劣性。

4. 乳状液制备的影响因素

目前在制备乳状液流程上已经形成了较统一的方法。例如,在固定油水比条件下,目标是制备O/W型乳状液,首先将乳化剂(亲水性或亲油性)溶入与其易溶的相组分(水或油相)

中，充分地进行混合搅拌后，再把水样和油样分放置于恒温箱保持 2h，量取该溶液将水相加入油相中，然后放置到恒温水浴中，混合液经搅拌器高速搅拌一定时间后即可形成乳状液。

室内制备乳状液受多种因素的影响，如搅拌转速、搅拌时间、混合温度、混合方式等。油水混合方式可产生乳化效果上的差异，逐次掺混可以使油水乳状液的黏度增大，有利于油水乳化，但逐次掺混法的混合次数与单次混合量参数多变，在乳状液的制备过程中难以控制，因此建议采用油水一次掺混的方法制备油水乳状液。

(1) 温度对乳状液的制备也有影响。温度升高时，原油由于受热自身黏度会下降，原油中的天然乳化剂——沥青质、胶质在原油中的溶解度增加，加大了混合与搅拌难度，同时原油中的蜡晶与蜡网结构随着温度的升高会逐渐消失，这些因素均会增大乳化难度，降低乳化作用。提高温度有助于分散乳化的油滴从而增大乳化进程，与此同时，高温度会加速粒子的布朗运动，利于油相絮凝，并减小界面膜张力及黏度，使油滴上浮速度增加，对乳状液稳定有消极作用。

(2) 油水两相的乳化程度与搅拌转速及混合时间密切相关，乳化程度为搅拌转速与混合时间两者相互耦合的结果。在等效条件下，强机械力有利于乳化的产生，较高的搅拌转速会缩短混合时间；反之，较低搅拌转速会延长混合时间。搅拌转速存在下限，必须使油水两相充分混合。当转速无法达到下限时，即使搅拌时间再长，也不可能形成油水乳状液。

(3) 搅拌时间过长也会引起油品中的轻组分大量挥发。在 W/O 型乳状液中，对乳状液施加高强度搅拌时，液滴平均直径会减小，而乳状液的表观黏度增大。表观黏度值随搅拌时间的增加而不断上升，但增加幅度逐渐变小，最终接近平衡。所以，在制备乳状液时应综合权衡搅拌转速、搅拌时间、温度等主要影响因素。

目前的研究主要侧重于单一因素对乳状液形成的影响，如油相组分、注入流速、黏度比、油水比及界面张力等因素，专门针对复合体系乳状液的研究少，其形成条件和形成机理缺乏系统性研究。

5. 乳状液制备所需的表面活性剂

配制稳定性能较好的乳状液的前提是选择高效的乳化剂。在制备乳状液及优选乳化剂时，通常的做法是根据表面活性剂的亲水亲油平衡值 HLB 作为主要参数。例如，制备 O/W 型乳状液应优选 HLB 值（在 8~18 之间）大及亲水性强的乳化剂；若 HLB 值在 3~6 之间的表面活性剂适宜进行 W/O 型乳状液制备。较大 HLB 值的表面活性剂利于乳状液液滴的分散度增大。乳化剂浓度会对液滴粒径、油水界面膜强度及稳定性等乳状液属性产生重要影响。乳化体系中的各相组分存在相互干扰，导致一些油没有发生乳化，并且乳状液的液滴密度分布不均匀，直接导致了乳状液分散性差，并且泡沫增多。乳化剂浓度、油水比、剪切速度为影响乳状液类型和性质的最主要因素，并指出随着乳化剂浓度和油水比的增大，乳状液稳定性迅速增大。当油水比低于 55∶45 时，形成的乳状液为 O/W 型。由于原油组分具有多样性，针对某一特定原油，如新疆油田七中区原油来说，乳状液类型与油水比的关系仍需要通过实验来确定。当前有种观点认为只有在超低或低界面张力条件下才能形成乳状液，在该条件下所需要的剪切作用小，乳状液启动容易，但这种观点无法解释聚合物驱中发生的乳化现象，因此该观点是有局限性的。当界面张力适当增大后，油水两相能否发生乳化仍需要进一步通过实验研究。

6. 乳状液稳定性影响因素

1) 界面膜强度

界面膜强度是影响乳状液稳定性的决定性因素，化学剂类型及浓度、离子强度、原油性质等因素决定了乳状液界面膜的性质。通常条件下，界面膜的强度取决于形成膜的表面活性物质的特性和界面压值，对于特定的表面活性剂类型，其形成的乳状液若具有较大的界面压及较高的界面膜强度，那么乳状液会越稳定。油水界面张力与乳状液的稳定性之间并没有明显的关系，烷基苯磺酸盐对大庆油田采油四厂的原油乳状液稳定性研究中，发现界面张力增大时稳定性增强；在较低的界面张力时，界面膜强度会被减弱，降低体系稳定性，表现为乳状液的稳定性随界面张力增加而增强。原油中的界面活性组分，如胶质、沥青质与蜡晶等参与形成的界面膜在一定程度上具有防止液滴发生聚并的能力，使乳状液稳定性变大。大庆油田与吉林油田原油界面活性组分中的蜡晶对界面特性进行的实验研究中，发现在温度升高时，由于吉林油田原油组分内的蜡晶较多，当其形成乳状液的界面黏度缓慢增加时，界面膜具有负触变性；在大庆油田模拟油中加入5%的合成蜡后，界面特性由假塑性流体变为胀流体；蜡晶可以改变油水界面膜的流变特性，增加界面膜的强度，在较高的油水界面压、界面黏度及屈服值条件下，乳状液的稳定性趋于增强。

2) 固体颗粒

固体颗粒可在界面膜上吸附，使油水界面具有机械强度来增强乳状液稳定性，胶质与固体粒子会增加界面膜扩张膜量的幅度，从而使乳状液稳定性变大。当增大固体颗粒的浓度后，会导致油水界面膜强度及剪切黏度均升高，通过减慢油滴上浮速度而使油滴聚并时间延长，使乳状液更趋于稳定。固体颗粒提高乳状液稳定性的内在机理可以表述为，较小粒径的固体颗粒会更容易地吸附在界面上，导致液滴的表面电势升高，油滴的布朗运动更加活跃，使油滴扩散性增加，不易产生沉降，因此使 O/W 型乳状液更加稳定。同时，固体颗粒浓度升高会使 Zeta 电位负值及负电荷量变大，使粒子间排斥力及 O/W 型乳状液稳定性均增强。

3) 原油组分影响

大量研究表明原油中各组分的含量，尤其是胶质、沥青质组分直接影响乳状液稳定性。作为天然表面活性物质，沥青质及胶质中的芳香碳—碳双键化合物、芳香羰基及部分活性组分经氧化后产生的羰基均会增加乳状液稳定性。原油蜡组分中的非极性化合物（如石蜡）和极性化合物（如高级脂肪酸、脂肪醇、脂肪胺等）均具有界面活性。仅仅依靠原油中的极性及非极性化合物产生的界面膜无法具有足够的强度来稳定液滴，因此乳状液稳定性极差。将原油中的众多物质分为两类，即原油乳化剂和原油破乳剂，这些物质的相对含量及比例决定了原油乳状液稳定性。油相组分间的协同作用也对乳状液稳定性产生影响，如胶质可提高沥青质的分散性，对沥青质聚并和缔和产生干扰及阻碍作用。当胶质及沥青质含量分别为4%及0.5%时可以产生稳定性较好的乳状液，而当它们的含量较多时，因为容易存在缔合作用，胶质及沥青质聚集为一体，由于界面膜无法达到足够强度，因此稳定性会变差。

4) 剪切强度影响

剪切强度及时间对乳状液稳定性具有重要作用。剪切强度在某一范围内时，当增加剪切强度时，就会减小乳状液粒径，并且粒径会趋于更加均匀化，乳状液稳定性被强化。若在制备乳状液时，乳化机剪切时间太短或者剪切转速不高，那么油相就无法被分散，油滴不能有效分散直接导致油水两相混合不充分，乳状液的粒径不能有效减小，会使油水界面张力增大，乳状液稳定性较差，因此，剪切时间是决定乳状液稳定性的一个关键因素。长时间剪切可得到粒度较小的乳状液，液滴粒度及分布逐渐达到平衡状态。

5）聚合物影响

聚合物可以提高乳状液的稳定性。大分子链聚合物可以加大水相的黏度，从而使油滴上浮时的阻力及连续相的携油能力增强，乳状液稳定性变好。界面膜是由界面活性组分和聚合物所组成的，聚合物也会使界面膜刚性增加，界面膜排液受到干扰和阻碍，油滴聚并会变得更加困难，乳状液稳定性增加。通常情况下的水溶性聚合物在油相中不会发生溶解，同时界面膜上存在表面活性剂的亲水基团，聚合物分子能与亲水基团发生作用，导致界面膜间的排斥力及空间阻力变大，在聚合物的作用下液膜黏度变大，减慢了液膜的排液过程，乳状液变得更加稳定。

6）表面活性剂影响

表面活性剂是影响乳状液稳定性的一个主要因素，其相对分子质量及结构均对溶解度及界面张力性质有重要作用。例如对于常用的烷基苯磺酸盐表面活性剂来说，其烷基链及相对分子质量决定了油溶性。表面活性剂需要存在一个比较合适的相对分子质量范围，碳数分布需要与原油的碳数分布相匹配，并且其碳数分布的范围要达到一定宽度，即当量分布较宽。表面活性剂的当量较高时，可以有效地减小界面张力，但在地层中易发生吸附；表面活性剂为低当量时，导致其溶解性能提高；表面活性剂为中等当量时，可发挥牺牲剂的作用减小其吸附。所以，在具有分布较宽的当量时，表面活性剂才能更好地发生乳化并改善驱油效果。从某种意义上说，表面活性剂可以使乳状液稳定性增强。表面活性剂溶于某组分后，可在油水界面上分布，使其界面张力下降，被剪切相（即分散相）在搅拌力作用下变为小液滴时所需要的能量会减小，也减小了水滴发生聚结与合并时需要的表面能也会降低，那么乳状液的稳定性会增加；如果表面活性剂在油水界面上产生吸附后，该吸附层表现出凝胶状弹性结构的特征，那么在被剪切相形成的液滴周围可产生一层薄膜，该薄膜层具有一定坚固性及韧性，可以有效地干扰并阻止液滴在随机碰撞的过程中发生聚结、合并、沉降的概率，使乳状液更加稳定；与此同时，表面活性剂分子（或离子）可排列在油水界面上，分子（或离子）的定向排列可形成一定量的电荷，电荷可产生使水滴相互排斥的力，水滴合并沉降被干扰或阻止，乳状液稳定性也会增大。

7）矿化度影响

高矿化度不利于乳状液的稳定性。高矿化度的溶液中含有的无机电解质离子很多，这些离子可以使界面双电层被破坏，并产生液滴间的相互吸引力，液滴就会发生聚并；电解质也会使油、水两相的密度差变大，促进水相分离，不利于乳状液稳定。

8）温度影响

温度升高可使乳状液的脱水率增加，降低乳状液稳定性。在较高的温度条件下，油相中含有的天然乳化剂会增加其溶解度，在界面上的吸附量会因此而减小，表面活性剂分子在界面上的热运动增强，使分子排列更加不规则，导致界面膜强度减小，液滴易发生聚并；同时，在较高的温度条件下，分子间内聚力会被减小，强化了分散水滴的热运动，因此会增加聚结概率；高温度会减小油相的黏度和油水界面黏度，使油水密度差升高，水滴容易聚结，稳定性变差。较高的含水率不利于原油乳状液的稳定性。原油乳状液脱水率随含水率的增加而增大。由于含水率增加，总的界面面积变大，对于单位界面面积来说，天然乳化剂在界面上的吸附量降低，减小了界面膜强度及液滴聚并阻力，液滴聚并变得更加容易，乳状液变得更加不稳定。

7. 乳状液稳定性评价方法

从热力学上来说，乳状液为不稳定体系，所以，乳状液稳定性评价就是如何度量乳状液的动力不稳定性及其不稳定过程的速率问题。由于乳状液中油相、水相、乳化剂物质种类、组成等参数差异，乳状液的稳定性差别很大。当前没有表征乳状液稳定性的统一方法，结合目前乳状液稳定性的一般评价方法，从乳状液宏观形态性质及微观形态性质的角度，以及乳状液电学性质、光学性质及物理性质三个层次分析了乳状液稳定性的评价指标、测定方法及其应用。

1）乳状液的分层现象衡量乳状液稳定性

目前，研究学者经常根据乳状液的分层现象来定量描述乳状液的稳定性，即分相体积法。通常根据外观及透光度可将油水乳化体系分为三层：油层（上相）位于上层的油相中存在极少量的水，并不是纯油相。乳化层（中相）存在两层之间，即 W/O 型乳状液和水或者是油和 O/W 型乳状液。乳化层中的油、水含量大，作为分散相或连续相存在；水层（下相）位于下层的水相中存在少量的油，主要以微小液滴存在，含量很少，一般情况下可以忽略；分相体积法的指标是根据各相体积的变化规律来评估稳定性的，例如分水率、分油率、乳化率等指标。这种方法具有设备简单、可操作性强的优点，缺点是需要人工读取参数，可能误差较大。乳化综合指数是表面活性剂综合乳化性能的表征方法，由乳化力和乳化稳定性决定。需要分别测定乳化力与乳化稳定性，然后进行乳化性能的综合指数评定。乳化力指标需要采用溶剂萃取法得到参与乳化的油，然后得到萃取液的光密度值，与测定的标准曲线进行校对并得到乳化油量。乳化综合指数是对乳化稳定性评价地唯一归一的量化参数，推广性较强，是乳状液稳定性评价一大进步，但是实验操作比较烦琐，现场应用不太方便。

乳状液整体表现出分层现象的直接原因就是乳状液内部液滴的形态变化，粒度特征变化描述是表征乳状液特性的重要参数。可以表示粒度特征的主要参数为有效粒径和液滴粒径分布。粒度特征的变化规律可以在本质上反映乳状液稳定性，乳状液的光学外观、黏度、化学反应活性等也与其粒度特征息息相关。对于分布均匀化的液滴粒径，粒径尺寸越小，尺寸随时间的变化率小，乳状液的稳定性越好。稳定性非常好的乳状液中平均液滴粒径在 $8\mu m$ 左右，并且粒径分布范围非常窄。

2）乳状液液滴粒径分布衡量乳状液稳定性

乳状液液滴粒径分布随时间的变化常被用来衡量乳状液的稳定性。通常，随着时间的推移，由小质点比较多的分布转变成大质点比较多的分布。一般乳状液分散相的直径为 0.1~100μm。根据分布曲线随时间变化的快慢，可以衡量乳状液稳定性的大小。乳状液稳定性高时，液滴粒径分布曲线中直径小的液珠比例大，并且分布集中，与时间相关性小；乳状液稳定性低时，粒径分布曲线变化与时间密切相关，随着时间增加，曲线宽度变大，并且其浓度高峰趋向于直径大的方向。

显微镜成像法及超声波技术可以测定乳状液粒度、分布及其变化。该方法可以测定乳状液的粒度特征，为最常用的方法。光散射法作为一种粒度特征测定方法，在近几年得到了迅速的发展，其中最为常用的方法有小角光散射法、动态或多重光散射法。由于小角光散射法要求在样品测量前必须进行稀释，那么稀释操作有可能使样本的原来性质被改变并影响测定准确性，因此在测定的准确定较差。动态光散射法虽然测定结果快速并且准确，但一般要求分散相体积含量小于1%，测定过程中需要注意该方法的使用条件。

3）乳状液破乳机理衡量乳状液稳定性

根据乳状液的破乳机理也可以分析其稳定性差异。一般情况下破乳可分为两个过程，液滴在初始的分散状态下首先会发生絮凝、沉降或上浮，然后是液滴发生絮凝、聚并，成为大粒径液滴，在这个过程中，液珠数目会逐渐变少。根据这种变化机理使用一定单位内的液滴数改变率可以表征其稳定性。液滴数改变率小的表示乳状液稳定性好，改变率大的表示稳定性差。此方法与液珠直径分布曲线的方法接近，要求乳状液液珠直径比较接近，稳定性较好，比较适合外观为无色或浅色透明的乳状液，并且具有分散相体积分数较大的特征。

通过测定液滴的聚并速率也可以比较乳状液的稳定性。聚并速率研究对象为两个分散相油滴，测量得到液滴由接触到聚并成一个大液滴的时间，然后对实验数据分析可得到在某个接触半径下的参数值，聚并速率越小表示乳状液的稳定性越好。研究液滴聚并规律时可以使用此方法，并分析其稳定性，若超过1h液滴仍然没聚并，可以认定为液滴不发生聚并，所以，该方法不适用于聚并时间太长的体系。

4）乳状液液滴界面膜的性质衡量乳状液稳定性

根据乳状液中的液滴界面膜的性质变化规律也可以评估乳状液的稳定性。当原油内的天然或人为加入的活性物质在油水界面上发生吸附后，这种吸附作用会在界面上生成一层黏弹性膜，该膜具有一定强度。界面膜会阻碍乳状液液滴的聚结，并使液滴具有了一定的稳定性。反映液滴界面性质的主要参数为界面张力、界面黏度及界面弹性。乳状液体系能量具有自发降低的趋势，液滴也会产生自发地聚并现象，这种自发的聚并会减小界面张力和界面能，使液滴趋于更稳定的状态。原油组分、碱、温度、矿化度等都会对界面张力产生影响。界面黏度是油水界面膜强度的一种表征，可以反映界面分子膜的重要属性。相关研究指出界面黏度越大，乳状液越稳定。水溶性聚合物是油田开发中常用的驱替液添加剂。聚合物与活性物质产生相互作用组成了界面层，聚合物的参与增大了界面层结构强度，因此界面黏度增加。聚合物溶液中的大分子链间存在相互作用力，并且分子链会发生高弹形变。大量研究表明，聚合物对乳状液、特别是O/W型乳状液起重要的稳定作用。界面膜抗形变能力决定了体系的稳定性，是界面膜动态稳定性的主要表征参数。界面黏弹性测定仪和界面流变仪都可以测定界面弹性。

5）乳状液荷电作用机理衡量乳状液稳定性

原油乳状液内各组分之间的相互作用必然引起乳状液体系电学性质的改变，电学性质描述的是乳状液的荷电状态，通过分析乳状液的介电常数、电导率及Zeta电位的规律变化可以在荷电作用机理上分析乳状液稳定性。

由于一些乳状液连续相颜色较深，不易观察液珠的絮凝和聚并过程，甚至不能分辨出油层与乳状液或乳状液与水层的分界线，采用一般的评价方法误差较大甚至不能评价。常温下油的相对介电常数为2.0~2.7，纯水的相对介电常数为80。当水与油形成乳状液时，随着分散相体积分数、液珠大小和数量的变化，乳状液的相对介电常数将发生改变。对于W/O型乳状液的分散体系来说，乳状液中的水量决定了介电常数平均值，而该平均值和其分散度、电解质含量无关。

在乳状液液滴内部细微组成规律变化描述方面，电导率法具有敏感度及准确度高的特征。电导率值由流体的介电常数、电解质及浓度来决定。一般情况下，水的介电常数较大，约为原油的 40 倍。根据电导率与时间的变化规律可以确定乳状液的规律性变化，对于 O/W 型乳状液来说，乳状液滴的上浮、絮集或聚并的速度可以通过电导率曲线斜率变化规律来表示，斜率越大表示乳状液越不稳定，斜率越小表示乳状液越稳定。在 O/W 型乳状液中，发生乳化时液体所受的剪切速率越高，温度越低时，其对应的电导率会越低。油相体积分数对于所形成的乳状液的电导率有明显的影响。对于 O/W 型乳状液，电导率法仅适用于测定比较稳定的乳状液，对于稳定性差的乳状液不适合用本方法测定。Zeta 电位可以反映胶体表面电荷性质。当离子被带电液滴吸附后，可以产生扩散双电层，在滑动面处会生成一定量的动电电位，那么这种电位就是 Zeta 电位，电离、吸附和摩擦接触都可以产生 Zeta 电位。离子类表面活性剂可在乳状液中形成扩散双电层。对于非粒子型表面活性剂乳状液，根据柯恩规则，O/W 型乳状液液滴多带负电，W/O 型乳状液液滴多带正电。乳化剂质量分数、酸碱值、电解质等为 Zeta 电位值的相关作用因素。

6）乳状液荷电作用机理衡量乳状液稳定性

1μm 以上的乳状液粒径外观呈现乳白色，目测乳状液为蓝白色时说明液滴直径介于 0.1~1μm 之间，透明乳状液的液滴直径小于 0.05μm。透光度法是利用分散的液珠大小与透光度的相关性来评价稳定性的。紫外分光光度计适用于测量小粒径的分散相液滴，同时要求分散相体积分数较小，乳状液稳定较好。常用于含油污水中油滴稳定性测定。商业化的乳状液分散体系稳定性分析仪 Turbiscan MA1000 型近红外扫描仪可快速测量出分散质点的细微变化，垂直扫描具有高精度特征，利用透射与反射原理可进行分散质点的絮凝、聚结、分层和沉淀等分析。

浊度法是溶液体系透明程度的量度。随着时间的延长，乳状液中油珠、含油量逐渐下降，被油珠散射和吸收的光线也减少，浊度变小。研究表明，浊度曲线与电导率曲线及吸光度法具有较好的相关性，均能反映乳状液中油珠或油相体积分数减少的变化过程，可表征乳状液的破坏过程。

7）乳状液离心分层衡量乳状液稳定性

对稳定性较好的乳状液完全靠重力场使其分层耗时较长，可以采用离心机加速乳状液分层的方法评价乳状液的稳定性。在实际应用中，根据经验积累可以总结出多大的离心机转速和离心时间相当于重力场下放置多久的稳定性，这就可以快速地评价不同乳状液配方长期存放的稳定性了。

8）乳状液老化衡量乳状液稳定性

老化法是利用乳状液在高低温下，界面膜减弱或更容易破坏的机理，进行乳状液稳定性评价。一般在低温（1~5℃）、室温（20~25℃）和高温（40℃）下进行，室温实验一般连续 2~3 年，这种评价方法的耗时周期很长，不能够及时地给出评价结果。冷冻—熔化试验法根据温度每升高 10℃后反应速率为双倍的原理，在 -10~40℃ 之间循环，提高油（水滴）的聚并速率，利用乳状液破乳所需的时间来推断乳状液的稳定性。制备出的乳状液在 24h 内进行冷冻—熔化实验，循环 5~6 次，记录乳状液的浓相体积变化分数随时间的变化，试验结束后乳状液仍稳定的话意味着乳状液比较稳定。

在评价乳状液稳定性时，各类指标有着不同的精度和适用范围。总的来说，分相体积法主要用来分析乳状液稳定性的外在表现，具有很好的直观性，可以粗略地进行乳化剂优选，本方法虽然操作简便，但目前无法定量化，也没有一定的参考标准；可以通过粒度特征指标认识乳状液内部液滴的变化规律，可深入研究并分析乳状液形成和内在稳定机理。乳状液的电学、光学及物理性质也有其不同的应用范围。基于界面、介电常数及 Zeta 电位特征建立的评估方法具有很高的精细度，可在深层机理层面上分析其稳定性，可用于从内在机理方面评价乳状液稳定性并解释其稳定机制，但该操作需要精密的仪器，实际矿场应用不方便；电导率指标用于推断乳状液体系内部组成的变化；乳化综合指数对稳定性进行了量化，是评价乳状液稳定性的一个重大进步，但需要萃取乳化层的油相，操作上精度要求高，在实际应用中受限；透光度法与浊度法对乳状液的透光性依赖较大，对于评价深色的重质原油具有一定局限性；物理方法虽然缩短了由重力作用自然分层的时间，但需要结合经验制定样本相应参数变化标准，需做大量的前期准备工作。

近年来，随着新技术的应用，乳状液稳定性测定方法得到了快速发展，如采用时间弛豫谱中临界电压来定量描述乳状液的稳定性；采用核磁共振自混方法考察原油乳状液体系的变化过程；美国 Brokheaven 公司最近推出的 Zeta plus 电位分析仪增加了测量油相及高盐浓度体系的 Zeta 电位。乳状液测定的传统方法与新型仪器开发相结合，在未来的研究中，由定性的经验阶段向量化阶段发展，将成为乳状液研究领域一个活跃的方向。

现有的研究无法从本质上完全揭示乳状液的稳定机理，仍需要研究学者继续进行乳状液稳定性机理的深入研究。由于很多方法需要精密的操作仪器，给现场应用带来诸多不便，还需结合现场实际应用发明一种操作简便并能实际应用的方法。多方法联合使用可以更客观地描述乳状液的稳定性，同时对相应参数进行定量化描述，制定一种操作简便的乳状液稳定性评价标准，以便更好地指导现场实际应用。

8. 乳状液流变性

1）乳状液流变性定义

根据牛顿内摩擦定律，依据液体层间单位面积的内摩擦力或剪切应力与应变速度的关系可以确定流体的流变性，若应力与应变速度成正比，则流体为牛顿流体，若两者为非线性关系时流体为非牛顿流体。用牛顿剪切应力公式可以表示为

$$\tau = \mu (\mathrm{d}v_x/\mathrm{d}y) \tag{4-4}$$

式中 μ——流体的表观黏度或视黏度，mPa·s；

τ——剪切应力，Pa；

$\mathrm{d}v_x/\mathrm{d}y$——剪切变形速率，$\mathrm{s}^{-1}$。

若此函数关系为非线性的，则所描述的对象流体为非牛顿流体。流变曲线就是流体所承受的剪切应力与剪切速率两者之间的函数关系。目前，针对非牛顿型流体，描述其内摩擦特性的流变模型主要有 Ostwald—dewaele 幂律模型、Ellis 模型、Carreau 模型和 Bingham 模型，在这几种模型中幂律模型使用最多，在该模型中，流体黏度可以视为与剪切速率或速度梯度绝对值呈指数函数关系，幂律模型表达式可以表述为：

$$\tau = k'(\mathrm{d}v_x/\mathrm{d}y)^n \tag{4-5}$$

式中 k'——定义为稠度系数（为区别于渗透率 K），N·s/m；

n——反映流体特性的一种指数，用于表示偏离牛顿流体的程度。

流体为牛顿流体时 $n=1$；而流体为假塑性或剪切变稀流体时 $n<1$；流体为剪切增稠或

膨胀塑性流体时 $n>1$；随着切变速度的增加，流体的表观黏度逐渐减小时称作剪切稀化现象。高分子熔体和大分子浓溶液都属于假塑性流体。

2) 乳状液流变性研究现状

国外很多学者早期就进行了乳状液流变性研究，水包油型乳状液的黏度研究中，涉及参数主要有连续相和分散相的成分、表面活性剂的类型和浓度等，实验发现多数非牛顿流体为不可塑的，有些流体具有膨化特性，得出结论为部分乳状液为牛顿流体，也有部分乳状液为非牛顿流体。原油种类的黏度、乳状液粒度及形状均对乳状液的流变性有重要影响。对 O/W 型乳状液来说，在室温条件下当油相比例小于 15% 时，剪切速率位于 $50\sim1000s^{-1}$ 之间时，流体具有牛顿流体特性；当油相比例大于或等于 15%，或者剪切速率超过 $50\sim1000s^{-1}$ 范围时，表现为非牛顿流体；对于 W/O 型乳状液，当水的含量小于 20%，即使剪切速率在 $100\sim1000s^{-1}$ 范围内也表现为非牛顿流体。1991 年 Omar 等在不同的温度条件下研究了 Saudi 原油乳状液流变特征，指出该类型的乳状液具有鲍威尔和牛顿两种流体属性。乳状液的剪切应力和剪切速率的运动特性与原油微粒有极大相关性，在原油浓度不变时，随着乳状液粒度变小，乳状液的表观黏度变大，非牛顿流体特性增强；大多数乳状液在低于 $50s^{-1}$ 剪切速率下表现为剪切变稀性，而在高于 $1000s^{-1}$ 剪切速率下表现为牛顿流体性质。在最近的 20 年间，很多研究人员对油水混合后的乳状液进行了基础实验研究，尤其针对浓度较高的乳状液，由于乳状液流变性具有复杂性，学术界仍然对乳状液流变性的变化规律没有得出合理化的解释及一致性的结论。外相（或内相）黏度、内相体积浓度及压力、温度等条件均影响乳状液的表观黏度，目前也没有将上述影响因素均考虑在内的表观黏度表达式。所以，相关研究人员只是根据工作中的实际问题进行原油乳状液实验研究。

同时，乳状液为黏弹性流体，存在屈服行为。当屈服应力大于剪切应力时，乳状液仅存在形变，不会流动，乳状液表现为弹性体；随着剪切应力增大，当屈服应力小于剪切应力后，乳状液产生流动。在制备乳状液的过程中，通过实验发现 W/O 型乳状液的黏度多大于 O/W 型乳状液的黏度，O/W 型乳状液的黏度总是大于纯水相的黏度。

乳状液为剪切变稀型流体。剪切速率对分散相形态有重要作用。在低剪切速率条件下，分散相液滴会生成絮凝体，此时乳状液的表观黏度值较大。随着剪切速率增加，液滴聚集体会被分散，乳状液的表观黏度值会减小。当剪切速率继续增加时，液滴分散度继续变大。在高剪切力流场中，以能耗最小为条件，液滴形态和排列会达到最适宜的状态。剪切速率更高时被乳化的液珠会沿流线方向拉长并发生定向排列，由于摩擦力变小，表观黏度降低。当分散相液滴的分散程度增加到极限值时，继续增加剪切速率，表观黏度不会继续减小，基本达到一个稳定值。

在聚合物—表面活性剂复合驱中，乳状液黏度与剪切应力及剪切速率相关性很大，连续相及分散相黏度、分散相体积比例、分散相平均粒径和粒度分布、乳化剂、温度等因素对乳状液黏度也有重要影响。研究表明，体系含水率、剪切速率及温度为决定乳状液黏度的最重要因素。含水率与乳状液的黏度关系密切，当含水率变大时，乳状液黏度可能会发生突变，突变时的含水率为临界含水率，临界含水率处会发生乳状液类型的转变。目前乳状液的黏度模型主要有黏度—含水率—剪切速率模型、Meter 方程修正黏度模型等。通过对乳状液体系的黏度模型进行修正可以较为准确地描述乳状液的黏度。

在多孔介质中各种复杂变化的物化和动力条件下，乳状液滴处于乳化与聚并的动态变化之中，乳化程度与乳状液稳定性密切相关。理论分析和实验结果表明乳化程度 ϕ_e 可表示为：

$$\phi_e = \frac{S_d - S_{dr}}{1 - S_{sr} - S_{dr}} \left(\frac{N_s}{a_1 + a_2 N_s} \right) \tag{4-6}$$

式中 S_d——内相饱和度；

S_{dr}——内相的残余饱和度；

S_{sr}——外相残余饱和度；

a_1，a_2——参数，反映了乳状液液膜的性质；

N_s——外相毛细管数。

该表达式 ϕ_e 与内相体积分数具有相似的物理意义，同时又反映了多孔介质中的乳状液滴的动态生成与聚并。由于内相及外相的饱和度为变化值，难以测定；反映乳状液液膜性质的 a_1 和 a_2 参数的获取有难度，限制了其应用。在描述乳化现象时可以使用乳化强度参数，将其定义为乳状液的体积与总体积之比。同时乳状液密度、乳状液粒径等微观参数也可以用来描述乳状液的属性，基本上可以客观地描述与评价乳状液，在该方法基础上已经取得了一定的研究成果。

9. 乳状液在地层中渗流规律

近年来，国内外学者针对复合驱乳化作用提高采收率进行了很多研究。认为在低矿化度及高水油比条件下容易形成 O/W 型乳状液。在原油黏度为 11500mPa·s 及没有聚合物控制流度作用下，O/W 型乳状液形成后采收率仍可大幅度提高。物理模拟岩心驱油实验发现注入化学驱段塞后，出现乳化的岩心提高采收率幅度比未乳化的提高 5%~6%。大庆油田的复合驱矿场试验结果也表明，当采油井含水率下降至 40%~60% 时，采出液中的油相为高黏度 W/O 型乳状液，乳状液有利于提高采收率。多测点长岩心技术真实地反映了复合体系与原油在地下的乳化过程，当复合体系以平均流速（约 1m/d）驱替原油时，在运移数厘米距离内就发生了乳化作用，乳化能力较好的体系具有相对较高的采油速度和采收率。对于复合体系驱油中出现的乳化现象，在相同驱替方式的条件下，未乳化时的驱油效果明显差于乳化时的驱油效果，乳化作用已成为复合驱的一种主要驱油机理。

在聚合物—表面活性剂复合驱体系提高采收率研究中，乳状液黏度、界面张力及乳化强度等参数指标已经引起了研究人员的关注。在驱油机理上，较高黏度的乳状液可以增加波及体积，低界面张力体系可以使乳化效果变好，较好的聚合物—表面活性剂复合体系乳化性能会增加乳化强度，这些因素都会改善并提高采收率。对于聚合物—表面活性剂复合驱体系乳化性能对提高采收率影响也很大，乳化强度指数小于 50 时，随着指数增加，采收率增加较快，当指数大于 50 后，提高采收率值逐渐变得平缓。

在 20 世纪中期，多为学者提出了水动力学力与毛细管力比值的概念，称其为毛管数（又称毛细数），并进一步由实验给出了毛管数与残余油之间的对应关系曲线，通常简称为"毛管数曲线"。当毛管数低于 N_{c1} 时，常规理论适用于油水两相渗流；当毛管数高于 N_{c1} 时，由于两相渗流特征已经发生了显著性的改变，因此，需要适当地修正相渗模型。David 与 Kirk 指出在表面活性剂驱中，W/O 型乳状液形成存在临界毛管数，毛管数在 10^{-3}~10^{-4} 时发生乳化，但没明确指出临界毛管数值。乳状液的形成与毛管数之间的联系需要通过实验进行深入分析。

在聚合物—表面活性剂复合驱中，乳状液在多孔介质中的乳化夹带与捕集现象普遍存在，这种现象对提高采收率有重要作用。从宏观层面上说，液滴运移时产生的阻力是液滴堵塞孔喉的一种累积外在现象。大粒径液滴在孔隙介质中运移阻力明显大于小液滴的阻力。由于小粒径液滴直径有限，在较小动力下就可以通过孔喉，其在多孔介质中的运移及通行能力强，并且后续流体对可能吸附在孔喉内壁的微液滴具有冲刷作用，在这种力作用下小粒径液滴很容易地被带出介质，卡堵概率小，所以小粒径液滴流动阻力较小。乳滴在孔隙喉道处的卡堵、孔隙介质表面的附着、滞留都可导致孔隙介质渗透率下降。孔隙介质的渗透率随乳状液注入孔隙体积倍数增大而降低，孔隙介质的渗透率随压力梯度增加而下降。乳状液在孔隙介质中渗流的主要特点是改变孔隙介质的渗透率，因此孔隙介质的渗透率不能作为常数处理。在油藏条件下，乳状液的流动时刻受到地层剪切力、含油（或水）饱和度、表面活性剂浓度变化等因素作用，乳状液液滴密度在不同含水饱和度及压力作用下变化无规则可言，液滴质点的运动路线没有规律，质点可能会发生分散也可能会聚集。当乳状液液滴流经多孔介质时，部分孔喉会被液滴堵塞，后续乳状液体系继续呈稳定状态流动，在这个过程中压力比较平稳。当这种堵塞喉道产生的液滴累积增加到某一程度时，这种累积效应开始显现出来，后续的乳状液及复合体系会被封堵，阻力迅速增大。若液体流动压力可以突破这种阻力，那么压力会降低，液滴继续累积，液滴流动会重复循环这一过程，所以乳状流动中的压力变化也是很复杂的。

在乳状液渗流规律研究中，通常是把乳状液处理为单独的一相，将乳状液相与油相及水相区别开来，并适当修正黏度模型或渗透率模型。瞬时界面张力和聚合物的影响引入相对渗透率模型后，用原油采收率和岩心两端的压差作为拟合的目标函数，采用变尺度的最优化方法，反求出相对渗透率曲线中的参数，但没有考虑乳化因素的影响。在充分地考虑了乳状液提高驱替相流度及降低残余油机理的基础上，提出相对渗透率及相黏度的修正方法及关键参数的求取方式。分析结果说明乳化性能提高时，其在降水增油方面的能力也得到增强，但随着乳化性能提高，降水增油的能力提高幅度逐渐降低。该研究对于乳状液驱油机理有了本质上的突破，但在微观机理层次上仍需要深入分析。现有乳化机制研究多未考虑乳化对采收率的影响，商业复合驱数值模拟软件中也未考虑乳化机制作用，对于在管流或流体动力学基础上建立的模型来说，该模型与乳状液的实际渗流理论有所偏差。乳状液渗流规律多数为理论模型和定性描述，制约了复合驱油过程的预测和评价，已成为复合驱的关键性技术问题。

二、乳状液的制备及评价方法

为了研究聚合物—表面活性剂复合驱乳状液的形成机理及属性变化规律，应用 HZS – H 水浴振荡器、DE – 100L 高剪切分散乳化机、JMS – 50D 分体式变速胶体磨、H2010G 电动搅拌器和 CQ250 超声波处理仪 5 种方法制备乳状液，并筛选出了最优方法，对深入研究乳状液形成机理及属性具有指导意义。为了便于对比分析实验结果，对 5 种不同的方法制定统一的乳状液拟合目标参数。因为对于聚合物—表面活性剂复合驱现场乳状液的可借鉴参数极其有限，将大庆油田杏二中试验站现场乳状液的粒径及尺寸分布作为乳状液液滴的主要对比参数，同时，选择了聚合物—表面活性剂复合驱油体系中常用的阴离子表面活性剂石油磺酸盐类 KPS，非离子类表面活性剂 DWS – 3 及甜菜碱类 SD – T 进行对比，聚合物选择抗盐型聚丙烯酰胺 KY – 1，进行了 SP 复合驱中乳状液的形成机制研究。

1. 乳状液室内制备

1）实验药剂及仪器

模拟油采用新疆油田七中区脱水脱气原油，黏度为 66.35 mPa·s，加入航空煤油，配制成黏度为 10.21mPa·s 的模拟油，黏度采用布氏黏度计测定；为了筛选出最优的制备乳状液方法，在该项实验中均使用了相同的阴离子表面活性剂石油磺酸盐 KPS，其有效含量为 30%，浓度采用两相滴定法测定；使用的聚合物为抗盐型聚丙烯酰胺 KY-1，相对分子质量为 1500 万，浓度采用液相色谱法测定；实验用水为模拟注入水，离子含量见表 4-3；实验仪器为 HZS-H 水浴振荡器、DE-100L 实验室高剪切分散乳化机、JMS-50D 分体式变速胶体磨、H2010G 电动搅拌器、CQ250 超声波处理仪、布氏黏度计、恒温箱、烧杯及锥形瓶若干。

表 4-3　新疆油田七中区模拟注入水离子含量及矿化度　　　　　　　　单位：mg/L

HCO_3^-	Cl^-	SO_4^{2-}	Ca^{2+}	Mg^{2+}	K^+ 与 Na^+	矿化度
146.7	103.0	33.76	58.00	8.44	55.30	405.20

在新疆油田七中区进行的聚合物—表面活性剂复合驱试验中，T72248 井采出水为水包油型乳状液，油珠粒径中值为 3~5μm，与常规采出水相比，具有黏度大、乳化程度高、油珠粒径小的特征。复合驱现场中以 O/W 型为主要乳状液类型，因此，室内制备乳状液也以该类型乳状液为研究对象。实验中选用的油水比为 3:7，聚合物浓度为 0.12%，阴离子表面活性剂 KPS 的浓度为 0.5%。此外，大庆油田杏二中试验站复合驱采出液的 O/W 型油水过渡层中检测到含有大量聚集而未聚并的油珠，现场样品油珠粒径主要分布在 1~5μm 的范围内，且小于 5μm 的乳状液占 70% 以上，如图 4-26 和图 4-27 所示。因此实验室内制备的乳状液的最佳直径范围确定为 1~5μm。

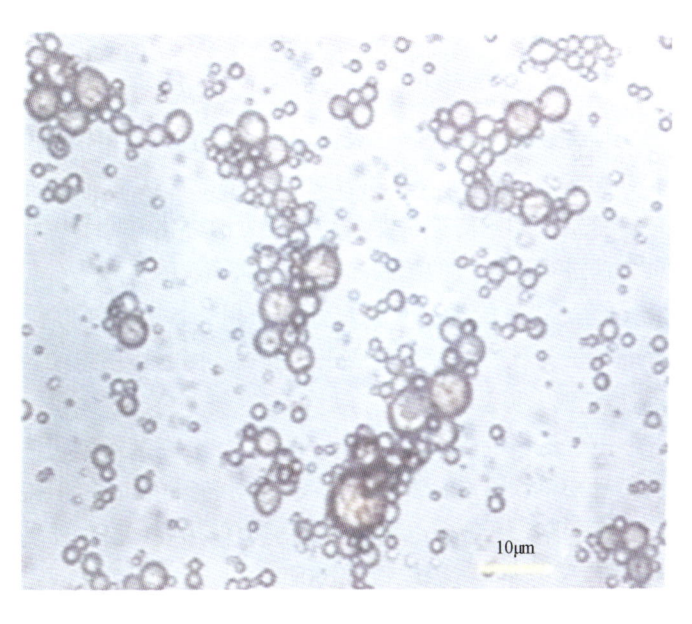

图 4-26　大庆油田杏二中区块化学驱采出液光学显微照片

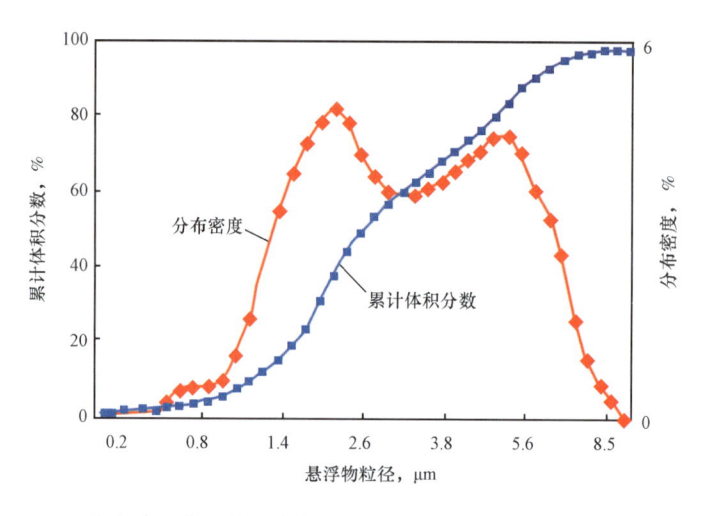

图4-27 大庆油田杏二中区块化学驱采出液中的乳状液粒径分布曲线图

油水混合方式不同可产生乳化效果上的差异，为了对比结果，实验中采用水油一次掺混的方法制备油水乳状液。油水两相的乳化程度与搅拌转速及混合时间密切相关，为搅拌转速与混合时间两者相互耦合的结果。因此，综合考虑了搅拌转速及搅拌时间两大影响因素。在实验中，需确定最佳的搅拌转速及搅拌时间匹配值。分别以不同的搅拌转速将油水混合，测试不同转速及搅拌时间下制备的油水乳状液的黏度及粒径分布。当测出的乳状液粒径参数与现场油水乳状液参数相当时，对应的搅拌转速及时间即为与现场条件相当的室内制备油水乳状液的参数。

2) 乳状液制备方法

通过表面活性剂母液与聚合物母液混合的方式得到聚合物—表面活性剂复合体系，首先将表面活性剂 KPS 溶于模拟水中，表面活性剂浓度为 0.5%，加入搅拌后的聚合物母液（浓度为 0.24%），按 1:1 比例混合后，表面活性剂及聚合物浓度均减小为初始浓度的 1/2，经过电动搅拌器低速混合搅拌后形成聚合物—表面活性剂复合体系溶液。量取油水两相（体积比为 3:7），放置于 40℃ 恒温箱保持 2h，将复合体系溶液一次性加入油中，在烧杯或锥形瓶中进行搅拌或振荡。分别采用水浴振荡器、高剪切分散乳化机、变速胶体磨、电动搅拌器和超声波处理仪 5 种方法进行乳状液的配制。在制备乳状液的过程中保持实验温度为 40℃。外力作用（或剪切）方式与乳状液的类型和稳定性密切相关，增加外力利于提高乳状液稳定性，但这种作用力并非一直与乳状液稳定性成正比关系，因为作用力增大时可能使乳状液发生相转变，并且稳定性规律发生变化。

针对不同设备配制乳状液中的参数进行了优化。胶体磨在制作乳状液过程中有大颗粒存在，油水两相混合后呈黑褐色，混合效果较好，定子与转子的可调间距为 2~50μm，为得到最佳尺寸，定子与转子间距设为 2μm，经实验验证，使用胶体磨均质循环 5 次可得到最佳效果；油水两相在水浴振荡器的振荡转速为 100r/min，为充分混合两相将振荡时间设为 24h；超声波处理器的压电变频能量转换器频率为强等级 40kHz，处理时间为 30min；当高剪切分散乳化机（可用转速为 100~10000r/min）和电动搅拌器（可用转速为 30~1400r/min）的转速小于 400 r/min 时配制的乳状液稳定性差，乳状液很快分层，通过转速与时间的匹配得到最佳的参数组合：高剪切分散乳化机配制乳状液的转速为 3400r/min，采用精密滤网定子，时间设定为 10min 可得到较好的油水乳状液；电动搅拌器配制乳状液的转速为 800r/min，搅拌时间为 10min。

在一系列参数优化条件下，5 种不同配制方式得到乳状液的粒径分布及比例如图 4 - 28 所示，其微观显微图像如图 4 - 29 所示，乳状液累计体积分数如图 4 - 30 所示。

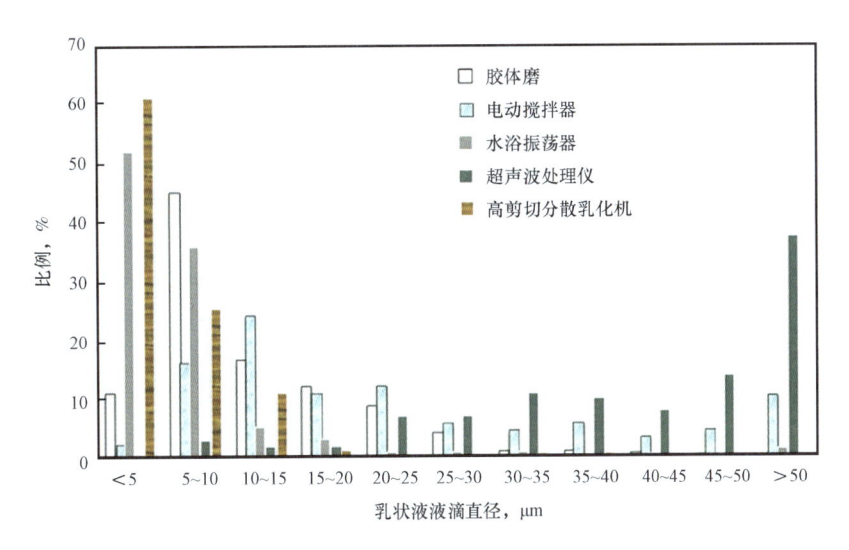

图 4 - 28　五种不同方法制备的乳状液粒径比例分布

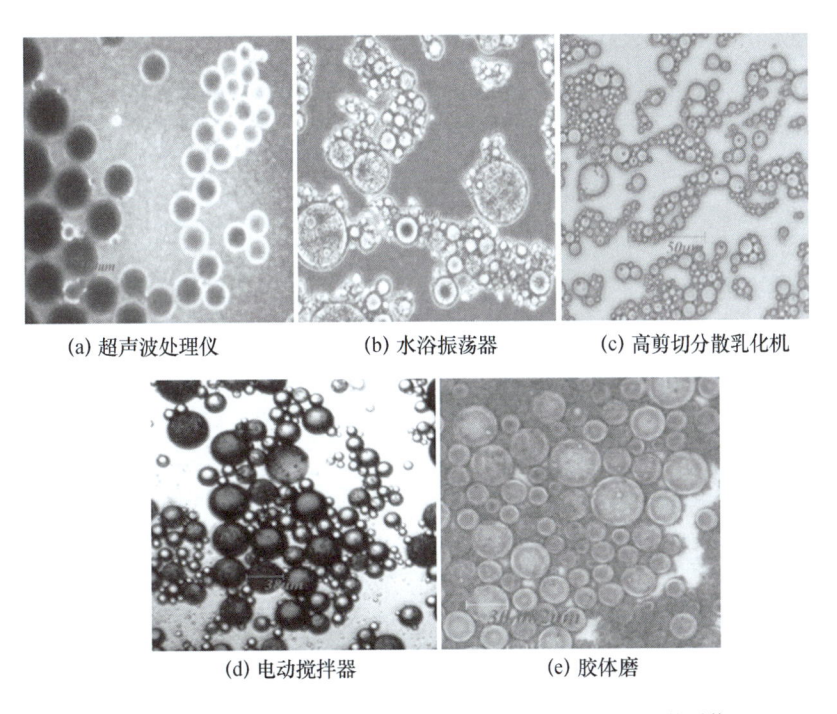

(a) 超声波处理仪　　(b) 水浴振荡器　　(c) 高剪切分散乳化机

(d) 电动搅拌器　　(e) 胶体磨

图 4 - 29　五种制备乳状液方法形成乳状液粒径微观显微图像

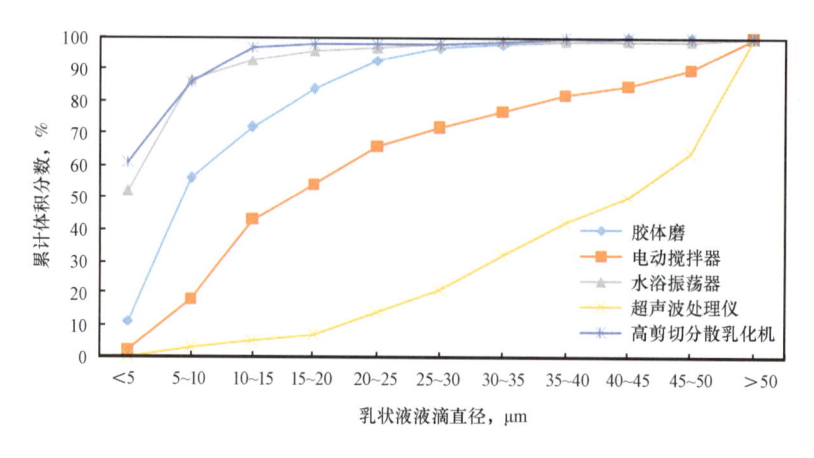

图 4-30 5 种不同方法制备的乳状液累计体积分数

结果表明，高剪切分散乳化机制备的乳状液液滴粒径小于 5μm 的比例占到了 60%，与现场样品接近，同时，液滴粒径基本呈正态分布，说明乳状液体系分散性较好。通过乳状液液滴的微观图像也可以看出，高剪切分散乳化机制备的乳状液平均粒径最小，分选性好。采用传统的析水率分析方法表征不同乳状液的稳定性，析水率 X 为：

$$X = V_n/V_0 \times 100\% \tag{4-7}$$

式中 X——析水率；
  V_n——在 n 时刻观测的下端相的体积，mL；
  V_0——在初始时加入的化学剂组分的体积，mL。

析水率越大，稳定性越差，反之，析水率越小，乳状液稳定性越好。制备乳状液的析水率如图 4-31 所示。乳状液经过 48h 静置后，高剪切分散乳化机的析水率最小为 51%；水浴振荡机、胶体磨及电动搅拌器的析水率分别为 60%、74% 及 76%，超声波处理仪的析水率最大为 88%。高剪切分散乳化机制备的乳状液稳定性最好，其次分别为水浴振荡器、胶体磨、电动搅拌器，超声波处理仪制备的乳状液稳定性最差。

析水率评价乳状液稳定性的结果与乳状液液滴粒径最佳尺寸的比例大小结果一致，搅拌方式及能量密度决定了乳状液的粒径等特性差异。高剪切分散乳化机在进行初步预混合的基础上，通过定子和转子之间的微小间隙对油水相剪切，油水相产生湍流流动，液滴在黏性力及剪切力的作用下分散，能量密度为中等。油水相在水浴振荡器中也会产生湍流及黏性力作用，但能量密度低，并且力作用在容器上，为间接作用力，无疑削弱了水浴振荡器的能量密度，乳化效果差于高剪切分散乳化机。胶体磨利用定子和转子的间距进行剪切，流体不产生湍流，能量密度虽然位于高剪切分散乳化机和水浴振荡器之间，但在乳化过程中，会产生大量泡沫，消耗了部分表面活性剂，降低了胶体磨的乳化能力。电动搅拌器在制备乳状液过程中，也产生湍流流动，但能量密度较低，并且在搅拌过程中混入空气后也会产生泡沫，影响乳化能力。超声波法是借压电晶体或磁致伸缩来产生超声波，在超声波的空化作用下使油水相分散乳化。空化是指液体中形成的小气泡在极短时间内迅速破裂的现象。超声波法需要水作为介质，能量传输到油水相时已经消耗了一部分，会影响乳化效果。同时，超声波处理仪需要适宜的输入能量，否则会有破乳作用，并且从工业层面上说，目前没有大功率的可应用

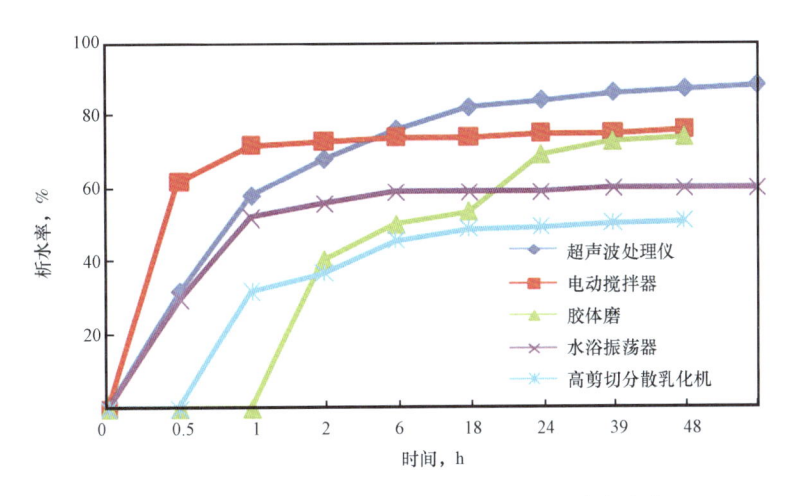

图 4-31 5 种不同方法制备的乳状液析水率变化

于现场的超声波发生器,因此该方法无法生成大量的乳状液。五种不同制备乳状液方式对比见表 4-4。

表 4-4 5 种不同制备乳状液方式对比

类别	电动搅拌器	分散乳化机	胶体磨	水浴振荡器	超声波处理仪
需预混合	否	是	是	否	是
液滴分散力	湍流,黏性	湍流,黏性	黏性	湍流,黏性	空化
操作模式	间歇,连续	间歇,连续	连续	连续	间歇,连续
能量密度	低—中等	中等	中—高等	低	中—高等
连续相限制	黏—不太黏	不太黏	黏—不太黏	黏—不太黏	水溶液
挥发性溶剂	可用	可用	可用	可用	可用
缺点	分散度低;均匀性差;易混入空气	定子和转子间距不能调节;定子外围液体搅动作用有限	循环数次;需要冷却;有气泡生成	通过作用在容器上的间接作用力对油水相混合	以水为介质;需要适宜的输入能量,否则会破乳

2. 乳状液评价方法

为进行乳状液内在机理分析,势必要研究乳状液的微观属性规律的变化。使用荧光生物显微镜(型号:AXIOIMAGER)进行乳状液的微观粒径分析,运用 Image J 软件及 Nano Measurer 1.2 进行图像处理,提取统计目标,对 5 种不同方法制备的乳状液微观结构进行分析。

乳状液的主要分析参数包括液滴最小直径、最大直径、液滴平均直径、分选系数、液滴有效占有率、乳化强度及稳定性综合系数。在乳状液粒度组成累计分布曲线上,测定内上四分位数(75%)与下四分位数(25%)之比,然后对其进行开平方根即可得到分选系数,乳状液滴大小混杂不一,系数越大,分选性不好;如果粒度较相近,则分选性较好,系数较小。在微观分析仪中,液滴有效占有率 S_e 为单位面积溶液中液滴所占有的面积比,其值为小数;乳化强度 E 为乳状液体积与溶液总体积之比;稳定性综合系数 S 是表面活性剂综合乳化性能的量度,由乳化力和乳化稳定性决定,提出用乳化剂综合乳化性能的定量评价方法。

$$S = \sqrt{\frac{V_{油乳}}{V_{油总}}(1-X)} \qquad (4-8)$$

式中 $V_{油乳}$——油水体系中参与乳化的油相体积，mL；

$V_{油总}$——油水体系中的油相总体积，mL；

X——乳状液放置24h后的析水率。

为了既能统计到较大粒径的液滴又不会忽略较小粒径的液滴，计算了液滴平均直径，其计算公式为：

$$d_{32} = \frac{\int_{d_{min}}^{d_{max}} d^3 \left(\frac{\mathrm{d}v}{\mathrm{d}d}\right)\mathrm{d}d}{\int_{d_{min}}^{d_{max}} d^2 \left(\frac{\mathrm{d}N}{\mathrm{d}d}\right)\mathrm{d}d} = \frac{\sum_{i=d_{min}}^{d_{max}} n_i d_i^3}{\sum_{i=d_{min}}^{d_{max}} n_i d_i^2} \qquad (4-9)$$

式中 d_{32}——液滴平均直径，μm；

d_{max}——最大液滴直径，μm；

d_{min}——最小液滴直径，μm；

d——某一固定液滴直径，μm；

N——液滴总个数；

n_i——某一固定液滴直径对应的液滴个数。

根据表4-5分析可知，高剪切分散乳化机制备的乳状液粒径范围最小，并且在液滴的平均直径、液滴平均直径、分选系数、液滴有效占有率、乳化强度、稳定性综合系数等微观及宏观属性上均占优势，因此，高剪切分散乳化机为等效制备乳状液的最优方法。乳状液的微观与宏观属性参数表述规律具有一致性，说明微观参数表征的属性可以反映到宏观的乳化强度及稳定性综合系数中，因此，可使用液滴有效占有率及乳化强度表征乳状液的属性。

表4-5 不同制备方法乳状液粒径属性参数

项目	d_{min} μm	d_{max} μm	d_{av} μm	d_{32} μm	分选系数	液滴有效占有率 S_e	乳化强度 E	稳定性综合系数 S
电动搅拌器	4	121	30.60	48.74	2.05	0.48	0.46	0.22
乳化机	2	38	12.01	24.73	1.62	0.49	0.92	0.61
胶体磨	3	80	15.61	33.27	1.71	0.47	0.57	0.37
水浴振荡器	2	123	11.26	20.08	1.83	0.47	0.69	0.55
超声波	7	200	42.70	61.42	1.89	0.38	0.32	0.19

3. 乳状液流变性分析

乳状液的微观液滴结构及分布对乳状液的流变学性质有重要影响。在乳状液中，液滴主要受油水界面张力及液滴间的相互作用力影响，界面张力是一种可以使液滴保持圆形的力，而体相与分散相、液滴之间的相互作用可以促使液滴变形，所以，乳状液的微观液滴结构决定了其宏观性质。非牛顿乳状液体系的典型特征是高黏度、黏弹性和触变性，乳状液的液滴结构及其变形特征在某种程度上决定了其宏观性质。除了分散相乳状液滴状态(呈分散或絮凝)影响其流变性外,外在因素如乳化剂、热力条件、剪切条件及时间都会改变乳状液的宏观性质。同时,影响其流变性的还有组分的物理及化学性质,所以,乳状液流变性的实验条件性很强,由于实验条件的多样化,导致结论往往具有局限性。因此很难得出一个将所有因素考虑在内的实用性方程。

聚合物(通常指聚丙烯酰胺)溶液为非牛顿流体,并且具有剪切变稀性,流变性符合幂律模式。一般认为,聚合物溶液剪切变稀行为主要是由于在速度梯度的流动场中大分子构象发生变化及分子形变引起的变化。影响聚合物溶液非牛顿黏性的因素主要有摩尔质量、浓度等。聚合物溶液的流变性表现为非牛顿流体特性,剪切速率越高,聚合物的黏度越小,最终达到一个基本的稳态值。

为了分析剪切时间及剪切速率对溶液黏度的影响,对比了聚合物溶液、聚合物—表面活性剂复合驱与油相形成乳状液、表面活性剂溶液与油相形成的乳状液三种流体在不同剪切时间下的黏度规律。乳化机转速为3400r/min,剪切时间为10min。聚合物溶液经乳化机剪切后黏度由557.7mPa·s降为173.7mPa·s,黏度降低68.9%;1%KPS与油相混合后,初始黏度较低为1.40mPa·s,在剪切作用下黏度变化小;聚合物—表面活性剂复合驱溶液与油相混合后,黏度由710.8mPa·s降为50.1mPa·s。随着剪切时间延长,黏度逐渐变小直至达到一个相对稳态值,如图4-32所示。图4-33为不同油水比下聚合物—表面活性剂复合溶液与油相形成乳状液的黏度变化,随着剪切速率增强黏度呈减小趋势。

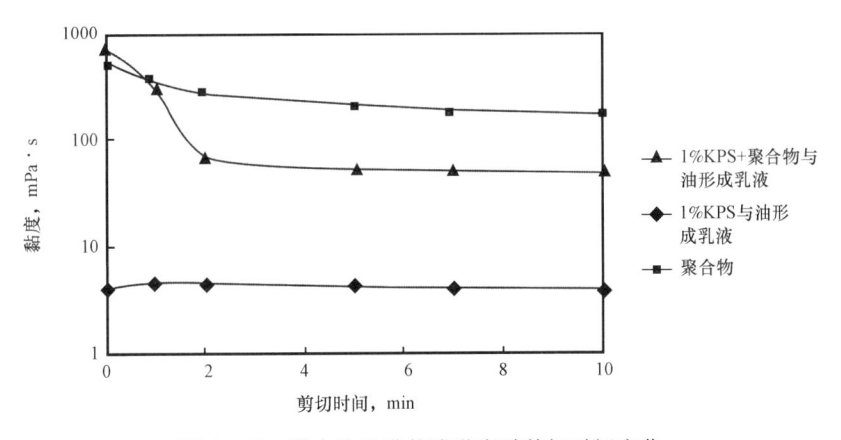

图4-32 聚合物及乳状液黏度随剪切时间变化

为了对比未剪切的聚合物溶液、剪切后的聚合物溶液、聚合物—表面活性剂复合驱中乳状液、表面活性剂溶液与油相形成的乳状液4种不同流体的流变性,使用流变仪对其流变特性进行了测定,结果如图4-34和图4-35所示。4种流体均表现为非牛顿流体特征,乳状液具有剪切变稀性,未剪切聚合物溶液在初始剪切速率下黏度大于另外三种溶液。随着剪切速率增大,4种溶液黏度均减小,当剪切速率大于$100s^{-1}$时,聚合物—表面活性剂复合驱形成乳状液黏度明显大于其余三种溶液的黏度,乳状液滴的存在使乳状液黏度比常规的聚合物溶液黏度大,说明聚合物—表面活性剂溶液中的乳状液液滴可以承受一定的剪切力,使其黏度变化幅度降低,因此聚合物—表面活性剂复合驱过程中乳状液的形成能够降低黏度损失,提高驱油效率。

乳状液滴的絮凝效应及液滴变形为乳状液具有剪切变稀性的主要原因。液滴在随机的变

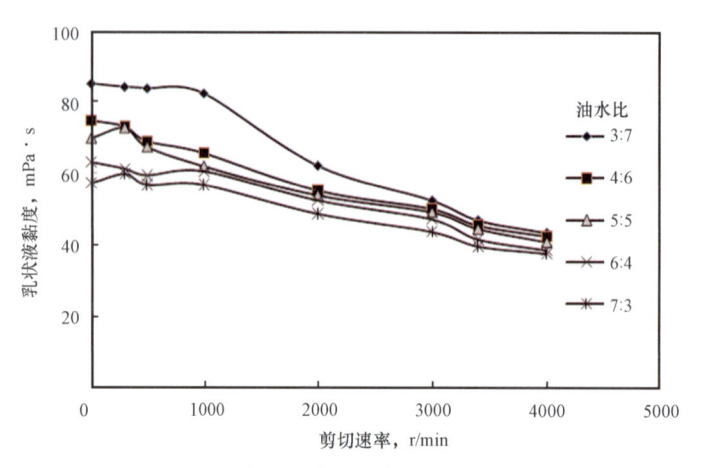

图 4-33 乳化机剪切速率与黏度变化关系

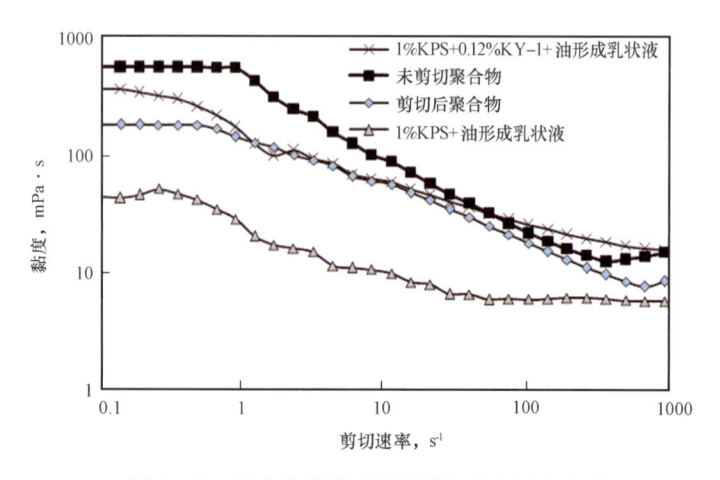

图 4-34 聚合物及乳状液黏度随剪切速率变化

化过程中可以形成絮凝体。被乳化的颗粒状液滴在线形的随机运动中进行叠加，并形成小的液滴聚集体，这种小的聚集集团再次发生碰撞并聚集成较大的液滴聚集体，在多次碰撞下这种聚集体逐渐组合为大的絮凝体。当乳状液滴形成絮凝体时，絮凝体内除了含有一定量的乳状液滴外，内部也含有很大数量的连续相，因此在乳状液体系内，乳状液滴的有效分散相浓度比实际测定的浓度高，图 4-36 为乳状液液滴絮凝堆积微观图像。絮凝体的形态主要依赖于剪切速率。随着剪切速率增加，絮凝体不断地被剪切，因此尺寸变小并释放出被絮凝体包围的部分连续相，结果导致表观黏度降低；随着剪切速率进一步增加，表观黏度会逐渐降低，直到剪切速率达到某种强度，这种状态的剪切速率可以使絮凝体完全分离或破碎成基本的乳状液滴颗粒，所以剪切速率继续增大不影响表观黏度，表观黏度逐渐达到平衡状态。

乳状液的黏度与剪切速率相关，在较低剪切速率下剪切应力与剪切速率呈直线关系，可将黏度视为常数，为牛顿流体特征。以剪切速率 $10s^{-1}$ 为界限，将剪切速率划分为低、高两个区间。根据现场常规乳状液的表观黏度主要分布在 $10 \sim 1000 mPa \cdot s$ 之间，所以现场中乳状液在多孔介质中受到的剪切主要为高速剪切。在不同油水比下聚合物—表面活性剂复合驱与油相形成乳状液的流变曲线及黏度变化规律如图 4-37 和图 4-38 所示。

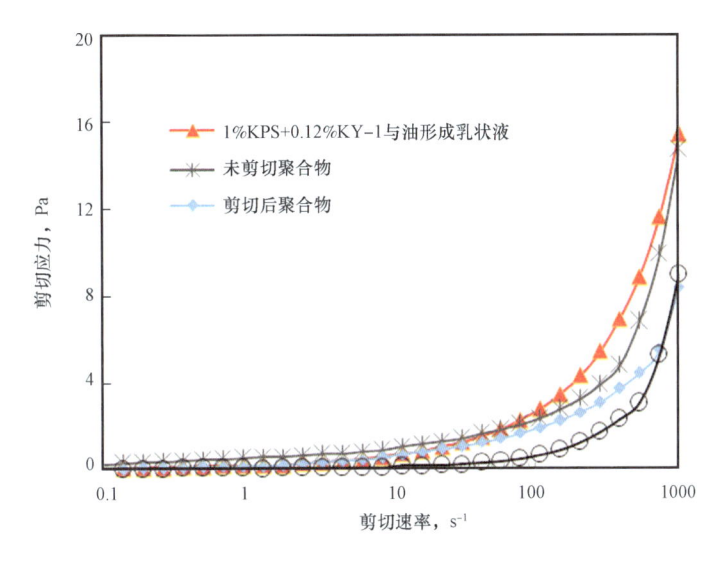

图4-35 聚合物及乳状液流变性

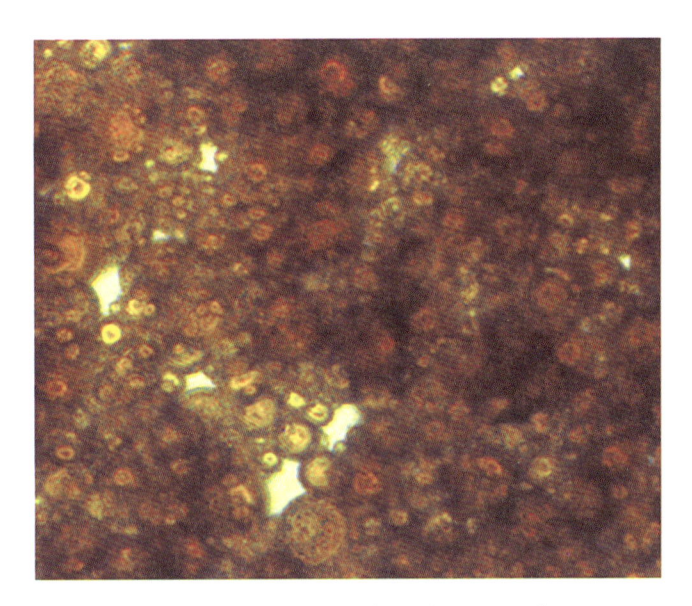

图4-36 乳状液液滴絮凝堆积微观图像

乳状液的液滴数、粒子之间的摩擦碰撞概率及相互间的作用力大小决定了乳状液的流体特性。在含水率较低(或非常高)的条件下,分散相的液滴数不多,液滴之间摩擦碰撞概率小,离子之间的相互作用主要为流体力学的作用力,乳状液为牛顿流体特性;而当含水率变化导致液滴数或密度变大时,摩擦碰撞概率及粒子间的作用力变强,因此乳状液的非牛顿性特征显著。

当油水体积比为5∶5时乳状液黏度达到最大值,乳状液发生转相。对于O/W型乳状液,在油相体积浓度小于转相点时,乳状液黏度随油相体积浓度的增大而增加;随着油相体积增加、水相体积减小,即当含水率的变化使得乳状液液滴的排列密度增大并达到极限值

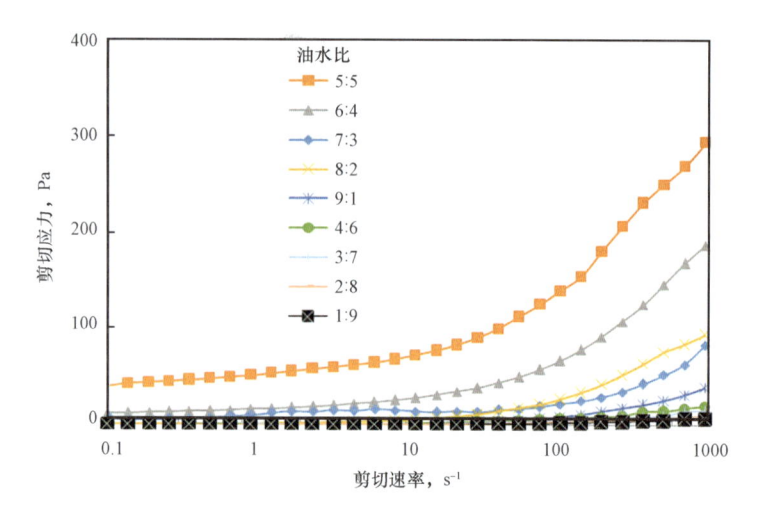

图 4-37 乳状液的流变曲线

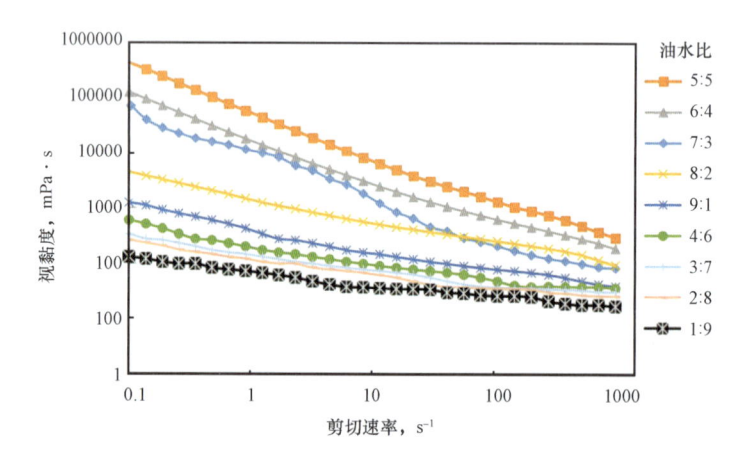

图 4-38 乳状液的黏度变化曲线

时，乳状液滴相互堆积并拥挤在一起，粒子间的相互作用力增强，因此表观黏度迅速增加到最高值。乳状液发生转相后，对于 W/O 型乳状液，在水相体积浓度大于转相点时，黏度随着内相体积浓度的增大而下降。

由于乳状液具有剪切变稀性，在油藏数值模拟研究中可以校正运动方程中的黏度项，相关研究表明，剪切速率及含水率不同时其黏度模型可能有差异。同时，乳状液的动态特征具有不确定性及复现性差的特点，因此，其流变性变得更加复杂。对于聚合物—表面活性剂复合体系驱油形成的乳状液来说，聚合物的浓度决定了水相（外相）的黏度，油相（内相）黏度不变。在相黏度模型中，对乳状液的黏度应进行适当地修正。

在多孔介质中乳状液受到的剪切主要为高速剪切，现场常规乳状液的表观黏度主要在 $10 \sim 1000 \text{mPa} \cdot \text{s}$ 之间。使用流变仪测定不同油水比下乳状液的流变曲线，在图 4-38 中，根据剪切速率与表观黏度的变化规律，限定了剪切速率为大于 10s^{-1}，因此，可以确定不同油水比下的乳状液初始剪切黏度及无限剪切黏度，参数值见表 4-6。采用 Meter 方程计算不同剪切速率下乳状液的黏度：

$$\mu = \mu^{\infty} + \frac{\mu^0 - \mu^{\infty}}{1 + (\gamma/\gamma_{0.5})^{n-1}} \quad (4-10)$$

式中　γ——等效剪切速率，s^{-1}；

$\gamma_{0.5}$——体系黏度降为零剪切黏度一半时的剪切速率，s^{-1}；

μ^{∞}——无限剪切时溶液黏度，$mPa·s$；

n——流体非牛顿性的幂律指数；

μ^0——乳状液的初始剪切黏度，$mPa·s$。

表 4-6　不同油水比下乳状液的流变性参数值

油水比	9:1	8:2	7:3	6:4	5:5	4:6	3:7	2:8	1:9
k'	0.420	1.488	9.132	17.14	5.68	0.434	0.333	0.261	0.217
流体非牛顿性的幂律指数 n	0.636	0.609	0.238	0.301	0.215	0.566	0.543	0.514	0.475
乳状液无限剪切时溶液黏度 μ^{∞}, $mPa·s$	39.2	94.6	83.9	188.0	295.0	36.4	21.0	18.0	12.7
乳状液的初始剪切黏度 μ^0, $mPa·s$	158.0	564.0	838.0	876.0	886.0	99.6	78.8	68.0	37.4

式中的 μ^{∞} 及 μ^0 为常规乳状液条件限制下的黏度值，由流变曲线测定得到。通过对常规油水比下的实验参数进行插值可以得到任何油水比下的流变性参数值。

三、乳状液形成机制

1. 乳状液形成单因素分析

1）表面活性剂浓度

在聚合物—表面活性剂复合驱中，不同表面活性剂浓度及类型下发生的乳化作用有很大的差别。利用新疆油田七中区的配制模拟油进行乳状液形成实验研究，采用实验室高剪切分散乳化机配制聚合物—表面活性剂复合体系乳状液。固定油水比为 3:7，剪切速率为 3400r/min，剪切时间为 10min，分别使用阴离子表面活性剂 KPS、非离子表面活性剂 DWS-3 及甜菜碱 SD-T 进行了乳状液形成实验，采用的浓度等级为 0.2%、0.5%、1%、3% 及 5%，聚合物浓度为 0.12%。油水相初步混合后表观黏度约为 85.2mPa·s，经乳化机剪切后黏度为 47.2 mPa·s。

以阴离子表面活性剂 KPS 为例，分析表面活性剂浓度对乳状液形成微观参数的影响。随着表面活性剂浓度增大，下相 O/W 型乳状液颜色变深，逐渐变为深褐色，乳化强度逐步增大；当 KPS 浓度为 0.2% 和 0.5% 时，形成乳状液以大粒径为主，液滴有效占有率低；随着浓度依次增大为 1%、3% 及 5% 时，乳状液粒径逐步变小，以小粒径液滴为主，液滴有效占有率增大，如图 4-39 所示。因此，表面活性剂浓度增大可使单位面积内的乳状液液滴数量增加，粒径逐步变小，可提高乳化能力。对于三种表面活性剂离子类 KPS、非离子类 DWS-3 及甜菜碱 SD-T，在表面活性剂的浓度达到高浓度 3% 或 5% 时，表征其乳状液属性的参数如稳定性系数、平均直径、分选系数及液滴有效占有率的变化幅度很小，即增加表面活性剂浓度不会无限制地减小乳状液滴粒径，在浓度达到 3% 以上时，乳状液滴的粒径基

(a) 浓度0.2%　　　　　(b) 浓度0.5%　　　　　(c) 浓度1%

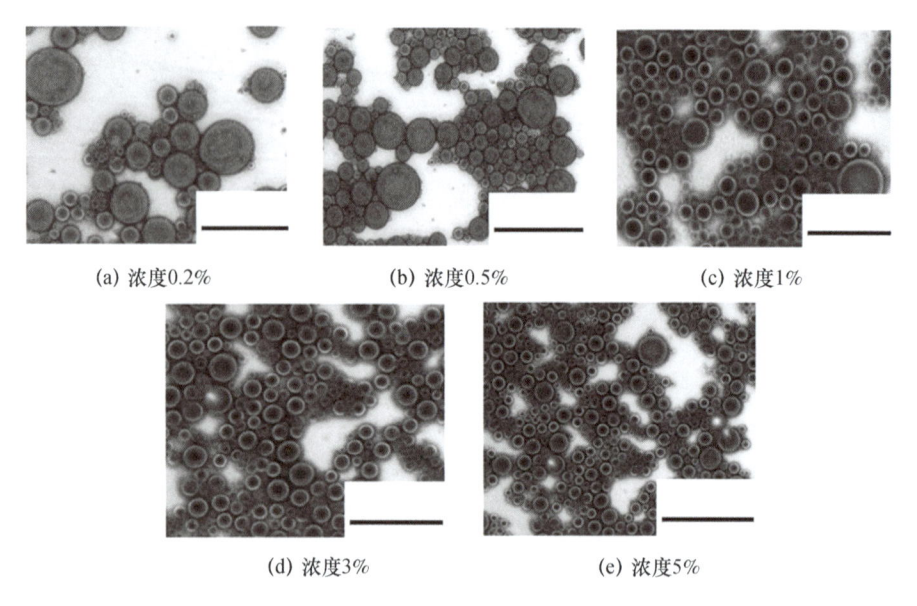

(d) 浓度3%　　　　　(e) 浓度5%

图 4-39　不同浓度的 KPS 形成的乳状液微观图像（聚合物浓度均为 0.12%）

本达到一个稳态值。

不同浓度下形成乳状液的稳定性如图 4-40 所示，低浓度表面活性剂(0.2%时)可以形成乳状液，但乳化能力及稳定性差；表面活性剂浓度增大后乳化能力及稳定性增强。表面活性剂浓度增大可提高体相中的表面活性剂离子浓度，导致油水界面产生高浓度表面活性剂离子，油水乳化界面面积可以在剪切力作用下增大：一方面，大液滴可以破裂形成更小的液滴；另一方面，在剪切力作用下，形成很多新的小粒径液滴。浓度增大使乳状液液滴量增多，并且粒径变小，增强了乳化能力。在稳定性机理上，表面活性剂为低浓度时乳状液中存在少量的大尺寸液滴，表面活性剂为高浓度时乳状液中存在大量的小尺寸液滴，这种微观的液滴聚并直接导致破乳时间的区别，宏观上表现为稳定性的差异。

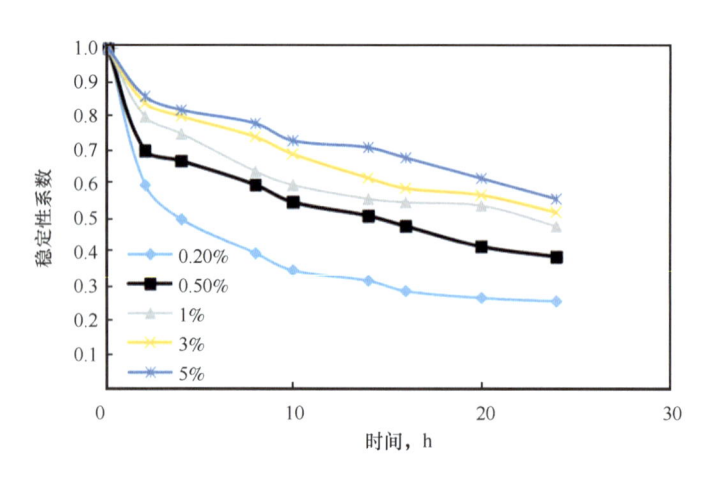

图 4-40　不同浓度的 KPS 条件下乳状液稳定性系数

2）表面活性剂浓度

为了对比阴离子表面活性剂 KPS、非离子表面活性剂 DWS-3 及甜菜碱 SD-T 的乳化性能差异，分析了不同表面活性剂形成乳状液液滴的平均直径、稳定系数、液滴有效占有率、分选系数等参数，如图 4-41 至图 4-44 所示。结果表明，三种表面活性剂乳化性能存在差异，在高浓度下 DWS-3 乳化性能最好，乳化强度达到 0.7，几乎无自由水；KPS 乳化性能介于 DWS-3 及 SD-T 之间。在相同浓度下，DWS-3 乳化性能最好，KPS 中等，SD-T 较差。乳状液的乳化能力与表面活性剂浓度及类型密切相关，不同类型的表面活性剂乳化能力会存在较大差异。

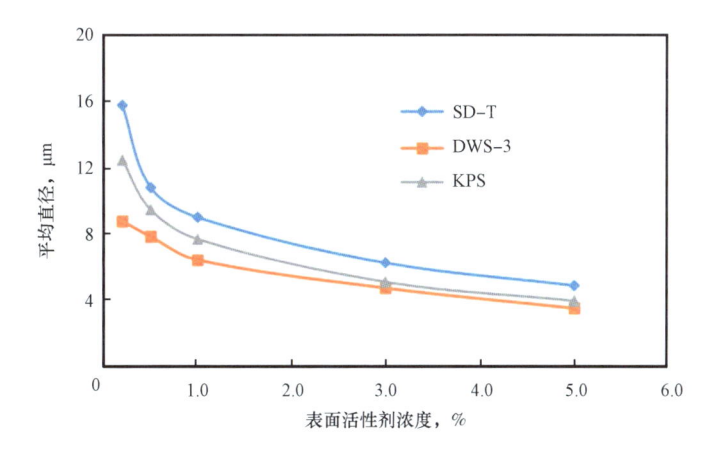

图 4-41　不同浓度下三种表面活性剂形成乳状液液滴平均直径对比

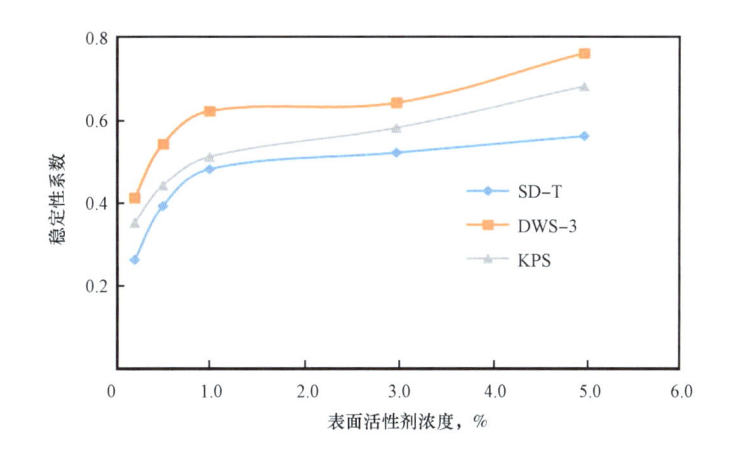

图 4-42　不同浓度下三种表面活性剂形成乳状液液滴稳定性系数对比

在使用乳化机制备乳状液时，制备条件为剪切时间 10min，剪切速率 3400r/min。在使用同一种油相及实验选定的表面活性剂浓度梯度下，对于三种类型的表面活性剂来说，DWS-3 浓度大于 0.1%、KPS 浓度大于 0.2%、SD-T 浓度大于 0.3% 时可形成乳状液。经实验测定 KPS 的平均当量为 450，石油磺酸盐为多组分组成的混合物，组分间存在着协同效应，利于界面张力的降低。DWS-3 及 SD-T 类表面活性剂的分子结构更加复杂，因此，表面活性剂的相对分子质量、结构等因素均导致乳化效果的差异。

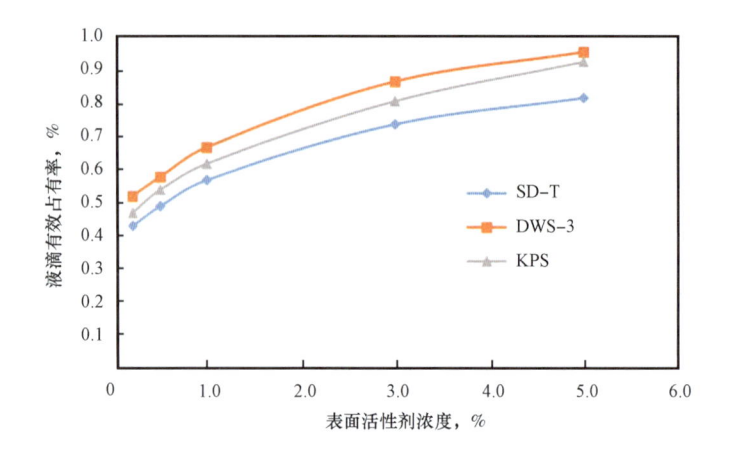

图4-43 不同浓度下三种表面活性剂形成乳状液液滴有效占有率对比

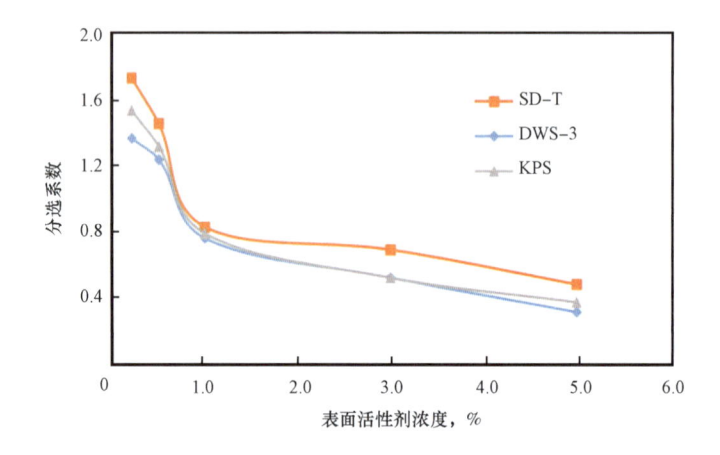

图4-44 不同浓度下三种表面活性剂形成乳状液液滴分选系数对比

3）界面张力

为了得到不同数量级的界面张力，对阴离子表面活性剂、非离子表面活性剂、甜菜碱及复配表面活性剂下的界面张力变化规律进行研究，采用TX-500旋转液滴型界面张力仪进行了实验测定，不同类型及浓度下的界面张力如图4-25至图4-29所示。

分析表明对于不同的表面活性剂类型，界面张力随着浓度的变化规律与其临界胶束浓度有关。对甜菜碱与非离子类表面活性剂，随着表面活性剂浓度逐渐增大，界面张力均缓慢降低，直至达到临界胶束浓度后界面张力上升；阴离子表面活性剂KPS及其与非离子表面活性剂DWS-3复配后，随着浓度增大，界面张力先降低然后再缓慢上升。KPS为混合表面活性剂，随着浓度增大，油溶及水溶部分的浓度均增加，界面张力降低；当KPS与非离子表面活性剂复配后，界面张力下降幅度大，可达10^{-4}mN/m，表面活性剂复配可以显著降低界面张力，非离子表面活性剂DWS-3与阴离子表面活性剂KPS复配后，可以增加石油磺酸盐的活性及溶解能力。复配能产生比仅用单一表面活性剂时更低的界面张力，并且非离子表面活性剂可改善石油磺酸盐的耐盐能力。相关研究表明，动态界面张力的最低值对驱油效率有一定影响，但稳态值对驱油体系是否可获得较高采收率起主要作用。

采用浓度为1%时的不同类型表面活性剂SD-T、KPS、DWS-3及DWS-3与KPS复配，

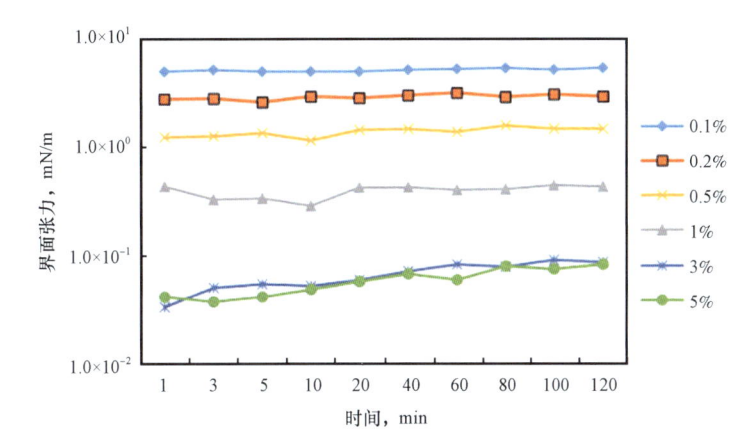

图 4-45 新疆阴离子表面活性剂 KPS 界面张力与浓度关系

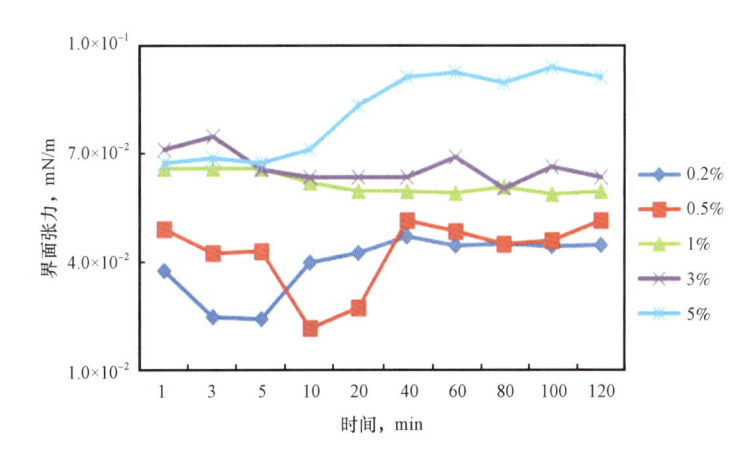

图 4-46 甜菜碱(SD-T)界面张力与浓度关系

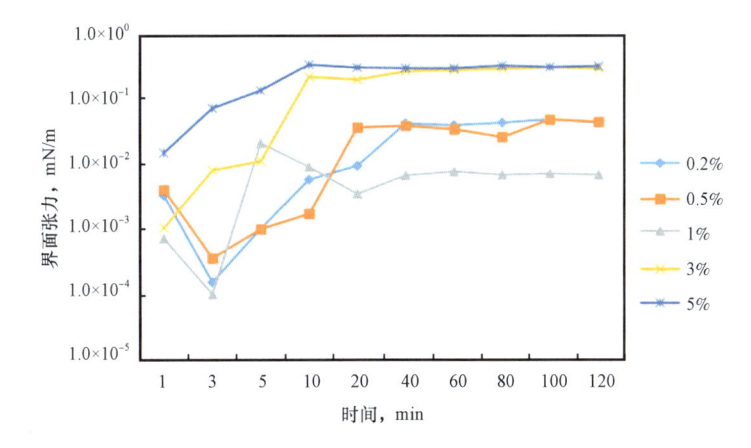

图 4-47 非离子表面活性剂 DWS-3 界面张力与浓度关系

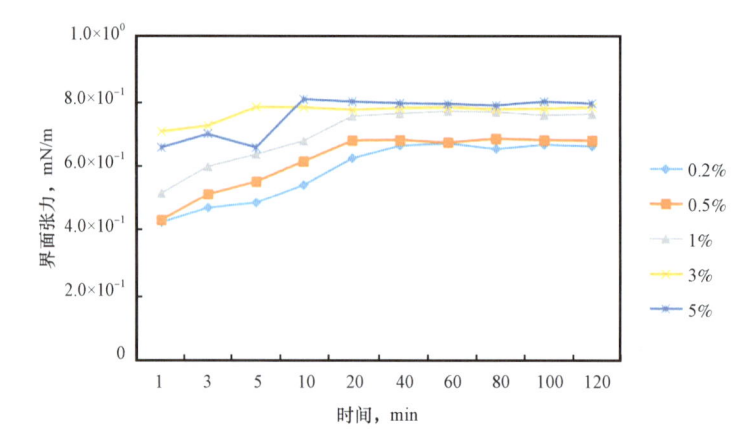

图 4-48　非离子表面活性剂 HD-7397 界面张力与浓度关系

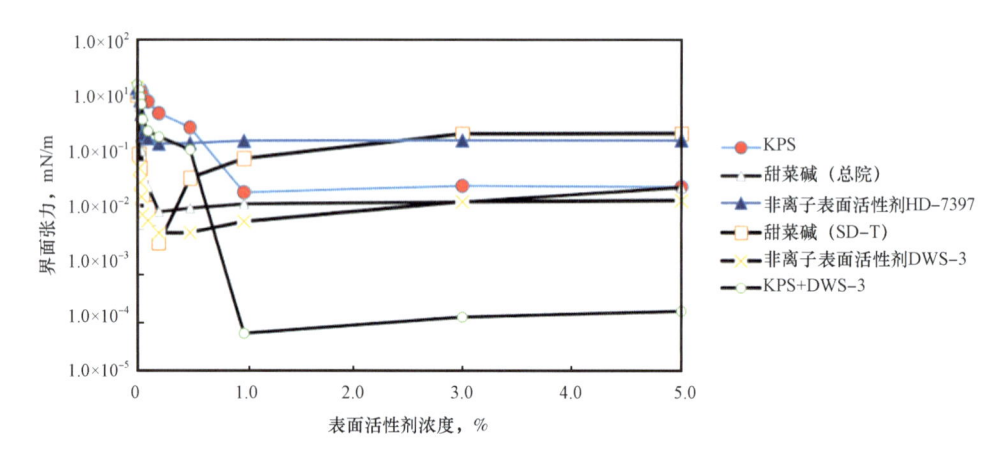

图 4-49　不同表面活性剂浓度与界面张力变化关系

其界面张力分别为 3.21×10^{-1} mN/m、4.26×10^{-2} mN/m、1.5×10^{-3} mN/m 及 1.33×10^{-4} mN/m，使用乳化机进行乳状液制备，油水比为 3∶7。在 4 个等级的界面张力下，对制备的乳状液粒径进行分析发现，界面张力主要影响形成油滴颗粒的粒径大小，粒径如图 4-50 所示。表面活性剂的界面张力决定乳化启动时的液滴粒径，界面张力越小，越利于形成粒径小的乳状液。

在乳状液形成中，为了验证是否只有在超低（或低）界面张力下才能形成乳状液，在未加入表面活性剂的条件下，使用乳化机进行了聚合物溶液与油相的乳状液制备。在聚合物浓度 0.12% KY-1 及油（油水体积比为 3∶7）相的条件下，使用乳化机剪切 10min，速率 3400r/min，得到聚合物与油相形成的乳状液，油相与聚合物溶液的界面张力如图 4-51 所示，界面张力在 15~20mN/m 之间。乳状液滴微观分布如图 4-52 所示，乳状液滴直径变化大，分选系数大，乳状液的稳定综合系数为 0.42。

在油相中存在降低界面张力的表面活性剂（或天然表面活性剂）时，当剪切作用力达到一定的剪切程度时油相可以被分散为液滴，油相中的天然表面活性剂也有助于界面张力降低，由于聚合物分子链利于乳状液液滴的稳定，因此，在界面张力为 15mN/m 左右时也形

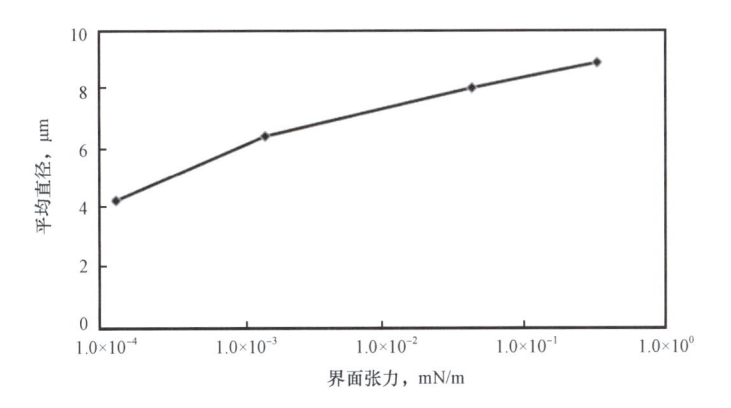

图 4-50　不同界面张力下形成乳状液平均粒径大小

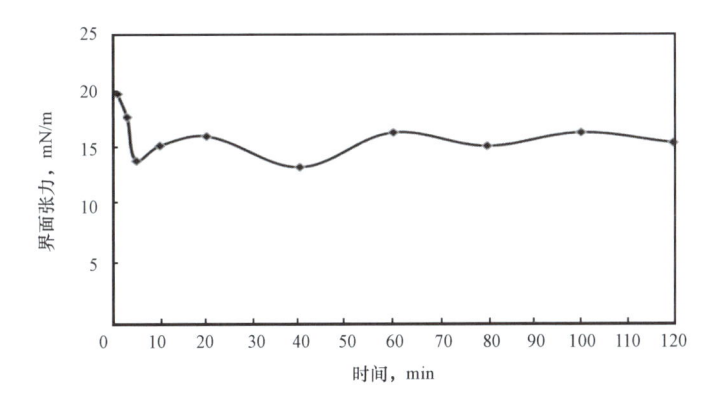

图 4-51　聚合物和模拟油界面张力变化

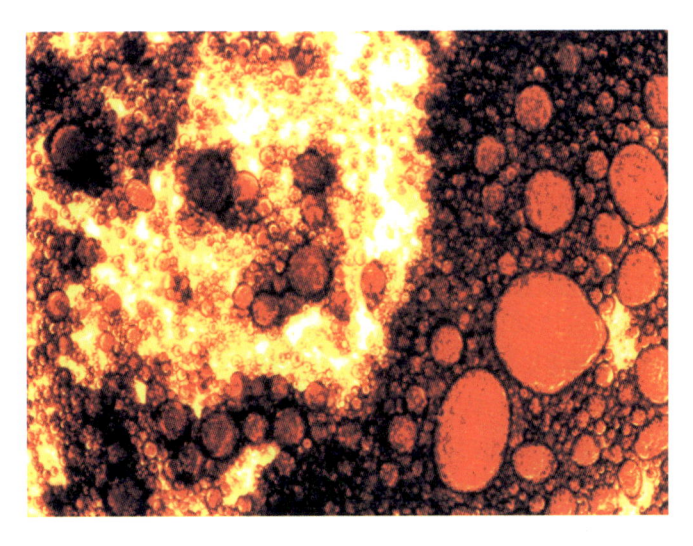

图 4-52　聚合物与油相形成乳状液微观图

成乳状液，只是形成的乳状液滴粒径大小不一，分选性差。实验证明了超低（或低）界面张力不是形成乳状液的必要条件，剪切作用是乳状液形成的一个重要因素。

4）油水比

油水比主要影响形成乳状液的类型，为了确定油水比与乳状液类型关系，进行了不同油水比下的乳状液制备实验。使用新疆油田模拟油，固定油水总液量200mL，按照油水比3∶7、4∶6、5∶5、6∶4、7∶3的比例，将聚合物—表面活性剂复合溶液（0.12%聚丙烯酰胺溶液+0.5% KPS）一次性加入油相中。使用乳化机制备乳状液，搅拌时间为10min，搅拌转速为3400r/min。使用稀释法及染色法测试不同油水比条件下聚合物—表面活性剂复合体系与原油形成乳状液的类型。

当油水比小于或等于5∶5时，形成的乳状液为O/W型；油水比为6∶4和7∶3时乳状液为W/O型，不同类型乳状液如图4-53所示。对于含水率在乳状液形成类型中的影响，目前已经基本形成共识，即一般在含水率较低时，形成W/O型乳状液；当乳状液含水率增加到某一值时，乳状液通常会转型为O/W型乳状液，习惯上称乳状液转型时的含水率为转型点或临界含水率。影响临界含水率的因素复杂多样，主要与油相组分、表面活性剂的性质、水相性质等因素相关，临界含水率的变化规律需要做深入的实验分析。

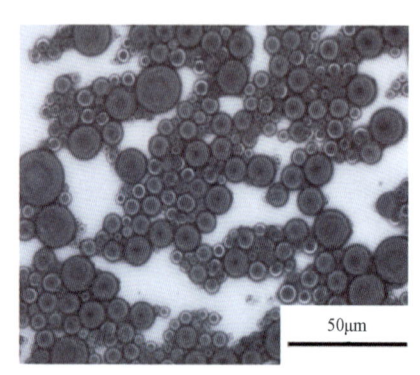

(a) 油水比5:5时形成的O/W型乳状液 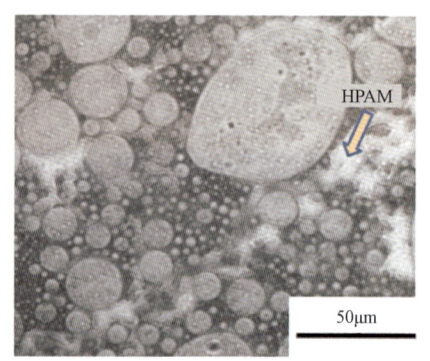　　(b) 油水比6:4时形成的W/O型乳状液

图4-53　不同油水比时形成的乳状液

在地层多孔介质中，由于聚合物—表面活性剂复合体系刚刚注入，油相所占比例很小，表面活性剂浓度较高，在低油水比下形成的乳状液为O/W型，部分残余油被启动。乳化油滴被后续流体携带继续向孔喉中推进运移，驱动前缘逐渐形成"油墙"，油相比例会逐渐增加，当地层运移条件达到转相要求时，乳状液可能发生转相，转相后的W/O型乳状液黏度会增大，部分孔隙喉道会被堵塞，注入的复合体系及流体或绕过堵塞喉道，并进入到较小阻力的喉道，因此增大波及体积。在含水率为50%~75%的范围内，许多乳状液体系可发生O/W型乳状液向W/O型乳状液的转型，但室内研究表明，含水率增加导致的转型并不是必然的。因此，在实际研究中必须通过实验确定乳状液的转型点对应的含水率。

5）聚合物

实验中所使用的聚合物为KY-1，浓度为0.12%。在40℃温度条件放置不同时间后测定其黏度变化规律，如图4-54所示。聚合物的浓度与黏度关系如图4-55所示。经过50天后聚合物溶液黏度减小13.67%，黏度变化率较小，该类聚合物老化特性符合应用要求。

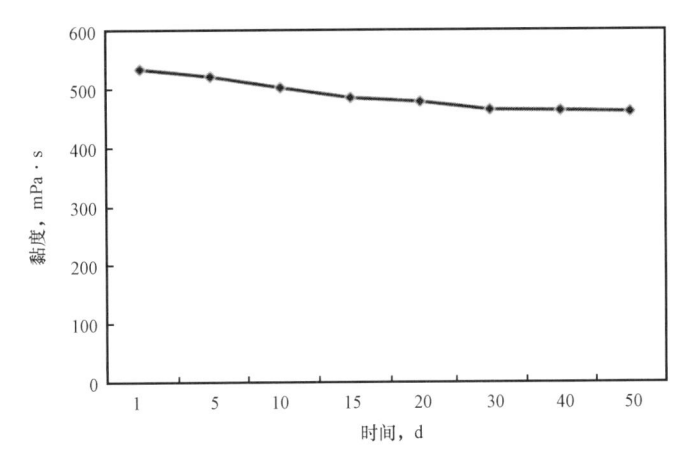

图 4 – 54 聚合物的黏度随时间的变化规律

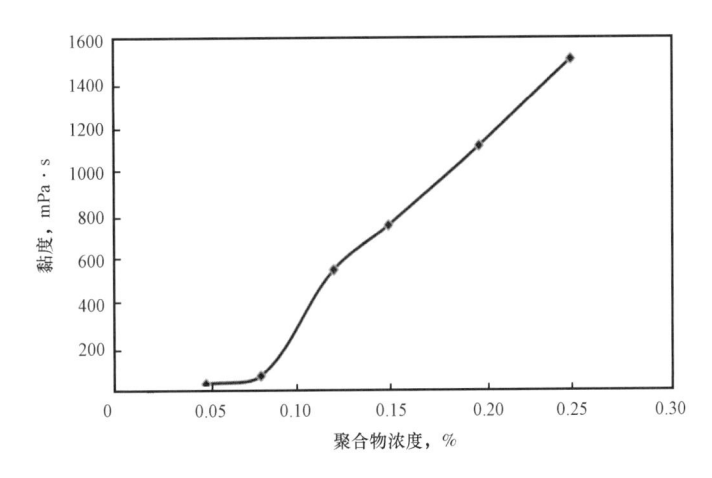

图 4 – 55 聚合物的浓度与黏度变化规律

在进行聚合物—表面活性剂复合驱乳状液的配制时，只是进行初步的混掺，在未施加剪切力的条件下发现油相与水相界面处存在一层液滴，液滴呈现半圆形，如图 4 – 56 所示。分析其形成原因，可能是由于聚合物溶液增加了界面膜的强度，具有稳定液滴的能力。由于聚合物能增加界面膜的强度，使得乳状液不易聚并破乳。聚合物相对分子质量越大，分子链越长，发生相互缠绕的概率越大。若减小液滴尺寸，那么需要的剪切力会更大，只有大剪切力才能克服聚合物的大分子链，或者将其剪切为小的分子链。对于水溶性聚合物来说，其在水溶液中具有较好的溶解度，因此，溶解了聚合物的水相易成为连续相，而油相变为分散相，易形成 O/W 型乳状液。

在多孔介质的剪切作用下，两相黏度比(分散相与连续相)与乳状液稳定性有密切联系。对于 O/W 型乳状液，水相黏度会由于聚合物的加入而增大，有助于形成 O/W 型乳状液，聚合物分子经剪切后与液滴微观分布如图 4 – 57 所示。对于 W/O 型乳状液，聚合物可以增大水相黏度进而使水相稳定性升高，水滴不易被剪切及打散，所以会阻碍形成乳状液。Stokes 原理分析表明，油滴粒径、油水相密度差及水相黏度为影响油滴上浮速率的主要因素。油滴粒径及油水相密度差越大，水相黏度越小，油滴上升速度越大，而聚合物可以使水

图 4-56 油水两相界面处油滴形状图像

相黏度增加，减小乳状液滴的上浮速度，使乳状液稳定性增强，因此，在聚合物驱和复合驱现场的采出液中乳化样品稳定性好。

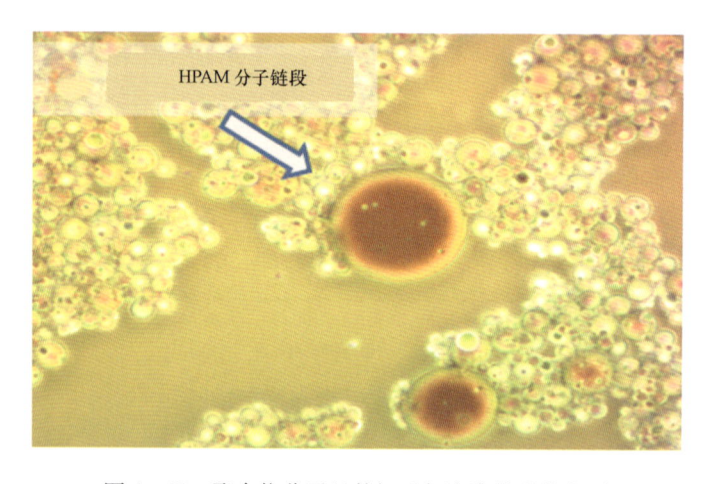

图 4-57 聚合物分子经剪切后与液滴微观分布图

在微观聚合物分子形态分析上，表面活性剂的加入会影响聚合物分子的流体力学直径。在聚合物—表面活性剂复合驱溶液中，聚合物大分子本身若呈现为伸展状态，这些大分子极易发生相互缠绕，并且分子链间存在一些静电斥力，这些斥力也会使分子链呈现舒展状态，多种作用力会导致分子长链发生接触，并且发生互相缠绕，因此，在聚合物溶液内便产生了多层立体网状结构，这种结构含有不同尺寸的孔洞，并且孔洞密度是很大的。网状结构既有支撑作用，又吸附和包裹大量水分子产生形变阻力，显示出聚合物溶液良好的增黏能力。而磺酸盐类表面活性剂加入聚合物溶液中后，电离出的阴离子型疏水基团和 Na^+ 会压缩聚合物分子线团，使得聚合物分子形态的空间骨架变得稀疏；同时，由于聚合物的大分子链与疏水基之间存在着一定的排斥力，导致分子链呈现为舒展状态，增大了分子间热运动，因此也会增加分子流体力学直径。

6）温度及矿化度

不同温度 40℃、50℃、60℃、70℃ 和 80℃ 条件下制备乳状液，如图 4-58 所示。结果

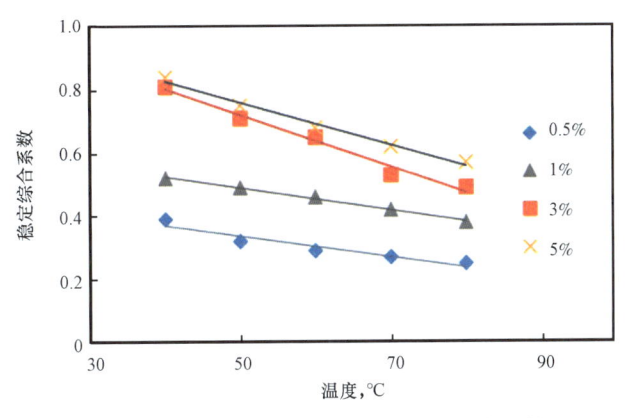

图4-58 不同温度下的乳状液稳定综合系数

表明，温度主要影响乳状液的稳定性，温度升高不利于乳状液的稳定。在较高的温度条件下，油相中含有的天然乳化剂会增加其溶解度，在界面上的吸附量会因此而减小，表面活性剂分子在界面上的热运动增强，使分子排列更加不规则，导致界面膜强度减小，液滴易发生聚并；同时，在较高的温度条件下，分子间内聚力会被减小，强化了分散水滴的热运动，会增加聚结概率；高温度会减小油相的黏度和油水界面黏度，使油水密度差升高，水滴容易聚结，稳定性变差。因此，温度升高，界面膜强度减弱，内聚力降低，油水密度差增大，利于液滴的聚并，乳状液稳定性变差。

为分析矿化度对乳状液形成作用，使用去离子水及矿化度分别为1000mg/L、5000mg/L、10000mg/L和100000mg/L的溶液配制乳状液。当浓度达到10000mg/L时，部分乳状液开始发生破乳，浓度增加到100000mg/L时破乳严重，如图4-59所示，即高矿化度不利于乳状液的形成。当溶液矿化度增大后，其无机电解质离子增多，会破坏油水界面上吸附的表面活性剂分子，进而破坏油水界面，导致破乳。

2. 乳状液形成多因素综合分析

为分析乳化强度指标及稳定性综合系数的主要影响因素，在不同的因素及水平下使用正交实验分析方法进行实验结果分析。使用6因素5水平（$L_{25}5^6$）分析方法，根据极差及因素效应曲线变化，影响乳状液乳化强度由主到次的顺序为：剪切速率＞表面活性剂浓度＞界面张力＞温度＞油水比＞矿化度。同时，建立4因素3水平（$L_9 3^4$）正交实验，对剪切速率、聚合物浓度、表面活性剂浓度及界面张力影响乳状液稳定性综合系数分析，根据极差及因素效应曲线变化，影响乳状液稳定性的主次顺序为：剪切速率＞聚合物浓度＞表面活性剂浓度＞界面张力。

对多因素进行综合分析，在考虑表面活性剂成本条件下制备乳化强度及稳定性最优的方案为：在低矿化度及40℃条件下，根据固定油水比，使用乳化机制备乳状液，转速为3400r/min，搅拌时间为10min，表面活性剂浓度为1%，聚合物浓度为0.12%，界面张力为10^{-3}mN/m数量级。

影响乳状液形成的主要因素有油相、水相中表面活性物质及剪切作用三大主要因素。油相组分因油田区域不同而差异很大。大量的研究表明，原油中的沥青质、胶质、蜡等界面活性组分，由于这些组分可以吸附在油水界面上，因为沥青质及胶质为大分子有机化合物，含

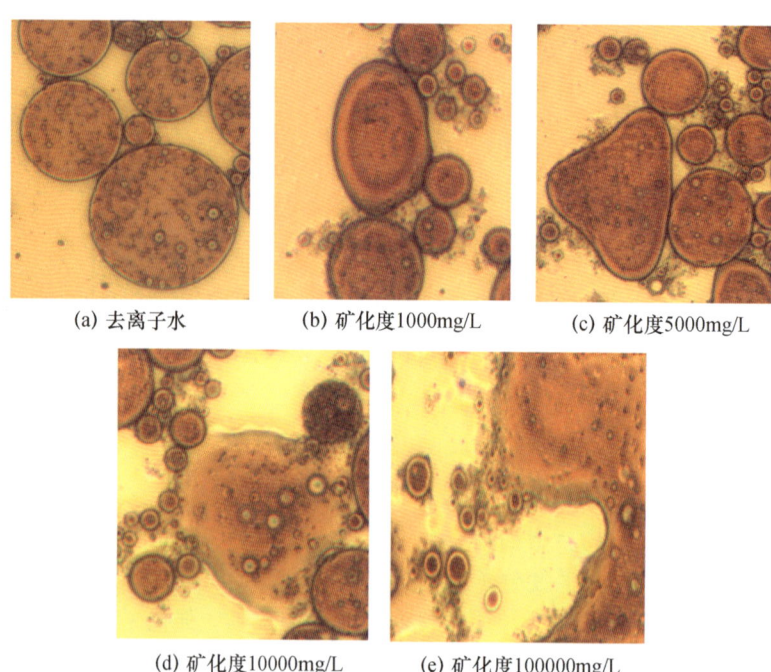

(a) 去离子水　　(b) 矿化度1000mg/L　　(c) 矿化度5000mg/L

(d) 矿化度10000mg/L　　(e) 矿化度100000mg/L

图4-59　不同矿化度条件下乳状液破乳情况

有多种极性基团，在油水界面上具有较强的界面活性，同时能增大界面膜机械强度，促进油水乳化现象的发生并使乳状液稳定性增强。沥青质作为天然乳化剂，无论是以分子状态、缔合体还是以微粒状态存在，都可以参与乳化，对乳化起关键作用。胶质组分的乳化作用仅次于沥青质，胶质在原油中的含量较多，极性较弱，形成的界面膜强度也较弱，所形成的乳状液稳定性也较弱。原油的蜡组分中还含有脂肪酸、脂肪醇、脂肪胺等极性化合物，具有界面活性。在较低温度下，具有较高熔点的蜡组分在油相中可形成蜡晶，吸附到油水界面，阻止水滴的聚并，增加乳状液的稳定性。

表面活性剂分子类别决定了其在油水界面的分配系数，导致不同种类的表面活性剂在乳化效果上的差异。表面活性剂与油相接触后，表面活性剂的相对分子质量、分子结构直接影响表面活性剂分子本身在油水中的分配比及分配损失。相对分子质量越大，其在油水间的分配比及分配损失也越大。在相同相对分子质量下，直链结构的表面活性剂分配损失要高于支链结构。同时，油相组成及性质也影响表面活性剂的分配损失，例如，对于烷基苯磺酸盐，当其分别接触环烷烃、正构烷烃、芳香烃后，表面活性剂分子的分配损失顺序为：芳香烃＞环烷烃＞正构烷烃。此外，表面活性剂的分配损失与水相性质及油水比因素相关性较大，含盐度增大会导致表面活性剂的分配损失升高，较大的油水比会使得表面活性剂的分配损失变大。综上所述，表面活性剂类型、相对分子质量、结构、油相组成、水相盐度等因素均导致了乳化效果的差异。

四、乳状液渗流规律

油藏储层内多孔介质的孔喉尺寸及分布影响聚合物—表面活性剂复合驱体系与油相的乳状液形成及渗流规律。以中等渗透率岩心（渗透率主要为200～500mD）为研究对象，在分析储层孔喉结构及乳状液微观驱油机理的基础上,结合室内物理模拟进行乳状液形成规律研究,从微观和宏观两方面分别模拟了聚合物—表面活性剂复合体系在多孔介质中的形成乳状液及渗流过程,并对聚合物—表面活性剂复合体系及其乳状液驱油过程进行了对比分析,深化了聚合物—表面活性剂复合驱油机理中乳状液的渗流规律研究。

1. 乳状液微观驱油机理分析

1) 储层孔喉结构

岩心孔隙喉道大小及分布直接决定渗透率值及乳状液的渗流情况。孔喉结构是针对储层多孔介质为研究对象,包括孔隙和喉道尺寸及其形状与分布,同时也包括相互连通与孔喉间的配置情况。储集空间可分为孔隙和喉道两个基本单元,孔隙可分为三种类型:(1)超毛细管孔隙。当直径大于 $500\mu m$ 并且裂缝宽度大于 $250\mu m$ 时可称为超毛细管孔隙。在该类孔喉中的流体流动服从水力学规律。例如岩石中的大裂缝、溶洞等均为此类型。(2)毛细管孔隙。当直径在 $0.2 \sim 500\mu m$ 之间,并且其中的裂缝宽度尺寸为 $0.1 \sim 250\mu m$ 时的孔隙为毛细管孔隙。流体无法在内部发生自由流动,常见类型为微裂缝及常规砂岩。(3)微毛细管孔隙。微毛细管孔隙的直径小于 $0.2\mu m$,并且具有宽度小于 $0.1\mu m$ 的裂缝,常见的黏土及致密页岩均属于此种类型。

在进行复合驱的试验研究中,由于储层已经进行了长时间的水驱过程,地层中的孔隙主要属于毛细管孔隙,地层中的特殊大孔道基本上属于超毛细管孔隙,具有直径大于 $500\mu m$ 并且裂缝宽度大于 $250\mu m$ 的特征。喉道或主流喉道决定了流体在其中的渗流能力,影响喉道渗流能力的因素有喉道形态、尺寸、连通情况等,如图 4-60 所示。

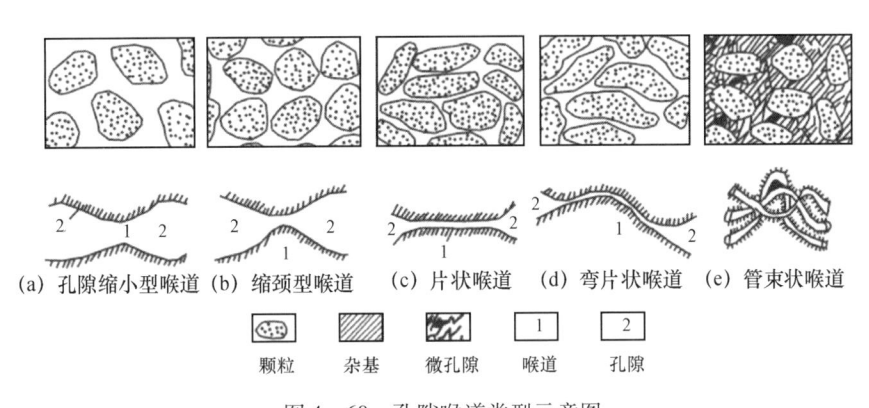

(a) 孔隙缩小型喉道 (b) 缩颈型喉道 (c) 片状喉道 (d) 弯片状喉道 (e) 管束状喉道

颗粒　杂基　微孔隙　喉道　孔隙

图 4-60 孔隙喉道类型示意图

在孔喉尺寸分类标准中,代表性强的为罗蛰谭教授建立的相关分类标准。该标准以砂岩油气层近千块岩样数据为研究对象,基于对毛细管压力特征的对比分析及对孔隙铸体薄片特征的详细描述,具有较强的科学性。依据毛细管压力特征将砂岩储层分为 4 类,见表 4-7。大到中等喉道的主要孔喉半径为 $7.5\mu m$,细喉道的最大连通孔喉半径为 $1 \sim 7.5\mu m$。图 4-61 至图 4-63 为大庆油田某储层不同井位中岩心的孔喉分区间及渗透率贡献曲线,渗透率在 $200 \sim 500mD$ 之间,孔喉主要分布在 $0.016 \sim 16\mu m$ 之间,直径为 $4 \sim 10\mu m$ 的孔喉对渗透率的贡献可以达到 $60\% \sim 80\%$。$0.016 \sim 1.6\mu m$ 直径的孔喉分布频率在 45% 左右,有的岩心分布频率可以高达 73% 左右,虽然该类孔喉的分布频率不低,但是该类小孔喉几乎对渗透率没有贡献,因此,大于 $1.6\mu m$ 直径的孔喉在流体渗流中起着关键作用。

表4-7 以孔喉结构为主的碎屑岩储层综合分类评价

评价	主要孔隙类型	基质	胶结物	孔喉半径 μm	支撑类型	毛细管特征	粒度	Φ %	K mD	其他
Ⅰ类：好到非常好储集岩	原生粒间孔隙或次生溶孔（孔隙部较大）	少量	少量	主要孔喉半径7.5（大到中等喉道）	颗粒支撑，部分基质支撑	曲线粗歪度，分选好，饱和度压力中值<1.5MPa，排驱压力低	细—中粒	>20	>100	分选好；束缚水<3.0%
Ⅱ类：中等储集岩	基质内微孔隙；胶结物未充填孔隙及胶结物晶间孔；一定量自生矿物晶间孔及溶蚀孔隙（中、小孔隙）	增多	多泥质	最大连通孔喉半径1~7.5（细喉道）	基质支撑，也有颗粒支撑	曲线歪度略粗，分选好—差，饱和度中值压力为3.0MPa左右	粉砂—细粒	12~20	1~100	分选差到好，储渗能力中等，单井产能1~100t/d
Ⅲ类：差储集岩	基质内微孔隙或晶体间；再生长孔隙：很少的粒间孔和溶蚀孔（孔隙很小）	很多	很多（或基质、胶结物石英次生加大，十分发育）	最大连通孔喉半径0.68~1.07（孔与喉均很小，难以区分）	基质支撑或基底结充填或基底式胶结	饱和压力中值6.0~9.0MPa	细—粉砂	7~11	0.1~1	储渗能力很差，若原油黏度高，不具自然产能，高压压裂酸化，埋深大，相带不利，应注意裂缝，收缩孔等
Ⅳ类：非储集岩	基质内晶间孔隙，晶体再生长晶间隙，裂缝不发育		基底式胶结	最大连通孔喉半径<0.68	基底式胶结	曲线细歪度，饱和度压力中值很高	粉—极细砂	<6（油层）或<4（气层）	<0.1	束缚水>50%，镜下几乎看不到任何孔隙

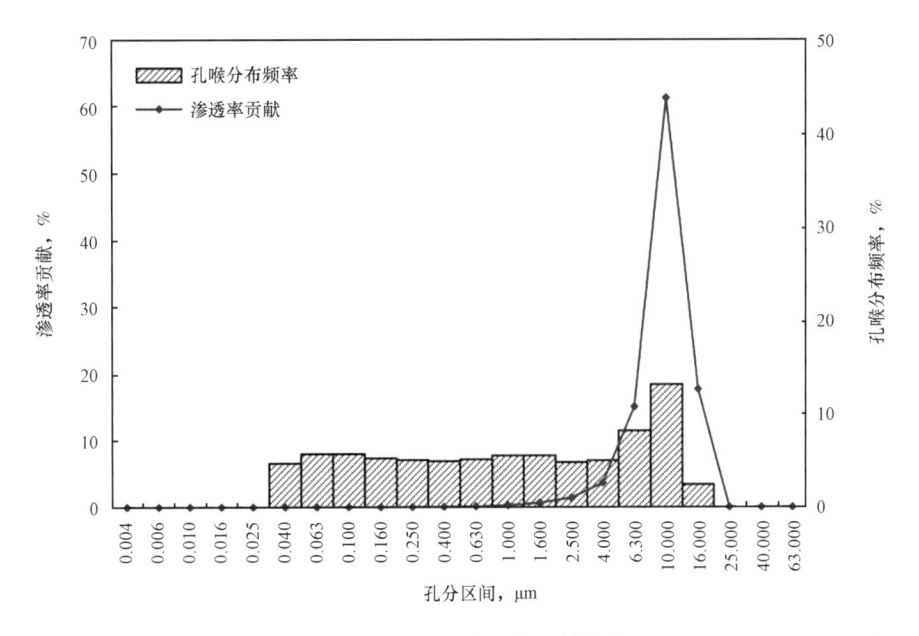

图 4-61　北1-330-检49井孔分区间及渗透率贡献曲线（$K=228\text{mD}$，$\phi=27.0\%$）

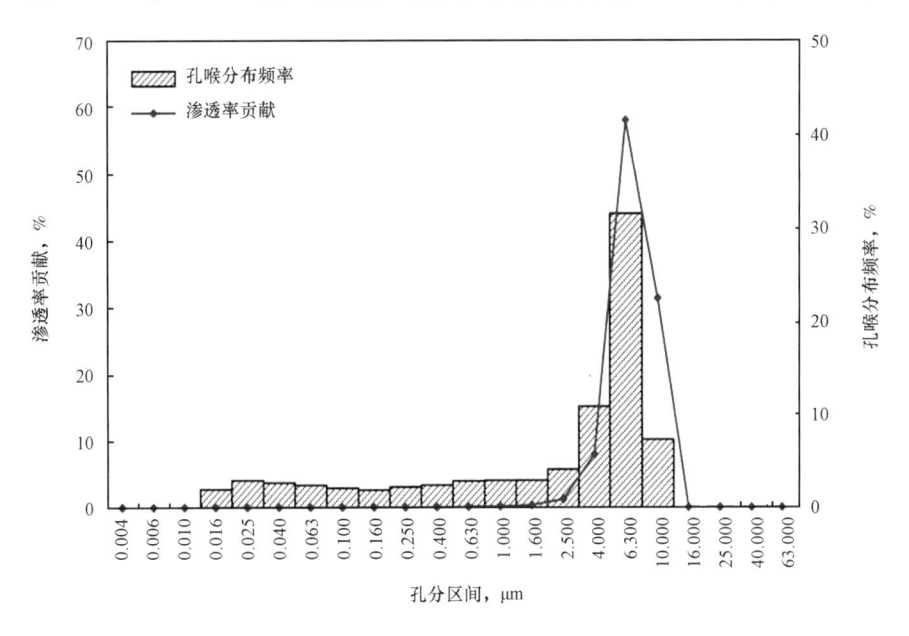

图 4-62　北1-55-检E66井的孔分区间及渗透率贡献曲线（$K=438\text{mD}$，$\phi=28.7\%$）

孔隙喉道的大小直接决定了乳状液的液滴尺寸，结合现场采出液粒径尺寸分布，包括新疆油田七中区聚合物—表面活性剂复合驱试验中油珠粒径中值为 $3\sim5\mu\text{m}$，大庆油田杏二中试验中复合驱采出液的 O/W 型油水过渡层中油珠粒径主要分布在 $1\sim5\mu\text{m}$ 的范围内，将乳状液滴分为3个等级：大型液滴为大于 $10\mu\text{m}$ 的液滴；中型液滴为 $5\sim10\mu\text{m}$ 的液滴；小型液滴为小于 $5\mu\text{m}$ 的液滴。

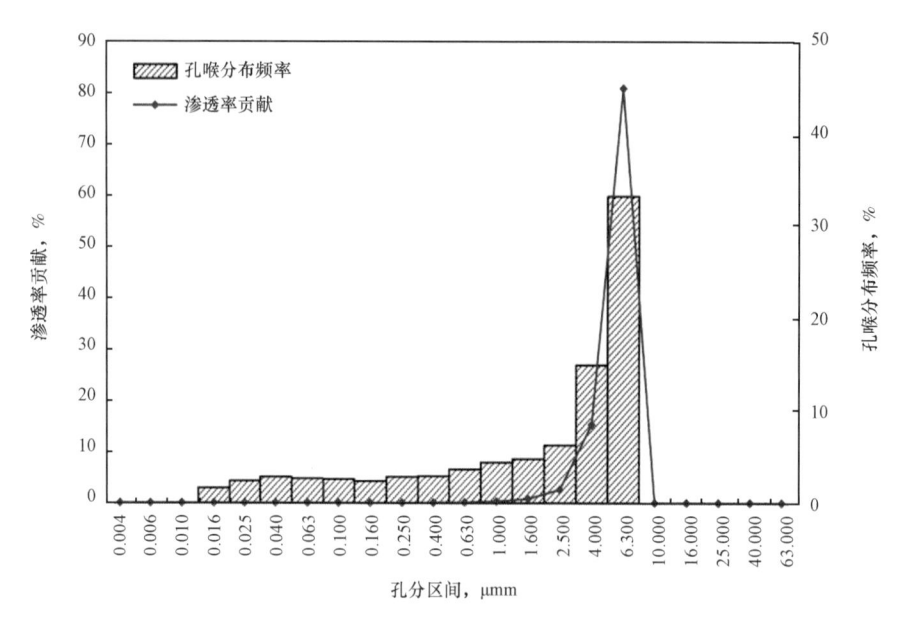

图4-63 北1-55-检42井孔分区间及渗透率贡献曲线（$K=271\text{mD}$，$\phi=28.8\%$）

2) 乳状液微观驱油机理

水驱后，聚合物—表面活性剂复合驱体系驱动残余油存在乳化启动残余油及乳状液运移两个过程。由于在水驱油过程中，水相会发生不均匀突进的现象，同时，油相会受到表面力滞留作用及孔喉卡断等影响，这些因素均导致水驱后的岩心中存在着一定量的残余油，如图4-64所示。水驱后残余油主要有3种类型：(1) 绕流形成的残余油。由于孔隙结构的微观非均质性，注入水在压力及毛细管力等作用下会选择阻力小的喉道，在阻力较大喉道内的残余油会被绕过，无法驱替出来。(2) 在边缘或角隅处存在部分残余油。在注入水以非活塞式方式驱油时，由于岩石润湿性等因素影响，在喉道中央及边缘处注入水的驱替速度不一致，导致部分残余油存在。(3) 油相被卡断导致残余油生成。在油滴卡断现象中，被卡断的油滴易发生滞留并形成残余油。

在聚合物—表面活性剂复合驱乳状液微观驱油过程中，乳状液在喉道内流动时没有发生液滴聚并，液滴在孔喉中流动时也不存在破乳现象，这可能是由于使用的表面活性剂体系与原油经过乳化后，液滴有足够的稳定性不会发生聚并与破乳现象。在乳状液与孔隙中水和油接触的过程中，乳状液流动具有复杂性，使用乳状液驱油后，孔喉内的部分水驱残余油被驱出，乳状液驱油可以改善驱油效果。聚合物—表面活性剂复合驱中的乳状液形成及驱油机理主要概括为3种：

(1) 发生剥蚀、乳化并形成液滴。

在驱替压力及多孔介质剪切力作用下，油水两相混合并使液滴呈分散状态，液滴界面膜具有稳定性，即发生乳化现象，残留在孔隙中的油滴被启动，该过程为注入聚合物—表面活性剂复合体系后的第一阶段。

如图4-65所示，水驱后微观模型孔喉内存在着大量的残余油，在表面活性剂作用下油水相界面张力减小，聚合物溶液增加了水相的黏弹性，残余油沿着作用力方向可以发生变形或被拉长，直至残余油被拉断，发生液滴的剥离及乳化现象。在图4-65(a)(b)中可以观察到残余

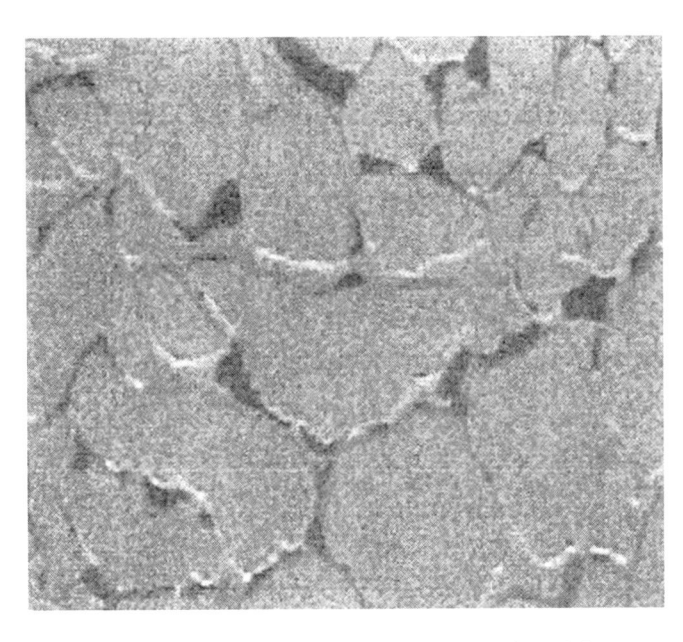

图4-64 亲水微观刻蚀模型中水驱后残余油分布

油被拉长、剥蚀成小油滴,并形成O/W型乳状液随着流体向前运移;在图4-65(c)(d)中,在大块状的残余油靠近喉道部位发生变形,由于残余油受到油块两侧流体的剪切力,油在不稳定的剪切力作用下被剥蚀为液滴,这种液滴可以顺利通过孔喉。在这种剥蚀及乳化作用下,原先被滞留在孔喉中的残余油逐渐地被剥离,这个过程不断地被重复,最终,块状残余油可以被驱替出来,孔喉中的残余油变少。1与2所示区域中的残余油逐渐被剥蚀、乳化,孔喉中的残余油减少很多,说明剥蚀与乳化对于改善驱油效率有重要作用。

(2)乳状液堵塞部分孔喉并扩大波及体积。

在乳状液驱油实验中观察到,乳状液在孔隙介质中流动时,液滴会受到多种作用力,在该类作用力下液滴会堵塞部分喉道,液滴流动路线被改变。多个液滴发生无序拥挤,并在架桥作用下可以封堵细小喉道,如图4-66所示,箭头方向为乳状液流动方向,黑色小颗粒为乳状液滴,较大的白色圆形表示模拟的岩石基质,可以看出液滴已经堵塞了小喉道。后续注入的乳状液会选择阻力更小的孔喉,从而增大波及体积,将部分残余油驱出孔喉。由于乳状液具有更小的表面张力,在增大波及体积的基础上,并且乳状液的黏度大于水相黏度,因此具有更好的驱替残余油效果。

乳状液在流动过程中具有非牛顿特性。在进行乳状液驱油实验时可以观察到,当乳状液流动速率较低时,乳状液滴密度较大,发生拥挤及堆积现象较为明显,所以表观黏度相对来说较大;当乳状液的运移速率增加时,乳状液滴的排列更加有序化,同时液滴发生变形或被拉长,乳状液的表观黏度降低,所以乳状液流动呈现剪切变稀性。

(3)携带力和黏滞力作用驱油。

乳状液在压力作用下流入孔隙喉道,在沿着孔隙喉道的中心轴向前运移时,对边缘或角隅残余油有挤压作用,在挤压力的作用下油相会变形,直至被拉断而成为独立油滴,如图4-67所示。

(a) 残余油被拉长　　　　　　　　(b) 残余油被剥蚀

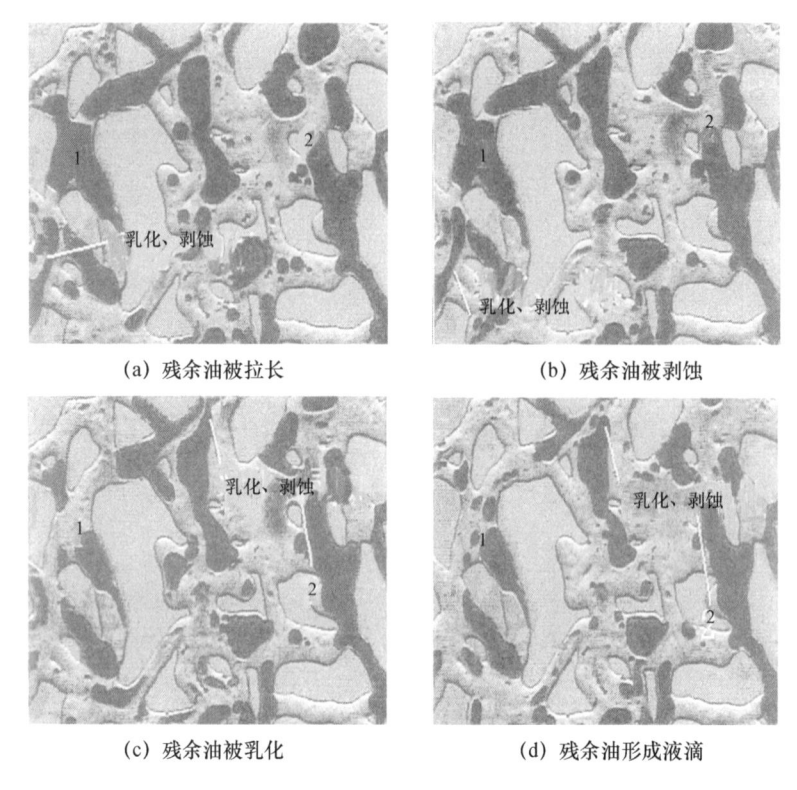

(c) 残余油被乳化　　　　　　　　(d) 残余油形成液滴

图 4-65　残余油发生乳化与剥蚀并形成小液滴

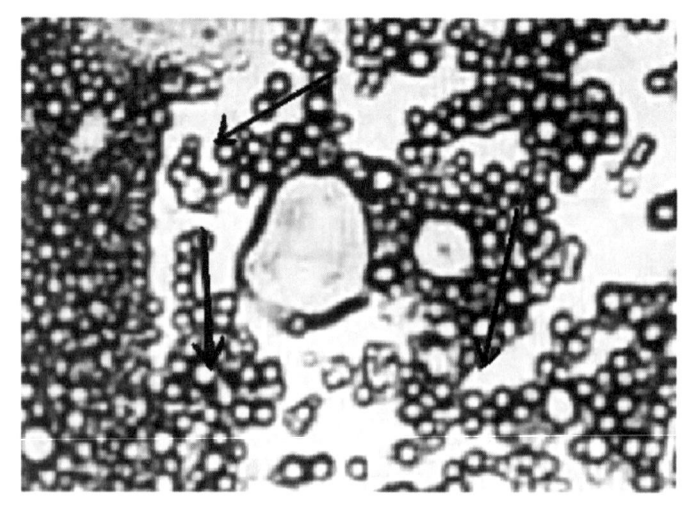

图 4-66　乳状液滴堵塞小喉道及发生绕流（箭头表示乳状液流动方向，较大的白色圆形表示岩石基质）

这种承受乳状液"挤压"或被"刮"下来的油滴没有与乳状液中的油滴发生聚并，而是在乳状液的携带力及黏滞力作用下继续运移。乳状液在低速流动时，被分散的油相液滴会发生相互拥挤，并占据一些孔隙空间，因此导致了乳状液"刮油"现象。乳状液的这种驱

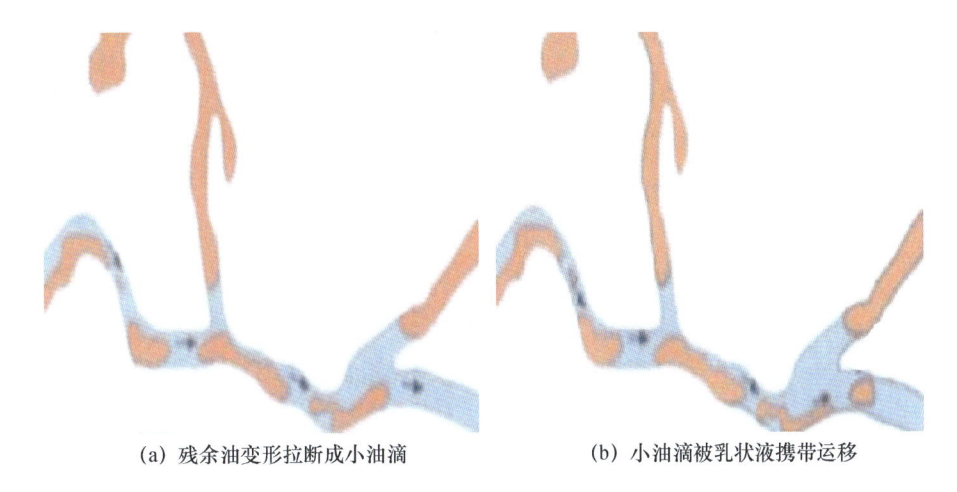

(a) 残余油变形拉断成小油滴　　　　　　(b) 小油滴被乳状液携带运移

图 4-67 "刮"下来的液滴在乳状液携带力作用下被驱走
（箭头表示乳状液流动方向，分散的块状表示残余油）

油效果取决于其运移速率、乳状液黏度、界面张力、孔喉形态、残余油位置与流体运移方向的配置关系等因素。

2. 乳状液在多孔介质中渗流规律

1）乳状液表征参数理论分析

当前，关于乳状液在多孔介质中形成及渗流规律的表征参数很少，近期研究学者提出了毛管数与乳状液渗流规律之间可能存在必然的联系。在此基础上，进行了毛管数与乳状液形成之间的表征参数理论分析。

在20世纪初就进行了水平双曲线流场中的悬浮液滴在剪切中的变形与破裂研究，并指出悬浮液滴的形状依赖于黏度比、流场类型及韦伯数。

$$We = G\mu_s a/\sigma_{ds} \tag{4-11}$$

式中　We——韦伯数；
　　　G——速率梯度，m/s^2；
　　　μ_s——外相黏度，$mPa \cdot s$；
　　　a——液滴的半径，μm；
　　　σ_{ds}——两相的界面张力，mN/m。

在乳状液的研究中，认为当 We 超过临界值后液滴会发生破裂，这一临界值取决于黏度比 λ 和流场属性。液滴通过在聚集的圆柱管道时，在临界韦伯数时液滴发生破裂，将 G 定义为直毛细管的内壁剪切力，认为临界韦伯数是液滴（内相）与悬浮相黏度比的函数，如图 4-68 所示。

为了将液滴破裂与乳化过程建立联系，建立了微观参数韦伯数与多孔介质中的宏观毛管数之间的联系。毛管数是针对含有大量砂砾岩结构的多孔介质的定义，而韦伯数是对具有局部速度梯度 G 的特殊流场定义的参数，因此可以与多孔介质中的单个孔喉建立关联。当少量的液滴通过数米长的储层岩石时，它会依次通过无数的孔隙，因此，每个液滴会具有不同的韦伯数，可能会发生无数次的液滴破裂与形成过程。

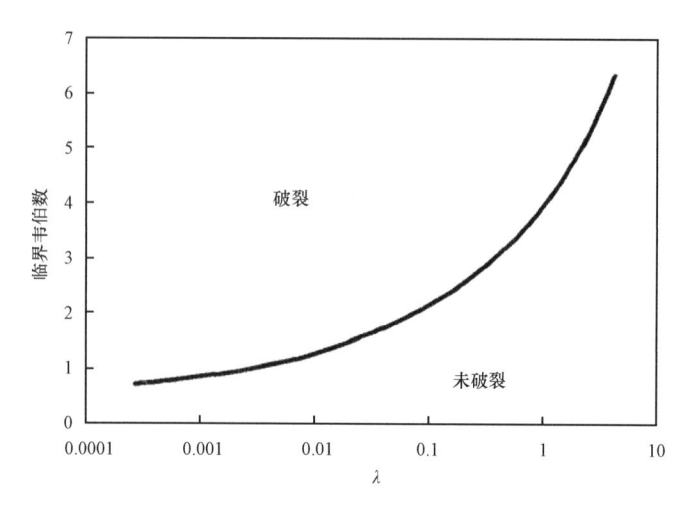

图 4-68 在非均匀剪切下液滴破裂的临界韦伯数

假设在一束平行的毛细管中，每个毛细管均具有相同的半径 R，假设压力梯度均匀分布在介质中，为 ∇p；所有毛细管中流动的油黏度为 μ_o。管内流体的平均速率为：

$$v_t = \nabla p(R^2/8\mu_o) \tag{4-12}$$

考虑多孔介质的孔隙度 ϕ，v_t 与微观达西速率 v_o 的关系为：

$$v_t = v'_o/\phi \tag{4-13}$$

毛细管内壁的剪切速率为：

$$G = 4v_t/R = 4v_o/\phi R \tag{4-14}$$

为了简化模型，认为悬浮的液滴半径与毛细管的半径相同时会发生液滴破裂，韦伯数可以写为：

$$We = G\mu_o R/\sigma_{ds} = 4\mu_o v_o/\sigma_{ds}\phi = (4/\phi)N_c \tag{4-15}$$

式中 N_c——油相的毛管数，$N_c = \mu_o v_o/\sigma_{ow}$。

与该简化模型不同，实际的孔隙介质含有大量相互连通的可变尺寸的孔隙，并由喉道连通。在储层的孔隙介质中，韦伯数会随着孔隙结构的改变而不断发生变化。但在真实的多孔介质中，局部韦伯数仍与微观流速及油的黏度呈正比列关系，与界面张力 σ 呈反比关系。因此，可以将理想毛管数模型中的式(4-15)推广到实际多孔介质中：$We = (4/\phi) f N_c$，f 为反映多孔介质特性的参数，在理想毛管束模型中 f 为 1，但在实际多孔介质中 f 为变值。因此，建立了反映乳状液形成与破裂的韦伯数的关系式。当流场中的 We 小于其液滴破裂的临界韦伯数时，液滴即可形成，因此 We 对应的毛管数可以表征乳状液液滴的形成。

乳状液的形成和体系的界面性质以及流动状态密切相关，复合驱的加入使油水体系的相互作用和乳化机理更加复杂，考虑其主要因素，可归结为表面活性剂的作用导致的低(超低)界面张力和多孔介质中的剪切力，理论分析和大量的室内实验及矿场试验结果也证实了这点。在乳化过程中存在一个临界毛管数 N_{ccrit}，当外相的毛管数 $N_{cs} \geq N_{ccrit}$ 时，乳化发生，

s 代表外相：即对于 O/W 型乳状液，s 为水相。该临界值与内外相的黏度比和多孔介质的微观孔喉结构有关。

黏滞力会促进新的乳状液液滴的形成，毛细管力会阻止液滴的破裂，可以适当地做出假设，正是这两种力的竞争平衡作用结果控制了孔隙介质中原油的原位乳化过程。在微观尺度中，通常用来比较黏滞力和毛细管力的无量纲变量为毛管数。由于毛管数还与流体速率成正比关系，因此，作为无量纲参数，毛管数完全可以代替影响乳化过程的流速变量来表征对乳化的影响。使用无量纲变量表征流速对乳状液形成的影响，应用起来也会更方便。水驱油时，毛管数的数量级为 10^{-6}，若将毛管数的数量级增至 10^{-2}，理论上残余油饱和度趋于 0，随着毛管数的增加，残余油可以大幅度降低。毛管数与乳化现象的内在联系仍需要通过实验进行深入的分析。

2）实验流程及方法

为了分析乳状液形成及渗流规律与毛管数之间的联系，在人工填砂岩心中进行了乳状液形成规律研究。在油藏温度及压力下，在多孔介质中进行室内模拟乳状液的渗流过程，实验测定流速、界面张力、油水比、黏度比、毛管数等参数，得出乳状液在地层条件下的渗流规律。

在三次采油化学驱中，由于较低的油水比导致形成的乳状液以 O/W 型为主，因此，渗流规律的研究重点为 O/W 型乳状液，乳状液的内相为模拟油，外相为聚合物—表面活性剂复合体系溶液。在岩心中注入固定油水比的模拟油及聚合物—表面活性剂复合体系混合液，为了保证按固定比例注入油水混合液，需进行初步的预混合。在不同的注入参数条件下，油水两相逐步排出主要流动喉道内的地层水，并形成固定的孔喉流道，当流动达到稳态后，进行样本收集及参数测定。实验中人工填砂岩心的长度为 30.0cm，内径为 2.0cm，渗透率 K 为 200~500mD。

（1）选定中等渗透率的人工填砂岩心，测量长度、直径、质量；

（2）岩心抽真空，饱和地层水，静置 24h，测质量，计算孔隙度及渗透率；

（3）按照固定油水比（如 3:7）注入油水混合液（进行初步预混合后），初始注入速度为 0.01mL/min，随着实验进行，逐渐增大注入速率；

（4）在不同速率下，待压力稳定后收集样本，观察是否有乳化现象，并记录压力、流速、样本各相的体积等参数；

（5）进行乳化样本处理，结束实验。

聚合物—表面活性剂复合驱体系在填砂岩心多孔介质渗流过程中，形成的乳状液具有较好的稳定性，其稳定性综合系数 S 为 0.73。为了研究乳状液形成即液滴从无到有的转变过程，对乳化样本进行了不同步骤的调整分析研究，需要分析乳状液中的连续相（水相）或分散相（油相）参与乳化的体积变化。由于在乳状液形成过程中参与乳化的油相体积（分散相）明显少于水相，计量油相的体积误差较大，因此实验中计量了参与乳化的水相体积变化。在不同的乳状液滴尺寸等级下，乳状液连续相参与乳化的变化规律对于分析乳化过程意义重大。

根据 Stokes 公式，液滴较大的粒径会优先聚并。油滴粒径、油水相密度差及水相黏度为影响油滴上浮速率的主要因素。对于固定配方的乳状液，两相密度差和水相黏度是不变化的，油滴上浮速率由油滴尺寸决定。对于含有聚合物的复合体系乳状液来说，稳定性比无聚合物参与的乳状液要高，高浓度表面活性剂形成的乳状液稳定性更强，单一的物理或化学方法无法实现不同粒径液滴依次析出的要求，需要多种不同的物理化学方法结合。通过对离心时间、温度及放置时间的优化，最终确定使乳状液中的大型、中型、小型液滴依次析出的方法为：

（1）样本先放置3min，由于重力沉降分层自由水会首先分离出来，确定样本中没参与乳化的自由水体积；

（2）在室温下放置24h后，重力沉降分层作用可以移除乳状液中的大型液滴，此时析出水相的总体积扣除自由水体积，即为大型液滴乳化参与的水相体积V_1；

（3）样本中加入0.1g NaCl，由于无机离子的"盐析作用"部分液滴会破裂，然后利用离心机分离10min，可以移除大部分中型液滴，析出水体积为V_2；

（4）样本中加入5%的天津三石化破乳剂，在温度为70℃恒温箱中放置48h，利用高温进行破乳，可以成功移除剩余的小型液滴，析出水体积为V_3。

为了验证破乳方法的有效性，对经过不同处理步骤后的样本进行了微观显微图像分析，如图4-69所示，液滴粒径分布如图4-70所示。与初始状态（步骤1）相比，步骤2处理后，大于10μm的大型液滴基本消失；步骤3处理后使得5～10μm中型液滴明显变少；步骤4作用后，使得小于5μm的液滴也基本消失，处理后水相基本为透明色，破乳效率达到95%以上。证明形成的破乳方法可行，能够满足实验室分析测试要求。

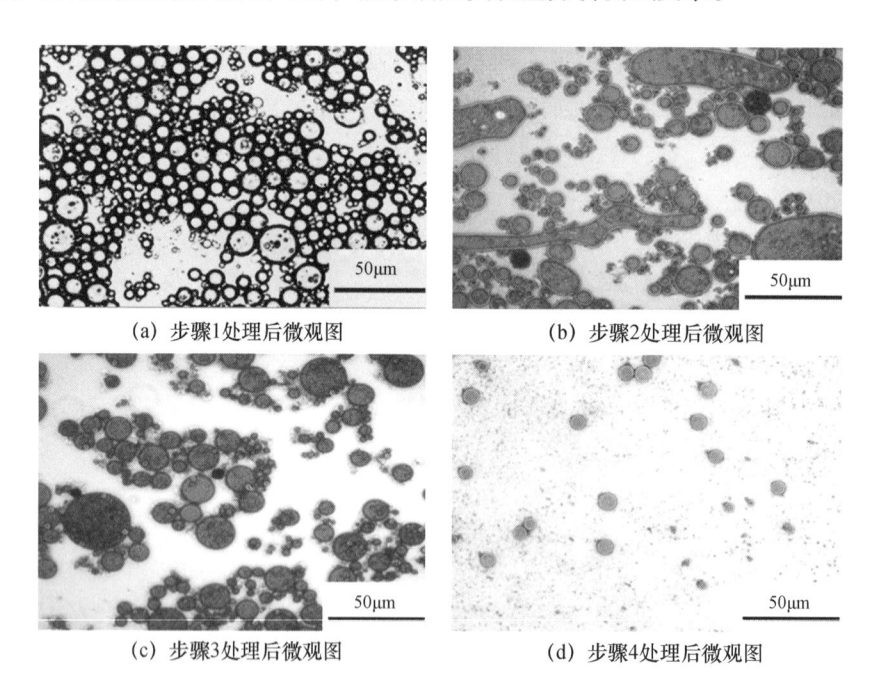

(a) 步骤1处理后微观图
(b) 步骤2处理后微观图
(c) 步骤3处理后微观图
(d) 步骤4处理后微观图

图4-69 不同破乳步骤处理后样本的微观显微图像

3）乳状液渗流规律分析

由于多孔介质的孔隙结构对乳状液形成及稳定性的影响是复杂的，因此需要选定某个范围内的渗透率岩心进行相关研究，考虑到实验的可操作性，选用了代表性强的中等渗透率人工填砂岩心进行实验分析。同时，聚合物—表面活性剂复合体系本身的物理化学性质对多孔

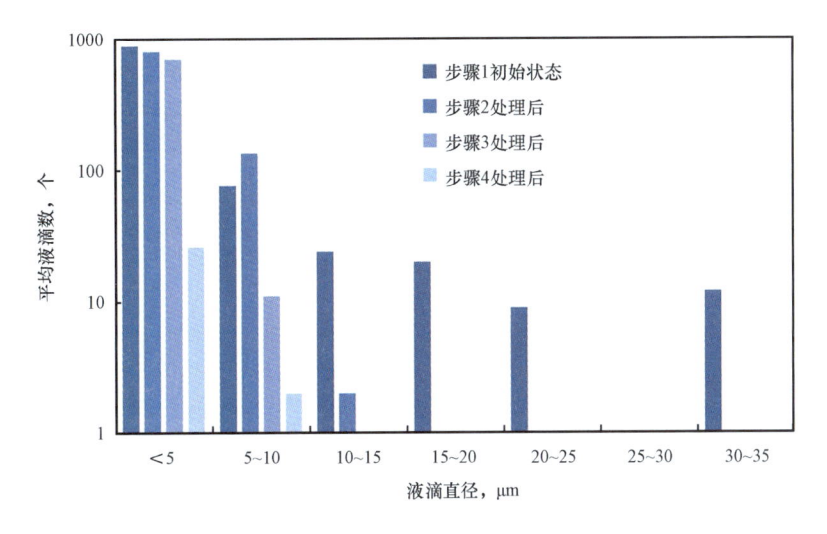

图4-70 不同破乳步骤处理后样本的液滴粒径分布

介质中乳状液的形成及流动机理也有重要影响。

(1)流速对乳状液渗流规律影响。

为研究流速变化对乳状液在多孔介质中渗流规律的影响,以不同速率注入油水比为3:7的乳状液,油水相初步预混合后黏度为85.2mPa·s,此时没有乳状液滴形成。聚合物—表面活性剂复合体系配方为1%DWS-3+0.12%HPAM,初始界面张力为1.89×10^{-3}mN/m。实验流速与现场流速对应关系见表4-8。不同流速下的乳状液微观图及粒径尺寸分布如图4-71和图4-72所示。

随着流速增加,液滴特征尺寸减小,如图4-73所示,液滴占有率增大,乳化程度增加明显。在低流速下,$v\leqslant 0.38$m/d时,由于聚合物没有受到高强度剪切,分子链较长,稳定液滴能力强,形成的乳状液滴较少,扩散性差,呈簇状分布;在中等流速下时(0.38m/d$<v<12.78$m/d),聚合物剪切增强,分子链段长度变小,液滴分散性逐步变大;在高流速下($v\geqslant 12.78$m/d),聚合物已被剪切为小分子链段,乳状液的扩散性增大,液滴占有率大,液滴数量迅速增多,大液滴转变为小型液滴的比例迅速增加,当$v=51.12$m/d时,小型液滴含量占到97%。流速增大会促使乳状液流动由大型液滴为主转变为小型液滴为主导的流动,且液滴占有率及分散性逐步增大。

表4-8 实验流量与现场流速对应表

实验流量,mL/h	0.6	3	6	16	50	100	200	400	800
现场流速,m/d	0.04	0.19	0.38	1.00	3.19	6.39	12.78	25.56	51.12

对模型出口端的乳状液样本进行调整分析,图4-74为不同流速下乳化样本破乳处理后外观图像。不同处理步骤后,下相的析出水量均有所增加,且较清澈透明。图4-75为不同调整步骤后水相体积的变化规律。

乳化样本分析结果表明,随着流速增加,中、小型液滴比例增加迅速,大型液滴比例增加缓慢。当$v<0.38$m/d时,形成的乳状液量很少;当0.38m/d$\leqslant v<12.78$m/d时,乳状液

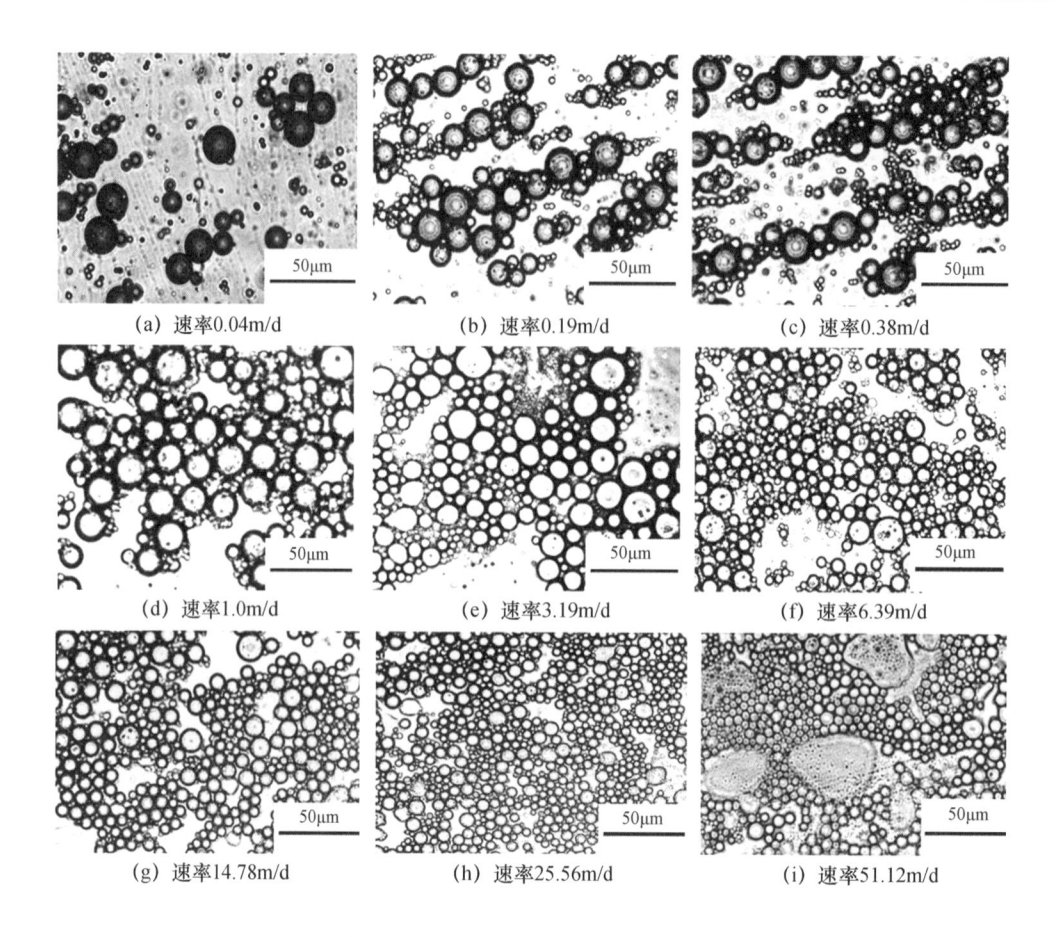

(a) 速率0.04m/d (b) 速率0.19m/d (c) 速率0.38m/d
(d) 速率1.0m/d (e) 速率3.19m/d (f) 速率6.39m/d
(g) 速率14.78m/d (h) 速率25.56m/d (i) 速率51.12m/d

图4-71 乳状液样本的微观显微图像

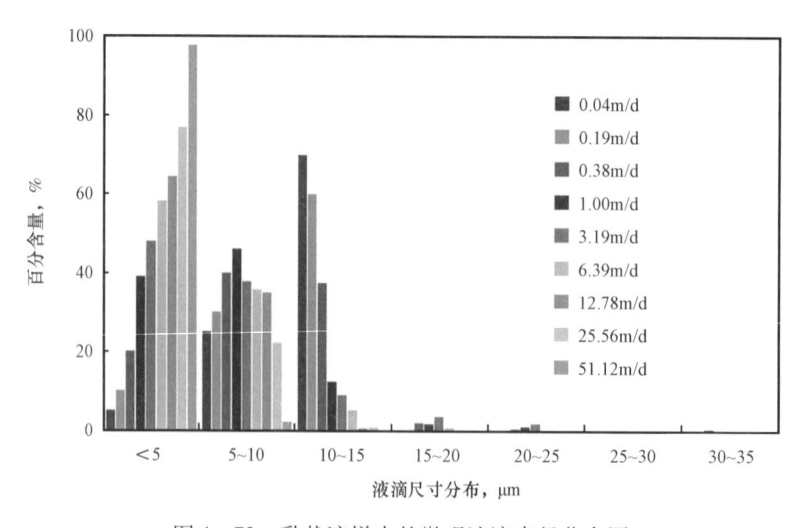

图4-72 乳状液样本的微观液滴直径分布图

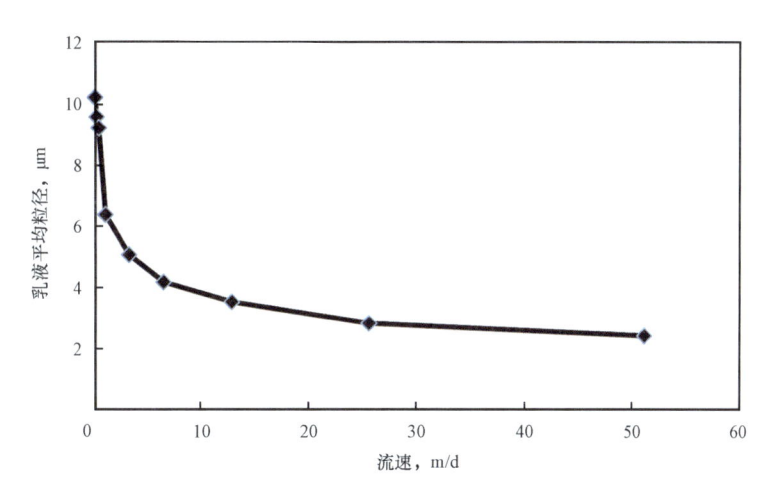

图 4-73 不同流速下乳状液平均粒径变化规律

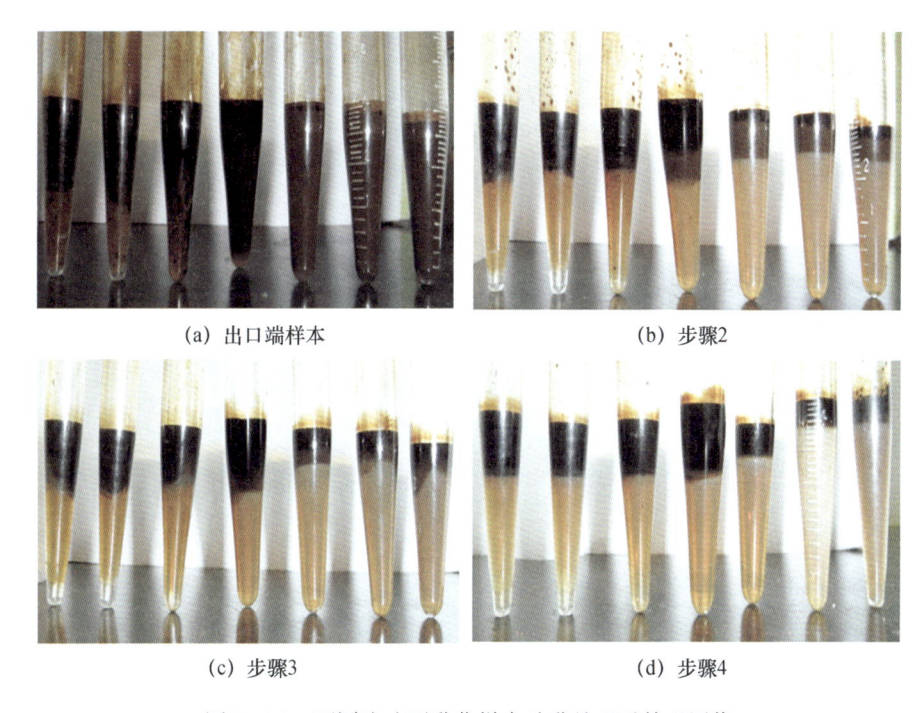

(a) 出口端样本
(b) 步骤2
(c) 步骤3
(d) 步骤4

图 4-74 不同流速下乳化样本破乳处理后外观图像

每张图像中从左到右的速率依次为 0.38m/d、1.00m/d、3.19m/d、6.39m/d、12.78m/d、25.56m/d、51.12m/d

中的含水量增加较快，乳化程度迅速增加，小型液滴比例增加较快；当 $v \geqslant 12.78$m/d 时，乳状液中的含水率基本为定值，即乳化程度不再增加，且小型液滴比例最大，产出液是乳状液，几乎无油相，乳化程度接近 1。

通过统计，乳化样本中的自由水占总水比、乳状液中含水量占总水比及样本含水率 3 个参数随流速的变化规律如图 4-76 所示。随驱替速率增加，自由水量逐渐减少，参与乳化的水量增加，乳化强度逐步增大。当 v 等于 1m/d 时，样本含水率最低，采出液含油率最大。

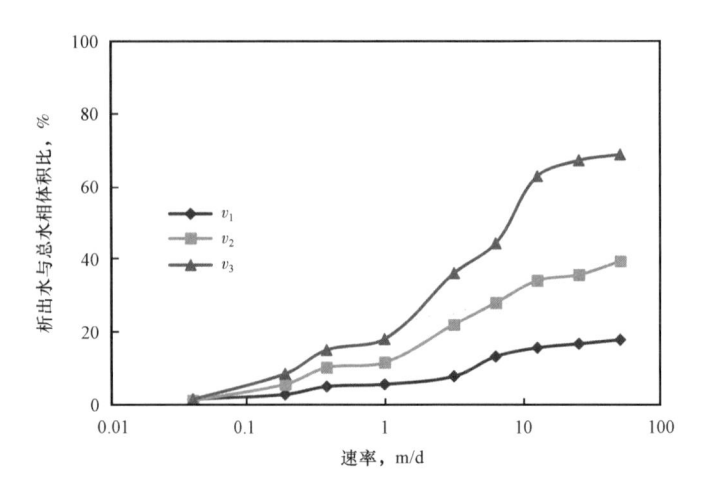

图 4-75　乳化样本析出水量

当 v 等于 1m/d 时乳化程度开始迅速增大，此时对应的流速为乳化行为开始的阈值，其对应的毛管数为乳化行为开始的毛管数阈值。由于表面活性剂经过岩心吸附后，界面张力会增加，出口端乳状液的界面张力测定值为 3.62×10^{-1} mN/m，测定乳状液的表观黏度为 25.03mPa·s，此时流速为 1.00m/d，约为 1.157×10^{-5} m/s，此时乳状液开始形成时的毛管数阈值 N_{ct} 约为 8.0×10^{-4}。

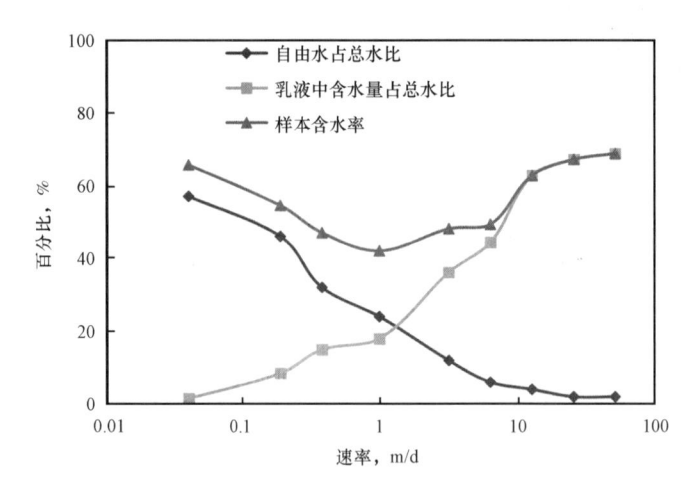

图 4-76　乳化流出样本参数随流速变化规律

压差是表征流体在地层中流动特征的主要指标，注入速度会直接影响注入岩心两端压力的变化。对不同驱替速率下岩心两端压差进行了测定，如图 4-77 所示。随着驱替速率增加，压差逐步增大，当 v 等于 1m/d 时，压差可以达到 0.2MPa。压差值间接地反映了孔隙介质内部乳状液滴的渗流及堵塞情况，可以作为乳状液液滴发生堵塞及扩大波及体积的一种间接度量值。

（2）黏度比及界面张力对渗流规律影响。

为了考察油水相黏度比对乳状液渗流规律的影响，在新疆脱水脱气原油中加入不同量的

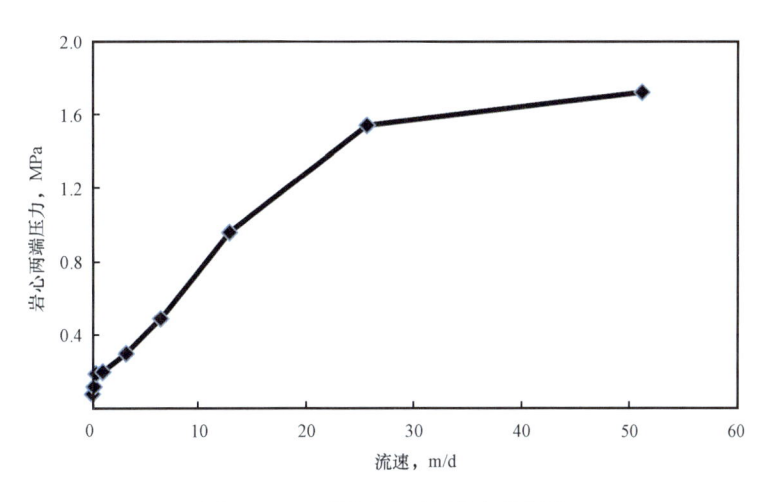

图 4 – 77　不同流速下压差变化规律

航空煤油来改变油相黏度，同时改变聚合物—表面活性剂复合驱体系配方中聚合物的浓度，得到了系列不同的油水相黏度比值，具体参数见表 4 – 9。在注入油水比 3∶7 条件下，进行聚合物—表面活性剂复合驱乳状液在多孔介质中的渗流规律研究。

表 4 – 9　乳状液渗流规律实验研究参数表

编号	渗透率 K mD	配方	界面张力 mN/m	原油黏度 μ_o mPa·s	溶液黏度 μ_w mPa·s	μ_o/μ_w
1	321.4	1%SD – T + 0.12%HPAM	3.76×10^{-2}	10.21	557.05	0.0183
2	380.5	0.2%KPS + 0.25% HPAM	4.98×10^{-2}	10.21	1521.0	0.0067
3	410.7	1%KPS + 0.20% HPAM	6.53×10^{-1}	66.35	1124.0	0.0590
4	356.0	1%KPS/DWS – 3 + 0.05% HPAM	1.33×10^{-4}	10.21	35.35	0.2888
5	313.6	1%DWS – 3 + 0.08% HPAM	1.89×10^{-3}	37.50	71.95	0.5212
6	348.2	1.5%KPS + 0.10% HPAM	7.80×10^{-2}	35.20	109.44	0.3216

不同油水黏度比下乳状液形成时毛管数变化规律如图 4 – 78 所示。乳状液的乳化程度开始急剧增加的阶段为乳状液的"开始形成"区，此处的毛管数为乳化开始形成的毛管数阈值"N_{ct}"为 $3.0 \times 10^{-4} \sim 8.0 \times 10^{-4}$。乳状液开始形成时的毛管数阈值 N_{ct} 随着油水黏度比增大有所升高，具有相近黏度的原油，其乳化转变区域大幅度重合，乳化阈值近似，因此，黏度对乳化的转变过程有重要影响，反映出乳状液形成处的毛管数阈值对黏度具有依赖性。影响乳状液形成的主要参数除了毛管数外，仍有其他的影响因素如黏度，在作用机理上仍需要进行大量的研究工作。

毛管数可以反映出界面张力对乳状液渗流规律的影响。界面张力与流速共同影响乳状液形成及其渗流规律。乳化强度 E 为乳状液体积与溶液总体积之比。通过统计不同界面张力下的聚合物—表面活性剂复合体系在多孔介质中形成的乳化强度，得出了不同毛管数下的乳化强度，如图 4 – 79 所示。乳状液开始形成处的毛管数阈值 N_{ct} 为 $3.0 \times 10^{-4} \sim 8.0 \times 10^{-4}$；

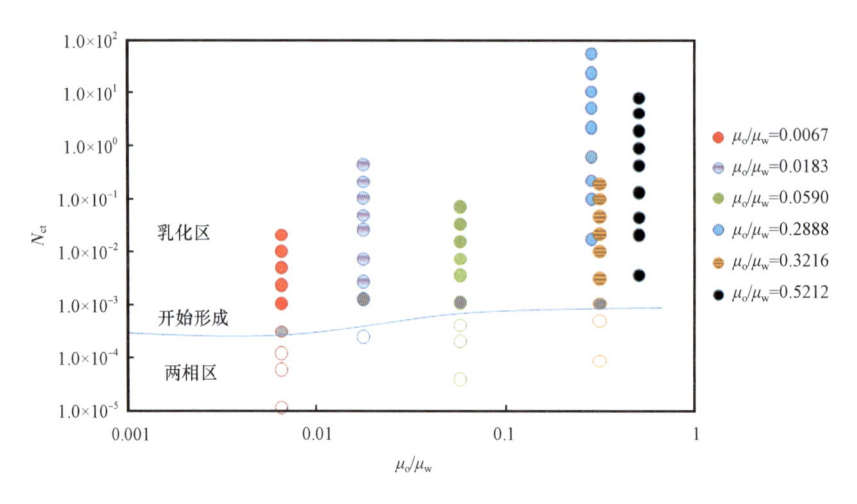

图4-78 不同油水黏度比下乳状液形成时毛管数变化规律

当毛管数小于N_{ct}时,乳化强度很小,可以忽略极少量乳状液滴;当毛管数大于N_{ct}时,乳化程度开始迅速增大,为乳状液形成的主要阶段。

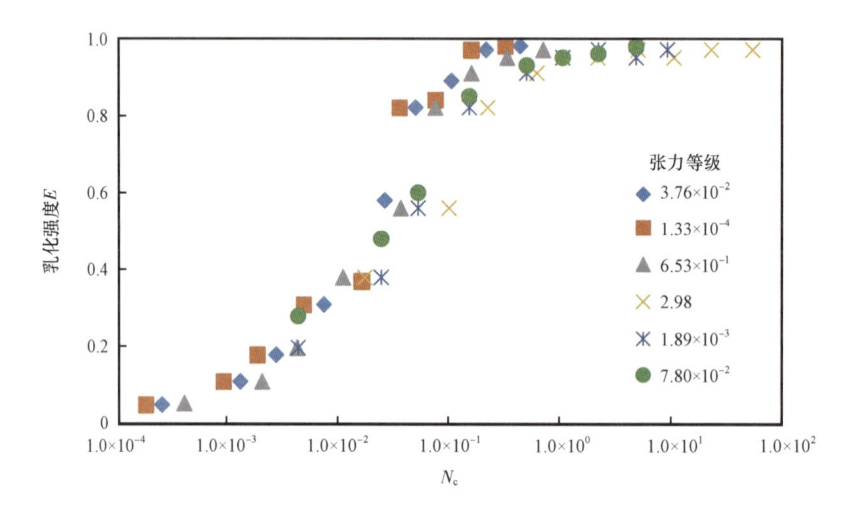

图4-79 不同界面张力等级下的毛管数与样本乳化强度关系

五、聚合物—表面活性剂复合体系及乳状液驱油效果

研究聚合物—表面活性剂复合体系及其乳状液的驱油效果,采用室内物理模拟驱油装置分别进行了聚合物—表面活性剂复合体系与乳状液驱油实验,利用人工填砂岩心,渗透率为200~500mD。

1. 聚合物—表面活性剂复合体系物理模拟驱油实验

设计了系列不同界面张力的聚合物—表面活性剂复合驱油体系配方,聚合物的浓度均为0.12%,在40℃温度条件下的人工填砂岩心进行常规驱油实验。

实验主要流程如下:

(1)模型称干重,抽真空8h,并饱和模拟水,放置24h;

(2)称湿重，计算孔隙体积，并测水相渗透率；

(3)饱和模拟油，建立束缚水饱和度及原始含油饱和度，放置48h；

(4)以0.1mL/min速度在岩心内注入水溶液，进行水驱油实验，收集出口端的样本，分析含水率变化，当出口含水率为98%时停止注水；

(5)注入0.3PV聚合物—表面活性剂复合体系溶液，使用注入水驱替，收集出口端样本，观察乳化现象，计算乳化强度，直到无油采出为止；

(6)处理数据，结束实验。

对于长度为30cm，直径为2cm的岩心来说，人工填砂选择100~120目、120~140目、160~180目、180~200目沙子的比例为10:5:2:1，适当调整不同目数的比例可以得到渗透率在200~500mD之间的填砂管，孔隙体积约为25mL，孔隙度在26.5%左右变化。以平均流速v等于1m/d进行驱油。刚刚注入0.3PV聚合物—表面活性剂复合体系时，出口端样本中仅能监测到几个乳状液滴，并能明显分清水相及油相，乳化极弱，可以忽略此时的乳化现象；随着后续水驱进行，下相的颜色变深，油水相的界面有花边或泡沫，乳化强度增大，含水率迅速下降，采出油量增加，在后续水驱进行一段时间后开始有乳状液产生。在试验初期和后期，由于采出液中聚合物—表面活性剂复合体系的表面活性剂浓度较低，液体静置后在10min左右就可以分离为2层(上部的油相和下部的乳状液)，低表面活性剂浓度下的乳状液为浅棕黄色，如图4-80所示；在实验中期，收集的出口端样本静置后自上而下分离为2层(油和乳状液)，由于采出液中化学剂浓度较高，乳状液为深褐色，表面活性剂浓度增加，乳化现象逐渐变得明显，乳化强度增强。

图4-80 聚合物—表面活性剂复合体系驱油出口端收集液体(0.5% DWS-3 + 0.12% HPAM)

以聚合物—表面活性剂复合体系配方0.5% DWS-3 + 0.12% HPAM为例进行提高采收率分析。在该实验中水驱采收率为56.50%，对出口端的乳化样本进行静置及高温破乳后可得到复合驱乳化提高采收率值。采出液中的复合驱乳化强度为0.60。对于含水率、采收率及压力随注入体积倍数变化规律如图4-81所示。可以观察到，随着聚合物—表面活性剂复合体系的注入，出口端的含水率最低可降至15%左右，含水率下降程度达到了73%，并且采出液中出现了大量乳状液，同时油相含量及采收率迅速增加，该聚合物—表面活性剂乳化

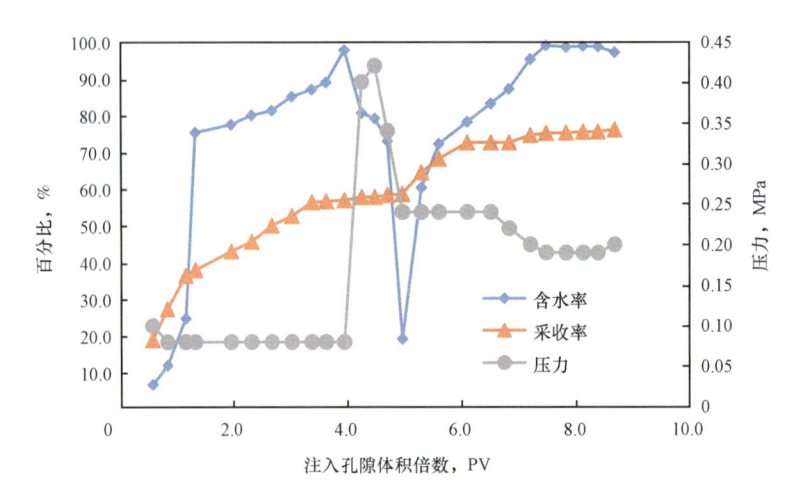

图4-81 含水率、采收率及压力随注入体积倍数的变化

体系可提高采收率19.40%。开始注入复合体系后,注入压力由初始的0.08MPa迅速增加至0.48MPa,聚合物—表面活性剂复合体系的黏度及乳化后的液滴具有扩大波及体积的作用,并使注入压力升高,改善波及效率,起到很好的增油降水效果。

使用不同的聚合物—表面活性剂复合驱配方进行了相关的驱油实验,图4-82为0.5% KPS+0.12% HPAM配方时出口端的样本图像,图4-83为0.5% SD-T+0.12% HPAM时驱替样本。图4-84为配方0.5% DWS-3+0.12% HPAM的微观液滴图像,图4-85及图4-86分别为0.5% KPS+0.12% HPAM及0.5% SD-T+0.12% HPAM配方下的微观液滴图像。通过宏观与微观对比分析可得出,出口端乳化样本的外观深浅颜色的变化直接反映了乳状液内部液滴有效占有率的大小关系。在表面活性剂分别为0.5% DWS-3、0.5% KPS及0.5% SD-T时,液滴有效占有率对应为0.81、0.57及0.29。乳状液内部的液滴微观属性从本质上反映了聚合物—表面活性剂复合驱提高采收率的能力。

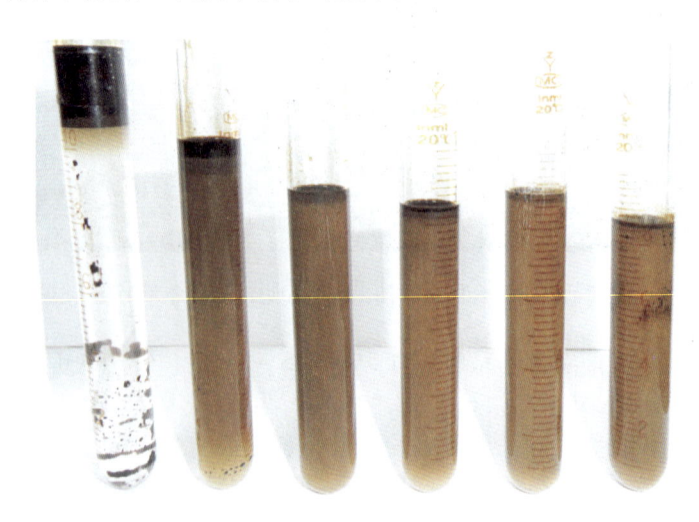

图4-82 聚合物—表面活性剂复合体系驱油出口端收集液体(0.5% KPS+0.12% HPAM)

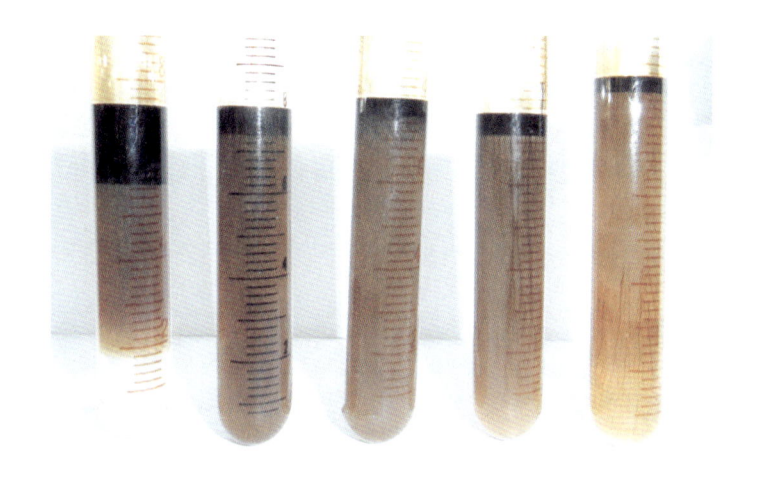

图 4-83　聚合物—表面活性剂复合体系驱油出口端收集液体(0.5%SD-T+0.12%HPAM)

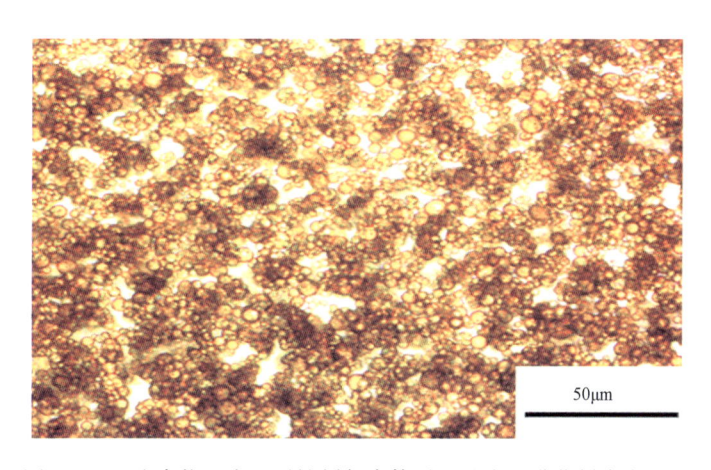

图 4-84　聚合物—表面活性剂复合体系驱油出口乳化样本微观图
(0.5%DWS-3+0.12%HPAM)

聚合物—表面活性剂复合驱乳化提高采收率在本质上应归结到乳状液微观结构属性上，液滴有效占有率决定了乳化样本的外观颜色深浅变化。假设复合驱采出液中乳状液内液滴分布是均匀的，取任一横截面中单位面积中的乳状液为研究对象。使用 Nano Measurer 1.2 进行图像处理，得到不同乳状液的液滴有效占有率值 S_e，其与聚合物—表面活性剂复合驱提高采收率的关系如图 4-87 所示。其液滴有效占有率越大，提高采收率效果越好。初步分析表明，表征乳状液滴的微观参数液滴有效占有率与聚合物—表面活性剂复合驱提高采收率呈正比关系，液滴有效占有率越大，提高采收率效果越好。

配方中聚合物浓度均为 0.12%，为了在相同浓度的表面活性剂下，研究乳化能力对驱油效率的影响，在某些表面活性剂配方中加入了乳化剂 HD-0 来增加其乳化能力。使用的系列聚合物—表面活性剂复合体系具有不同的初始界面张力等级，不同的配方体系会产生乳化强度上的区别，导致提高采收率的差异。对于系列初始界面张力不同等级的聚合物—表面活性剂复合体系，不同配方驱油产生的乳化强度及提高采收率有差异：DWS-3 驱油效果最好，KPS 中等，SD-T 较差；对于同种表面活性剂，增大浓度或加大乳化强度也可以改善驱

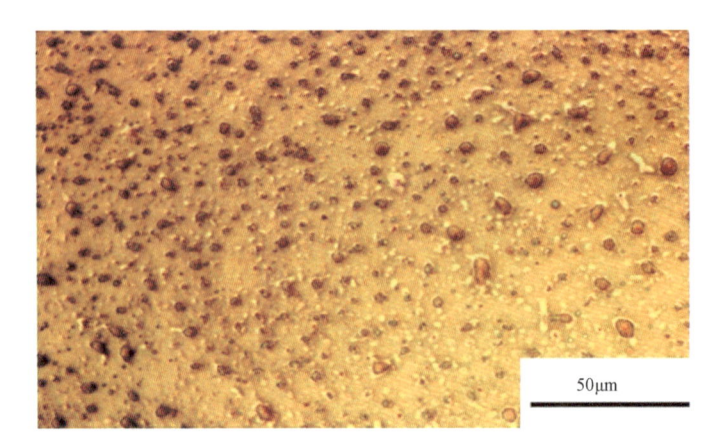

图4-85 聚合物—表面活性剂复合体系驱油出口乳化样本微观图
(0.5% KPS + 0.12% HPAM)

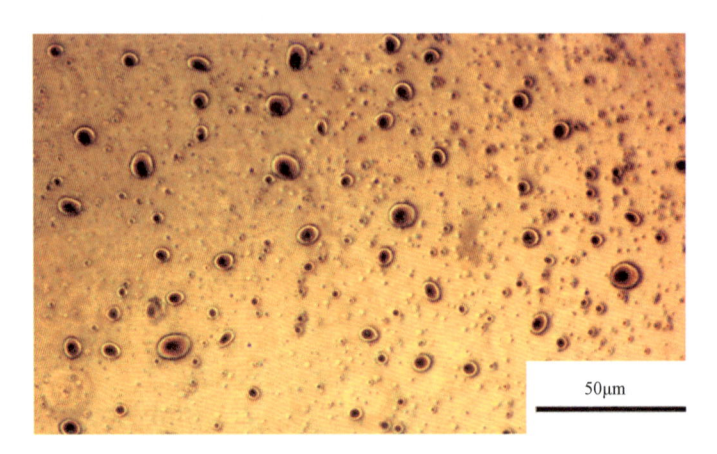

图4-86 聚合物—表面活性剂复合体系驱油出口乳化样本微观图
(0.5% SD-T + 0.12% HPAM)

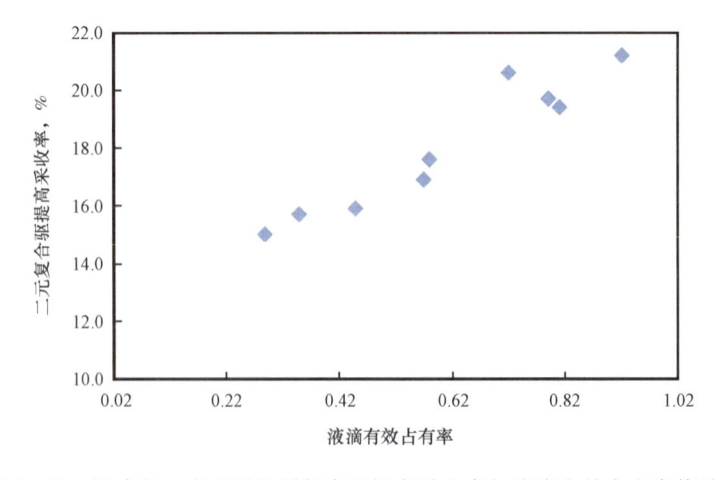

图4-87 聚合物—表面活性剂复合驱提高采收率与液滴有效占有率值关系

油效率，聚合物—表面活性剂复合驱可提高采收率15.0%~21.2%。对出口端乳状液的黏度及界面张力进行测定，对其毛管数值进行了计算，具体参数见表4-10。乳化强度与毛管数、残余油饱和度与毛管数之间的关系，分别如图4-88及图4-89所示，毛管数增加，乳化强度增加明显。残余油饱和度与毛管数之间呈对数关系，随着毛管数增加，残余油饱和度逐渐降低。

表4-10 聚合物—表面活性剂复合体系驱油配方及相关参数

编号	表面活性剂浓度及类型	界面张力 mN/m	渗透率 mD	孔隙度 %	水驱采收率 %	复合驱采收率 %	残余油饱和度 %	乳化强度 E	液滴有效占有率 S_e	出口端乳状液黏度 mPa·s	出口端界面张力 mN/m	毛管数
1	0.5% SD-T	6.82×10^{-1}	321.4	16.8	49.2	15.0	35.80	0.30	0.29	30.8	3.56	1.0×10^{-4}
2	1% SD-T	5.16×10^{-1}	428.0	20.3	51.0	15.9	33.1	0.33	0.45	32.9	2.97	1.28×10^{-4}
3	0.5% SD-T/HD-0	2.82×10^{-1}	387.3	24.1	51.5	15.7	32.8	0.35	0.35	34.7	2.68	1.5×10^{-4}
4	0.5% KPS	7.80×10^{-2}	302.1	19.2	50.3	16.9	32.8	0.41	0.57	29.8	1.98	1.74×10^{-4}
5	1% KPS	6.53×10^{-2}	470.7	23.7	52.7	20.6	26.7	0.58	0.72	28.7	1.23	4.27×10^{-4}
6	1% KPS/HD-0	3.79×10^{-2}	318.2	21.9	58.2	17.6	24.2	0.50	0.58	25.9	1.00	3.0×10^{-4}
7	0.5% DWS-3	1.89×10^{-3}	301.2	24.0	56.5	19.4	24.1	0.60	0.81	38.1	1.19	3.7×10^{-4}
8	1% DWS-3	1.62×10^{-3}	467.5	25.7	51.8	19.7	28.5	0.72	0.79	37.4	0.55	7.8×10^{-4}
9	1% DWS-3/KPS	1.33×10^{-4}	350.4	18.3	55.8	21.2	23.0	0.94	0.92	29.0	0.42	8.0×10^{-4}

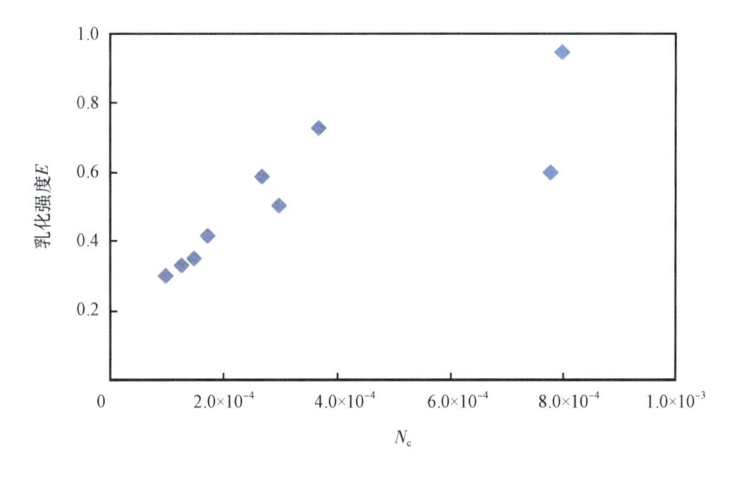

图4-88 乳化强度与毛管数关系

2. 聚合物—表面活性剂复合驱乳状液驱油物理模拟实验

为了分析乳状液在岩心中的渗流特征及采收率贡献，在水驱后岩心中注入已形成的乳状液进行驱油实验研究。由于聚合物—表面活性剂复合驱产生的乳状液样本量少，并且在不同收集阶段中的乳化样本物理性质如外观、乳化程度等有差异，其物理性质不稳定，所以无法使用聚合物—表面活性剂复合驱出口端的乳状液进行相关实验。为得到物理性质相对稳定的乳状液，使用高剪切分散乳化机制备了系列乳状液来模拟聚合物—表面活性剂复合驱采出液中的乳状液粒径及分布，然后将制备的乳状液注入水驱后的岩心中，研究其渗流规律变化。

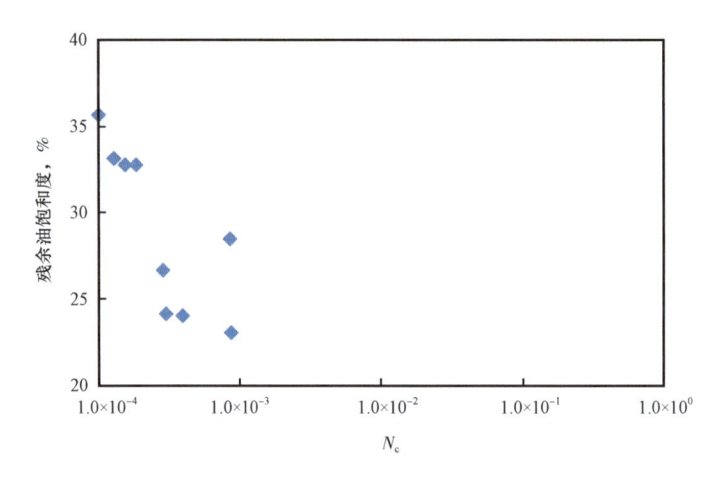

图 4-89　毛管数与残余油饱和度关系

使用高剪切分散乳化机制备乳状液，模拟聚合物—表面活性剂复合驱采出液中的乳状液粒径及分布，以一定速率注入模拟乳状液 0.3PV，接取样本，计量乳状液量及采出油量，进行样本分析。

以聚合物—表面活性剂复合驱配方 0.5% DWS-3 + 0.12% HPAM 为例进行乳状液驱油规律分析，图 4-90 为聚合物—表面活性剂复合驱采出液样本微观图，图 4-91 为乳化机模拟制备的乳状液微观分布。乳化机模拟制备的乳状液微观尺寸分布与聚合物—表面活性剂采出液样本基本一致，其液滴平均粒径、分选系数、液滴占有率基本相同，唯一的区别在于模拟乳状液含有 2% 的粒径为 5~10μm 的液滴，而采出液中的乳状液粒径均小于 5μm。

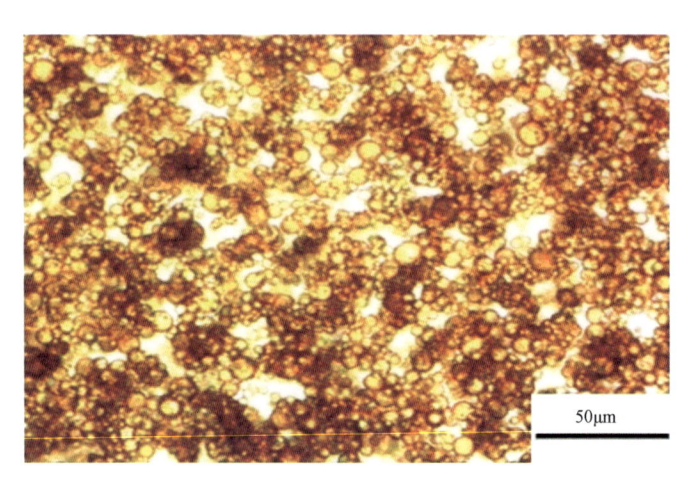

图 4-90　聚合物—表面活性剂复合驱采出液样本微观图

乳状液进入岩心后，由于水驱后岩心内含有大量的水溶液，乳状液前缘会被地层水稀释，乳状液液滴浓度变小，驱替开始后乳状液会沿孔隙喉道的中间部位向前流动，对边缘残余油或角隅残余油产生"挤压"，使其变形，最后被拉断，成为独立油滴。随着乳状液持续注入，乳状液液滴密度逐渐增大，液滴可能会堵塞大喉道并扩大波及体积，较大油滴卡在细小喉道中，或小油滴无序拥挤卡在喉道处引起堵塞，后续乳状液将改变路径流动，可驱替出

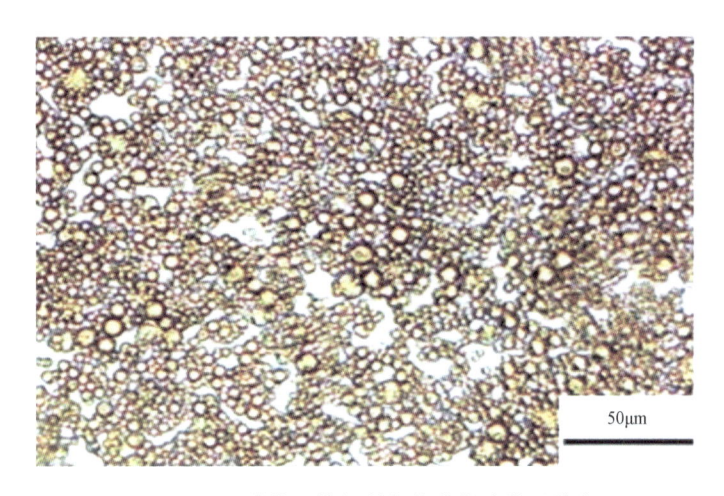

图 4-91 乳化机模拟制备的乳状液微观分布

水驱后部分残余油,同时乳状液的携带力及黏滞力也会驱出部分残余油。由于低界面张力,乳状液可能进入注入水波及不到的细小喉道,从而实现扩大波及体积并驱替残余油的作用。因此,使用乳状液驱油可以提高采收率。

图 4-92 为进行乳状液驱油后出口端液体。含水率、采收率及压力变化规律如图4-93所示。在乳状液驱油实验中发现,随着乳状液注入,样本中自由水体积(即含水率)迅速降为 0,产出流体为乳状液和油相的混合液,并且采出油量较多,静置后很快分层,油相位于上层,乳状液在下层,乳状液具有扩大波及体积的作用。根据压力变化曲线,注入水驱油稳态时的压力为 0.11MPa,注入乳状液后压力迅速增加至 0.56MPa,说明乳状液液滴堵塞部分孔喉或驱替液黏度增大使得注入压力增加,随着驱替进行,压力逐步降低并达到稳态为 0.22MPa。根据注入乳状液前后的水驱压力变化可得出残余阻力系数为 2.0。实验结果表明,使用乳状液驱油能够提高采收率。

图 4-92 乳状液驱油产出液样本

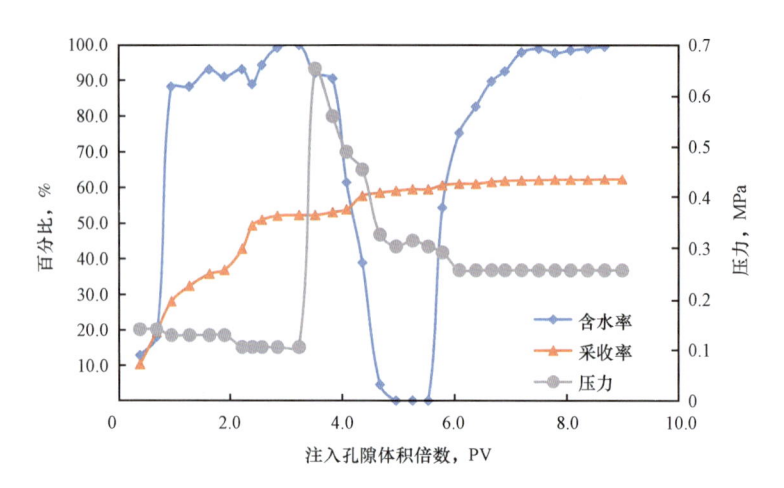

图 4-93　乳状液驱油含水率、采收率及压力变化曲线

使用不同配方的聚合物—表面活性剂复合体系进行了乳状液的制备，并用乳状液进行了驱油实验，相关参数见表 4-11。不同配方的乳状液体系驱油可以提高采收率 8.4%~12.9% 之间，残余阻力系数在 1.6~2.2 之间变化。

表 4-11　系列乳化机制备乳状液驱油提高采收率及相关参数

编号	表面活性剂浓度及类型	σ mN/m	K mD	ϕ %	水驱采收率 %	乳状液提高采收率,%	残余阻力系数 RRF
1	0.5% SD-T	6.82×10^{-1}	360.3	24.3	50.2	8.4	1.6
2	1% SD-T	5.16×10^{-1}	404.3	25.6	57.4	8.9	1.7
3	0.5% SD-T/HD-0	4.82×10^{-1}	286.3	21.4	50.7	8.7	1.6
4	0.5% KPS	7.80×10^{-2}	290.4	18.9	49.7	9.7	1.8
5	1% KPS	6.53×10^{-2}	316.4	23.5	52.3	11.7	1.9
6	1% KPS/HD-0	3.79×10^{-2}	260.7	19.7	48.6	10.3	1.7
7	0.5% DWS-3	1.89×10^{-3}	374.2	25.1	52.1	10.1	2.0
8	1% DWS-3	1.62×10^{-3}	420.7	26.3	55.4	10.4	2.1
9	1% DWS-3/KPS	1.33×10^{-4}	390.4	24.7	55.8	12.9	2.2

为了分析乳状液在不同流速下的驱油效率及变化特征，针对 0.5% DWS-3+0.12% HPAM 体系，使用了 3 种不同的驱替速率，分别为 1.00m/d、6.39m/d 及 25.56m/d。图 4-94（a）为注入乳状液静置时的乳状液液滴发生了聚并现象，图 4-94（b）（c）（d）分别为速率 1.00m/d、6.39m/d 及 25.56m/d 时出口端收集的乳状液微观图像。如图 4-95 所示，对提高采收率效果及粒径变化规律进行分析后发现，随着速率增大，液滴分布仍是以小于 5μm 的粒径尺寸为主，速率增大后大尺寸液滴比例减小，说明乳状液在高速下流经多孔介质时所受的剪切力增大，稳定性增强。随着速率提高，乳状液驱油时压力上升，残余阻力系数增大，见表 4-12。

第四章　聚合物—表面活性剂复合体系与原油界面作用

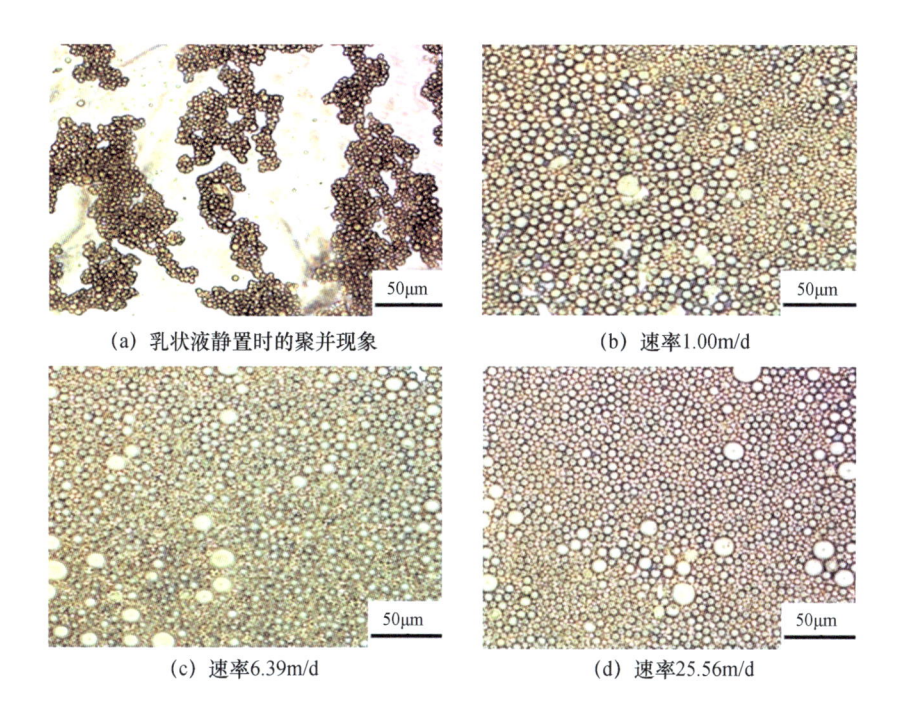

(a) 乳状液静置时的聚并现象

(b) 速率1.00m/d

(c) 速率6.39m/d

(d) 速率25.56m/d

图4-94　不同速率下乳状液驱油出口端乳状液微观图像对比

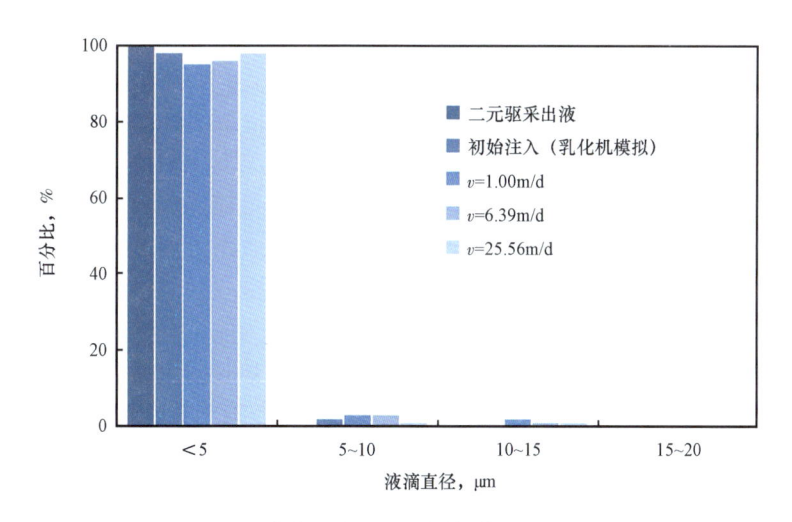

图4-95　聚合物—表面活性剂复合驱液滴尺寸对比

表4-12　不同速率下乳状液驱油主要参数

水驱采收率,%	注入乳状液速率，m/d	乳状液提高采收率,%	残余阻力系数
50.62	1.00	12.86	2.2
52.30	6.39	10.42	2.6
48.41	25.56	9.46	3.1

第五章　聚合物—表面活性剂复合体系与岩石矿物相互作用

储集岩中的储集空间是一个复杂的立体孔隙网络系统，但这个复杂孔隙网络系统中的所有孔隙（广义）可按其在流体储存和流动过程中所起的作用分为孔隙（狭义孔隙或储孔）和孔隙喉道两个基本单元。在该系统中，被骨架颗粒包围着并对流体储存起较大作用的相对膨大部分，称为孔隙（狭义）；另一些在扩大孔隙容积中所起作用不大，但在沟通孔隙形成通道中却起着关键作用的相对狭窄部分，则称为孔隙喉道，它是两个颗粒间连通的狭窄部分或两个较大孔隙之间的收缩部分。

储层岩石骨架颗粒表面通常被大量的黏土矿物包裹着，这些微粒矿物具有强大的比表面吸附能力和化学活泼性，对化学驱具有重要的影响。对储层微观结构、组成的研究表明，孔喉结构特征及其矿物颗粒表面分布有大量的薄膜状胶体矿物微粒，化学活泼性强，对化学驱油剂的驱油效率具有重要影响，目前有关此方面的研究相对较少。

化学驱油提高采收率是目前很重视的研究课题，但国内外均未取得明显的突破，有些试验虽然在理论和技术上可行，但在经济效益方面却不合算，其中一个重要的原因就是油层中的黏土矿物对化学采油的影响没有引起研究者足够的重视。黏土矿物对注入剂的吸附造成化学试剂的大量损失，影响了驱油效果和经济效益；黏土矿物对化学剂的选择性吸附改造了注入化学剂的配方，影响预期效果；注入剂与黏土矿物交换反应造成新的地层伤害。

经过无数的矿场试验证明，化学复合驱在提高原油采收率方面的效率和效果远远超过了水驱，但是化学复合驱存在一定的局限性，这是因为该方法主要是作用于油水界面，并没有考虑到原油分子和黏土矿物颗粒之间的关系，其主要表现为以下几个方面：(1)黏土矿物具有强大的比表面自由能，这就使得相当一部分的原油分子被吸附束缚在黏土矿物的表面或缝隙当中（这部分油被称为束缚油），不能发生自由流动。当采用化学复合驱进行驱油时，化学试剂主要作用于油水界面，它们并不能很好地把被束缚在黏土矿物表面及缝隙中的原油分子驱赶出来，这样就会影响原油的采收率。(2)黏土矿物对有机质的吸附也可能对油层造成伤害。特别是在驱油过程中，驱油效率的好坏在很大程度上取决于化学驱油剂的稳定性。而这些试剂注入地层后，由于油层黏土矿物对注入化学剂的选择性吸附和离子交换作用的影响，改变了原来精心设计的化学剂配方，这不仅会降低甚至破坏预期的设计效果，而且会造成地层伤害。(3)有些化学驱油方法（如表面活性剂—聚合物驱油）从实验结果看，由于黏土矿物对试剂的强力吸附，使大量试剂损耗，不仅影响了驱油效果，而且大大提高了试验成本，影响经济效益。(4)黏土矿物因为其特殊的性质，当化学试剂注入时，会与其发生交换反应，这不仅会大量损耗试剂，影响经济效益，而且可能会改变原来设计的化学剂配方，影响驱油效果，甚至可能会造成新的地层伤害。(5)黏土矿物的分散运移、膨胀、酸敏都会导致沉淀物的生成，严重造成地层孔隙的堵塞，对油气的三次开采造成很大的危害，采用化学复合驱的方法驱油时就必须考虑这方面的影响。(6)化学复合驱还有一个局限性就是它本身所带试剂带来的影响和危害,当注入强碱时会破坏掉地层中原本的化学平衡,会与地层中存在的一些阳离子发生化学变化,产生沉淀,这不仅会对地层造成伤害,还会造成地层孔隙的堵塞。强碱体系造成的结垢、乳化以及腐蚀对采油举升工艺也会造成很大的影响。

第一节 储层界面性质

岩心孔喉结构是以储层多孔介质为研究对象,包括孔隙和喉道尺寸及其形状与分布,同时也包括相互连通与孔喉间的配置情况。储集空间可分为孔隙和喉道两个基本单元,孔隙可分为三种类型:超毛细管孔隙、毛细管孔隙及微毛细管孔隙。当直径大于 $500\mu m$ 并且裂缝宽度大于 $250\mu m$ 时可称为超毛细管孔隙。在该类孔喉中的流体流动服从水力学规律。例如岩石中的大裂缝、溶洞等均为此类型。当直径在 $0.2 \sim 500\mu m$ 之间,并且其中的裂缝宽度尺寸为 $0.1 \sim 250\mu m$ 时的孔隙为毛细管孔隙。流体无法在内部发生自由流动,常见类型为微裂缝及常规砂岩。微毛细管孔隙的直径小于 $0.2\mu m$,并且具有宽度小于 $0.1\mu m$ 的裂缝,常见的黏土及致密页岩均属于此种类型。

一、储集空间类型

储集岩具有不同的类型,通常分为碎屑岩、碳酸盐岩和其他类型的储集岩。不同类型的储集岩孔隙和喉道类型既有共性,又存在差异。

从储层空间角度可将储层分为孔隙型储层、洞穴型储层、裂缝型储层、孔洞型储层、缝洞型储层(图5-1)。其中碎屑岩储层通常以孔隙型储层为主,但在致密碎屑岩中也存在裂缝型储层;碳酸盐岩储层一般可为洞穴型储层、裂缝型储层、孔洞型储层、缝洞型储层;其他岩类储层多以裂缝型储层为主。

二、储层孔喉结构类型

在进行复合驱的试验研究中,由于储层已经进行了长时间的水驱过程,地层中的孔隙主要属于毛细管孔隙,地层中的特殊大孔道基本上属于超毛细管孔隙,具有直径大于 $500\mu m$ 并且裂缝宽度大于 $250\mu m$ 的特征。喉道或主流喉道决定了流体在其中的渗流能力,影响喉道渗流能力的因素有喉道形态(图5-2)、尺寸、连通情况等。

在孔喉尺寸分类标准中,代表性强的为罗蛰谭教授建立的相关分类标准。该标准以砂岩油气层近千块岩样数据为研究对象,基于对毛细管压力特征的对比分析及对孔隙铸体薄片特征的详细描述,具有较强的科学性。依据毛细管压力特征将砂岩储层分为4类,见表5-1。大到中等喉道的主要孔喉半径为 $7.5\mu m$,细喉道的最大连通孔喉半径为 $1 \sim 7.5\mu m$。

三、储层性质分析方法

1. X射线衍射

全岩矿物组分和黏土矿物可用X射线衍射(XRD)迅速而准确地测定。XRD分析借助于X射线衍射仪来实现,它主要由光源、测角仪、X射线检测和记录仪构成(图5-3)。

表 5-1 依据毛细管特征的砂岩储层综合分类评价

主要孔隙类型	基质	胶结物	孔喉半径 μm	支撑类型	毛细管特征	粒度	孔隙度 %	渗透率 mD	其他	评价
原生粒间孔隙或次生溶孔(孔隙都较大)	少量	少量	主要孔喉半径7.5(大到中等喉道)	颗粒支撑,部分基质支撑	曲线粗歪度,分选好,饱和度压力中值<1.5MPa,排驱压力低	细—中粒	>20	>100	分选好;束缚水<3.0%	Ⅰ类:好到非常好储集岩
基质内微孔隙;胶结物末充填孔隙及胶结物晶间隙;一定量溶孔(中、小孔隙)	增多	多泥质	最大连通孔喉半径1~7.5(细喉道)	基质支撑,也有颗粒支撑	曲线歪度略粗,分选一差,饱和度中值压力为3.0MPa左右	粉砂—细粒	12~20	1~100	分选差到好,储渗能力中等,单井产能1~100t/d	Ⅱ类:中等储集岩
基质内微孔隙或晶体再生长孔隙;很少的粒间孔和溶蚀孔(孔隙很小)	很多	很多(或基质,胶结物充满石英次生加大,十分发育)	最大连通孔喉半径0.68~1.07(孔与喉均很小、难以区分)	基质支撑或基底式充填式胶结	饱和度压力中值6.0~9.0MPa	细—粉砂	7~11	0.1~1	储渗能力很差,若原油黏度高,需压裂、酸化;埋深大,相带不利,应注意裂缝,收缩孔等	Ⅲ类:差储集岩
基质内微孔隙,晶体再生长孔隙,裂缝不发育		基底式胶结	最大连通孔喉半径<0.68	基底式胶结	曲线细歪度,饱和度压力中值很高	粉—极细砂	<6(油层)或<4(气层)	<0.1	束缚水>50%,镜下几乎看不到任何孔隙	Ⅳ类:非储集岩

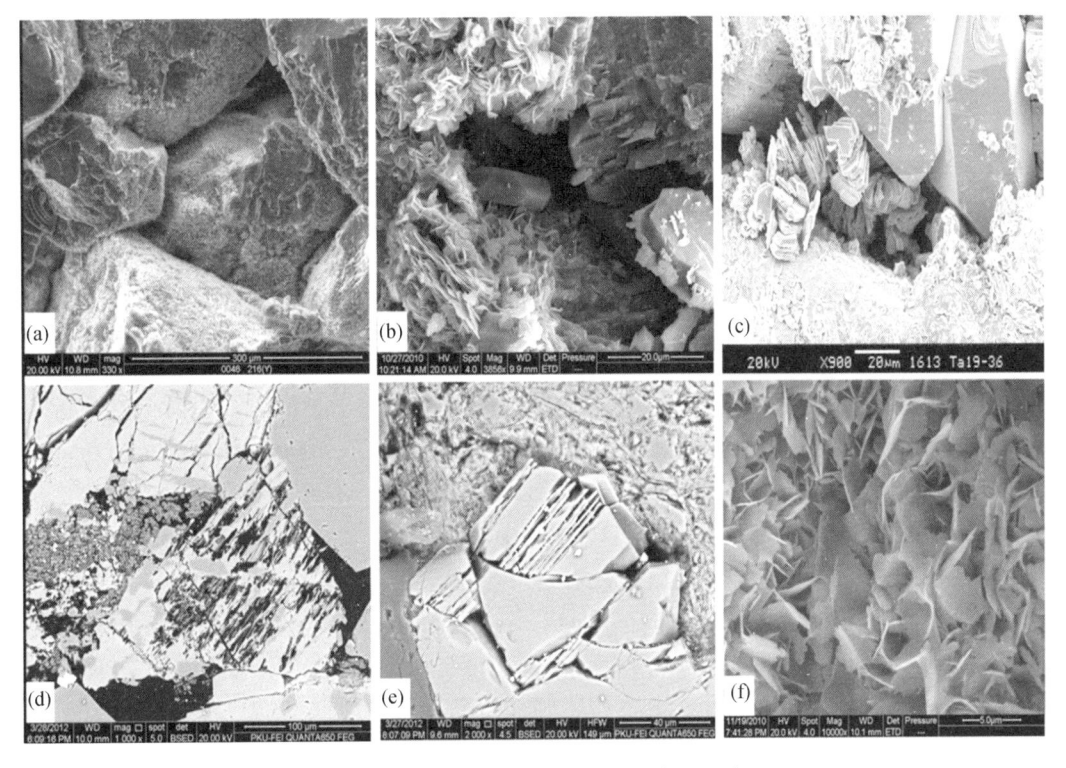

图 5-1 扫描镜下观察到的各种储集空间类型

(a) 松辽盆地葡萄花油层粒间原生孔(扫描电镜下放大 330 倍);
(b) 鄂尔多斯盆地延安组粒间溶蚀孔(扫描电镜下放大 3856 倍);
(c) 海塔盆地铜钵庙组被自生石英和高岭石充填的残余粒间孔(扫描电镜下放大 900 倍);
(d) 鄂尔多斯盆地延安组钾长石被溶蚀后形成的粒内溶孔(扫描电镜下放大 1000 倍);
(e) 鄂尔多斯盆地延长组钙长石脆性矿物在高应力作用下形成的粒内微裂隙(扫描电镜下放大 2000 倍);
(f) 鄂尔多斯盆地致密砂岩蒙皂石矿物中形成的微孔隙(扫描电镜下放大 10000 倍)

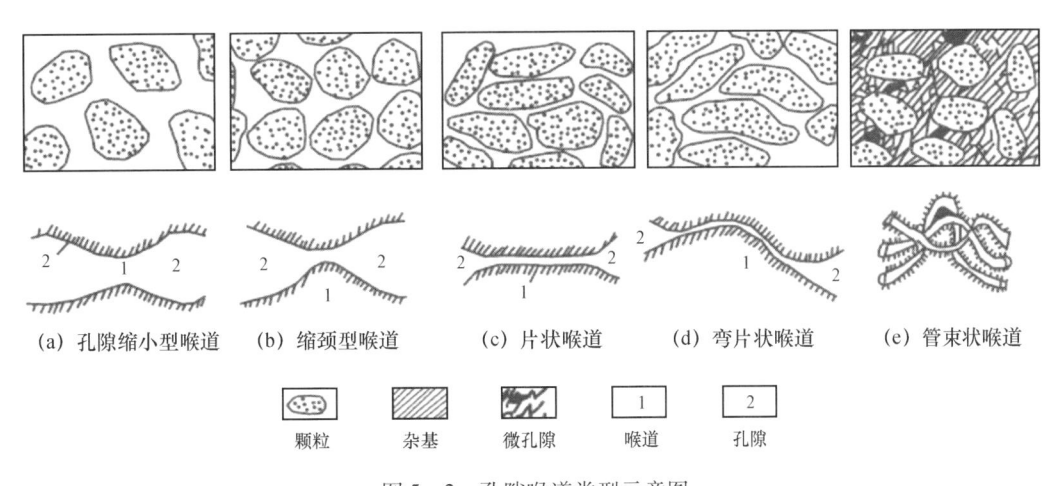

(a) 孔隙缩小型喉道　(b) 缩颈型喉道　(c) 片状喉道　(d) 弯片状喉道　(e) 管束状喉道

颗粒　杂基　微孔隙　1 喉道　2 孔隙

图 5-2 孔隙喉道类型示意图

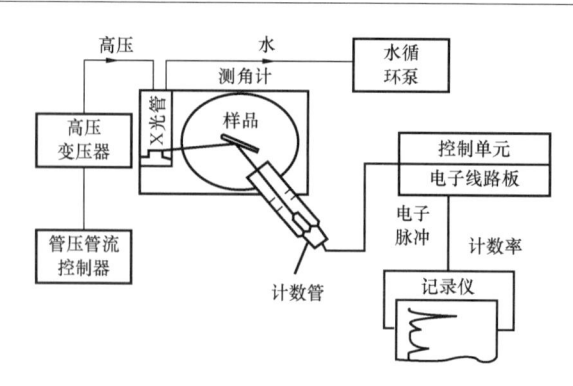

图 5-3　X 射线衍射仪的衍射系统

由于黏土矿物的含量较低，砂岩中一般为 3%~15%。这时，X 射线衍射全岩分析不能准确地反映黏土的组成与相对含量，需要把黏土矿物与其他组分分离，分别加以分析。首先将岩样抽提干净，然后碎样，用蒸馏水浸泡，最好湿式研磨，并用超声波振荡加速黏土从颗粒上脱落，提取粒径小于 2μm（泥岩、页岩）或小于 5μm（砂岩）的部分，沉降分离、烘干、计算其占岩样的质量分数。

黏土矿物的 XRD 分析使用定向片，包括自然干燥的定向片（N 片）、经乙二醇饱和的定向片（再加热至 550℃），或盐酸处理之后的自然干燥定向片。粒径大于 2mm 或 5mm 的部分则研磨至粒径小于 40μm 的粉末，用压片法制片，上机分析。此外还可以直接进行薄片的 XRD 分析，它对于鉴定疑难矿物十分方便，并可与薄片中矿物的光性特征对照，进行综合分析。

利用黏土矿物特征峰的 d_{001} 值鉴定黏土矿物类型，表 5-2 列出了各组主要黏土矿物的 d_{001} 值。根据出现的矿物对应衍射峰的强度（峰面或峰高度），依据 SY/T 5163—2018《沉积岩中黏土矿物 X 射线衍射分析方法》求出黏土矿物相对含量。

表 5-2　各组主要黏土矿物的 d_{001}（10^{-1}nm）X 射线衍射特征

矿物	d_{001}	d_{002}	d_{003}	d_{004}	d_{005}
蒙皂石	12~15	—	4~5	—	2.4~3
绿泥石	14.2	7.1	4.7	3.53	2.8
蛭石	14.2	7.1	4.7	3.53	2.8
伊利石	10.0	5.0	3.33	2.5	—
高岭石	7.15	3.58	2.37	—	—

油气层中常见的间层矿物大多数是由膨胀层与非膨胀层单元相间构成。表 5-3 列出了间层矿物的类型，伊利石/蒙皂石间层矿物、绿泥石/蒙皂石间层矿物较常见。

间层比指膨胀性单元层在间层矿物中所占比例，通常以蒙皂石层的百分含量表示。由衍射峰的特征，依据行业标准 SY/T 5163—2018《沉积岩中黏土矿物 X 射线衍射分析方法》求出间层矿物间层比及间层类型（绿泥石/蒙皂石间层矿物间层比的标准化计算方法待定）。对间层矿物的间层类型、间层比和有高序度的研究有助于揭示油气层中黏土矿物水化、膨胀、分散的特性。应该指出，XRD分析不能给出敏感性矿物产状，所以必须与薄片、扫描电镜技术配套使用，才能全面揭示敏感性矿物的特征。

表 5-3 主要间层黏土矿物类型

非膨胀组分 有序度	云母		绿泥石		高岭石
	二八面体	三八面体	二八面体	三八面体	
近程有序	钠板石 累托石 云母/蒙皂石 云母/蛭石	水黑云母 云母/蛭石	苏托石 （羟硅铝石） （Di-Ch）/S	柯绿泥石 （Tri-Ch）/Ve （Tri-Ch）/S	—
长程有序	伊利石/蒙皂石	云母/蛭石	—	—	—
无序	伊利石/蒙皂石	云母/蛭石 云母/蒙皂石	绿泥石/蒙皂石 绿泥石/蛭石	绿泥石/蒙皂石 绿泥石/蛭石	高岭石/蒙皂石

注：Di—二八面体；Tri—三八面体；Ch—绿泥石；S—蒙皂石；Ve—蛭石。

XRD分析技术鉴定矿物的能力在地层损害研究中还有广泛的应用。油气井见水后，可能会有无机盐类沉积在射孔孔眼和油管中，利用XRD分析技术就可以识别矿物的类型，为预防和解除垢沉积提供依据。如大庆油田聚合物驱采油中，生产井油管中无机垢沉积，经XRD鉴定存在$BaSO_4$。

此外，XRD分析还用于注入和产出流体中的固相分析，明确矿物成分和相对含量，对于研究解堵措施很有帮助。

2. 扫描电镜

扫描电镜（SEM）分析能提供孔隙内充填物的矿物类型、产状的直观资料，同时也是研究孔隙结构的重要手段。扫描电镜通常由电子系统、扫描系统、信息检测系统、真空系统和电源系统五大部分构成（图5-4），它是利用类似电视摄影显像的方式，用细聚焦电子束在样品表面上逐点进行扫描，激发产生能够反映样品表面特征的信息来调制成像。有些扫描电镜配有X射线能谱分析仪，因此能进行微区元素分析。

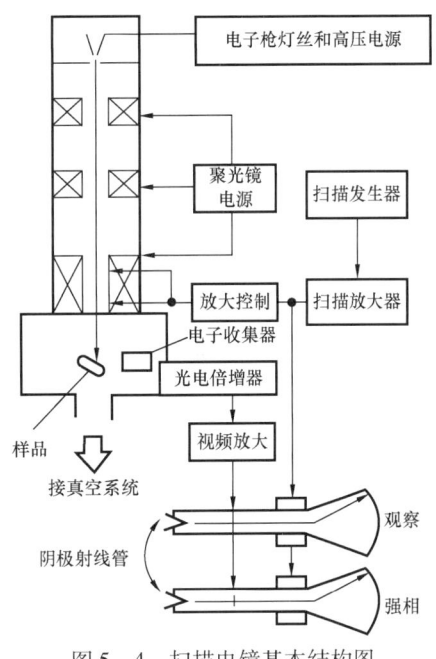

图 5-4 扫描电镜基本结构图

扫描电镜分析具有制样简单、分析快速的特点。分析前要将岩样抽提清洗干净，然后加工出新鲜面作为观察面，用导电胶固定样品于桩上，自然晾干，最后在真空镀膜机上镀金（或碳），样品直径一般不超过1cm。

近年来，在扫描电镜样品制备方面取得了显著的进展。临界点干燥法可以详细地观察原状黏土矿物的显微结构，背散射电子图像的使用能够在同一视域中直接识别不同化学成分的各种矿物。

扫描电镜分析能给出孔隙系统中微粒的类型、大小、含量、共生关系的资料。越靠近孔、喉中央的微粒，在外来流体和地层流体作用下越容易失稳。

黏土矿物有其特殊的形态（表5-4），借此可确定黏土矿物的类型、产状和含量。如孔喉桥接状、分散质点状黏土矿物易与流体作用。对于间层矿物，通过形态可以大致估计间层比范围。扫描电镜立体感强，更适于观察孔喉的形态、大小及与孔隙的连通关系（图5-5）。对孔喉表面的粗糙度、弯曲度、孔喉尺寸的观测能揭示微粒捕集、拦截的位置及难易程度，对研究微粒运移和外来固相侵入很有意义。

表5-4 主要黏土矿物及其在扫描电镜下的特征

构造类型	族	矿物	化学式	d_{001} 10^{-1}nm	单体形态	集合体形态
1:1	高岭石	高岭石 迪开石	$Al_4(Si_4O_{10})(OH)_8$	7.1~7.2, 3.58	假六方板状 鳞片状 板条状	书页状 蠕虫状 手风琴状 塔晶
	埃洛石	埃洛石	$Al_4(Si_4O_{10})(OH)_8$	10.05	针管状	细微棒状 巢状
2:1	蒙皂石	蒙脱石 皂石	$R_x(AlMg)_2(Si_4O_{10})$ $(OH)_2 4H_2O$	Na:12.99 Ca:15.50	弯片状 皱皮鳞片状	蜂窝状 絮团状
	水云母	伊利石 海绿石 蛭石	$KAl((AlSi_3)O_{10})$ $(OH)_2 \cdot mH_2O$	10	鳞片状 碎片状 毛发状	蜂窝状 丝缕状
2:1:1	绿泥石	各种绿泥石	FeMgAl的层状硅酸盐，同形置换普遍	14, 7.14, 4.72, 3.55	薄片状 鳞片状 针叶状	玫瑰花状 绒球状 叠片状
2:1 层链状	海泡石	山软木	$Mg_2Al_2(Si_8O_{20})(OH)_2$ $(OH_2)_4 \cdot m(H_2O)_4$	10.40, 3.14, 2.59	棕丝状	丝状 纤维状

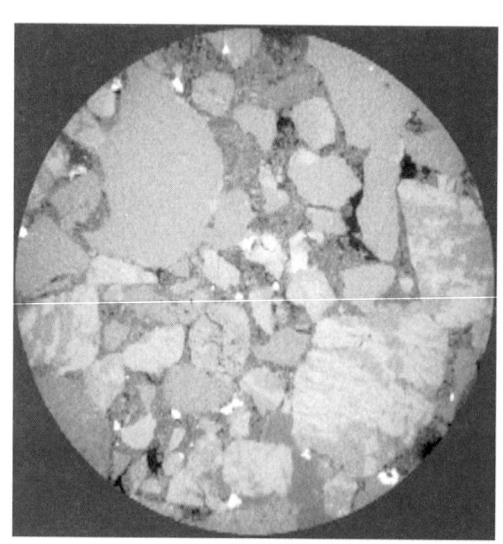

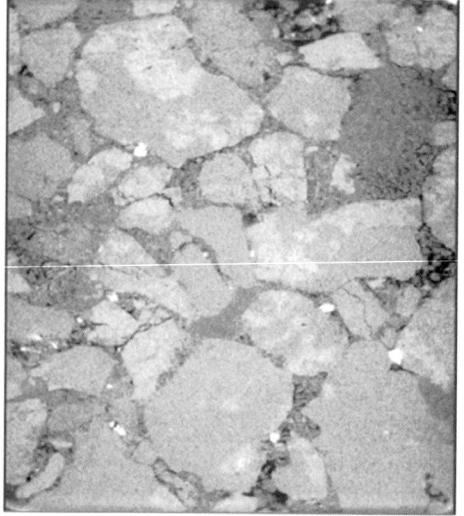

图5-5 储层孔喉结构特征扫描电镜图片

3. 薄片技术

薄片技术是保护油气层的岩相学分析三大常规技术之一，也是最基础的一项分析。应用光学显微镜观察薄片，由铸体薄片获得的资料比较可靠。制作铸体薄片的样品最好是成形岩心，不推荐使用钻屑。薄片厚度为 0.03mm，面积不小于 15mm×15mm。未取心的情况除外，建议少用或不用钻屑薄片，因为岩石总是趋于沿弱连接处破裂，胶结致密的岩块则能保持较大的尺寸，这样会对孔隙发育及胶结状况得出错误的认识。

薄片粒度分析给出的粒度分布参数可供设计防砂方案时参考，当然应以筛析法和激光粒度分析获得的数据为主要依据。研究颗粒间接触关系、胶结类型及胶结物的结构可以估计岩石的强度，预测出砂趋势。对砂岩中泥质纹层、生物搅动对原生层理的破坏也可观察，当用土酸酸化时，这些黏土的溶解会使岩石结构稳定性降低，诱发出砂。

沉积作用、压实作用、胶结作用和溶解作用强烈地影响着油气层的储集性及敏感性。了解成岩变化及自生矿物的晶出顺序对测井解释、敏感性预测、钻井完井液设计、增产措施选择、注水水质控制十分有利。

薄片分析获得孔隙成因、大小、形态、分布资料，用于计算面孔率及微孔隙率。研究地层微粒及敏感性矿物在孔隙和喉道中的位置及与孔喉的尺寸匹配关系，可以判断油气层伤害原因，并用于综合分析潜在的油气层伤害，提出防治措施。例如，低渗—致密油气层使用高分子有机阳离子聚合物黏土稳定剂时，虽可有效地稳定黏土，但由于孔喉细小，处理剂分子尺寸较大，它同时又伤害油气层。

XRD 和红外光谱均不能给出黏土矿物的产状及成因，薄片分析则可说明同一种类型黏土矿物的几种产状(成因)的相对比例。这一点很重要，因为只有位于孔隙流动系统中的黏土矿物才对外来工作液性质最敏感。此外，薄片分析还用于黏土总量的校正，如泥质岩屑的存在可能引起黏土总量的升高，研究中应注意区分。沉降法分离出的黏土受粒径限制，难于反映出较大粒径变化范围($5\sim20\mu m$)时黏土的真实组成。

荧光薄片提供油存在的有效储集和渗流空间的性质，如孔隙、大小、连通性及裂缝隙发育程度，为更好地了解油气层伤害创造了条件。

4. 压汞法测定岩石毛细管压力曲线

由毛细管压力曲线可以获得描述孔喉分布及大小的系列特征参数，确定各孔喉区间对渗透率的贡献。压汞法由于其仪器装置固定、测定快速准确，并且压力可以较高，便于更微小的孔隙测量，因而它是目前国内外测定岩石毛细管压力曲线的主要手段。使用压汞仪测定岩样的毛细管压力曲线(图5-6)，原理是汞对大多数造岩矿物为非润湿，对汞施加压力后，当汞的压力和孔喉的毛细管压力相等时，汞就能克服阻力进入孔隙，计量进汞量和压力，根据进入汞的孔隙体积百分数和对应压力就得到毛细管压力曲线。压力和孔喉半径的关系为：

$$p_c = \frac{0.735}{r} \tag{5-1}$$

式中 p_c——毛细管压力，MPa；

r——毛细管半径，μm。

压汞实验所用岩样一般为直径 2.5cm、长 2.5cm 左右的柱塞，测定前将油清洗干净，测定岩石总体积、氦气法孔隙度、岩石密度和渗透率。

储集岩分类是评价油气层伤害的前提，同一伤害因素在不同类型的储集岩中的表现存在差异。根据毛细管压力的曲线特征参数，用统计法求特征值，结合岩石孔隙度、渗透率、孔隙类型、岩性等可以对储集岩进行综合分类。

砾岩油藏孔道和喉道大小、孔喉比及孔隙、喉道分布差异大，对比表面有影响，只有喉道半径较大的部分化学剂才能进入。选择不同储层类型 3 块样品开展恒速压汞测定，确定七东 1 区孔道和喉道大小、孔喉比及孔隙、喉道分布规律，为三元驱效果评价提供地质依据。

孔隙越大则储油潜力越大。如图 5-7 所示，样品含砾砂岩的孔隙半径主要集中在 100~160μm，样品含砂砾岩的孔隙半径主要集中在 100~160μm，样品泥质砂砾岩的孔隙半径主要集中在 90~135μm。样品含砾砂岩所代表的储层平均孔隙半径最大，储油能力较强。

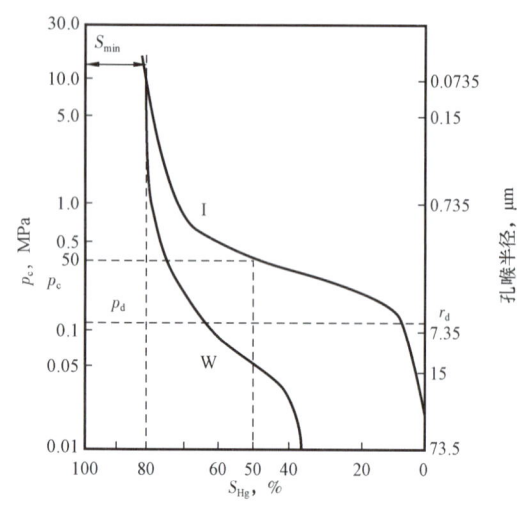

图 5-6 毛细管压力曲线
I—注入曲线；W—退出曲线

喉道越大则油气渗流的能力越强。如图 5-8 所示，样品含砾砂岩的喉道半径主要集中在 2~24μm，样品含砂砾岩的喉道半径主要集中在 2~8μm，样品泥质砂砾岩的喉道半径主要集中在 0~4μm。样品含砾砂岩所代表的储层油气渗流能力较强。

据统计发现，当其他条件不变时，孔喉比与驱油效率成反比关系。如图 5-9 所示，样

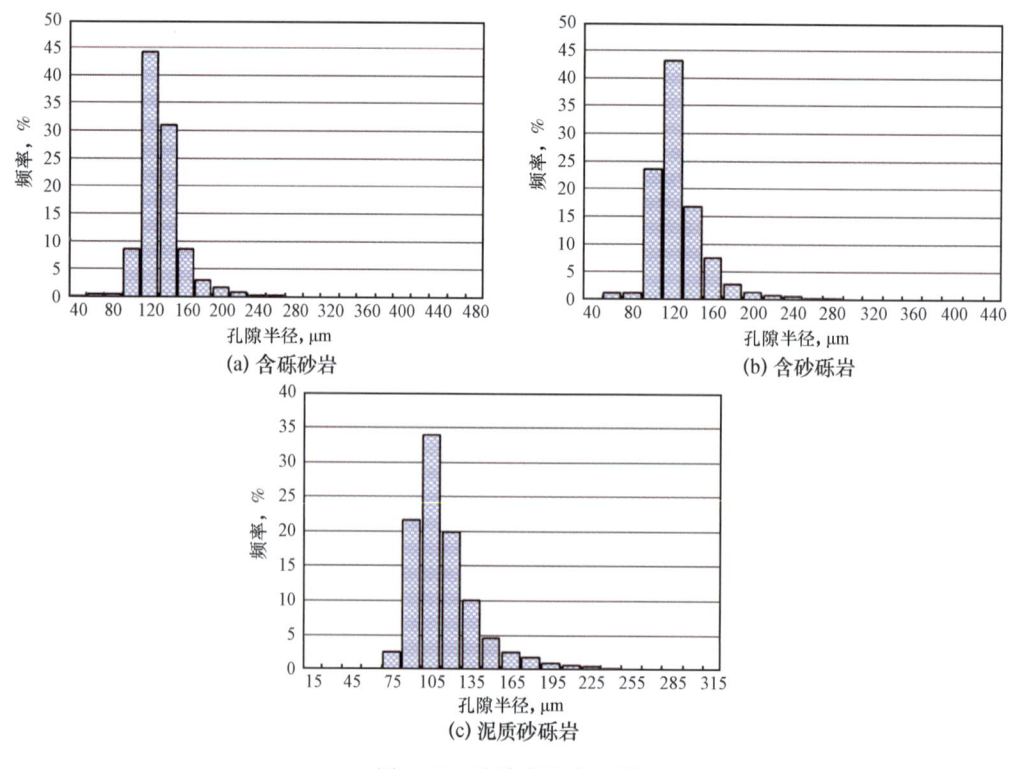

图 5-7 孔隙半径直方图

(a) 含砾砂岩

(b) 含砾砂岩

(c) 泥质砂砾岩

图 5-8　喉道半径直方图

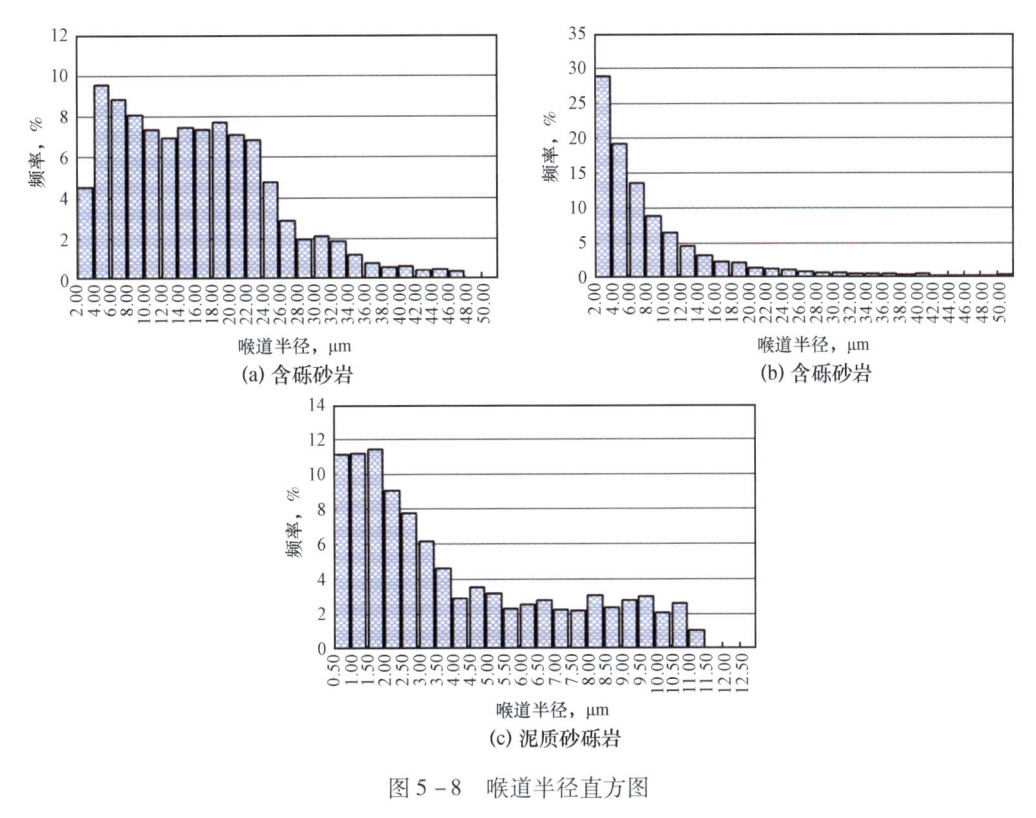

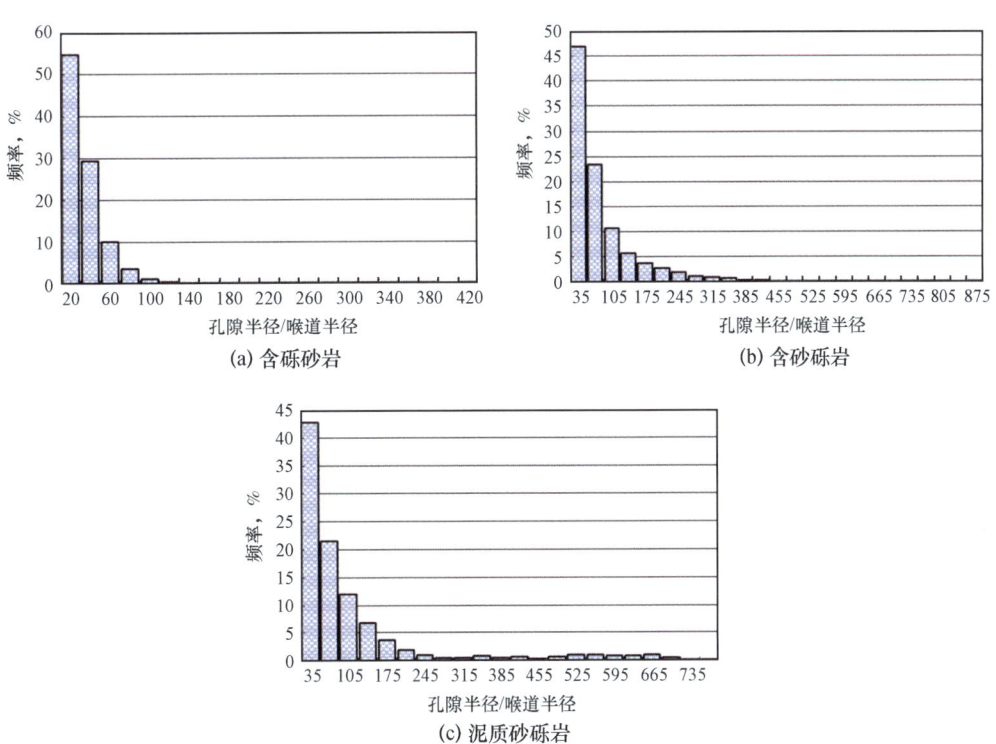

(a) 含砾砂岩

(b) 含砂砾岩

(c) 泥质砂砾岩

图 5-9　孔隙半径、喉道半径比分布直方图

品含砾砂岩的孔喉比主要为20~60，样品含砂砾岩的孔喉比主要为35~140，样品泥质砂砾岩的孔喉比主要为35~175。样品含砾砂岩所代表的储层驱油效率更高。

在恒速压汞岩心取样过程中，岩心松散不易成形，很难取到标准的测试样品。分析3个岩心恒速压汞实验结果得出（表5-5），七东1区储层高孔渗，有利于化学驱油，但非均质性较强。

表5-5 恒速压汞参数

样号编号	含砾砂岩	含砂砾岩	泥质砂砾岩
孔隙度 ϕ，%	27.80	28.90	23.60
渗透率，mD	753.00	254.00	2473.00
样品密度，g/cm³	1.87	2.25	2.25
饱和度中值压力 p_{50}，MPa	0.15	1.91	1.85
饱和度中值半径 γ_{50}，μm	5.06	0.39	0.21
喉道半径平均值 γ，μm	14.64	7.73	3.46
孔隙半径平均值，μm	132.57	126.25	114.89
孔喉半径比平均值	35.35	87.71	118.26
平均孔隙体积，mL	19.39	11.19	6.91
平均毛细管半径，μm	0.18	3.48	0.18
喉道半径方均根值，μm	10.61	5.27	2.13
主流喉道半径，μm	16.22	14.25	0.02
主流喉道半径下限，μm	16.22	14.25	0.14
最大连通喉道半径 r_{max}，μm	0.25	23.78	0.26
最终进汞饱和度，%	76.04	65.18	16.23
总孔隙进汞饱和度，%	48.39	25.54	2.03
总喉道进汞饱和度，%	27.66	39.64	14.20
孔隙和喉道之和占总体积之比，%	1.75	0.64	0.14
结构系数 ϕp_v	0.00	1.72	0.00
特征结构参数 $1/D_r\phi_p$	3029.33	0.55	13034.00
相对分选系数 D_r	0.22	1.06	0.21
岩性系数 F	40505.22	0.56	40250.21
微观均质系数 α	0.00	0.01	0.04
分选系数 S_p	0.04	3.68	0.04
峰态 K_p	2.00	3.97	1.71
偏态歪度 S_{kp}	1.30	1.15	0.66
排驱压力 p_a，MPa	2.88	0.03	2.84

5. Zeta 电位法

Zeta 电位又叫电动电位或电动电势（ζ电位或ζ电势），是指滑动面的电位。它是表征胶体分散系稳定性的重要指标。目前测量 Zeta 电位的方法主要有电泳法、电渗法、流动电位法以及超声波法，其中以电泳法应用最广。

Zeta 电位的重要意义在于它的数值与胶态分散的稳定性相关。Zeta 电位是对颗粒之间相互排斥或吸引力的强度的度量，分子或分散粒子越小，Zeta 电位（正或负）越高，体系越稳定，即溶解或分散可以抵抗聚集。反之，Zeta 电位（正或负）越低，越倾向于凝结或凝聚，即吸引力超过了排斥力，分散被破坏而发生凝结或凝聚。

胶体粒子间的静电排斥力减少相互碰撞的频率，使聚结的机会大大降低，从而增加了相对的稳定性。当固体与液体接触时，可以是固体从溶液中选择性吸附某种离子，也可以是固体分子本身发生电离作用而使离子进入溶液，以致使固液两相分别带有不同符号的电荷，在界面上形成了双电层的结构。

对于双电层的具体结构，最早于 1879 年亥姆霍兹（Helmholz）提出平板型模型；1910 年 Gouy 和 1913 年 Chapmar 修正了平板型模型，提出了扩散双电层模型；后来 Stern 又提出了 Stern 模型。

亥姆霍兹认为固体的表面电荷与溶液中带相反电荷的（即反离子）构成平行的两层，如同一个平板电容器。整个双电层厚度为固体表面与液体内部的总的电位差即等于热力学电势，在双电层内，热力学电势呈直线下降。在电场作用下，带电质点和溶液中的反离子分别向相反方向运动。该模型过于简单，由于离子热运动，不可能形成平板电容器，也不能解释带电质点的表面电势与质点运动时固液两相发生相对移动时所产生的电势差—Zeta 电势（电动电势）的区别，也不能解释电解质对 Zeta 电势的影响等。

古依（Gouy）和查普曼（Chapman）认为，由于正、负离子静电吸引和热运动两种效应的结果，溶液中的反离子只有一部分紧密地排在固体表面附近，相距约一二个离子厚度称为紧密层；另一部分离子按一定的浓度梯度扩散到本体溶液中，离子的分布可用玻兹曼公式表示，称为扩散层。双电层由紧密层和扩散层构成。移动的切动面为 AB 面。Gouy – ChaPman 理论虽然考虑到了静电吸引力和热运动力的平衡，但是它没有考虑到固体表面上的吸附作用，尤其是特殊的吸附作用。

1924 年斯特恩（Stern）对扩散双电层模型作进一步修正。该模型认为溶液一侧的带电层应分为紧密层和扩散层两部分。他认为固体表面因静电引力和范德华引力而吸引一层反离子，紧贴固体表面形成一个固定的吸附层，这种吸附称为特性吸附，这一吸附层（固定层）称为 Stern 层（图 5 – 10）。Stern 层由被吸附离子的大小决定。吸附反离子的中心构成的平面称为 Stern 面。滑动面是比 Stern 面厚的一个曲折曲面，滑动面由 Stern 层和部分扩散层构成。由 Stern 面到溶液中心的电位降称为 Stern 电位，而 Zeta 电位是指由滑动面到溶液中心的电位降。由于离子的溶剂化作用，胶粒在移动时，Stern 层会结合一定数量的溶剂分子一起移动，所以滑移的切动面要以 Stern 层略右的曲线表示。Stern 理论除了从特殊吸附的角度来校正 Gouy – Chapman 理论外，还考虑到了离子具有一定大小。Gouy – Chapman 理论假设溶液中电解质离子为点电荷，它并不占有体积，因此它吸附在固体表面上并不会形成具有一定厚度的吸附层。但事实上离子不但具有一定的体积，而且会形成溶剂化离子，特别是在水溶液中更易形成水化离子。

选择 6 块不同储层岩石类型岩样，用 Zeta 电位仪分析其表面电性，确定矿物表面电荷对化学剂吸附的影响，测试结果见表 5 – 6。

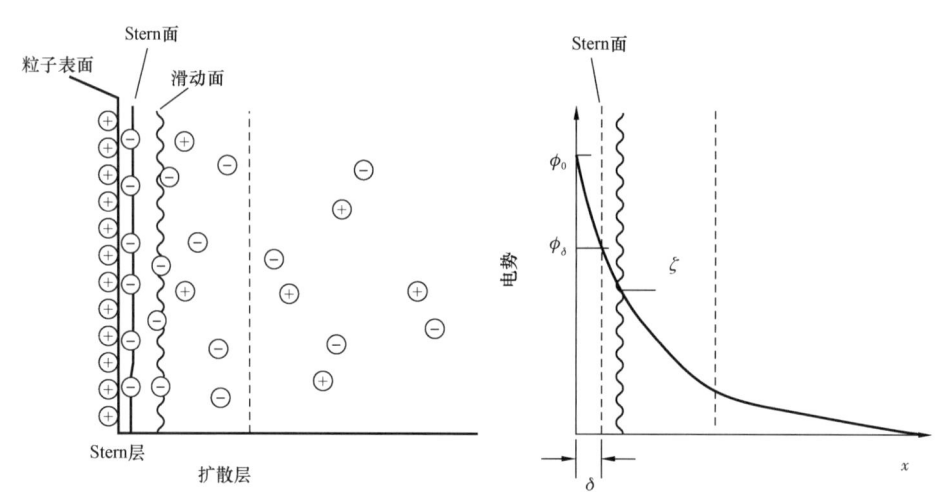

图 5-10 双电子示意图

表 5-6 Zeta 电位分析结果

储层类型	样品编号	Zeta 电位，mV
1	2-16/17	-19.41
	1-16/17	-19.26
2	3-4/23	-20.32
	7-19/24	-28.21
3	16-26/31	-19.71
4	9-11/18	-10.98
	9-9/18	-21.57
5	15-1/24	-28.45
	15-3/24	-30.02
6	00168	-27.61

Zeta 电位的主要用途之一就是研究胶体与电解质的相互作用。由于许多胶质是带电的，它们以复杂的方式与电解质产生作用。当固体与液体接触时，固液两相界面上会带有相反符号的电荷。与它表面电荷极性相反的电荷离子（抗衡离子）会与之吸附，而同样电荷的离子（共离子）会被排斥。Zeta 电位是指剪切面的电位，是表征胶体分散系稳定性的重要指标。DLVO 理论（描述胶体稳定性的理论）表明，胶体体系的稳定性是当颗粒相互接近时，它们之间的双电层互斥力与范德华互吸力的结果。黏土矿物在地下储层中就是以一种胶体溶液的形式存在。当颗粒彼此接近时，它们之间的能量障碍来自互斥力，当颗粒有足够的能量克服此障碍时，互吸力将使颗粒进一步接近并不可逆地黏在一起。

当测得很高的 Zeta 电位，即颗粒带有很多负的或正的电荷，它们会相互排斥，从而达到整个体系的稳定性；当测得很低的 Zeta 电位，即颗粒带有很少负的或正的电荷，它们会相互吸引，从而达到整个体系的不稳定性。水相中颗粒分散稳定性的分解性界限为 30mV 或 -30mV。七东 1 区储层样品 Zeta 电位范围为 -30~-10mV，属于较为不稳定的体系，黏土矿物之间容易相互吸引，发生凝聚。

6. 表面功函数法测定储层性质

表面功函数的定义为把一个电子从固体内部刚刚移到此物体表面所需的最少的能量，测试原理基于爱因斯坦光电效应。功函数的大小通常大概是金属自由原子电离能的1/2。同样地将真空中静止电子的能量与半导体费米能级的能量之差定义为半导体的功函数（图5-11）。功函数的单位：电子伏特（eV）。测量步骤如下：

(1) 将待测样品放置到样品支架上，将样品所要测量的表面对准参考电极（图5-12，待测表面朝下）。用拉杆上的压片将样品压住。

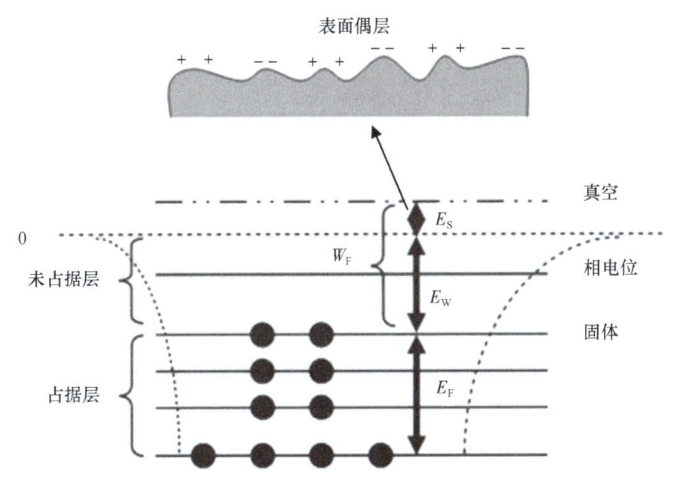

图5-11 表面功测量原理

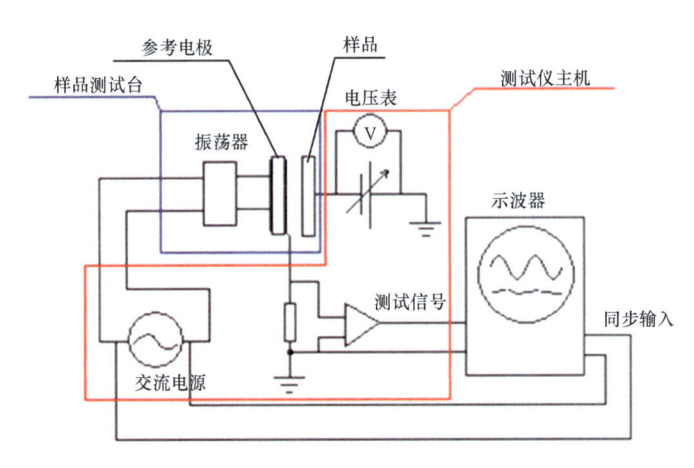

图5-12 表面功函数测试仪基本结构图

(2) 先把功率输出调到最小，然后打开电源开关，然后逐渐增加输出功率，观察示波器上的参考电压使输出电压在1.5~2V，并观察在平衡电压信号输出是否出现信号电压波形。此时调整三个定位螺栓。

(3) 使参考电极与样品电极尽可能地平行和接近但不接触，如出现接触则在示波器的信号中会出现尖峰或者不稳的现象，以达到输出波形最大但又不出现尖峰。

(4) 调节补偿电压调节旋钮，同时观察示波器上信号波形及相位的变化，当信号的输入为零即输出波形为直线时即达到平衡,此时的补偿电压的读数即为样品表面与参考电极的电压差 V_{12},高于与低于此电压时信号的相位差为 180°。而它们之间的功函数差即为 $(\phi_1 - \phi_2) = V_{12}$,单位为电子伏特(eV)。

选择 6 块不同储层岩石类型岩样测定表面电离势,分析研究储层矿物电化学性质(表 5-7)。探测样品表面组成和结构以及活泼性、表面吸附能力。

表 5-7 表面功函数

储层类型	样品编号	表面功, eV
1	2-16/17	5.17
	1-16/17	5.11
2	3-4/23	5.18
	7-19/24	5.19
3	16-26/31	5.07
4	9-11/18	4.79
	9-9/18	5.18
5	15-1/24	5.16
	15-3/24	5.13
6	00168	5.18

在光电效应中,如果一个拥有能量比功函数大的光子被照射到金属上,则光电发射将会发生。任何超出的能量将以动能形式给予电子。Carta 等用能带结构理论研究了矿物的浮选。认为矿物表面上捕收剂(改变矿物表面疏水性,是浮游的矿粒黏附于气泡上的浮选药剂)的吸附与费米能级的位置有关系。所谓能带结构,是周期性势场中运动电子的能级形成的,包括价带和导带。价带和导带之间不存在电子,为能量禁区,称为禁带。费米能级表示被电子占据之概率为 1/2 的能级。研究表明,费米能级的位置决定了吸附剂和被吸附物之间交换的本质,进而决定了化学吸附的本质。通过对纯净的重晶石、方解石及萤石矿物进行测定表明,矿物功函数、药剂吸附量及可浮性之间有明显的相互关系,即矿物随着功函数的增加及费米能级的降低,捕收剂在矿物表面上的吸附量增加。

根据上述对矿物浮选的研究,矿物表面功函数与吸附能力成正相关,即表面功函数越大,吸附能力越强。

7. 新型分析方法

尽管用于分析岩心的许多技术早已存在,但石油地质学家及石油工程师从未像今天这样共同关心并应用岩心分析技术来深入揭示油气层的微观特性。一些传统技术因使用目的的转变,而被赋予新的含义。如铸体薄片技术,从最初便于观察孔隙出发,如今则主要利用其保护黏土矿物不致在制片过程中发生脱落。XRD 技术对黏土矿物的研究与认识起到了巨大的推动作用,1985 年以前,国内尚无大家接受的黏土矿物含量计算公式,今天从黏土分离提取、数据处理,乃至间层比的计算都已形成石油行业标准,可以说近十几年发生了质的飞跃。扫描电镜等一些先进的分析技术,目前的应用与其所能揭示的大量信息相比,技术潜力还有待充分开发。同时,一些新技术正在不断涌现,及时地引入石油工程领域,解决工程问题已成为地质家及石油工程师的共同使命。表5-8将几种常用技术做一归纳，表明在研究中需要将这些技术组合应用，方能获得岩石性质的全貌。

表5-8 几种主要岩心分析技术的特点及应用

项目内容	X射线衍射	扫描电镜	铸体薄片	电子探针	压汞毛细管压力曲线测定	红外光谱
主要用途及特点	(1)压片法分析迅速、简便； (2)能进行全岩分析； (3)鉴定黏土矿物类型、间层作用、多型、结晶度； (4)黏土混合物的定量或半定量分析	(1)耗样少，制样简单，不破坏原样； (2)观察视场大，立体感强； (3)对孔隙类型、形态、大小、连通关系进行观测； (4)给出黏土矿物形态、产状及分布不均匀性方面的信息	(1)特别适于孔隙结构的研究，如面孔率、孔隙形态大小、连通性； (2)可以观察岩石类型、结构、显微构造； (3)通过矿物染色，能给出碳酸盐矿物含铁量的信息； (4)研究矿物的成因、晶出顺序	(1)直接在岩石薄片上对其分析，不用分离和提纯； (2)分析范围由B^5和U^{92}，灵敏度高，以氧化物形式给出定位矿物的化学成分； (3)微区范围可达$1\mu m$，与电镜联合可以给出不同产状、形态矿物的化学成分	(1)可以用柱塞，也可以用不规则岩样； (2)与薄片比较，能提供较大体积岩样的孔喉分布状况； (3)结合铸体薄片孔隙图像分析，能求出一组描述孔隙结构的特征参数	(1)制样简单，分析快速； (2)能进行全岩分析； (3)对非晶质矿物、黏土矿物的成分、结构反应灵敏； (4)对膨胀性矿物，可获得内部构造中吸附成分，交换性离子、自由水分子和配伍水分子以及氧化硅表面的相互作用方面的信息； (5)对黏土混合物进行定量、半定量分析
局限性	(1)微量组分不易鉴定出，全岩分析时应加注意； (2)只能提供少量的有关各组分的分布方面的信息，不能给出产状； (3)对无序物质产状、部分类型同象替代的反应不灵敏	(1)不能给出准确的化学成分； (2)对黏土矿物相对含量只能给出大概的比例； (3)对多型、间层作用不易识别； (4)仅根据形态有时会错误判断矿物类型	(1)对微孔隙无能为力； (2)对黏土矿物微结构研究提供很少的资料； (3)对黏土矿物多型、间层分析几乎无作用	(1)对微量元素，分析精度低； (2)分析费用较高，限制了进行大量样品分析，一般仅用于关键矿物的鉴定、分析	(1)不能直接给出矿物学方面的信息； (2)根据微孔隙量可以推测大致的黏土含量，很少的成岩作用信息	(1)不能鉴定微量组分，最低检测极限同XRD，即5%~10%； (2)不能给出各组分的产状及分布； (3)不能用于鉴定间层黏土矿物、区分各种类型的有序度

新技术的应用主要表现在以下几个方面：

(1)傅里叶变换红外光谱分析。

采用傅里叶变换红外光谱仪，测定矿物的基团、官能矿物的基团、官能团来识别和量化常见矿物，分析迅速，精度与XRD相似，能定量分析的矿物有石英、斜长石、钾长石、方解石、白云石、菱铁矿、黄铁矿、硬石膏、重晶石、绿泥石、高岭石、伊利石和蒙皂石总和，以及黏土总量，对非晶质物、间层黏土矿物的构造特性分析有独到之处，国外已将其用于井场岩石矿物剖面分析图的快速建立，国内亦逐渐成为分析敏感性矿物，尤其是油气层黏土矿物的有力手段，但由于其对鉴定间层黏土矿物的局限性，要完全代替XRD是不可能的。

(2)CT技术。

将医学上应用的CT技术引入到岩心分析中，主要原理是用X射线照射岩心，得到岩心断面上岩石颗粒密度的信息，经计算机处理转换成岩心剖面图，它可以在不改变岩石形态及内部结构的条件下观察岩石的裂缝和孔隙分布。当固相物侵入岩心时，能够对固相侵入深度及其在孔喉中的状态进行监测，也可以观察岩样与工作液作用后的孔隙空间变化。目前这项技术主要用于高渗透疏松砂岩和裂缝性储层的伤害研究中，如出砂机理、稠油蚯蚓孔道的形成、侵入裂缝的固相分布、岩心内滤饼的分布形态等。

（3）核磁共振成像技术。

核磁共振成像简称 NMRI，它能够观测孔隙或裂缝中流体分布与流动情况，因此对于流体与流体之间，流体与岩石之间的相互作用，以及润湿性和润湿反转问题的研究有特殊意义，是研究油气伤害的最新手段之一。NMRI 测井技术发展很快，主要用于剩余油的分布探测，已成为提高采收率的重要评价技术。

（4）扫描电镜技术。

扫描电镜技术在制样和配件方面发展较快，在 SEM 上配置能谱仪（EDS）可以对矿物提供半定量元素分析，对敏感性矿物的识别及伤害机理研究有很大的帮助。背散射仪的应用免除镀膜对黏土形貌的改变，更宜于实验前后的样品观察。此外，临界点冷冻干燥法，能够揭示黏土矿物在油气层条件下的真实形态。扫描电镜与图像分析仪使用，研究黏土矿物微结构并预测微结构的稳定性，是油井完井技术中心近年来将土壤科学和工程地质理论引入到石油工程中的最新进展。

（5）非晶态矿物和纳米矿物学研究。

油气层中非晶态矿物有蛋白石、水铝英石、伊毛缟石、硅铁石等，还有比黏土矿物微粒更小的纳米级矿物。它们或单独产出，或存在于黏土矿物晶体之间，起到连接微结构的作用，比表面更大，性质更活跃。研究方法主要有化学分析、电子探针、原子力显微镜等。对吐哈盆地丘陵三间房组砂岩高岭石进行电子探针分析，指出高岭石化学组成很少符合理论组成，SiO_2 和 Al_2O_3 经常过量，这种硅、铝部分以非晶态存在，它们易于溶解并促使高岭石微结构失稳。

（6）环境扫描电镜的应用。

一般扫描电镜要求在真空条件下进行实验，而环境扫描电镜则可以在气体、液体介质环境下分析样品。国外已开始利用此项技术研究膨胀性黏土矿物与工作液作用的机理，分析黏土矿物间层比和遇水膨胀的关系、水化膨胀和脱水过程的差异等。因此，环境扫描电镜是伤害机理研究和工作液评价的有力手段。目前，我国已引进了这种仪器。

综上所述，岩心分析技术在认识油气层特征、研究油气层伤害机理及保护油气层工程设计中具有广泛的应用。每种技术都有其优点及局限性，实际工作中要具体问题具体分析，并制定一套切实可行的技术路线。各项技术本身在石油工程中的应用还有巨大的潜力尚待开发，同时工程实践中也不断遇到许多新问题，需要创造性地应用先进技术来解决。

第二节　单组分矿物吸附规律

对于聚合物吸附机理的研究表明，聚合物在油层中的损耗分为物理滞留和化学吸附两种类型。物理滞留包括机械捕集和水动力学捕集两部分。机械捕集指的是聚合物分子通过小孔隙时流动受阻，分子便开始缠结，线团尺寸变大，流出孔隙的机会就大为减小，最终滞留在孔隙中。水动力学捕集是指聚合物分子通过较大的孔隙时，由于水动力学因素而停留在孔隙中,当流速变化时有可能重新流出。聚合物在油层中的捕集与油层的渗透率、孔隙结构有很大的关系。

化学吸附的原理与表面活性剂吸附机理相似。地层岩石表面的个别吸附点可能是黏土矿物的端面,带有正电荷,氢氧根离子会优先吸附到这些活性中心上。聚合物由于静电力、范德华力和氢键的作用,也会吸附在岩石的表面。驱油剂在岩石表面的吸附与岩石表面的性质(亲油或亲水)、组成岩石的基本矿物特别是黏土矿物有很大关系。

驱油剂在油层中流动,与岩石和地层水接触过程中发生损耗,造成损耗的原因主要有以下几个方面:(1)驱油剂在地层岩石表面的吸附;(2)在油层残余油中的分配;(3)在油层多孔介质中的捕集;(4)与油层岩石和地层水中某些成分的反应等。

实验仪器包括:

Nikon ECLIPSE LV100POL 透射偏光镜、TU-1901 双光束紫外可见分光光度仪、安捷伦1260 型高效液相色谱仪、HZS-H 水浴振荡器、动态驱油装置。

实验流程:

(1)按照油田注入水的组成配制实验配制驱油剂溶液的水;配制驱油剂母液并稀释为一系列浓度作为驱油剂的初始浓度,记为 c_0;

(2)将吸附剂和驱油剂溶液按 1:9 的固液比加入带塞的磨口锥形瓶中,振荡摇匀后盖好瓶塞,用封口条进一步将锥形瓶口密封好;

(3)将锥形瓶置于一定温度的恒温水浴槽中,转速为 60r/min,放置 24h;

(4)取出锥形瓶,将吸附后的溶液摇匀后倒入离心管中,在 4000r/min 的转速下离心分离 30min;

(5)取出离心管中上层清液,摇匀后测定清液中驱油剂的浓度。这个浓度就是吸附达到平衡时的平衡浓度,记为 c_t;

(6)静态吸附量计算:

$$\varGamma = \frac{V(c_0 - c_t)}{G} \tag{5-2}$$

式中 $\varGamma$——静态吸附量,表示每克矿物吸附驱油剂的质量,mg/g;

V——驱油剂溶液的体积,L;

c_0——溶液中驱油剂的初始浓度,mg/L;

c_t——溶液吸附平衡后驱油剂溶液的最终浓度,mg/L;

G——吸附剂的质量,g。

化学剂质量浓度检测方法:

(1)聚合物和表面活性剂采用紫外分光光度仪法测定浓度。

(2)参照 SY/T 5862—2020《驱油用聚合物技术要求》所述方法配制 2500 万相对分子质量聚丙烯酰胺含量为 2000mg/L 的聚合物溶液,用纯净水稀释至 100mg/L、250mg/L、500mg/L 和 1000mg/L 4 种不同的浓度。用紫外分光光度仪测量溶液在 210nm 处的吸光度,做出标准曲线如图 5-13 所示。

(3)再用紫外光分光光度仪测定未知浓度聚合物在 210nm 处的吸光度,根据标准曲线反推该聚合物浓度。

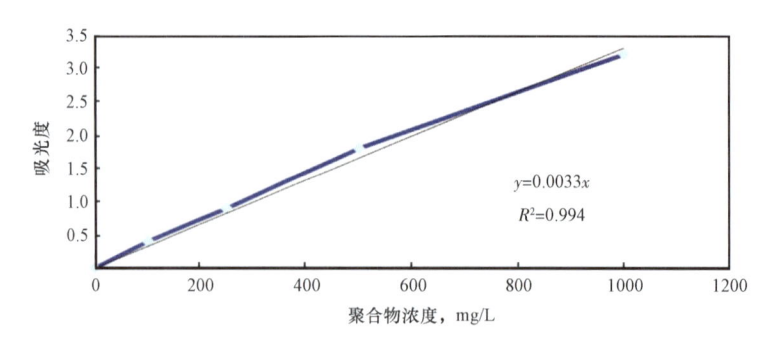

图 5-13　紫外光分光光度仪测聚合物浓度标准曲线

配制 KPS 含量为 200mg/L 的表面活性剂溶液，用纯净水稀释至 10mg/L、30mg/L、50mg/L 和 100mg/L 4 种不同的浓度。用紫外分光光度仪测量溶液在 342nm 处的吸光度，做出标准曲线如图 5-14 所示。

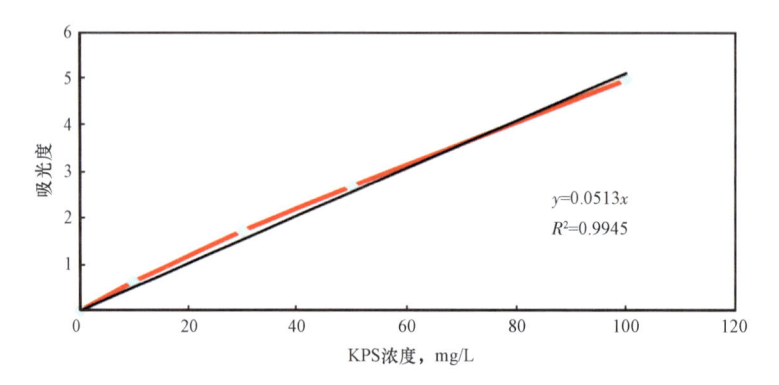

图 5-14　紫外光分光光度仪测聚合物浓度标准曲线

再用紫外光分光光度仪测定未知浓度表面活性剂在 342nm 处的吸光度，根据标准曲线反算该表面活性剂浓度。

表面活性剂在高岭石、蒙皂石、伊利石、绿泥石、石英、长石、方解石和白云石上的静态吸附量随聚合物初始浓度的变化如图 5-15 所示。

总体来看，表面活性剂吸附量从大到小排列顺序为：蒙皂石 > 绿泥石 > 伊利石 > 高岭石 > 白云石 > 方解石 > 长石 > 石英砂。表面活性剂吸附量随初始浓度的升高先升高，达到最大值后保持不变。当表面活性剂浓度在 2100mg/L 左右时，长石和石英吸附达到最大值；当表面活性剂浓度在 3000mg/L 左右时，伊利石、高岭石、白云石和方解石吸附达到最大值；当表面活性剂浓度在 4000mg/L 左右时，蒙皂石和绿泥石吸附达到最大值。

聚合物（HPAM）在高岭石、蒙皂石、伊利石、绿泥石、石英、长石、方解石和白云石上的静态吸附量随聚合物初始浓度的变化如图 5-16 所示。总体来看，聚合物吸附量从大到小排列顺序为：蒙皂石 > 绿泥石 > 伊利石 > 高岭石 > 白云石 > 方解石 > 长石 > 石英砂。聚合物吸附量随初始浓度的升高先升高，达到最大值后保持不变。当聚合物浓度在 1200mg/L 左右时，长石、石英砂、方解石和白云石这 4 种矿物吸附达到最大值；而蒙皂石、绿泥石、伊利石和高岭土 4 种黏土矿物达到吸附最大值需要的聚合物浓度在 2000mg/L 左右。

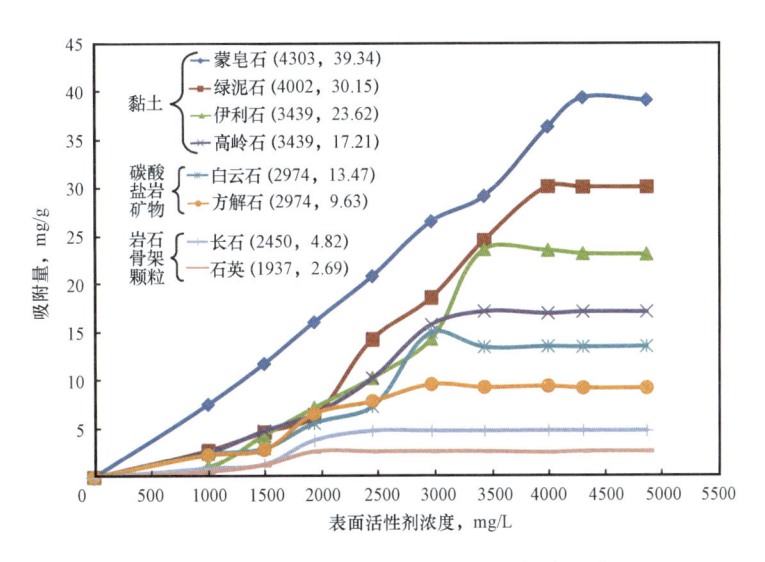

图 5-15 表面活性剂在单矿物上的静态吸附

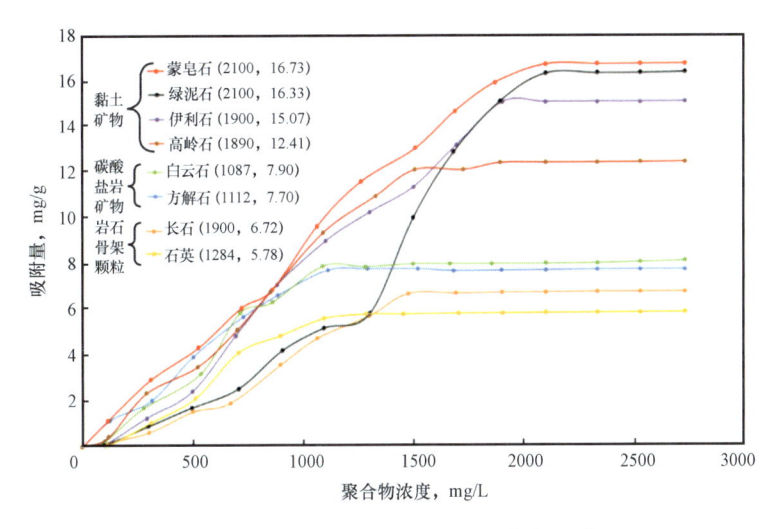

图 5-16 聚合物在单矿物上的静态吸附

ASP 复合驱中表面活性剂在高岭石、蒙皂石、伊利石、绿泥石、石英、长石、方解石和白云石上的静态吸附量随时间的变化如图 5-17 所示。

吸附量从大到小排列顺序为：蒙皂石＞绿泥石＞方解石＞石英＞高岭石＞伊利石＞白云石＞长石。当静态吸附时间达到 6h 左右时，表面活性剂在各个单矿物上的吸附达到平衡。

对非金属矿物，静电引力和侧向作用力可认为是表面活性剂吸附的主要作用力；对于盐类矿物如方解石和硫化矿物如黄铁矿，化学作用力占主要地位。

表面活性剂的—SO_3^-基、烃基与黏土矿物表面具有较强的吸附作用，主要有黏土表面的金属活性中心（Al^{3+}、Fe^{3+}、Fe^{2+}、Ca^{2+}、Mg^{2+}等）对表面活性剂离子的电性吸引，荷负电黏土表面的 Sten 层与表面活性剂—SO_3^-间的电性吸引，黏土矿物表面和表面活性剂离子间的色散力、诱导力和氢键，以及已吸附于黏土矿物的表面活性剂的胶团化作用导致的多层吸附。

191

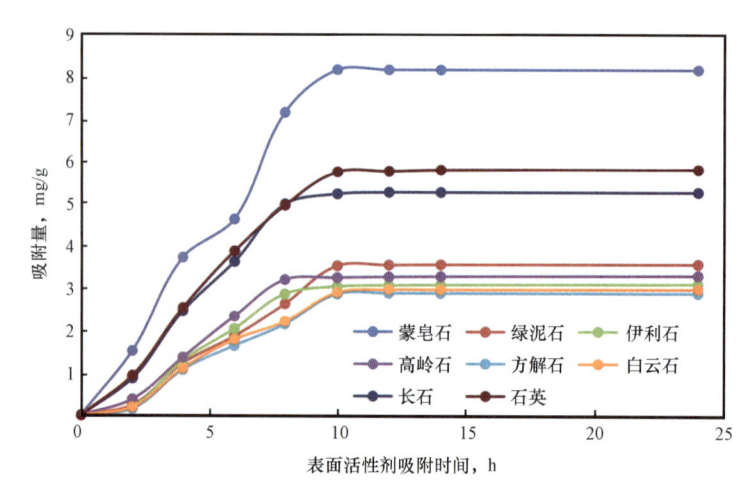

图 5-17　ASP 中表面活性剂在单矿物上的静态吸附平衡时间

许多研究者发现亲油矿物(包括亲油岩石)表面对表面活性剂分子具有强烈的吸附,不仅表面活性剂极性基的静电引力对吸附有贡献,烷烃链的范德华力也起明显作用。储层矿物中,伊利石和骨架矿物为亲水矿物,高岭石为亲油矿物,所以高岭石比伊利石的吸附量更大。而在复合驱油体系中,黏土矿物的损耗量序列与单一表面活性剂体系中并不相同,绿泥石上的损耗量最大,高岭石上最小。这可能与高岭石在碱剂中化学行为强有关,颗粒表面负电荷增多,排斥力加大,因而减少了表面活性剂的损耗。

对比图 5-15 与图 5-17,复合驱中表面活性剂在各个单矿物上的吸附量小于单独表面活性剂的吸附量,说明复合驱中存在竞争吸附,与矿物活性中心作用力强的组分吸附量大。ASP 复合驱配方为 0.3% KPS,0.18% HPAN,1.2% Na_2CO_3,其中聚合物在高岭石、蒙皂石、伊利石、绿泥石、石英、长石、方解石和白云石上的静态吸附量随时间的变化如图 5-18 所示。

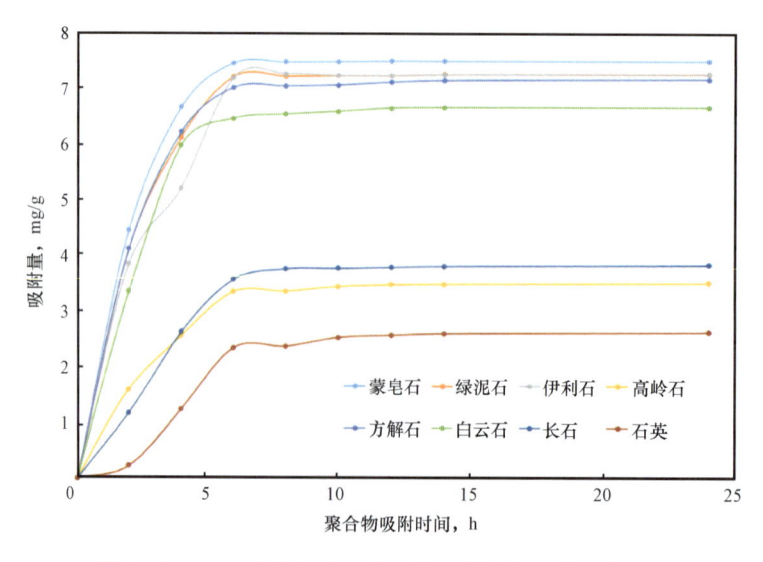

图 5-18　ASP 中聚合物在单矿物上的静态吸附平衡时间

吸附量从大到小排列顺序为：蒙皂石＞绿泥石＞伊利石＞方解石＞白云石＞长石＞高岭石＞石英砂。当静态吸附时间达到6h左右时，聚合物在各个单矿物上的吸附达到平衡。

HPAM分子与黏土矿物表面的作用主要包括：一是HPAM的—COO$^-$与黏土表面的金属活性中心或Stern层的静电引力；二是黏土矿物表面与HPAM分子间的色散力、诱导力和氢键。虽然属于多点吸附，但HPAM分子本身的大部分在溶液中游弋，在黏土矿物表面解吸作用倾向较大，黏土矿物对HPAM分子的吸附作用相对较弱。

静电作用的机理为：聚丙烯酰胺经碱作用的水解产物部分水解聚丙烯酰胺（HPAM）溶于水后，羧钠基可发生电离，形成带负电的聚离子。带负电基团—COO$^-$与羧钠基（—COONa）处于电离平衡状态。部分水解聚丙烯酰胺电离后羧基上带负电，它与储层表面矿物之间就可能因静电作用而产生吸附。

氢键作用的机理为：油层岩石长期处于水侵条件下，表面可发生羟基化反应，表面上产生羟基。岩石表面上的羟基可通过氢键与HPAM中的羧酸根相连接，也可与HPAM中的酰胺基通过氢键相连接。一个聚合物分子链上有大量可形成氢键的基团，这些基团在颗粒表面上的吸附仅是点接触，大分子链则以线团的形式存在于溶液中。HPAM的酰胺基和羧基的亲水性能，使留在溶液中的分子线团上的大量亲水基团吸附大量的水，从而抑制了水的流动。

高岭石的结构单元由1层[SiO$_4$]四面体片和1层[AlO$_2$(OH)$_4$]八面体片连接而成，属于1:1层型黏土矿物，晶层间存在氢键，高岭石晶格取代较少，阳离子交换容量较小。

伊利石的结构单元属于2:1层型黏土矿物，即由2层[(SiAl)O$_4$]四面体片和1层[AlO$_4$(OH)$_2$]八面体片连接而成，晶层间主要存在静电引力。晶格取代主要发生在晶层表面的[(SiAl)O$_4$]四面体片中，约有1/6的Si^{4+}被Al^{3+}取代，补偿电价离子主要为K$^+$。

绿泥石的结构单元2:1:1层型黏土矿物，即由1层类似伊利石的2:1层型结构和1层[(MgAl)(OH)$_6$]八面体水镁石片组成。水镁石片的Mg^{2+}被Al^{3+}部分取代，表面带正电荷。它可替代和交换阳离子补偿2:1层型结构中Al^{3+}取代Si^{4+}产生的不平衡电价；晶层间存在氢键和静电引力；含有较多的Fe^{2+}和Fe^{3+}，为酸敏矿物。

伊利石和绿泥石的晶层只有1种底面，全部由氧原子组成。高岭石的晶层有2种底面，一种全部由氧原子组成，另一种全部由Al—OH组成。高岭石表面存在两类羟基：一类是晶层底面的Al—OH，另一类是晶层端面的Si—OH或Al—OH。高岭石的羟基数量多于伊利石和绿泥石。

黏土矿物底面荷电的来源是晶格取代，其荷电性质和晶格中异价阳离子取代程度有关，与介质pH值无关。因为硅（铝）氧键断裂，黏土矿物端面荷电吸附水中定位离子，在晶层端面生成羟基。羟基具有两性水解作用，在碱性条件下，端面带负电荷。

3种黏土矿物组成和结构的差异导致吸附量不同。高岭石的表面羟基密度大于伊利石和绿泥石的，在碱性条件下表面羟基水解，负电性较强，但高岭石阳离子交换容量较小。伊利石和绿泥石的阳离子交换容量大于高岭石的，其中绿泥石矿物含有较多的Fe活性中心。

石英和长石是架状结构的硅酸盐骨架矿物。石英结构中1/4的Si^{4+}被Al^{3+}取代后即为长石。两者的荷电机理相同，即硅（铝）氧键断裂，与水中H$^+$和OH$^-$结合，生成羟基表面，表面荷负电。由于矿物破碎断面的极化程度较高，导致亲水性较强。

由于在长石结构中存在晶格取代，在晶体表面结合K$^+$或Na$^+$以平衡电价，长石矿物表面有荷负电的晶格，使得长石的零电点比石英的低。同时，Al—O比Si—O键易于断裂，在长石表面存在 Al 的活性中心。结构差异导致长石与石英的表面性质略有不同。

黏土矿物表面活性中心多，属于高能表面，亲水性较强。黏土矿物的吸附量显著高于骨架矿物的。骨架矿物表面多被黏土矿物覆盖，骨架矿物与三元驱替液的作用较小，三元组分的吸附损失主要由黏土矿物引起。由于绿泥石矿物的金属活性中心数量多，端面吸附活性较高，对表面活性剂和 HPAM 的吸附量较大，引起 Na_2CO_3 的反应损耗也较多。

对比图 5-16 与图 5-18，复合驱中聚合物在各个单矿物上的吸附量小于单独聚合物的吸附量，说明复合驱中存在竞争吸附，与矿物活性中心作用力强的组分吸附量大。

对比图 5-17 和图 5-18 表面活性剂与聚合物的吸附，得出比表活性剂的吸附量要大于聚合物的吸附量，考虑原因为表面活性剂相对分子质量小，除了具有聚合物物理滞留的减少外，更具有化学反应带来的损耗。

第三节　油砂吸附规律

一、静态吸附

聚合物在流经多孔介质的过程中，由于发生表面吸附、机械捕集和水动力滞留将产生损耗，对于分散良好的聚合物来说，吸附作用是主要的作用机理。在静态实验中，聚合物损耗主要由表面吸附引起。吸附作用指的是聚合物分子同固体表面之间的相互作用，溶剂水为介质。这种相互作用是聚合物分子以物理吸附键合到固体表面，即静电作用和氢键的作用，不是化学吸附。

1. 聚合物吸附机理

1）静电作用

部分水解聚丙烯酰胺是聚丙烯酰胺经碱作用的水解产物。部分水解聚丙烯酰胺溶于水后，羧钠基可发生电离，形成带负电的聚离子。带负电基团—COO⁻ 与羧钠基（—COONa）处于电离平衡状态。部分水解聚丙烯酰胺电离后羧基上带负电，它与矿物之间就可能因静电作用而产生吸附。对于具有层状结构的黏土矿物来说，它是由硅氧四面体片和铝氧八面体片按一定规律相互交替组成，相邻两晶层有范德华力、氢键、静电引力等作用力。在天然条件下，不同电荷的等大半径的离子相互置换，致使这类矿物大多带负电。如 Si^{4+} 被 Al^{3+} 置换后就产生一个负电荷。这种带电是物质内部结构原因引起的，与溶液的浓度无关。除此之外，端面 Si—O 和 Al—O 键断裂所形成的羟基化和离子可造成矿物颗粒边部（或端面）带电荷。这种端面带电特性与溶液的浓度或 pH 值有关。在酸性介质条件下，黏土矿物晶片端面带正电荷，表面为负电荷；而在碱性介质条件下，黏土矿物晶片的端面和表面均为负电荷，因此黏土矿物颗粒的电荷分布是不均的。黏土颗粒在零点电荷时，颗粒的端面和内部层面上都可能是带电的，也显示吸附性，而其他矿物在零点电荷没有这种吸附特性。其他矿物由于选择性溶解或不同 pH 值溶液对表面氢氧根离子的解离所产生的表面物质的水解，致使矿物表面带电，一般在低 pH 值下表面带正电，在高 pH 值下表面带负电。上述情况就是聚合物与矿物表面发生静电吸附和产生范德华引力的原因。

2）氢键作用

除静电吸附外，还有氢键产生的吸附。油层岩石长期处于水侵条件下，表面可发生羟基化反应，表面上产生羟基。岩石表面上的羟基可通过氢键与 HPAM 中的羧酸根相连接，也可与 HPAM 中的酰胺基通过氢键相连接。一个聚合物分子链上有大量可形成氢键的基团，这些基团在颗粒表面上的吸附仅是点接触，大分子链则以线团的形式存在于溶液中。部分水解聚丙烯酰胺的酰胺基和羧基的亲水性能，使留在溶液中分子线团上的大量亲水基团吸附大量的水，从而抑制了水的流动。

2. 聚合物吸附的影响因素

聚合物在岩石表面上吸附量的大小取决于许多因素。聚合物的类型、相对分子质量、水解度、溶剂水的盐度、硬度、离子强度、岩石颗粒的成分和表面性质以及环境温度等因素均会影响静态吸附量的大小。一般来说，水溶液含盐度增加有利于吸附，碳酸盐岩表面比砂岩表面更易吸附聚合物分子，温度升高有利于吸附。

1) 平均相对分子质量和水解度的影响

聚合物吸附量随相对分子质量的增加而缓慢减少；而水解度对聚合物吸附有较大的影响。部分水解聚丙烯酰胺的相对分子质量越低，水解度越小。因此当部分水解聚丙烯酰胺平均相对分子质量和水解度增加时，每个分子线团的体积增加，密度降低，在多孔介质中的吸附量和滞留量减少。在平均相对分子质量相差不大时，线团密度主要取决于分子链上羧基团数目，因此吸附损耗量主要取决于水解度，其次是平均相对分子质量。

2) 聚合物浓度的影响

部分水解聚丙烯酰胺的吸附量随溶液浓度的增高而增加。在这个总的趋势下，在大于一定的浓度之后吸附量突增，在该浓度之前吸附量对溶液浓度的依赖关系不很明显。如果表面吸附的是高相对分子质量的聚合物，会有大量的聚合物分子链段与固体表面接触。尽管每个分子链段的吸附能很小，一个大分子的吸附能却常常是很高的。因此，部分水解聚丙烯酰胺的等温吸附具有强吸附的特征，在低浓度条件下吸附密度随浓度增加而迅速增大，在高浓度下吸附密度可达到某个稳定值。

3) 无机电解质的影响

聚丙烯酰胺在水溶液中水解后，阴离子之间的斥力使分子线团扩张，分子链相互缠绕。一价和二价阳离子的存在可抑制羧基的解离，产生离子屏蔽作用，使分子链上斥力减弱，分子线团体积缩小，相互间缠绕减少，因而聚合物的吸附量增大。无机电解质的性质对聚合物吸附的影响也是较大的。二价和多价阳离子对分子线团的压缩度比碱土金属离子高 10%~30%。存在多价金属盐时，吸附量将随离子基团解离度及阳离子价态的增大而逐渐增加。聚合物分子中的羧钠基解离出的 Na^+ 与黏土矿物中的二价离子发生离子交换，二价离子使聚合物分子线团结构压缩，导致聚合物在矿物上的吸附量增大。低浓度的 Ca^{2+} 增强聚合物在硅粉上吸附的作用比低浓度的 Na^+ 大得多。而在高浓度条件下，Ca^{2+} 的影响可能被 Na^+ 的影响所掩盖，对吸附量的影响比较小。同时，用不同 Ca^{2+} 浓度的 10% 盐水配制的聚合物在 $CaCO_3$ 岩上的吸附量介于 0.3~0.45mg/g，而同样条件下在硅石表面的吸附量为 0.05mg/g。这是固体表面上 Ca^{2+} 与部分水解聚丙烯酰胺的羧基产生强烈相互作用的结果。

4) 润湿性的影响

聚丙烯酰胺在油藏岩石上的吸附在很大程度上取决于岩石表面润湿性，在水湿模型上的吸附量远大于在油湿模型上的吸附量。

在储层多孔介质中，聚合物的吸附滞留作用机理十分复杂，除吸附外还包括机械捕集，水动力滞留等机理。显然，在储层中聚合物滞留量比静态吸附量大。

3. 聚合物吸附的几点认识

在目前聚丙烯酰胺的吸附研究中，取得了以下的几点认识：

（1）未水解和部分水解的聚丙烯酰胺在不同吸附剂上的吸附都可用 Langmuir 型吸附等温线来表征。

（2）由于羧基与吸附剂表面基团之间的氢键结合和化学结合，吸附现象呈现高度的不可逆性。

（3）聚丙烯酰胺的吸附量很大程度上取决于吸附剂表面的润湿性，在油湿的表面上聚丙烯酰胺几乎没有吸附。

（4）随着无机电解质浓度的增加，聚丙烯酰胺吸附量增加，无机盐的影响可由线团结构的变化来解释。

（5）静态和动态条件下测量的吸附量差别较大。这是由于不同条件下聚丙烯酰胺溶液接触到的岩石表面积大小不一样。

4. 吸附实验方法

通过将现场提供的岩心粉碎，筛选出 4 种油砂。由于有的岩心中含有较大的砾石颗粒，并且硬度较大，无法进一步粉碎，可将其保留，模拟实际地层中存在的砾石颗粒。实验采用 4 种油砂：泥质砂岩、含砾砂岩、泥质砾岩及含砂砾岩，泥质砂岩和含砾砂岩是指在砂岩中分别含有一定量的泥质和砾石；泥质砾岩及含砂砾岩是指在粗砾石中含有一定量的泥质和砂质。

将固体吸附剂加入一定量已知浓度的聚合物溶液中，利用达到吸附平衡的浸泡法，用液相色谱法测定吸附前后聚合物浓度的变化。

静态吸附量 $\varGamma$，油砂质量 G，浸泡前后聚合物的浓度 C_0 及 C_i，溶液体积 V，则：

$$\varGamma = (C_0 - C_i)V/G$$

实验流程如下：

（1）配制聚合物溶液及一系列聚合物标准浓度溶液，测定聚合物溶液标准浓度曲线；

（2）选取油砂，经过粉碎筛分（可保存部分较大颗粒），称取 2.0g 粉碎的岩心，按照固液比 1：9 的比例将油砂加入一系列不同浓度的聚合物溶液中，放入设定好温度的恒温振荡器中振荡 24h；

（3）停止振荡后，在高速离心机上进行固液分离，测量岩心砂粒吸附后聚合物溶液的浓度；

（4）计算并绘制聚合物静态吸附曲线。

在测定聚合物浓度之前，应先配制一系列已知浓度的聚合物溶液，分别测出其吸光度（两者采用相同的实验条件），绘制出标准曲线或拟合出方程，然后根据实测样品的吸光度，对照标准曲线推算出样品中聚合物的浓度，计算出吸附前后聚合物浓度的变化。

标准曲线方程为：

$$A = Kbc \qquad (5-3)$$

式中　　A——吸光度；

　　　　K——比例常数，一般称为吸光系数，$L/(mg \cdot cm)$；

　　　　b——比色皿厚度，cm；

　　　　c——溶液的浓度，mg/L。

测量一定相对分子质量的不同浓度的聚合物溶液的吸光度，做出吸光度和浓度的关系曲线，得到这一相对分子质量的聚合物的标准曲线，如图 5-19 至图 5-22 所示。

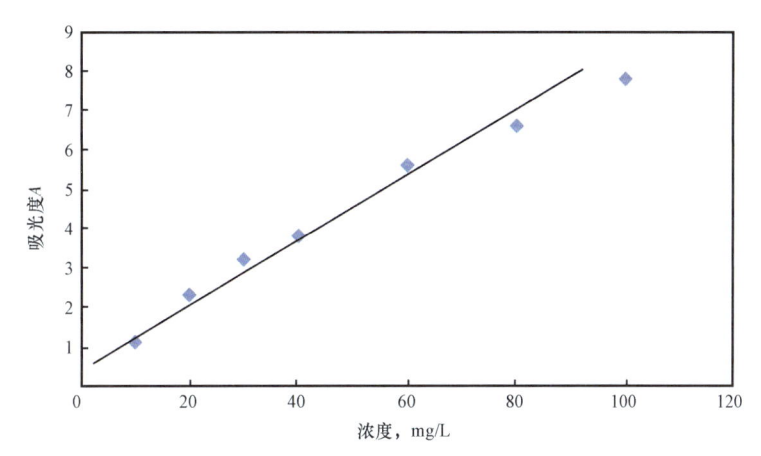

图 5-19　相对分子质量 2500 万的聚合物溶液标准曲线

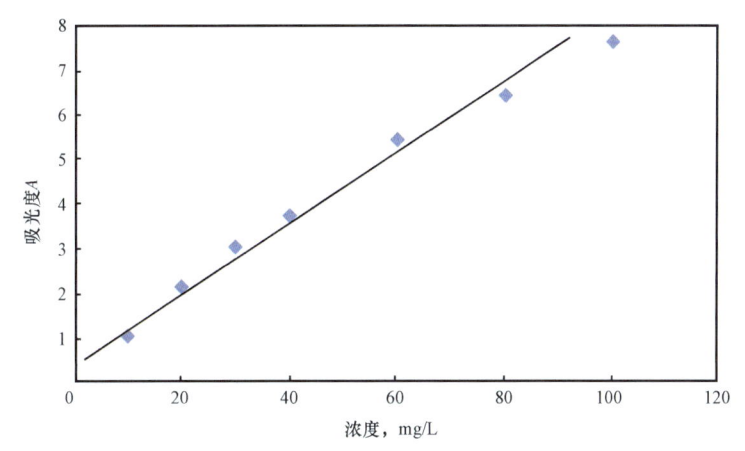

图 5-20　相对分子质量 2000 万的聚合物溶液标准曲线

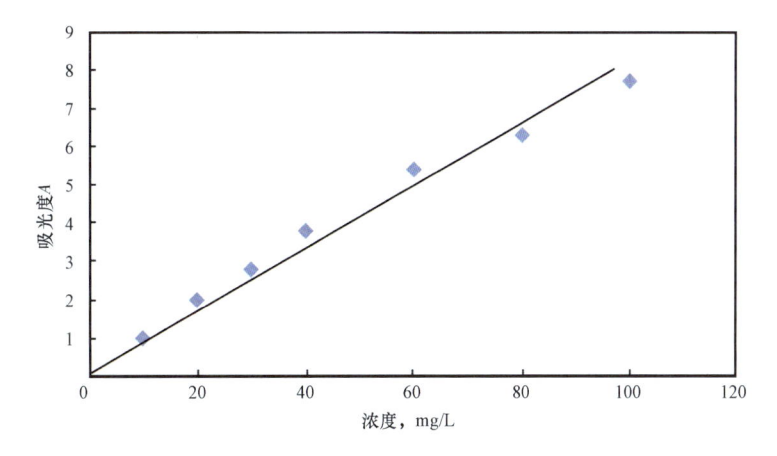

图 5-21　相对分子质量 1500 万的聚合物溶液标准曲线

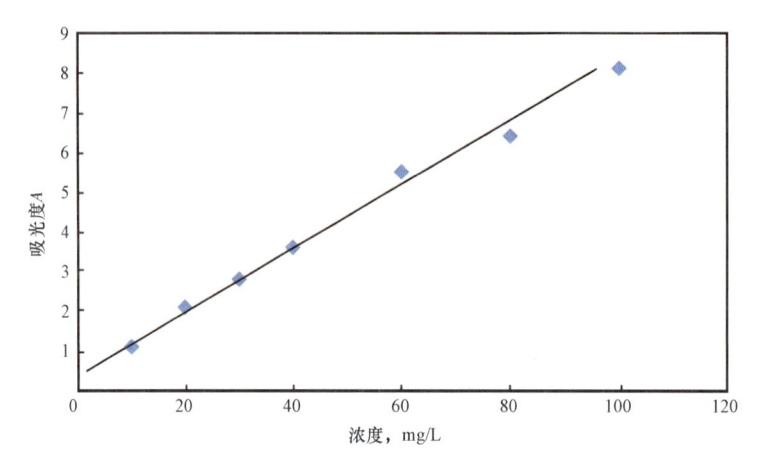

图 5-22　相对分子质量 1000 万的聚合物溶液标准曲线

以新疆油田七东 1 区聚合物驱动态吸附为例，吸附前配制聚合物溶液的浓度分别为 50mg/L、100mg/L、200mg/L、400mg/L、600mg/L、800mg/L、1000mg/L、1200mg/L、1400mg/L、1600mg/L、1800mg/L 和 2000mg/L，为了测量准确，分别稀释 1 倍、2 倍、4 倍、8 倍、12 倍、16 倍、20 倍、24 倍、28 倍、32 倍、36 倍和 40 倍，使用液相色谱仪利用标准曲线测量。吸附后所得聚合物溶液也相应稀释 1 倍、2 倍、4 倍、8 倍、12 倍、16 倍、20 倍、24 倍、28 倍、32 倍、36 倍和 40 倍，使用液相色谱仪利用标准曲线测量，见表 5-9。

表 5-9　吸附实验溶液稀释表

聚合物溶液浓度，mg/L	50	100	200	400	600	800
吸附前稀释倍数	1	2	4	8	12	16
吸附后稀释倍数	1	2	4	8	12	16
聚合物溶液浓度，mg/L	1000	1200	1400	1600	1800	2000
吸附前稀释倍数	20	24	28	32	36	40
吸附后稀释倍数	20	24	28	32	36	40

静态吸附实验表明，随着聚合物相对分子质量的降低，聚合物的平衡吸附量呈现逐渐降低的趋势，如图 5-23 至图 5-26 所示。泥质砂岩的平衡吸附量大于含砾砂岩，泥质粗砂的平衡吸附量大于含砾粗砂，聚合物在泥质粗砂的平衡吸附量大于含砾砂岩，见表 5-10。

随着聚合物浓度增加，单位质量黏土矿物吸附量也逐渐增大，油砂颗粒表面覆盖度（溶质在吸附剂表面的覆盖分数）增加，单位质量颗粒的吸附逐渐达到动态平衡。吸附达到平衡时聚合物浓度在 700mg/L，整个吸附平衡过程可以分为 3 个阶段。

Ⅰ阶段：随着聚合物浓度的增加，溶液中单个分子向吸附剂表面聚集速度加快，油砂颗粒表面聚合物分子覆盖度增加。这同时也说明聚合物在稀溶液中单个分子线团尺寸较小，单个分子占据的活性吸附位少。

Ⅱ阶段：吸附量缓慢增加。当聚合物在吸附剂上的吸附达到一定程度时，吸附剂表面能被聚合物分子占据的活性吸附位很少，吸附量随聚合物浓度的增加变化缓慢或基本稳定，这

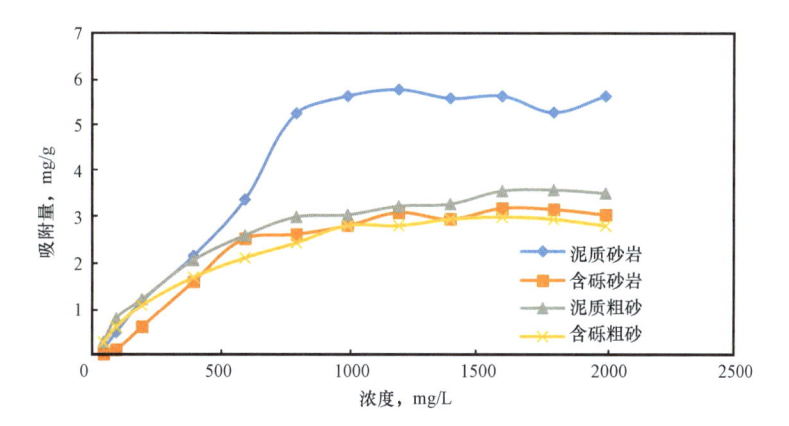

图 5-23 聚合物(相对分子质量 2500 万)静态吸附规律

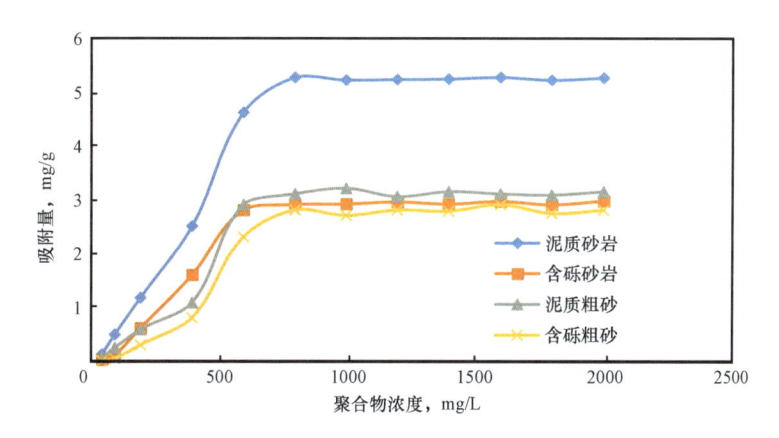

图 5-24 聚合物(相对分子质量 2000 万)静态吸附规律

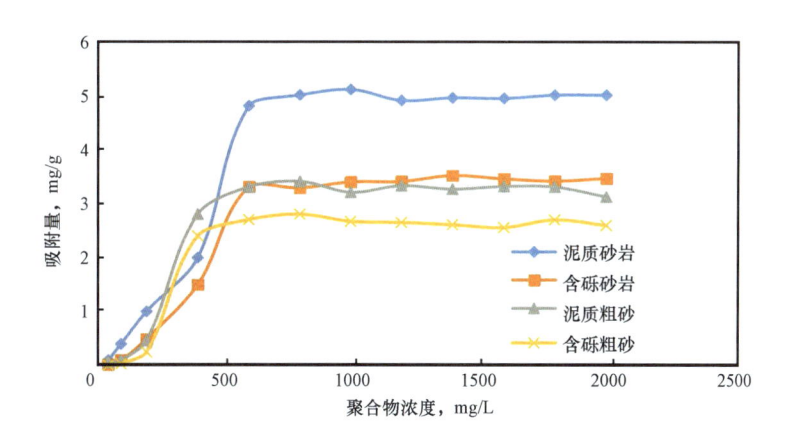

图 5-25 聚合物(相对分子质量 1500 万)静态吸附规律

时单分子层吸附基本达到饱和。

Ⅲ阶段：吸附达到动态稳定平衡。在形成单分子层饱和吸附后，由于被吸附分子与溶液中的分子相互作用，部分表面形成双分子或多分子层吸附，聚合物分子在吸附剂表面发生缔

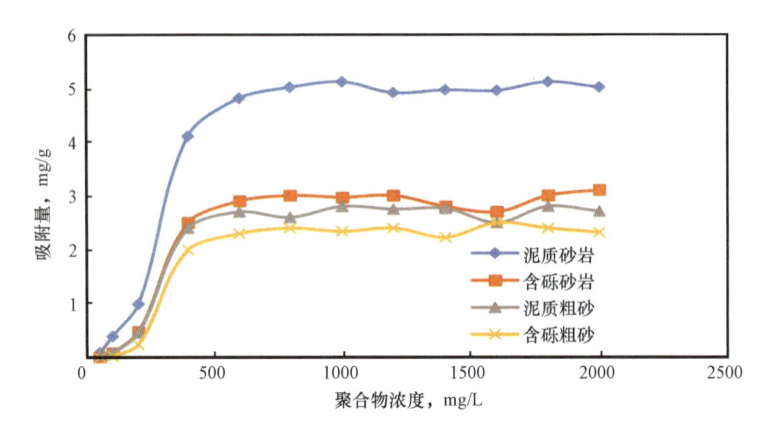

图 5-26 聚合物(相对分子质量 1000 万)静态吸附规律

合。当达到聚合物的临界缔合浓度时，聚合物分子在溶液内相互缔合，形成一种动态的物理交联网络结构，由于被吸附的聚合物分子和溶液中的缔合聚集体对溶液中单个聚合物分子同时作用，颗粒表面吸附达到动态平衡。

聚合物在岩石表面上吸附量的大小取决于许多因素，聚合物的类型、相对分子质量、水解度、溶剂水的盐度、硬度、离子强度、岩石颗粒的成分和表面性质以及环境温度等因素均会影响静态吸附量。聚合物分子在达到吸附平衡的过程中，由于溶液中离子、分子的相互作用等导致吸附速率和脱附速率上的差异，达到平衡时颗粒表面的吸附量不同。4 种油砂对同种聚合物的吸附量存在差异：泥质砂岩的平衡吸附值最大，其次是含砾砂岩、泥质砾岩，含砂砾岩的平衡吸附值最小。在相同油砂质量条件下，表面积增大利于聚合物分子在吸附活性点上的吸附。如对于 2500 万相对分子质量聚合物，泥质砂岩的表面积最大，其吸附活性点也最多，泥质砂岩的吸附量最大为 5.6mg/g，含砾砂岩的吸附量为 3.2mg/g，泥质砾岩的吸附量为 3.0mg/g，含砂砾岩的吸附量为 2.8mg/g。

表 5-10 不同相对分子质量聚合物在不同砂砾类型中的平衡吸附量

相对分子质量，万	平衡吸附量，mg/g			
	泥质砂岩	含砾砂岩	泥质粗砂	含砾粗砂
2500	5.6	3.2	3.0	2.8
2000	5.2	3.1	2.9	2.7
1500	4.9	2.95	2.8	2.6
1000	4.6	2.8	2.6	2.2

4 种聚合物分子在油砂上的静态吸附平衡吸附量见表 5-10。由吸附等温线(图 5-23 至图 5-26)可以看出，聚合物在油砂上的吸附呈 L 形，基本符合 Langmuir 等温吸附规律。

当聚合物的平衡浓度为 500~700mg/L 时基本达到饱和吸附，对泥质砂岩来说，2500 万聚合物的饱和吸附量为 5.6mg/g，2000 万聚合物的饱和吸附量为 5.2mg/g，1500 万聚合物的饱和吸附量为 4.9mg/g，1000 万聚合物的饱和吸附量为 4.6mg/g。随着聚合物相对分子质量的降低(2500 万、2000 万、1500 万及 1000 万)，聚合物分子在同一油砂上的平衡吸附量逐渐降低。

聚合物在岩石表面上吸附量的大小取决于许多因素，聚合物的类型、相对分子质量、水解度、溶剂水的盐度、硬度、离子强度、岩石颗粒的成分和表面性质以及环境温度等因素均会影响静态吸附量。从聚合物在各油田油砂上的吸附量对比来看，砾岩、砂砾岩与砂岩的吸附量差别不大，见表5-11。

表5-11 聚合物在不同油田的平衡吸附量

油田或区块	聚合物相对分子质量 万	实验温度 ℃	吸附时间 h	静态吸附量 mg/g
河南油田双河	1800	70	12	1.78
大庆油田长垣	2000	45	48	2.67
吉林油田红岗	1400	55	48	5.22
新疆油田七东1区	1000~2500	34.3	48	2.8~5.6

在相同聚合物浓度下，由于分子链的伸展性，相对分子质量小的聚合物自由度相对较大，更易于在颗粒表面接触到吸附活性点而发生吸附；同时，聚合物吸附在颗粒表面时分子的自由度相对较大，也利于分子在颗粒表面的脱附。因此，相对分子质量大的聚合物的吸附量明显大于小相对分子质量的聚合物。

二、动态滞留

聚合物在岩石中的动态滞留归结于聚合物分子在岩石表面的物理吸附和聚合物在岩石孔隙内的机械捕集，它们与聚合物溶液的静态性质及岩石的孔隙结构有密切的联系。一般认为引起聚合物溶液滞留的机理有4种：表面吸附、机械捕集、流体动力学捕集和聚合物分子间的相互作用。聚合物分子主要以絮状集聚的形式滞留在地层中，并非仅吸附在岩石颗粒表面。聚合物溶液的滞留造成岩心的平均孔隙半径减小。对于同一相对分子质量的聚合物溶液流经不同的多孔介质时，其在岩心中的滞留量取决于岩心的渗透率和孔隙结构。

动态滞留实验模拟了聚合物流经砾岩储层时的吸附滞留现象，为了使聚合物在岩心孔喉具有更好的配伍性，结合岩心的水测渗透率值选取了不同相对分子质量的聚合物溶液。注入地层中的聚合物受地层剪切作用、热作用、细菌作用、水解作用和盐作用等的影响非常明显，通过剪切使其黏度保留率为60%来模拟地层对聚合物的剪切作用。

将新疆油田七东1区现场提供的砾岩岩心分为两类：细粒砾岩和不等粒砾岩，本实验所用砾石颗粒直径在0~4mm之间，将颗粒直径为0~4mm的且分布不均匀的砾岩称为不等粒砾岩；颗粒直径在0~1mm之间且分布较均匀的称为细粒砾岩。

动态滞留的测试方法主要是物质平衡法和标准曲线法。

物质平衡法：先注入一定孔隙体积的某浓度驱油剂溶液通过岩心，然后继续注入盐水直到流出液中驱油剂的浓度接近于0。定时间或定体积收集流出液，并检测每个流出液中驱油剂的浓度，利用物质平衡原理，计算驱油剂在岩心中的滞留量，即：

$$A_r = \frac{C_0 V_f - \int_0^{V_f} C dV}{W} \qquad (5-4)$$

式中　A_r——驱油剂的滞留量，g；
　　　C_0——驱油剂的注入浓度，g/mL；
　　　V_f——注入驱油剂溶液的体积，mL；
　　　C——流出液样品中驱油剂的浓度，g/mL；
　　　V——流出液样品中驱油剂的体积，mL；
　　　W——岩心干重，g。

标准曲线法：在测量 KSCN、HPAM 浓度前，先在待测溶液中加入过量 $FeCl_3$，则溶液中会发生如下反应：

$$Fe^{3+} + nSCN^- \Longrightarrow Fe(SCN)_n^{3-n}（深红色）$$

示踪剂浓度（C_{KSCN}）用 Fe^{3+} 显色后由吸光光度法分析，其最大吸收峰位置 λ 等于 453nm。分析时需要注意的是：（1）地层水呈碱性，加入显色剂 Fe^{3+} 时将会引起 Fe^{3+} 的水解，所以在配制 Fe^{3+} 显色剂时应加盐酸酸化；（2）Fe^{3+} 应过量，否则将有 SCN^- 未完全转化为络合物；（3）应使标准曲线和实际测量吸光度时的操作尽量一致，以减少误差。

实验表明，HPAM 在可见及红外区均无吸收峰，但在紫外区有较强吸收。在 λ 等于 210nm 时，SCN^- 也有一定吸收。以地层水做参比测总吸光度 $A_{总}$，则 $A_{HPAM} = A_{总} - A_{KSCN}$，其中 A_{KSCN} 可由 C_{KSCN} 从 210nm 时的浓度—吸光度标准曲线上算出。同样，HPAM 浓度 C_{HPAM} 也可由 A_{HPAM} 用标准曲线法得到。

分析流出液中 HPAM 和 KSCN 的浓度 C_{HPAM} 和 C_{KSCN}，对每个岩心而言，将 C_{HPAM}/C_{HPAM}^0 和 C_{KSCN}/C_{KSCN}^0 对流出液样品的累计体积 V 作图都可得到两条关系曲线。

以新疆油田七东 1 区聚合物驱为例，分别应用物质平衡法和标准曲线法进行处理，计算动态滞留量。

物质平衡法：对每个样品，经分析都可得到 C_{HPAM} 及所对应的累计体积 V。将 C_{HPAM}/C_{AHPAM}^0 对累计体积 V 作图可得到两条关系曲线（C_{AHAM}^0 为混合液中 HPAM 的初始浓度）。对这 9 个岩心而言，该曲线都很相似。

根据实验中注入聚合物的总量小于流出液中聚合物的总量，其差值为聚合物的滞留总量 ΔW_{HPAM}，则可以计算聚合物在各自岩心中的动态滞留量。

标准曲线法：分析流出液中 HPAM 和 KSCN 的浓度 C_{HPAM} 和 C_{KSCN}，对每个岩心而言，将 C_{HPAM}/C_{APAM}^0 和 C_{KSCN}/C_{KSCN}^0 对流出液样品的累计体积 V 作图都可得到 2 条关系曲线。以其中一块岩心为例（图 5-27），由溶液的浓度和体积就可求得溶质的量。设所得到的采出液中 KSCN 和 HPAM 的量分别为 W_{HPAM} 和 W_{KSCN}，由坐标轴的物理意义可知，沿图 5-27 中 KSCN，HPAM 曲线进行积分，所得到的面积分别为：

$$S_{KSCN} = W_{KSCN}/C_{KSCN}^0, \quad S_{HPAM} = W_{HPAM}/C_{HPAM}^0$$

显然 S_{KSCN} 比 S_{HPAM} 多出图中 S_1 和 S_2 所示的两部分，即：

$$S_{KSCN} - S_{HPAM} = S_1 + S_1$$

则 PAM 的滞留损失为：

$$\Delta W_{HPAM} = (S_1 + S_1)/C_{HPAM}^0$$

对于一定量的油砂 $W_{砂}$，相对滞留量

$$\Delta W = \Delta W_{\text{HPAM}} / W_{砂}$$

S_1 和 S_2 的面积用剪纸称重法求算。

通过物质平衡法计算得动态滞留量为 $0.66 \times 10^{-3}\text{mg/g}$，通过标准曲线法计算得动态滞留量为 $0.67 \times 10^{-3}\text{mg/g}$。

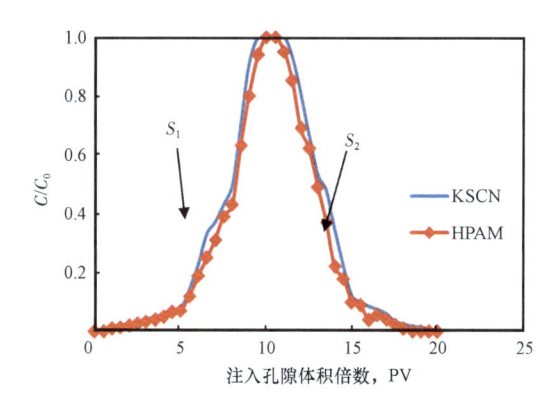

图 5-27 动态滞留岩心浓度变化曲线

表 5-12 不同岩心动态滞留量

岩心	水测渗透率 mD	动态滞留量物质平衡法 10^{-3} mg/g	动态滞留量标准曲线法 10^{-3} mg/g	岩性
1	12.1	0.66	0.67	细粒小砾岩
2	43.2	0.61	0.61	细粒小砾岩
3	88.5	0.67	0.66	细粒小砾岩
4	145.2	0.67	0.65	细粒小砾岩
5	235.0	0.65	0.65	含砾粗砂岩
6	287.0	0.59	0.57	细粒小砾岩
7	319.0	0.72	0.70	细粒小砾岩
8	312.0	0.77	0.74	含砾粗砂岩
9	413.0	0.75	0.75	不等粒小砾岩

最终结果显示（表 5-12），七东 1 区动态滞留量在 $0.6 \times 10^{-3} \sim 0.8 \times 10^{-3}$ mg/g 之间，不同渗透率的细粒砾岩岩心对聚合物的动态滞留量差别很小；不等粒砾岩岩心（水测渗透率为 413.0mD）对聚合物的动态滞留量为 0.75×10^{-3} mg/g，明显大于细粒砾岩岩心对聚合物的滞留量。主要由于岩心孔喉结构、颗粒表面等差异，不等粒砾岩岩心具有更多的吸附活性点利于聚合物分子的吸附滞留。聚合物溶液在岩心流动的过程中，不是沿孔壁环形推进，岩心中渗透率很小的区域驱替液难以波及，动态滞留量明显小于静态吸附量。

三、岩心耗碱测定量及消耗性能评价

复合驱油剂中碱在松散岩心上的损耗量大于胶结岩心。当碱初始浓度在 1.2% 时，两类

岩心上的损耗均达到平衡。胶结岩心上的静态损耗量为 5.38mg/g，在松散岩心上的静态损耗量为 7.14mg/g（图 5-28）。

对比聚合物与表面活性剂的吸附，碱的损耗呈现了不同的趋势。当碱初始浓度很低时，碱的损耗量就达到了 4.5mg/g 及以上，说明耗碱量很大，而聚合物与表面活性剂的初始吸附量很小，随着碱初始浓度的升高，损耗量缓慢上升，聚合物与表面活性剂的吸附量上升速度大于碱。

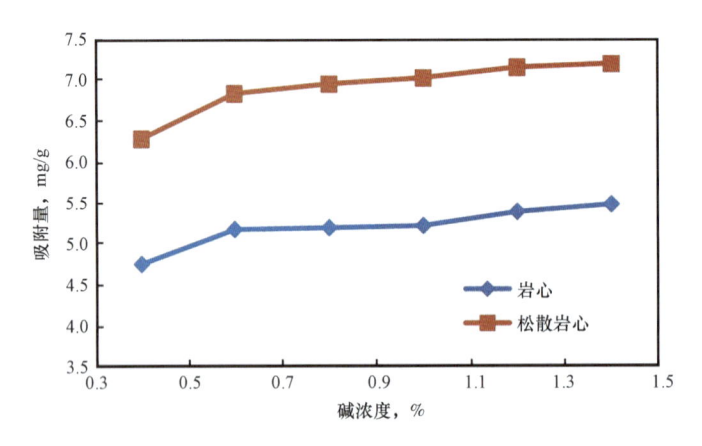

图 5-28　碱在岩心上的静态吸附

储层矿物引起的碱耗可分为两部分，一是碱与岩石矿物发生化学反应引起的碱耗；二是碱在岩石表面上吸附引起的碱耗。

ASP 驱油剂在松散岩心上的吸附量大于胶结岩心（图 5-29）。聚合物达到吸附平衡的时间最短，为 5h 左右；表面活性剂次之，为 10h 左右；碱达到损耗平衡需要的时间最长，在 24h 才呈现达到平衡的趋势，说明碱耗在地层中始终存在。表面活性剂的吸附量最大，其次是碱，聚合物的吸附量最小，与前面的实验结果吻合。

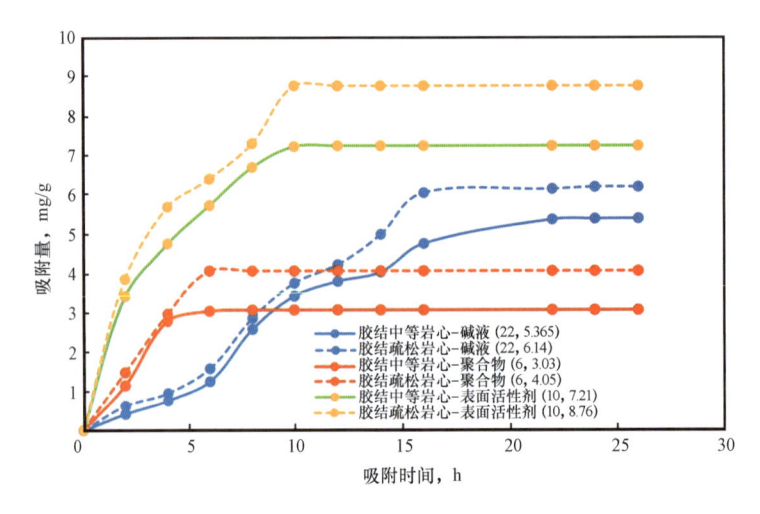

图 5-29　ASP 在岩心上静态吸附平衡时间

四、岩心三元驱动态吸附量测定及吸附性能评价

1. 三元驱溶液动态吸附实验流程

1）实验流程

动态驱采用的 ASP 复合驱油配方为：0.3% KPS、0.18% HPAM、1.2% Na_2CO_3。

（1）将岩心装入夹持器，各驱油试剂装入中间容器中，开启恒温系统，在七东1区油层温度 34.3℃下恒温 1h 左右；

（2）开启 ISCO 泵，调整注入量；

（3）用注入水驱替，直到注入压力稳定；

（4）注入复合体系，在流出端不断取样检测各组分的浓度变化，直到各组分的浓度等于或接近于注入初始浓度为止；

（5）用注入水驱替，直到流出液中 ASP 体系各组分的浓度等于或接近于 0 时为止；

（6）根据测得的流出液样品中各组分的浓度和样品的体积，利用物质平衡原理，计算 ASP 复合体系中各组分的滞留量。

2）化学剂质量浓度检测方法

聚合物浓度和表面活性剂浓度采用高效液相色谱法，碱液采用酸碱滴定法。

2. 动态吸附结果分析及吸附性能评价

渗透率与吸附量呈负相关，即渗透率高的岩心驱油剂的吸附量低（表 5 – 13）。猜测渗透率高的岩心黏土矿物含量低，故驱油剂的吸附量也低。驱油剂在岩心上的动态滞留量低于粉末岩心上的静态吸附量。表面活性剂与碱的吸附量近似，聚合物的吸附量最小。

表 5 – 13 复合驱油剂在岩心上的动态滞留量

序号	气测渗透率 mD	聚合物动态吸附量 mg/g	表面活性剂动态吸附量 mg/g	碱动态损耗量 mg/g
1	194.8314	0.18	0.2722	0.271
2	326.6478	0.171	0.2542	0.262
3	409.7401	0.145	0.2418	0.246
4	669.2387	0.123	0.2198	0.208
5	744.6029	0.111	0.1999	0.190
6	818.5754	0.082	0.1756	0.157

对比复合驱油剂在大庆油田岩心上的动态滞留量（表 5 – 14），表面活性剂的吸附量偏高，聚合物和碱的吸附量类似，故在设计配方时，考虑在大庆油田复合配方的基础上，适当提高表面活性剂的浓度，聚合物与碱的浓度可以保持不变。

表 5 – 14 复合驱油剂在大庆油田岩心上的动态滞留量　　　　　　　　　单位：mg/g

编号	表面活性剂	HPAM	NaOH
1	0.290	0.122	0.210
2	0.350	0.141	0.280
3	0.170	0.088	0.120
4	0.210	0.095	0.190

第四节　砂砾岩油藏吸附模型

分形几何学是 20 世纪 70 年代发展起来的一门新兴几何学，专门用来描述自然界中大量的不规则几何现象，分形几何比人们熟悉的欧氏几何更能接近于大自然的本来面目，已广泛地应用于自然科学、工程技术以及社会人文科学领域，并取得了一些可喜的成果。下面先简要地介绍一下分形几何学的基本概念。

分形几何学主要是研究一些具有自相似性的不规则曲线和不规则图形等。分形几何学的主要概念是分数维数。分数维数最早是由 F. Hausdorff 提出，而把分数维数概念推广形成分形几何学的则是法国当代著名数学家 B. B. Mandelbrot；他提出了分形几何学的思想。他认为分形几何学能用来处理那些极不规则的几何形状，而分数维数的概念是一个可用于研究许多物理现象的有力工具。

分形理论处理的对象具有无标度性和自相似性，形象地说，就是当用放大倍数不同的放大镜去观察研究对象时，所看到的图形的几何特征都是一致的，而与放大倍数（标度）无关，即局部是整体成比例缩小的性质，在不少复杂的物理现象背后通常均含有这种特征。具有无标度性和自相似性结构的物体在几何上有一个重要的性质，它们都可以用一个有效的空间维数来表示，这是一个连续变化的数，称为分形维数。大家知道，在经典几何学中，点是零维的，各种各样的曲线是一维的，各种各样的平面是二维的，各种各样的立体是三维的，这种维数只取整数是拓扑维数，记为 D_r。而在分形几何中的分形维数 D_f 可以是整数，也可以是分数，它能更准确地描述曲线或图形的非规则特征。可以从局部是整体成比例缩小的倍数来定义分形维数，如一个正方体分成 N 个边长缩小为 r 的小正方体，则 N 个小正方体的总体积用符号表示为：

$$Nr^D = 1 \tag{5-5}$$

式中　D——分形维数；
　　　N——盒子数，个；
　　　r——盒子半径。

式 (5-5) 两边同时取对数，可以得到：

$$\lg N + D\lg r = 0 \tag{5-6}$$

即

$$D = \frac{\lg N}{\lg(1/r)} \tag{5-7}$$

由此对于具有自相似性的分形几何形体的分形维数定义可表述为：

$$D_f = \lg N / \lg(1/r) \tag{5-8}$$

分形是这样的一个集合，对于规则的几何形体，用分形维数定义得出的几何形体的分形维数 D_f 和拓扑维数 D_r 是一致的。而对于不规则的几何形体，用分形维数定义得出的几何形体的分形维数 D_f 总是大于其拓扑维数 D_r。这就是说，分形维数表征了几何形体的不规则性程度大小，几何形体越不规则，分形维数 D_f 就越大。

分形维数是定量描述吸附剂表面复杂程度的重要参数。在表面吸附过程中，吸附剂的性质会受到吸附剂表面分形维数的影响，因此，目前人们热衷于探讨吸附剂表面分形维数与其吸附特征之间的关系，并在一定范围内加以定量描述。所以，作为吸附剂重要表征的表面分形维数在表面吸附过程及表面吸附机理的研究中，发挥着极其重要的作用。设想有一个完全平坦的理想吸附剂表面，现在整个表面上吸附一层吸附质分子（单层饱和吸附），于是被吸附的吸附质分子数应为吸附剂的总表面积除以该吸附质分子的截面积：

$$N_i = S\sigma^{-1} \tag{5-9}$$

式中 N_i——在理想吸附剂表面单层饱和吸附的分子数；
σ——吸附质分子的横截面积；
S——吸附剂的表面积。

$$\frac{N_f}{N_i} = \frac{K}{S}\sigma^{1-D_f/2} \tag{5-10}$$

式中 N_f——在分形吸附剂表面的单层饱和吸附分子数；
K——和岩性有关的常数。

注意到当 $D_f = 2$ 时，有 $N_f = N_i$，所以有 $K = S$，因此：

$$\frac{N_f}{N_i} = \sigma^{1-\frac{D_f}{2}} \tag{5-11}$$

表面覆盖度的定义可表述为：

$$\theta = \frac{n}{N_m} \tag{5-12}$$

式中 n——吸附剂表面的吸附分子数；
N_m——吸附剂表面的饱和吸附分子数。

在理想吸附剂表面的表面覆盖度为：

$$\theta_i = \frac{n}{N_i} \tag{5-13}$$

在分形吸附剂表面的表面覆盖度为：

$$\theta_f = \frac{n}{N_f} \tag{5-14}$$

它给出了在分形吸附剂表面的表面覆盖度和在理想吸附剂表面的表面覆盖度之间的关系，也是定量计算分形吸附剂表面覆盖度的理论依据。在吸附理论中，已建立了在理想吸附剂表面的各种吸附模型，并给出了相应的表面覆盖度的表达式，例如 Temkin 等温吸附方程为：

$$\theta_T = \frac{\theta_{max}}{a}b + \frac{\theta_{max}}{a}\ln C \tag{5-15}$$

$$\theta_T = \frac{\theta_{max}}{a}b\sigma^{\frac{D_f}{2}-1} + \frac{\theta_{max}}{a}\sigma^{\frac{D_f}{2}-1}\ln C \tag{5-16}$$

它给出了在分形吸附剂表面的等温吸附方程，也是定量计算分形吸附剂表面等温吸附的理论依据。对于具体的吸附问题，可以通过实验数据和预测数据的对比分析来判断上述各个公式或各种吸附模型的适用程度。

根据3种储层吸附曲线(图5-30至图5-32)，建立相应关系式(表5-15)。

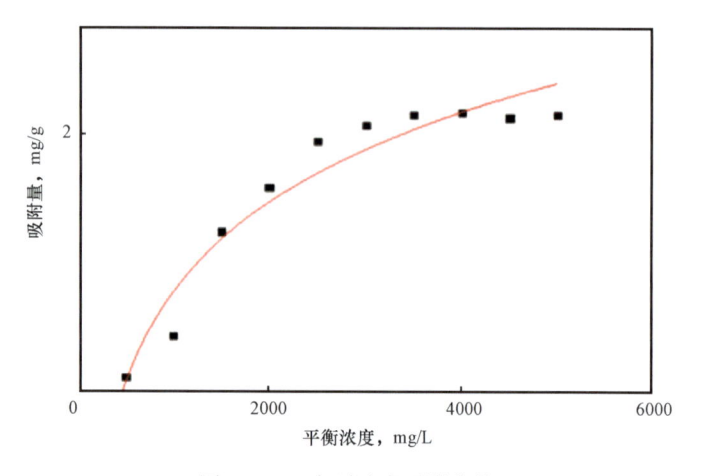

图5-30 含砾砂岩吸附曲线

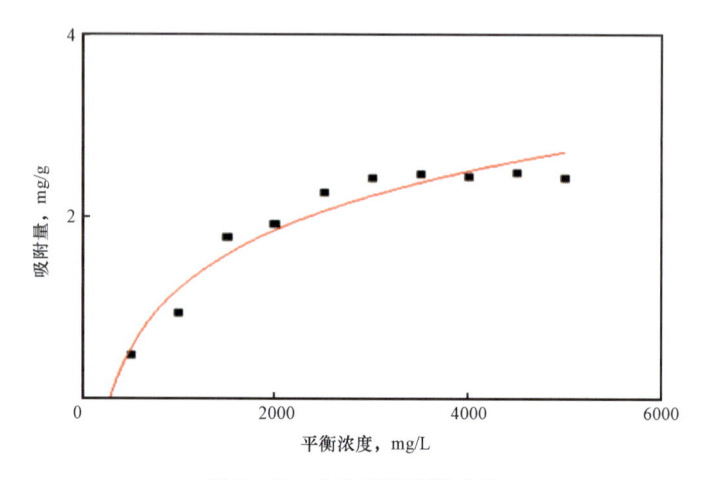

图5-31 含砂砾岩吸附曲线

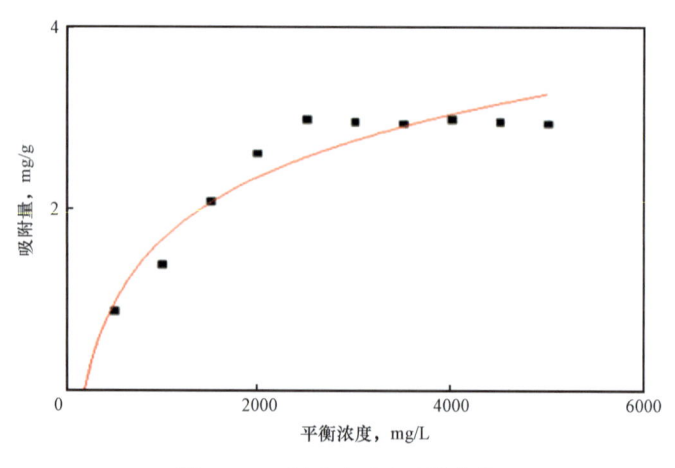

图5-32 泥质砂砾岩吸附曲线

表 5-15 吸附方程关联式

	拟合方程	相关度,%
含砾砂岩	$\theta_T = -6.13 + \ln C$	95.181
含砂砾岩	$\theta_T = -5.62 + 0.92\ln C$	95.876
泥质砂砾岩	$\theta_T = -5.79 + 0.95\ln C$	95.011

得到考虑表面粗糙度的新疆砂砾岩 Temkin 吸附方程：

$$\theta_T = -7.03(0.27^{\frac{D_f}{2}-1}) + 1.15 \times (0.27^{\frac{D_f}{2}-1})\ln C \tag{5-17}$$

方程通过第 4 块岩心验证，相关度为 96.32%，证明了方程的可靠性。新型吸附方程的建立，可以通过分析储层界面分形维数后，直接建立吸附剂浓度和吸附量的关系图版，便于后续采取一定措施，补充化学剂，降低吸附。

第六章 聚合物—表面活性剂复合驱油藏工程

油藏工程主要包括开发设计、动态分析、方案调整等，主要的工作内容是分析是否采用了适合油藏特点的最有效的开采机理、最合理的井网、最有效的控制开采过程的方法；通过生产记录和测试资料，综合分析油井压力、产量和油藏中剩余油的分布状况等预测未来动态，提供日常生产和调整开发设计的主要依据。(1)通过油田生产实况，不断地加深对油藏的认识，核对、补充同开发地质和油藏工程有关的各项基础资料，进一步核算地质储量；(2)查明分区分层油、气、水饱和度和地层压力变化，研究油、气、水在储层内部的运动状况；(3)分析影响采收率的各项因素，预测油藏的可采储量；(4)根据已有的开采历史，预测未来生产状况和开发效果；油藏开发动态分析要依据全部生产井和注入井的生产历史和测试资料。油田上专门为监测开采动态而布置的各种观察井，检查油、气、水饱和度状况的检查井，以及各种开发试验区(井组)所取得的资料，则是分析开发效果的重要补充和检验。取全、取准这些基础资料是油田开采管理中一项重要内容。

第一节 油藏工程方法

油藏工程的研究工作就是应用油藏地质模型和以往的开采数据，模拟分析或拟合油藏地下动态和开采过程，预测未来的开采状况。据此确定各阶段的开发措施和部署方案。经常应用的方法有：

(1)经验统计法。

依据已开发油田大量的生产数据，研究油田开发过程的基本规律，预测未来的油藏动态。常用的有产量衰减曲线法、水驱特征曲线法等。

(2)物质平衡法。

把物质守恒概念应用于石油生产，根据油藏的原始状态，以及油、气、水在地下条件的物理性质、相态变化和热力学参数，结合生产数据，预测油藏未来的变化。

(3)渗流力学法。

依据简化的地质模型，用渗流力学方法对油藏的未来生产情况进行预测。

(4)物理模拟法。

将油藏或者它的局部按比例缩小，依据相似原理和相似准数，制成实体模型。除了模型形态、参数和油藏相似外，还要求做到流体力学上的相似。此法多用于进行渗流物理机理研究，并为油藏数值模拟提供必要的参数。

(5)数值模拟法。

通过数值方法求解描述油田开发动态的偏微分方程(组)，来研究油田开发的物理过程和变化规律。也已应用电子计算机研究各种非均质油层三维三相多井系统的渗流，多相多组分三维渗流，碳酸盐岩双重介质渗流，以及研究三次采油机理以提高石油采收率等。数值模拟法已广泛应用于开发分析和动态预测。

在引入数值模拟方法以后，油藏工程作为一门技术科学，从定性研究走向定量研究阶段，标志这一学科的成熟。但是由于研究的对象是一个地质上的实体——油藏，因此，用油藏工程方法分析油藏动态的结果，不能不受对地质情况认识程度的影响，而常常出现多解性。数值模拟中的物理和数学问题，已取得进展，遗留的问题也有希望解决，要精确描述油藏的地质结构，以及有关参数在空间上的变化，还需要综合分析地质、物探、测井、试井和生产数据等，进行较深入的工作。

一、聚合物—表面活性剂复合驱油藏地质条件

1. 聚合物—表面活性剂复合驱油藏筛选标准

中国东部的大部分油田，包括胜利油田、辽河油田、大港油田等环渤海油区油田均属于陆相沉积油藏，这类油藏油层渗透率较高，非均质比较严重，原油黏度较高，注水开发采收率不高，给化学驱提高采收率技术留下较大的潜力空间。采用化学驱油技术能够取得较好的效果。目前化学驱受到油藏条件、化学剂等影响，并不是所有油藏都能够采用化学驱提高采收率方法，根据国内外大量的研究结合矿场试验的结果，初步确定聚合物—表面活性剂复合驱技术适用的油藏标准，见表6-1。该标准经过多年的实践，基本能够满足化学驱油藏筛选的需要，但是近年来随着化学驱技术的发展，某些指标有所调整，如二元复合驱适用油藏渗透率在20mD以上，但是近年来二元体系中聚合物相对分子质量、浓度较高，造成矿场试验中注入困难、压力较高、油井产液量下降幅度大的问题，因此应根据各油田油藏物性、化学剂供应的具体情况，确定二元复合驱试验区块。

表6-1 化学驱油藏筛选标准

参数	聚合物驱标准	表面活性剂驱标准	化学复合驱标准	二元复合驱标准
油层岩性	碎屑岩	碎屑岩	碎屑岩	碎屑岩
油层厚度	有效厚度>1m	有效厚度>1m	有效厚度>1m	>1m，层系组合后厚度6~15m
地层温度	<75℃；若使用耐温聚合物，温度范围可以放宽	<80℃	<75℃；若使用耐温聚合物，温度范围可以放宽	30~85℃；使用耐温聚合物，温度范围可以适当放宽
油层非均质性	渗透率变异系数0.4~0.8范围	渗透率变异系数<0.6	渗透率变异系数在0.4~0.8范围	渗透率变异系数0.4~0.9
原油密度 g/cm³	<0.9	<0.9	<0.9	<0.9
总含盐量	地层水含盐量<10000mg/L	地层水含盐量<10000mg/L	地层水含盐量<10000mg/L	地层水含盐量<100000mg/L，钙镁离子浓度小于300mg/L 使用耐盐聚合物，矿化度范围可以放宽
地层渗透率 mD	>50	>10	>50	>20
地层原油黏度 mPa·s	<100	<50	<100	<100

2. 聚合物—表面活性剂复合驱影响因素分析

1) 油层岩性

聚合物—表面活性剂复合驱适用的油藏类型为砂岩油藏和砾岩油藏，砂体发育连片，泥岩的含量较少；不应选择具有气顶的油藏，具有明显裂缝的油藏应先进行调剖处理后再注入聚合物—表面活性剂复合体系，使体系能够进入多孔介质的孔隙中流动。

2) 渗透率

渗透率对聚合物—表面活性剂复合驱的影响较大，渗透率较低的油层化学剂渗流的能力较低，造成注入压力高、注入量低、油井产液量下降幅度大，影响了化学驱的效果。目前在已经进行聚合物—表面活性剂复合驱的试验区块内，渗透率最低可以达到 50mD，渗透率进一步降低，聚合物对油藏的伤害变大。

3) 渗透率变异系数

渗透率变异系数越小，即油层均质性越强，化学驱油效果越好，阶段采出程度越高。中国石油化学驱大部分矿场试验渗透率变异系数在 0.5~0.8，提高采收率效果明显。

4) 原油黏度

化学驱油藏筛选标准中原油黏度一般在 100mPa·s 以下，化学驱中的流度比一般控制在 1 以上，为了保持较好的化学驱流度控制能力，目前国内矿场试验中地层原油黏度一般小于 20mPa·s。原油黏度太高，需要更高相对分子质量、更大浓度的聚合物，对于油层注入能力和经济效益有较大的影响。

5) 地层温度

聚合物—表面活性剂复合驱中的化学剂为聚合物（主要为部分水解聚丙烯酰胺）和表面活性剂，聚合物的耐温能力一般在 85℃ 以下，表面活性剂的耐温能力一般在 100℃ 以下，超过其耐温能力聚合物和表面活性剂的降解反应速度增大。目前国内聚合物—表面活性剂复合驱的油藏温度一般在 80℃ 以下。聚合物—表面活性剂复合驱使用的油藏条件是由聚合物和表面活性剂的本身性质决定的，随着近年来化学剂合成技术的发展，新型化学剂在耐温、耐盐、增黏、相对分子质量调节等方面取得重要进展，同时生产工艺水平提高，使得化学驱的油藏筛选标准不断突破，化学驱油藏的适用性不断增强。

二、聚合物—表面活性剂复合驱油藏工程方法

1. 聚合物—表面活性剂复合驱井网井距

目前国内水驱井网一般不完善，直接进行化学驱存在井距大、连通性差、井网控制程度低等问题，同时水驱井网的井况也存在套管变形、固井质量差等问题，化学驱过程中一般压力上升 4MPa 左右，对井况的要求比较高。化学驱持续时间长达 5~8 年，在此期间要保持注采井的稳定运行，因此建议试验全部采用新井，原水驱老井可作为观察井或者上返、下返到其他层生产。试验区井网、井距的设计直接决定了复合驱的技术经济效益，同时也是决定聚合物—表面活性剂复合驱试验成功与否的主要因素之一。不同井距条件下聚合物—表面活性剂复合驱都能够取得较好的增油降水效果，对井距的选择必须考虑的因素包括：一是注入压力，由于复合体系溶液黏度高，因此注入后会使油层的渗流阻力显著增加，造成注入能力大幅度下降。为保证一定的注入能力，需要提高注入压力，因此必须保证注入过程中压力有

一定的上升空间。在其他条件不变的情况下，随着井距的增大，复合体系的注入压力也随之增大，使体系注入逐渐变得困难。二是复合体系在油藏中保持稳定，井距增加，注入速度变低，复合体系在油藏中停留的时间变长，聚合物的黏度下降越大，表面活性剂的吸附量变大、稳定性变差。复合驱的井网、井距优先考虑的是聚合物和表面活性剂在油藏中的稳定性，即界面张力和黏度要在一个时期内保持稳定，同时注入压力不能超过破裂压力，在调整后的井网、井距能够最大限度发挥复合驱的效果。为了确定出合理的井网、井距，一般采用类比分析法、油藏工程分析法、数值模拟及经济评价等研究方法对不同井网、井距条件下开采技术界限和开发效果进行了论证。

1) 井网井距的优化原则

(1) 一般采用五点法面积井网布井，具有独立完善注采系统，注采井比例适合；

(2) 要综合考虑与水驱开发井网衔接关系，新布井井网井距均匀；

(3) 井距原则上尽量小些，聚合物—表面活性剂复合驱井网一般在150m左右，对化学驱控制程度高，一般要求达到70%以上，最大限度提高采收率。

2) 井网、井距与提高采收率关系

通过试验区建立单井组理论模型，在相同的井网密度条件下，研究不同井网方式下的采收率提高值。计算结果表明，五点法提高采收率最为明显，为18.2%；四点法和七点法次之，分别为17.5%和17.8%；而反九点法提高采收率值最低，仅15.5%。主要原因是由于五点法注采井数比为1:1，化学驱驱油流线面积大，滞留面积小，如图6-1所示。

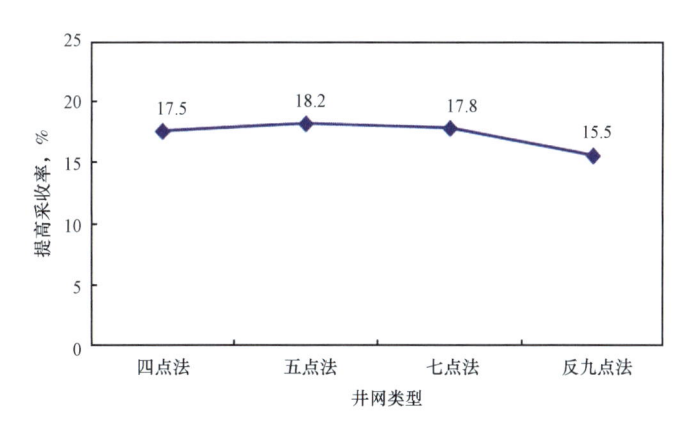

图6-1 井网类型与提高采收率关系

通过对不同井距的典型井组应用数值模拟数模预测复合驱效果，在相同的注入条件下，井距越小，聚合物—表面活性剂复合驱控制程度越高，提高采收率值越高，但当井距缩小到150m以下，化学控制程度提高到86.2%以上时，采收率值提高值明显增大，继续减小井距，提高采收率变化不明显，如图6-2所示。

从目前国内化学驱现场试验结果看，采取五点法、150m左右井网也是比较合适的，见表6-2。国内复合驱矿场试验证明，采用较小井距复合驱试验产液能力下降幅度小，采收率相对较高，试验效果好。大庆油田碱—表面活性剂—聚合物三元复合驱试验较早，井距由开始200~250m大井距向125~175m较小井距发展，提高采收率也增加到20%以上。注采井距缩小有利于保持复合驱的注入采出能力，随着井距增大，采液能力下降幅度有变大的趋

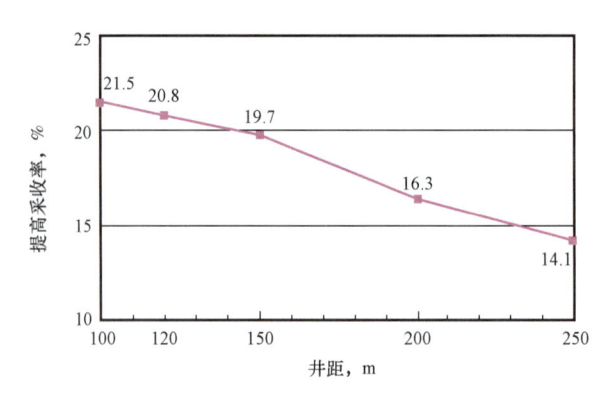

图 6-2 井距与复合驱提高采收率关系

势。如大庆油田中区西部三元试验区采用 106m 注采井距，复合驱与水驱相比产液量下降幅度只有 14.2%，而北一区断西三元复合驱试验区采用 250m 注采井距，产液量下降幅度达到 60%，见表 6-3。

表 6-2　国内油田化学驱试验井网、井距与提高采收率关系

油田	方法	分类	分区	注剂时间	面积 km²	储量 10⁴t	井网形式	井距 m	注入井口	生产井口	提高采收率 %
大庆油田	三元复合驱	先导	中区西部	1994-9	0.09	11.73	五点法	106	4	9	21.4
			杏五区	1995-1	0.04	3.7	五点法	141	1	4	25.4
		工业	杏二区	1996-5	0.3	24	五点法	200	4	9	19.24
			北一断西	1997-3	0.75	110	五点法	250	6	12	20.0
			南五区	2005-12	—	—	五点法	175	29	39	19.8
			北一断东	2006-2	—	—	五点法	125	49	63	29.0
			北二区	2006-2	—	—	五点法	125	35	44	22.1
胜利油田	三元	先导	孤东七区	1992-2	0.031	7.795	五点法	50	4	9	13.4
		工业	孤岛西区	1997-5	0.61	198.8	五点法	210	6	13	12.5

表 6-3　各试验区产液能力变化情况表

项目区块	注采井距 m	产液量 水驱 m³/d	产液量 复合驱 m³/d	下降幅度 %	产液指数 水驱 m³/(d·m·MPa)	产液指数 复合驱 m³/(d·m·MPa)	下降幅度 %
中区西部	106	35	30	14.2	0.94	0.397	58.8
杏二区	200	133	40	69.9	10.32	2.4	81
北一断西	250	199	79	60	10.2	1.5	85.3

3）井网井距与控制程度关系

复合驱控制程度的物理意义是：在一定的井网、井距下，一定相对分子质量的聚合物复合体系溶液可进入油层的孔隙体积占油层总孔隙体积的百分比。通过对试验区不同井距条件

下复合驱控制程度统计分析，如图6-3所示，通过对试验区不同井距条件下化学驱控制程度统计分析可以看出，150m井距的化学驱控制程度为84.5%，较200m井距高6.4个百分点，较100m井距仅减少3.2个百分点，而250m井距的化学驱控制程度却仅为69.3%，远低于150m井距的化学驱控制程度。因此，井距由250m缩小到150m，化学驱控制程度提高值比较明显。随着井距的减小复合驱控制程度增加，在150m井距时曲线出现拐点，继续缩小井距，控制程度增加幅度明显减小。

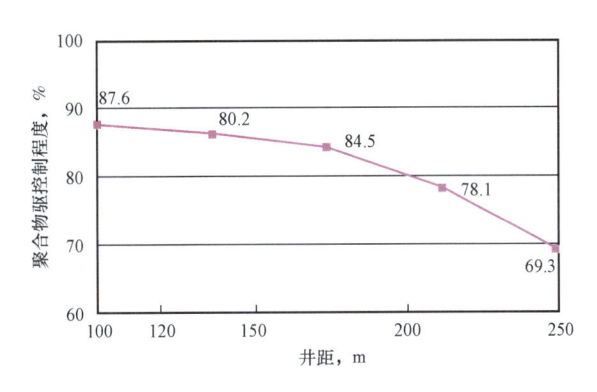

图6-3 井距与复合驱控制程度关系

4) 井距与经济效益的关系

新疆油田克下组油藏复合驱设计了井距为200m、150m和120m的三套反五点法面积井网，进行了数值模拟和经济评价。随着井距的减小，累计增油量和采出程度都在增加，但增幅较小；财务内部收益率降低，且降幅较大，见表6-4。因此选择150m井距是合适的。

表6-4 不同井距下技术经济指标预测数据表

井距 m	新打井数 口	累计采油 10^4t	累计采出程度 %	项目总投资 万元	财务净现值 万元	内部收益率 %
200	30	31.38	18.65	21796	2672	16.93
150	58	36.20	21.52	32844	528	12.84
120	81	39.67	23.58	41941	-5447	6.02

大庆油田三元驱都采取五点法井网，井距在75~250m；近年随着二类油藏化学驱的展开，井距一般都在150m左右，最小为106m；考虑到大庆油田油藏物性相比其他油田好，其他油田开展的聚合物—表面活性剂复合驱区块应该采用更小的井距。

2. 聚合物—表面活性剂复合驱层系组合

聚合物—表面活性剂复合驱改善了油层的纵向和平面非均质性，调整了吸水剖面，扩大波及体积，与表面活性剂提高洗油效率综合作用，提高了原油采收率。复合体系过程中，油藏层间矛盾和层内矛盾得到很大程度的缓解，但是其改善非均质性的作用有限，对于非均质性严重的油藏，特别是存在特高渗透率条带的情况下，驱替相窜流现象严重，仅仅依靠复合体系调剖作用不能有效改善油藏的非均质性，因此需要从油藏层系组合方面解决油藏的非均质性严重问题，一般适合化学驱的油藏非均质变异系数在0.6~0.85之间为最佳。合理划分开发层系，是开发多油层油田的一项根本措施，将特征相近的油层组合在一起，用独立的井网进行开采,有利于发挥各油层的生产能力,能够缓和层间矛盾,实现油田的稳产、高产、提高最终采收率;有利于合理地优化设计地面规划建设;有利于更好地发挥采油工艺技术;有利于提高采油速度,加速油田的生产,从而缩短开发时间,提高基本投资的周转率。

数值模拟实验结果表明,在油藏条件和注入流体一定的条件下,复合驱提高采收率的幅度与油层厚度有关。多油层同时注聚能够充分发挥聚合物的调剖作用,改善层间的动用状况,效果好于单油层注入聚合物。在特高含水期多层合注的优势更加明显。

1) 组合原则

(1) 开发层系间厚度要求尽量均匀,一段开发层系满足经济界限要求,有效厚度要大于6m,一般小于15m。若层系组合厚度大,可组成二段或以上组合段,应采用由下至上逐层上返方式,以减少后期措施工作量,降低措施工艺难度。

(2) 一段开发层系内的单元要相对集中,层系内开发油层的地质条件应尽量相近,层间渗透率级差应尽量小于2.5倍。

(3) 开发层系间要有稳定隔层,一般厚度大于1.5m的隔层钻遇率应大于70%。

(4) 每个开发层段的开采井段不宜过长。室内研究表明,一个注化学剂层段井段长度40~60m较为合适。

(5) 每个层段内可调区域完善井组比例达到80%以上。

2) 类比法

大庆油田化学驱层系组合的层数以3~4层为主,避免层系太多造成的层间相互干扰,同时由于层系的组合,油层有效厚度控制在15m以下的合理范围。参考大庆油田三元复合驱的层系组合,聚合物—表面活性剂复合驱的层系组合中层数应小于5,厚度小于15m。

表6-5 大庆油田化学驱各矿场试验层系组合

试验区	目的层	层数,个	有效厚度,m
北一区断西三元	葡I1-4	4.00	9.95
杏二区三元	葡I3,3	3.85	5.80
中区西部三元	萨II1-3	3.00	8.60
杏五区三元	葡I2²、葡I3³	3.54	6.8
小井距三元	葡I4-7	4.64	13.27
北二西西块聚驱	萨II1-12,	3.37	11.81
	萨II13~16+萨III	3.16	12.93
北二西东块聚驱	萨II	4.00	12.18
南五区强碱三元	葡I1-2	2.00	9.4

3. 合理注入速度

为了保证区块具有较长的稳定期和化学驱技术经济效果,需要结合区块的实际情况,确定合理的注入速度。注入速率大,会使得注入井的压力升高,需要高压设备,对设备和地层造成伤害。另外,注入速度越大,毛细管数越大,驱油效率和波及体积都能提高,理论上是有利于驱油的。通常采用与同类油田类比的方法和数值模拟计算的方法确定合理的注入速度。

1) 类比法

依据大庆油田化学驱经验和数值模拟计算,注入速度确定在0.13~0.15PV/a间较合理。从表6-6中可以看出，与锦16储层条件类似的大庆油田聚合物试验区块井距在250~300m时设计的注入速度为0.18PV/a，而实际注入速度均小于设计注入速度，因此对于锦16试验区的150m井距，注入速度设计0.13~0.15PV/a是比较合适的。目前聚合物—表面活性剂复合驱区块的井距一般为150m左右、物性与大庆油田一类储层比较差，因此注入速度一般应控制在0.12PV/a以下，注采比保持在1左右。

表6-6 大庆油田聚合物驱区块注入速度

区块	井距 m	有效渗透率 mD	设计注入速度 PV/a	实际注入速度 PV/a	采收率提高值 %	注采比
北一二排西	250~300	876	0.18	0.15	12.6	1.0
北一区中块	250~300	578	0.18	0.13	12.2	1.0
断东中块	250~300	780	0.18	0.15	13.1	1.1

2）计算法

通过化学驱数值模拟方法对化学驱驱油理论研究，发现随着注入速度的增加，含水降低的时间越早，也就是见效时间越早，但是含水上升也越快，稳产年限短，如图6-4所示；另外随着注入速度降低，采收率有所提高，但开采年限增长，见表6-7，因此为保证化学驱技术及经济效果，注入速度不宜过高和过低，在0.12~0.16PV/a间较合理。

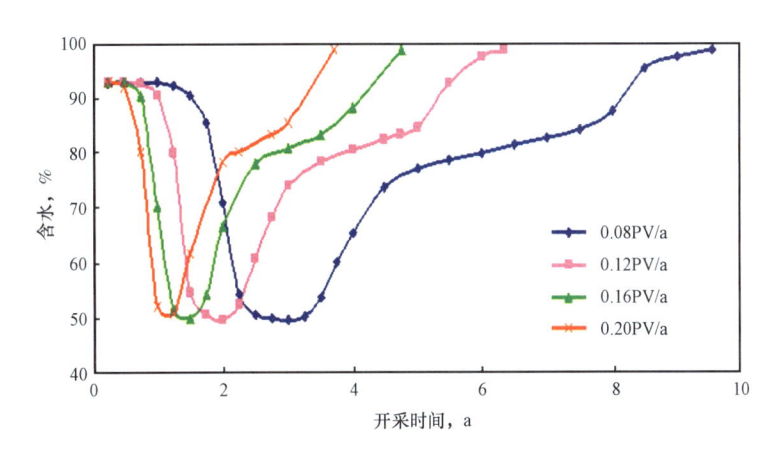

图6-4 不同注入速度条件下的含水变化曲线

表6-7 注入速度对聚合物驱效果的影响

注入速度 PV/a	聚合物驱采收率 %	采收率提高值 %	产聚率 %	开采时间 a	注入量 PV
0.08	51.51	12.32	48.36	9.54	0.763
0.10	51.36	12.17	48.46	7.62	0.762
0.12	51.22	12.03	48.57	6.34	0.761
0.14	51.07	11.88	48.68	5.43	0.760
0.16	50.94	11.78	48.81	4.75	0.760
0.18	50.81	11.62	48.93	4.22	0.760

对于存在速敏的油藏，油层容易出砂，并且化学驱过程中聚合物的携砂能力更强；另外，随着注入速度的提高，注采压差越大，造成套损井数也随之增加，出砂现象加剧。因此

化学驱试验区的注入速度不宜过快。从注入速度与井口注入压力的关系，图6-5可以看出，化学驱注入速度在0.15PV/a时，注剂初期的注入压力预计为9.2MPa；化学驱注入过程中注入压力预计上升3.15~4.3MPa，而该区块的破裂压力为15MPa，为化学剂注入预留出较大的压力上升空间，也保证了试验区合理的开采年限。

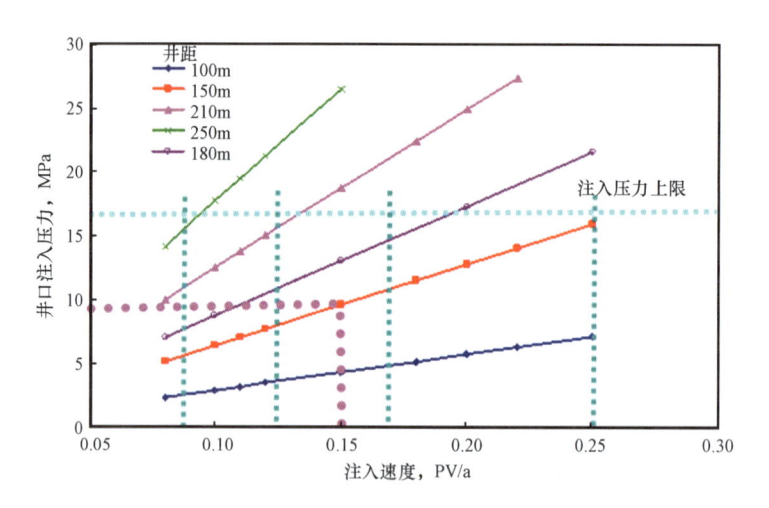

图6-5 锦16块试验区注入速度与注入压力的关系图

4. 注采比

化学驱中注采比影响化学驱的效果，注采比太低，试验区的压力上升不明显，甚至下降，注入流体沿原水流通道运移，复合驱扩大波及体积的作用不明显；注采比太高，试验区压力上升过快，容易造成注入流体窜流，同时也易使化学剂外溢到试验区的外部，影响化学驱的经济效益，因此目前国内外化学驱普遍采取注采比1:1，最大限度发挥化学体系的提高采收率作用。

1）有利于保持区块整体压力平衡

从开发效果评价可知，注采比为1:1使得试验区压力平衡，压力系统合理，单井平衡日注水量接近于单井日产液量，注水井井底流压也在破裂压力及工艺界限压力以下。因此保持1:1注采比能保持与周边水驱区域的压力衔接，也可防止化学驱过程中化学剂的外溢和外来水的入侵。

2）采收率最高

从图6-6为数值模拟计算不同注采比下的采收率，从结果可以看出，注采比在1:1时采收率最高。

综合以上论证，保持注采比1:1是比较合理的。

5. 段塞组合

复合驱的段塞设计一般有两种方式：一种是聚合物前置段塞、复合驱主段塞、聚合物后置保护段塞，另一种是聚合物前置段塞、复合驱主段塞、复合驱副段塞、聚合物后置保护段塞，两者的差别是复合驱副段塞，增加副段塞的目的是降低化学剂的用量，提高复合驱的经济效益。段塞设计的方法一般通过物理模拟和数值模拟的方法进行方案的优化，分别对化学剂组合方式、聚合物前置段塞、复合驱主段塞、复合驱副段塞及聚合物后置保护段塞进行了

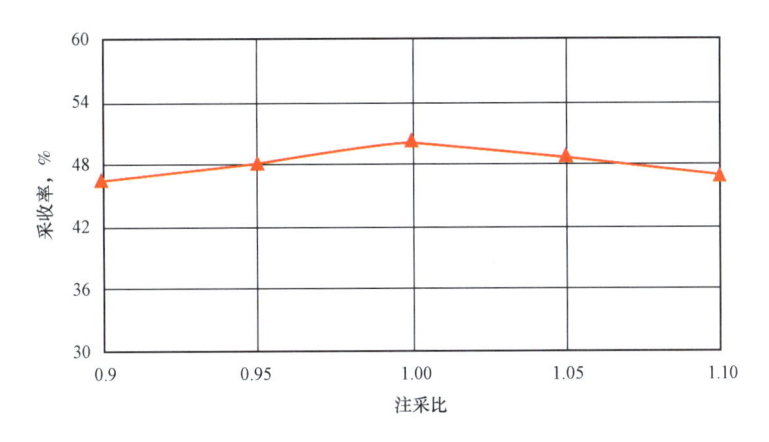

图 6-6　化学驱注采比与采收率关系曲线

计算与对比，最终优化出最佳的驱油方案。

1）聚合物前置段塞对驱油效果的影响

（1）聚合物前置段塞浓度对驱油效果的影响。

为了研究前置段塞聚合物浓度和段塞大小对驱油效果的影响，在二元驱主段塞（0.3PV 的 0.25% 表面活性剂 +1600mg/L 聚合物）、副段塞（0.15PV 的 0.2% 表面活性剂 +1600mg/L 聚合物）和后置聚合物保护段塞（0.1PV 的 1400mg/L 聚合物）的基础上，计算对比了不同前置聚合物浓度和段塞大小各方案。

在前置段塞大小 0.0375PV 条件下，聚合物浓度分别为 1300mg/L、1500mg/L、1800mg/L、2000mg/L 和 2200mg/L 5 个方案。不同浓度的聚合物前置段塞对二元驱驱油效果影响的计算结果如图 6-7 所示，随着聚合物浓度的增大，驱油效果逐渐变好，但是升幅较小，聚合物浓度从 1300~2000mg/L 采收率值仅提高了 0.11 个百分点，表明前置聚合物段塞浓度对驱油效果影响要远小于主段塞中聚合物浓度的影响。当聚合物浓度大于 2000mg/L 后，驱油效果不再提高，因此前置聚合物浓度确定为 2000mg/L。

（2）聚合物前置段塞大小对驱油效果的影响。

在注入前置聚合物浓度为 2000mg/L 一定的情况下，前置段塞大小分别为 0.00PV、

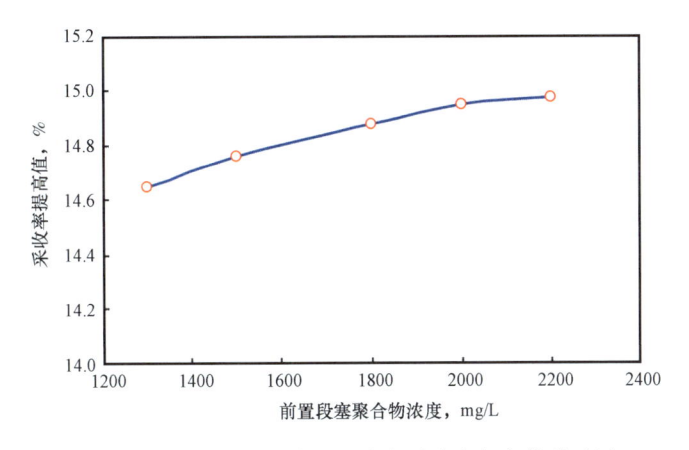

图 6-7　不同前置聚合物浓度与采收率提高值关系图

0.02PV、0.04PV、0.06PV 和 0.1PV 5 个方案。前置段塞大小对二元驱驱油效果影响的数模结果见图 6-8，从预测结果可以看出，随注入段塞的增大，驱油效果也相应增大，当前置段塞大小增加到 0.04PV 以后，采收率增幅减小。因此前置聚合物段塞应小于 0.04PV。

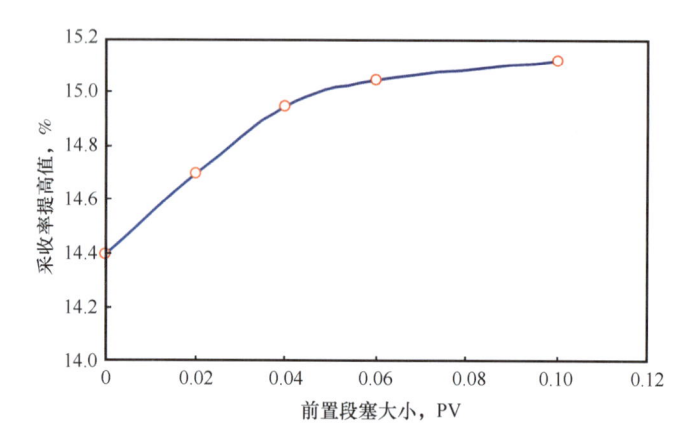

图 6-8　不同前置段塞大小与采收率提高值关系

2）主段塞对驱油效果的影响

在复合驱中，主段塞对驱油效果至关重要，为此对二元体系主段塞中的聚合物和表面活性剂浓度及段塞大小对驱油效果的影响分别进行计算分析。

（1）主段塞聚合物浓度对驱油效果的影响。

在前置聚合物段塞（0.04PV 的 2000mg/L 聚合物）、二元驱主段塞（0.3PV 的 0.25% 表面活性剂）、二元驱副段塞（0.15PV 的 0.2% 表面活性剂 +1600mg/L 聚合物）和后置聚合物保护段塞（0.1PV 的 1400mg/L 聚合物）的基础上，设计、计算了主段塞聚合物浓度分别为 800mg/L、1000mg/L、1200mg/L、1400mg/L、1600mg/L、1800mg/L 和 2000mg/L 7 个方案。主段塞中聚合物浓度从 800~2000mg/L 的二元体系对驱油效果影响的数模计算结果如图 6-9 所示，从计算结果可以看出，增加二元体系中的聚合物浓度，能显著地提高二元驱的驱油效果。当聚合物浓度在 1600mg/L 驱油效果最好。聚合物浓度大于 1600mg/L 之后，驱油效果反而变差。因此主段塞聚合物浓度确定为 1600mg/L。

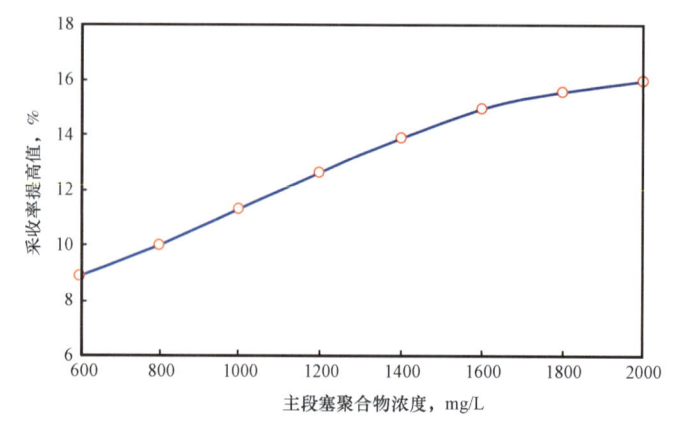

图 6-9　不同主段塞聚合物浓度与采收率提高值关系

(2)主段塞表面活性剂浓度对驱油效果的影响。

在前置聚合物段塞(0.04PV 的 2000mg/L 聚合物)、二元驱主段塞(0.3PV 的 1600mg/L 聚合物)、二元驱副段塞(0.15PV 的 0.2% 表面活性剂 + 1600mg/L 聚合物)和后置聚合物保护段塞(0.1PV 的 1400mg/L 聚合物)的基础上,设计、计算了主段塞表面活性剂浓度分别为 0.05%、0.1%、0.15%、0.2%、0.25% 和 0.3% 6 个方案。主段塞中表面活性剂浓度 0.05%~0.3%(有效浓度)的二元体系对驱油效果的影响的数值模拟计算结果如图 6-10 所示,在 0.3% 范围内增加表面活性剂浓度提高采收率值也相应增加,但表面活性剂在 0.25% 之前采收率升幅较大,表面活性剂浓度高于 0.25% 之后,增油效果不再明显。因此,主段塞的表面活性剂浓度选择 0.25% 是比较合理的。

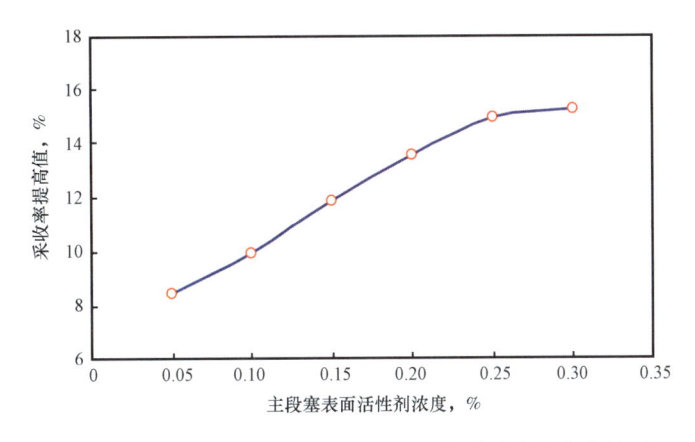

图 6-10 不同主段塞表面活性剂浓度与采收率提高值关系

(3)主段塞大小对驱油效果的影响。

在前置聚合物段塞(0.04PV 的 2000mg/L 聚合物)、二元驱主段塞(0.25% 表面活性剂 + 1600mg/L 聚合物)、二元驱副段塞(0.15PV 的 0.2% 表面活性剂 + 1600mg/L 聚合物)和后置聚合物保护段塞(0.1PV 的 1400mg/L 聚合物)的基础上,设计、计算了主段塞大小分别为 0.1PV、0.2PV、0.3PV、0.35PV、0.4PV 和 0.5PV 6 个方案。主段塞大小对驱油效果影响的数模计算结果如图 6-11 所示,计算结果表明,增大主段塞注入的 PV 数,驱油效果明显

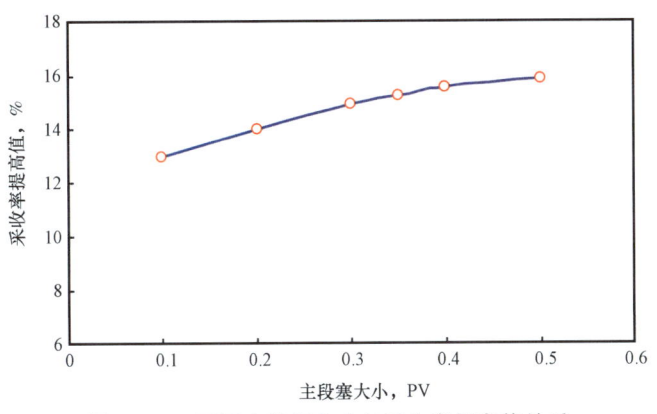

图 6-11 不同主段塞大小与采收率提高值关系

地提高，主段塞注入量在 0.1~0.4PV 之间变化时，采收率的升幅较大，注入 0.35PV 以后升幅逐渐减小。

3) 二元副段塞对驱油效果的影响

对二元体系副段塞中的聚合物和表面活性剂浓度及段塞大小对驱油效果的影响分别进行分析。

(1) 副段塞聚合物浓度对驱油效果的影响。

在前置聚合物段塞(0.04PV 的 2000mg/L 聚合物)、二元驱主段塞(0.35PV 的 0.25% 表面活性剂 +1600mg/L 聚合物)、二元驱副段塞(0.15PV 的 0.2% 表面活性剂)和后置聚合物保护段塞(0.1PV 的 1400mg/L 聚合物)的基础上，设计、计算了副段塞聚合物浓度分别为 1000mg/L、1200mg/L、1400mg/L、1600mg/L、1800mg/L 和 2000mg/L 6 个方案。副段塞中聚合物浓度从 1000~2000mg/L 的二元体系对驱油效果影响的数模计算结果如图 6 – 12 所示，从计算结果可以看出，随着二元体系中的聚合物浓度的增大，二元驱的驱油效果越好。当聚合物浓度在 1600mg/L 左右对驱油效果影响最大，之后聚合物浓度对驱油效果的影响逐渐变小。

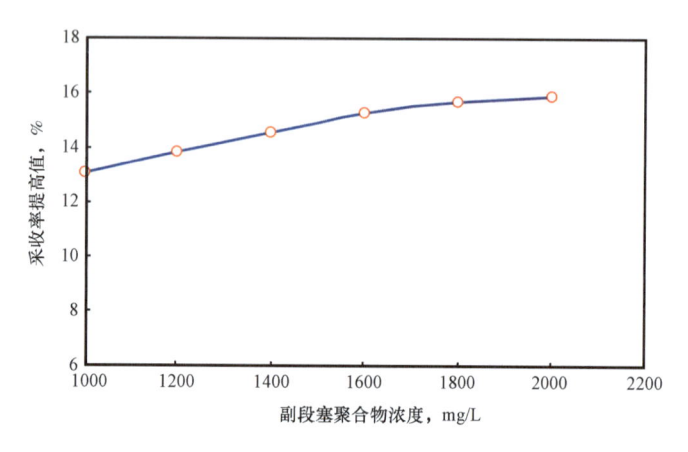

图 6 – 12　不同副段塞聚合物浓度与采收率提高值关系

(2) 副段塞表面活性剂浓度对驱油效果的影响。

在前置聚合物段塞(0.04PV 的 2000mg/L 聚合物)、二元驱主段塞(0.35PV 的 0.25% 表面活性剂 +1600mg/L 聚合物)、二元驱副段塞(0.15PV 的 1600mg/L 聚合物)和后置聚合物保护段塞(0.1PV 的 1400mg/L 聚合物)的基础上，设计、计算了副段塞表面活性剂浓度分别为 0.05%、0.1%、0.15%、0.2% 和 0.25% 5 个方案。副段塞中表面活性剂浓度 0.05%~0.25%(有效浓度)的二元体系对驱油效果的影响的数模计算结果如图 6 – 13 所示，从提高采收率值来看，在 0.25% 范围内随着表面活性剂浓度的增加，驱油效果越好，但增加到 0.15% 之后，驱油效果增幅明显减少。因此，副段塞的表面活性剂浓度推荐选择 0.15%。

(3) 副段塞大小对驱油效果的影响。

在前置聚合物段塞(0.04PV 的 2000mg/L 聚合物)、二元驱主段塞(0.35PV 的 0.25% 表面活性剂 +1600mg/L 聚合物)、二元驱副段塞(1600mg/L 聚合物 +0.15% 表面活性剂)和后置聚合物保护段塞(0.1PV 的 1400mg/L 聚合物)的基础上，设计、计算了副段塞大小分别为

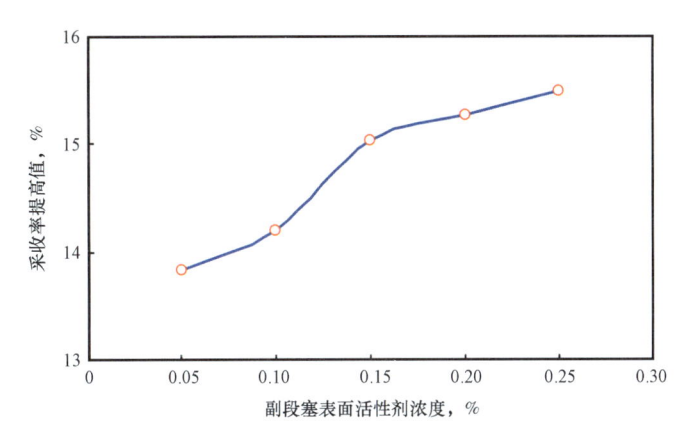

图 6-13　不同副段塞活性剂浓度与采收率提高值关系曲线

0.05PV、0.1PV、0.15PV、0.2PV、0.25PV 和 0.3PV 6 个方案。副段塞大小对驱油效果影响的数模计算结果如图 6-14 所示，计算结果表明，增大副段塞注入的 PV 数，驱油效果明显地提高，副段塞注入量 0.2PV 以后升幅逐渐减小。

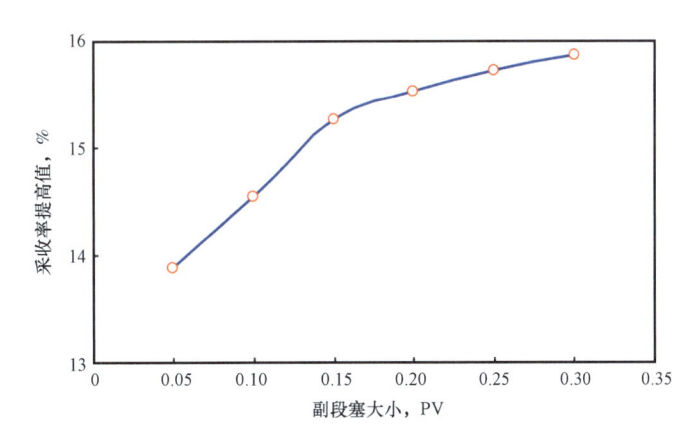

图 6-14　不同副段塞大小与采收率提高值关系

4）后置聚合物驱保护段塞对驱油效果的影响

为了研究后置保护段塞聚合物浓度和段塞大小对驱油效果的影响，在前置聚合物段塞（0.04PV 的 2000mg/L 聚合物）、二元驱主段塞（0.35PV 的 0.25% 表面活性剂 +1600mg/L 聚合物）、副段塞（0.2PV 的 0.15% 表面活性剂 +1600mg/L 聚合物）的基础上，计算对比了不同后置保护段塞聚合物浓度和段塞大小各方案。

(1) 后置聚合物段塞浓度对驱油效果的影响。

在后置保护段塞大小 0.1PV 条件下，设计、计算了后置保护段塞聚合物浓度分别为 800mg/L、1000mg/L、1200mg/L、1400mg/L、1600mg/L 和 1800mg/L 6 个方案。浓度从 600~2000mg/L 的聚合物后置段塞对驱油效果影响的数值模拟计算结果如图 6-15 所示。计算结果表明，后置聚合物段塞浓度对提高二元驱的驱油效果影响显著，随着聚合物浓度的增大，提高采收率值也逐渐增大。后置聚合物段塞的浓度在 1400mg/L 以后采收率的提高值逐渐减缓。

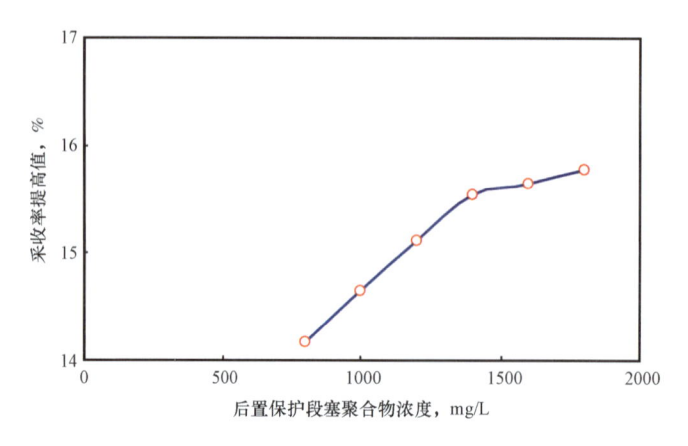

图 6-15　不同保护段塞聚合物浓度与采收率提高值关系

（2）后置聚合物段塞大小对驱油效果的影响。

在后置保护段塞聚合物浓度为 1400mg/L 的情况下，设计、计算了后置保护段塞大小分别为 0.05PV、0.1PV、0.15PV、0.2PV、0.25PV 和 0.3PV 6 个方案。后置 0.05~0.3PV 的聚合物段塞对驱油效果影响的数值模拟计算结果如图 6-16 所示，后置聚合物段塞在 0.1PV 以前采收率提高值升幅较大，当后置聚合物驱段塞继续增加时，采收率升幅变小。因此确定后置聚合物段塞大小为 0.1PV。

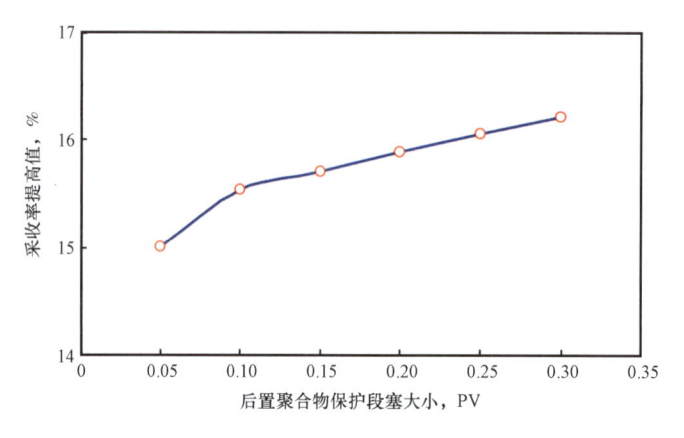

图 6-16　不同保护段塞大小与采收率提高值关系

三、聚合物—表面活性剂复合驱动态变化特征

1. 注入压力变化

在注入初期注入压力变化呈"先升后略降再升"趋势，注入压力的变化是化学驱过程中最早显现的一个特征。由于注入溶液的黏度比注入水的黏度高得多，导致渗流阻力增加，注入压力上升，吸水能力下降，随着累计注入量的增加，注入压力进一步上升。各注入井注入压力上升幅度并不相同，分析认为储层条件的差异是影响注入压力的重要因素。对比二元驱注入压力变化与注聚单元注入压力变化，前置段塞注入后，注入压力上升 2MPa 左右。二元主体段塞初期由于表面活性剂的影响，注入压力略有下降，随着主体段塞稳定注入，注入

压力持续上升，与水驱阶段对比一般上升 3MPa 左右，压力上升幅度与聚合物驱基本相同。注入压力变化是复合驱过程中的明显特征，由于注入流体黏度的增加以及聚合物在油层中的吸附滞留，注入井周围油层渗透率很快下降，导致注入初期注入压力很快上升，随着复合体系的持续注入，压力变为缓慢上升，如图 6-17 所示。

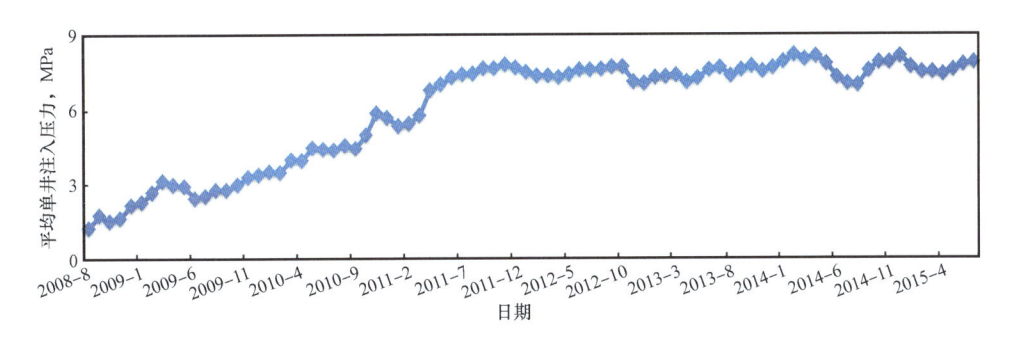

图 6-17　锦 16 块聚合物—表面活性剂复合驱注入体积与压力变化的关系

2. 吸液剖面的变化

注入聚合物—表面活性剂复合体系后，由于增加了注入水相的黏度，同时聚合物在油层中的滞留，使油水流度比降低，流体渗流阻力增加，有效改变了单元的吸水剖面，扩大了波及体积，层内和层间吸水状况得到很好的改善，复合体系依然具有聚合物调堵作用。如胜利油田七区西 5^4—6^1 二元复合驱先导试验区 9 口注入井，3 口单注 5^4 层，5 口合注 5^{4+5} 层，1 口合注 $5^{4+5}6^1$ 层。5 口可对比的合注井资料统计结果表明（表 6-8），注聚前后层内注入变化状况表现为上部吸水百分数有所增加，其中 5^4 层上部吸水百分数增加 3.0%，5^5 层上部吸水百分数增加 4.0%，油层下部吸水百分数均有下降，其中 5^4 层下降 6.0%，5^5 层下降 5.0%。层内动用状况得到改善。从单井剖面变化看，投注初期聚合物基本沿原先的大孔道推进。随着二元复配体系的注入吸聚剖面有所改善，大孔道吸聚能力有所下降，原先吸聚差或不吸聚的层（井段）吸聚能力有所加强。但注入中后期层间不同韵律段或不同井段的吸聚差异很突出，可见二元体系不能从根本上解决层间矛盾，必须采取分层注入工艺来保证均衡注入。

表 6-8　注聚后层内吸聚变化表

层位	注聚前,%			注聚后,%			差值,%		
	上部	中部	下部	上部	中部	下部	上部	中部	下部
5^4	26.0	36.0	38.0	35.0	44.0	32.0	9.0	8.0	-6.0
5^5	8.0	50.0	42.0	12.0	51.0	37.0	4.0	1.0	-5.0
合计	17.0	43.0	40.0	23.5	47.5	34.5	6.5	4.5	-5.5

3. 阻力系数的变化

化学驱提高波及体积的改善程度可用阻力系数来评价。注入井注入不同流体，在霍尔曲线图上反映出不同直线段，用曲线分段回归求出各直线段的斜率，该斜率项体现了各注入时期的渗流阻力变化，其变化幅度反映了注入体系的有效性的强弱。二元复合驱后霍尔曲线斜率明显增大。说明二元驱后渗流阻力增加。从胜利孤东油田七区西 5^4—6^1 先导试验区阻力系数变化看（图6-18），主体段塞前由于注入的聚合物较好地起到了增加渗流阻力的作用，试验区阻力系数上升到1.91，转入主体段塞后由于石油磺酸盐起到了降低表面张力的作用，阻力系数略降为1.9。但随着注入体积的不断增加，主体段塞聚合物起到了较好地增加渗流阻力的作用，试验区阻力系数上升到2.0。复合体系的注入，改善了油层的渗流状况，使油层的导流能力明显降低。

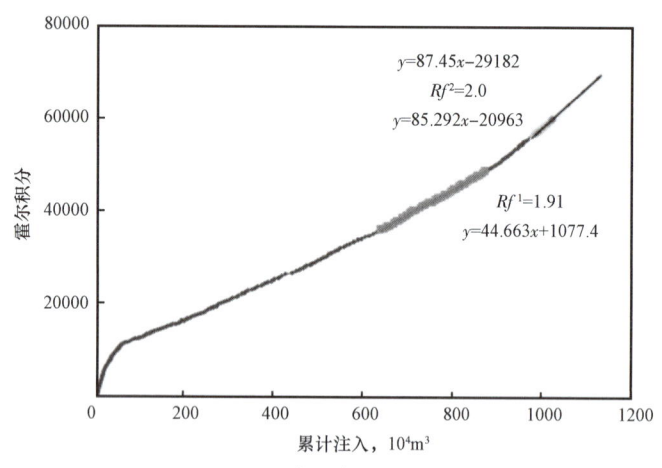

图6-18 七区西5^4—6^1二元先导区霍尔曲线

4. 注入能力变化

由于复合体系注入初期压力明显升高，流体的渗流阻力增大，注入能力下降比较明显，注入的初期视吸水指数下降较快，与空白水驱相比下降约1/3，进入主段塞阶段后，视吸水指数有所上升，主要是主段塞中聚合物浓度比前置段塞降低，黏度变小，渗流阻力变小，如图6-19所示。

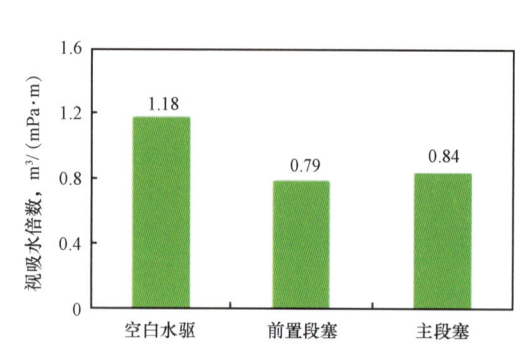

图6-19 锦16块聚合物—表面活性剂复合驱视吸水指数变化

5. 产液能力变化

化学驱矿场实验中，在体系注入过程中一般都存在油井流压降低、产液能力下降的现象。主要是因为注入流体黏度增加，导致渗流阻力增大，使油藏的供液能力下降，如图6-20所示，锦16块聚合物—表面活性剂复合驱的产液强度从前置聚合物段塞开始逐渐下降，下降了12%，主段塞注入后产液能力有所恢复，随着主段塞的注入，产液指数又缓慢下降，为了保证复合驱的效果，一般要求产液指数最大下降不应该超过50%，否则应当采取压裂、解堵等措施，恢复油藏的产液能力。

6. 产出液产油含水变化

聚合物—表面活性剂复合驱在前置聚合物段塞注入过程中产油量快速上升，含水率快速下降，在主段塞的注入过程中，产油量继续上升，含水率继续下降，含水最大下降约15%，随着主段塞的持续注入，含水保持在较低的水平，产油量维持较高的水平。图6-21为锦16块聚合物—表面活性剂复合驱产出液产油与含水变化曲线。

图 6-20　锦 16 块聚合物—表面活性剂复合驱产液强度变化

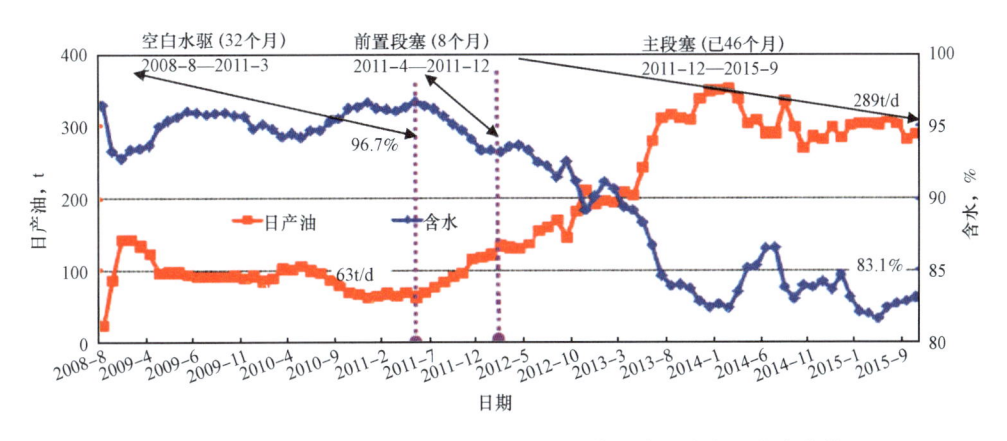

图 6-21　锦 16 块聚合物—表面活性剂复合驱产出液产油含水变化

第二节　注入参数优化

开展聚合物—表面活性剂复合驱之前，为了最大效率地发挥二元体系的驱油效果，节约成本，获得最大的经济效益，需要制订二元复合驱的注入方案。由于每个油田区块的储层性质和流体性质的差异，通常要根据不同油田选择不同的二元体系配方，采取不同的注入方案。目前聚合物—表面活性剂复合体系配方的筛选主要途径是室内静态实验，主要原则是：

（1）界面张力要达到 10^{-3} mN/m；

（2）在油藏温度和盐度的条件下，黏度在合理范围内，在保障改善油水流度比的同时，可以正常注入；

（3）体系吸附量在允许范围内；

（4）体系时间稳定性好。

实验室物理模拟研究结果未考虑聚合物—表面活性剂复合体系在储层中发生的动态变化，也很难分析不同参数组合下对提高采收率的影响。通过建立了以经济效益为目标函数，以体系浓度及注入参数为决策变量的优化模型，通过遗传算法求解，可以得到了目标区块的最佳的注入参数组合。

一、决策变量和目标函数

聚合物—表面活性剂复合驱方案主要分为配方方案和注入方案。配方方案包括聚合物的相对分子质量、类型，表面活性剂的类型，以及表面活性剂和聚合物的浓度；现场注入方案包括注入的时间、注入速度、注入量等。其中表面活性剂和聚合物的类型一般通过实验室确定，而剩余的参数，包括表面活性剂和聚合物的浓度、注入速度、注入时间、注入量等属于动态参数，室内实验无法确定，可通过数值模拟优化获得。

以经济效益为目标函数，则聚合物—表面活性剂复合驱的经济目标为增产原油价格的收入减去注入成本。

$$f(c_p, c_s, t_s, t_1, q) = p_o \cdot \Delta M_o - t_1(c_p p_p + c_s p_s) \qquad (6-1)$$

式中　p_o——原油价格；

　　　p_p——聚合物价格；

　　　p_s——表面活性剂价格；

　　　c_p——聚合物浓度；

　　　c_s——表面活性剂浓度；

　　　ΔM_o——聚合物—表面活性剂复合驱增产原油量；

　　　t_1——聚合物—表面活性剂复合体系注入量。

1. 决策变量

决策变量主要有：注入速度 q、表面活性剂浓度 c_s、聚合物浓度 c_p、注入时间 t_s、注入量 t_1。需要分析这些决策变量对经济效益的影响。聚合物—表面活性剂复合驱增产原油量 ΔM_o 主要由驱油效率和波及系数决定。

$$\Delta M_o \propto E_m E_s \qquad (6-2)$$

式中　E_m——驱油效率；

　　　E_s——波及系数。

驱油效率 E_m 可表示为：

$$E_m = \frac{1 - S_{wi} - S_{or}}{1 - S_{wi}} \qquad (6-3)$$

下面通过分析驱油效率和波及系数来确定各个参数对经济效益的影响。

1）注入速度的影响

聚合物—表面活性剂复合驱中，因为注入速度和成本无关。所以，注入速度对经济效应的影响体现在原油的增产量的大小上，主要有以下影响：

(1) 注入速度越大，聚合物—表面活性剂复合驱体系波及的区域也就越大，采收率的提高幅度就越大，经济效益越好；

(2) 较大的注入速度，意味着地层中的流速也较大，使得二元体系剪切变稀，黏度减小，改善油水流度比的能力变差，降低了驱油效率，减小了经济效益；

(3) 根据毛管数定义，注入速度越大，毛管数就越大，进而相对渗透率增大，残余油饱和度降低，驱油效率增加。

但注入速度要根据地面设备的性能,以及地层破裂压力等综合考虑来设计,不能超过地层破裂压力和地面设备最大压力的限制。

2)表面活性剂浓度的影响

表面活性剂主要决定驱油效率,而不涉及波及系数。在相同的注入量下,表面活性剂浓度对聚合物—表面活性剂复合驱经济性能的影响有以下几个方面:

(1)表面活性剂浓度越高,复合驱成本越高;

(2)当表面活性剂浓度低于实验室最佳配方浓度(最低界面张力时的浓度)或高于实验室最佳配方浓度时,不能达到最低界面张力,驱油效率降低;

(3)表面活性剂浓度越高,根据乳化驱油机理,乳化的原油量就越多,驱油效率越高;

(4)表面活性剂浓度越高,其在地层中发生吸附的量就越多,浪费的成本就越高。

因此表面活性剂浓度设计对二元复合驱经济效能的影响至关重要,需要综合考虑表面活性剂的浓度对驱油效率以及经济效益的影响。

3)聚合物浓度的影响

在相同的注入量下,聚合物浓度对聚合物—表面活性剂复合驱经济性能的影响有以下几个方面:

(1)聚合物浓度越高,其成本越高;

(2)聚合物浓度越高,其改善流度比的能力就越强,驱油效率和波及系数就越大;

(3)聚合物浓度越高,相同的压力下,注入速度就越低,产液量就越低,产油速率就越低;

(4)与表面活性剂一样,聚合物浓度越高,在储层中吸附浪费的就越多。

聚合物浓度的选择同样要考虑地面注入设备的最大承受压力,此外,还需要注意聚合物的浓度过大有可能对地层造成堵塞,使注入压力急剧上升,油井产液量大幅度下降。

4)注入时间的影响

关于注入时间对聚合物—表面活性剂复合驱的影响,油田现场通常在二次采油结束,即井的含水率超过98%时,进入三次采油阶段。但这仅仅是根据采油的方法划分的时间点,不一定是最合理和最优的注入时机。

5)注入量的影响

在相同的聚合物—表面活性剂复合驱浓度的情况下,注入量对经济效能的影响,体现在以下几个方面:

(1)注入量越大,成本越高;

(2)注入量越大,聚合物—表面活性剂复合驱体系和油水发生接触的时间就越长,驱油效果越好;

(3)即使不考虑注入量所带来的成本的增加,注入量也并非越大越好,和二次采油技术类似,即使一直采用聚合物—表面活性剂复合驱,也存在技术极限。

通过以上对各个变量的分析,总结得到这些参数对于二元复合驱的经济影响而言,都不是单调的。也就是说,在一定的区间范围内,必然存在一个最佳的参数组合。

2. 净现值(NPV)目标函数

一个项目的现金流动是指净现值(NPV)或者项目的花费随着时间的变化关系,净现值的时间值包括在几年中考虑货币的贬值和银行的利息。净现值(NPV)是在一定的货币贬值和银行利息下的现金流的值。

净现值是指收益 R 和开支的现金 R 的差值。

$$\mathrm{NPV} = R - E \tag{6-4}$$

第 k 个时间段的净现值 $\Delta\mathrm{NPV}(k)$ 为：

$$\Delta\mathrm{NPV}(k) = \Delta R(k) - \Delta E(k) \tag{6-5}$$

式中 $\Delta R(k)$——第 k 个时间段的收入（含利息和通货膨胀）；
$\Delta E(k)$——第 k 个时间段的支出（含利息和通货膨胀）。

假设银行的利率和通货膨胀率相等，记为 r，则

$$\Delta R(k) = (1 + r)^{-k} \Delta R'(k) \tag{6-6}$$

$$\Delta E(k) = (1 + r)^{-k} \Delta E'(k) \tag{6-7}$$

式中 $\Delta R'(k)$——第 k 个时间段的纯收入；
$\Delta E'(k)$——第 k 个时间段的纯支出。

第 k 个时间段的纯收入为原油的价格乘以采出的油量：

$$\Delta R'(k) = p_o \Delta N_{wo}(k) \tag{6-8}$$

式中 p_o——原油价格；
$\Delta N_{wo}(k)$——第 k 个时间段原油的采出量。

第 k 个时间段的纯支出包括采油成本、注水成本以及化学剂的成本，即：

$$\Delta E'(k) = p_{wo}\Delta N_{wo}(k) + p_{wi}\Delta N_{wi}(k) + p_s c_s \Delta N_{wi}(k) + p_p c_p \Delta N_{wi}(k) \tag{6-9}$$

式中 p_{wo}——采油成本；
p_{wi}——注水成本；
$\Delta N_{wi}(k)$——第 k 个时间段的注水量。

$$\Delta N_{wo}(k) = \Delta t q_o \tag{6-10}$$

$$\Delta N_{wi}(k) = \Delta t q_w \tag{6-11}$$

把式(6-10)和式(6-11)代入式(6-8)和式(6-9)中，得

$$\Delta R'(k) = \Delta t p_o q_o \tag{6-12}$$

$$\Delta E'(k) = \Delta t [p_{wo} q_o + (p_{wi} + p_s c_s + p_p c_p) q_w] \tag{6-13}$$

把式(6-12)、式(6-13)、式(6-6)和式(6-7)代入式(6-5)，有：

$$\Delta\mathrm{NPV}(k) = \Delta t (1 + r)^{-k} [p_o q_o - p_{wo} q_o - (p_{wi} + p_s c_s + p_p c_p) q_w] \tag{6-14}$$

式 (6-14) 为得到的第 k 个时间段的净现值。截至第 n 阶段的总净现值为：

$$\mathrm{NPV}(n) = \sum_{k=1}^{n} \Delta\mathrm{NPV}(k) \tag{6-15}$$

由式(6-14)可知，第 k 个时间段的净现值 $\mathrm{NPV}(k)$ 并不是恒大于 0 的，即截至第 n 阶段的总净现值 $\mathrm{NPV}(n)$ 随开发阶段 n 不一定是单调递增关系，要求得最大的收益，需要取其

最大值。这样，得到了优化模型的目标函数为

$$\text{NPV}_{\max} = \max \text{NPV}(n)$$

即

$$\text{NPV}_{\max} = \max \sum_{k=1}^{n} \Delta \text{NPV}(k) \qquad (6-16)$$

将二元复合驱模拟器看作一个黑盒，可表示成图 6-22。

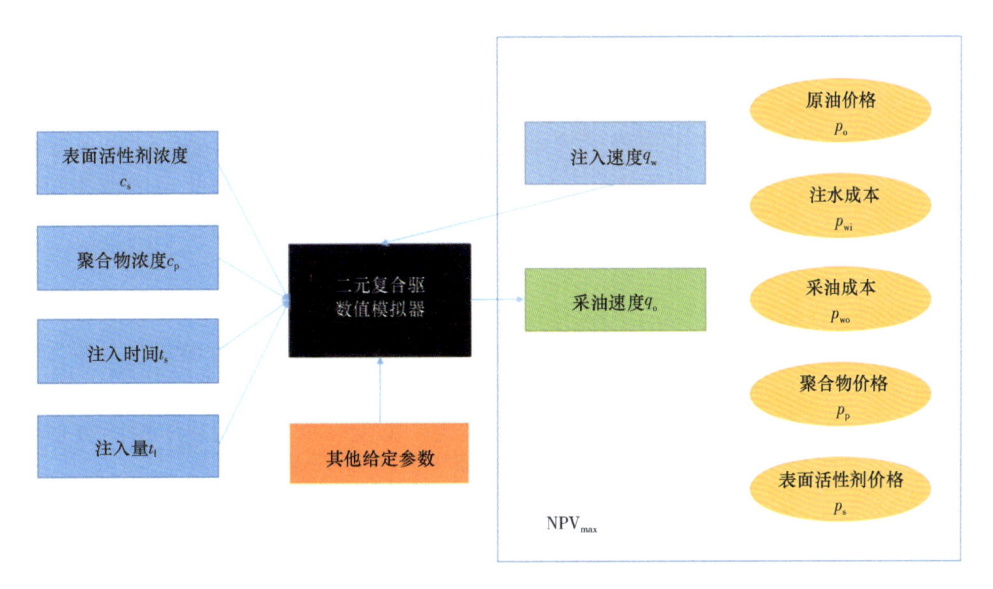

图 6-22 聚合物—表面活性剂复合驱参数优化模型

二、优化方案

前文建立了二元复合驱的数学模型，将模拟器看作一个黑匣子，如图 6-22 所示，由于模拟器可以看作一个非线性函数。则可以把式(6-16)写为一个函数的形式：

$$\text{NPV}_{\max} = f(x) \qquad (6-17)$$

式中，$x = [q, c_s, c_p, t_s, t_1]$。

已经知道，该 $f(x)$ 有以下特点：
(1) 高度非线性，这是由于模拟器本身的非线性参数影响的非线性两部分决定的；
(2) 多变量，目标函数有 5 个变量；
(3) 计算量大，这是由于模拟器每运行一次，才可以计算出一个目标函数值；
(4) 可并行，模拟器可单独运行，互不影响。
基于以上基本特点，制定了以下求解对策：
(1) 选择非线性优化算法；
(2) 选择并行计算。

1. 优化算法

目前，常用的非线性优化方法主要是通过群智能算法实现，本文采用遗传算法。

遗传算法(Genetic Algorithm，GA)起源于对生物系统所进行的计算机模拟研究。它是模仿自然界生物进化机制发展起来的随机全局搜索和优化方法，借鉴了达尔文的进化论和孟德尔的遗传学说。其本质是一种高效、并行、全局搜索的方法，能在搜索过程中自动获取和积累有关搜索空间的知识，并自适应地控制搜索过程以求得最佳解。遗传算法操作使用适者生存的原则，在潜在的解决方案种群中逐次产生一个近似最优的方案。在遗传算法的每一代中，根据个体在问题域中的适应度值和从自然遗传学中借鉴来的再造方法进行个体选择，产生一个新的近似解。这个过程导致种群中个体的进化，得到的新个体比原个体更能适应环境，就像自然界中的改造一样。

遗传算法是一种借鉴生物界自然选择和自然遗传机制的随机搜索法。它与传统的算法不同，大多数古典的优化算法是基于一个单一的度量函数的梯度或较高次统计，以产生一个确定性的试验解序列；遗传算法不依赖于梯度信息，而是通过模拟自然进化过程来搜索最优解，它利用某种编码技术，作用于称为染色体的数字串，模拟由这些串组成的群体的进化过程。其具有以下特点：

(1) 对可行解表示的广泛性；
(2) 群体搜索特性；
(3) 不需要辅助信息；
(4) 内在启发式随机搜索特性；
(5) 遗传算法在搜索过程中不容易陷入局部最优，即使在所定义的适应度函数是不连续的、不规则的或有噪声的情况下，也能以很大的概率找到全局最优解；
(6) 遗传算法采用自然进化机制来表现复杂的现象，能够快速可靠地解决求解非常困难的问题；
(7) 遗传算法具有固有的并行性和并行计算的能力；
(8) 遗传算法具有可扩展性，易于同别的技术混合。

遗传算法的流程图如图6-23所示。

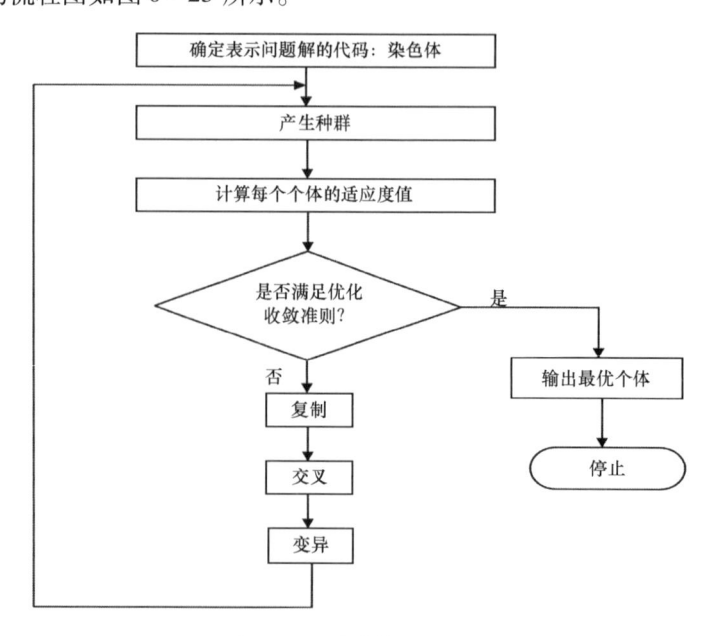

图6-23 遗传算法流程图

对于函数优化问题，必须将优化问题的目标函数 $f(x)$ 与个体的适应度函数 $F(x)$ 建立一定的映射关系，且遵循两个基本原则：

（1）适应度函数的值不小于零；
（2）优化过程中目标函数变化方向应与群体进化过程中适应度函数的变化方向一致。

一般情况下，优化通常计算目标函数的最小值，而本模型的优化目标是净现值最大。故可以取：

$$F(x) = \frac{1}{f(x)}$$

2. 并行计算

在优化求解过程中，给定一组参数组合时，模拟器进行模型计算，求得目标函数值，遗传算法是一个并行的算法，每个个体的适应度可以单独计算，互不影响，使得计算效率大幅度提高。

本书使用 MATLAB 的 Parallel Computing Toolbox 工具箱实验并行计算求解。其主要有以下特性：

（1）并行 for 循环（parfor），可以在多个处理器上运行任务并行算法；
（2）支持启用 CUDA 的 NVIDIA GPU；
（3）通过本地运行的 worker 充分利用台式机的多核处理器；
（4）计算机集群和网格支持（使用 MATLAB Distributed Computing Server）；
（5）以交互方式和批量方式执行并行应用程序；
（6）适用于大数据集的操作和数据并行算法的分布式数组和单程序多数据（spmd）结构。

如图 6-24 所示，以四核电脑为例，开启一个 batch 运行主遗传算法程序，开启 3 个 MATLAB worker 分别计算个体的适应度。程序的运行效率可提高 3 倍。如果在集群上运算或者采用云计算，计算的效率可成百上千倍的提高。

图 6-24 并行计算

三、计算结果

考虑到计算机性能有限，本书选取了一个二维地层的五点法井网作为二元复合驱参数优化的计算示例。

1. 目标区块的基本情况

表6-9为计算区域和流体的基本参数。

表6-9 计算区域和流体的基本参数

属性	值
尺寸	100m×100m×10m
网格	20m×20m×1m
孔隙度	0.2
渗透率，mD	100
注入速率，m³/d	50
油黏度，mPa·s	5
水黏度，mPa·s	1

计算区域100m×100m，油层厚度为10m，孔隙度0.2，渗透率100mD，模拟五点法井网的一个注采单元。图6-25为注采单元的渗透率、井的位置和网格信息。

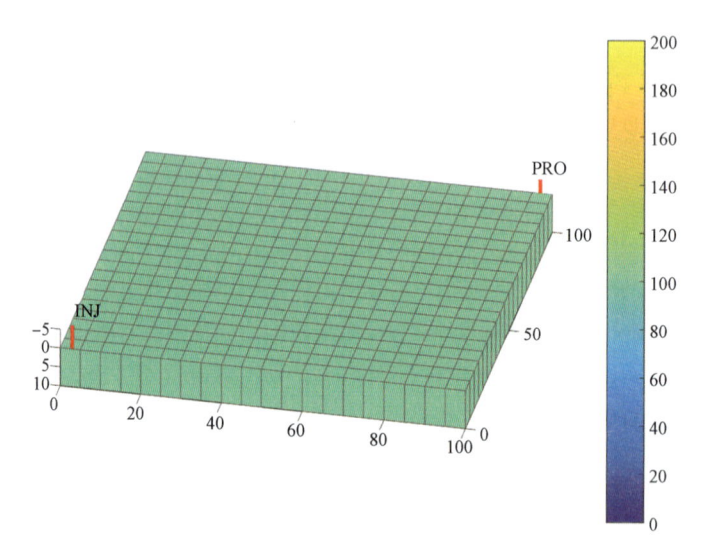

图6-25 地层渗透率与井和网格

表6-10为与目标函数NPV有关的价格参数。

表6-10 与目标函数NPV有关的价格参数

属性	价格
原油，美元/bbl	40
注入成本，美元/bbl	0.15
脱水成本，美元/bbl	0.15
聚合物成本，美元/kg	5
表面活性剂成本，美元/kg	10
利率，a^{-1}	0.05

2. 优化结果

为了节约计算时间，对待参数设置了一个范围，在此范围内进行优化求解，见表6-11。

表 6-11　参数范围

参数名称	范围	单位
注入速度 q	[42, 58]	m^3/d
表面活性剂浓度 c_s	[3, 4]	kg/m^3
聚合物浓度 c_p	[2, 3]	kg/m^3
注入时间 t_s	[1, 2]	PV
注入量 t_1	[0, 1]	PV

表 6-12 为遗传算法参数取值。

表 6-12　遗传算法参数取值

遗传算法参数	值
种群规模	10
最大迭代步数	100
交叉概率	0.2
变异概率	0.05
交叉方式	单点交叉

在设置参数完成之后，在电脑上进行计算求解。表 6-13 为电脑基本信息和运算时间。

表 6-13　求解平台信息

电脑型号	Apple Mac Mini
处理器型号	Intel(R) Core(TM) i7-3615QM 4 核
内存	8G
操作系统	Windows 10 简体中文专业版
软件版本	MATLAB 2015B
运算时常	15h 33min

图 6-26 为遗传算法的收敛图，蓝色曲线表示种群平均适应度对应的目标函数值，红色曲线代表最佳个体的适应度对应的目标函数值。

可以看出，相比优化前收益增加了 300 多万元。

表 6-14 为遗传算法优化的结果。

表 6-14　优化结果

优化结果	值
注入速率，m^3/d	50
注入量，PV	0.56
表面活性剂浓度，kg/m^3	3.54
聚合物浓度，kg/m^3	2.67
最大收益，万元	3102.86

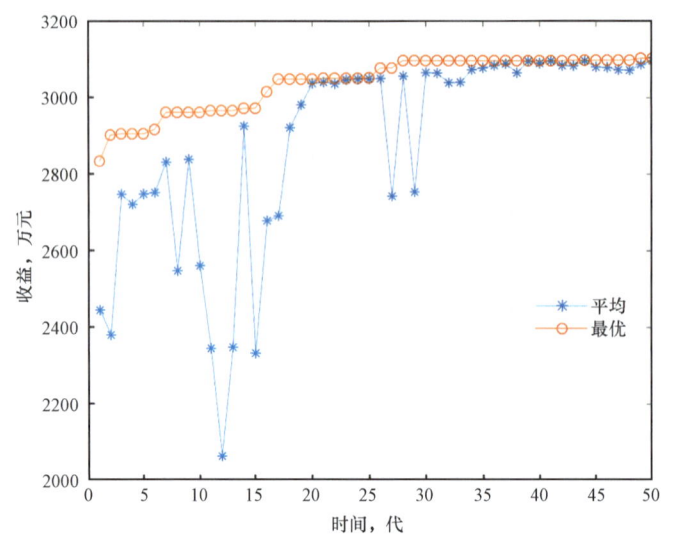

图 6-26 遗传算法收敛图

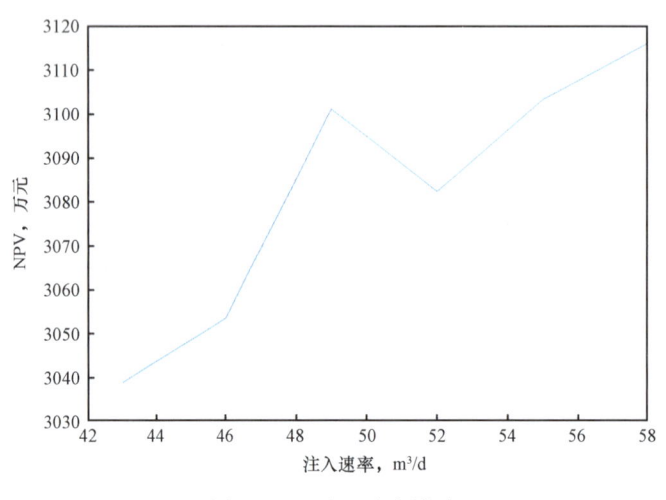

图 6-27 注入速率影响

从优化的结果来看，注入速率并不是越快越好，注入量也不是越多越好，聚合物的浓度也不是越大越好。

尤其要说明的是表面活性剂的浓度，表面活性剂实验室内最低油水界面张力处的浓度是 $3kg/m^3$，而优化的最佳注入浓度为 $3.54kg/m^3$，这说明，实际的动态最佳方案不同于实验室静态方案。

3. 参数敏感性分析

在保存其他参数不变的情况下，分析了单一变量对结果的影响，如图 6-27 至图 6-30 所示。

从结果看，这些参数对结果的影响均不是单调的，这符合前文对参数影响的分析结果。

图 6-31 至图 6-34 对比了不同的原油价格下，水驱、聚合物驱和二元复合驱的净现值（NPV）收益随开发时间的变化。

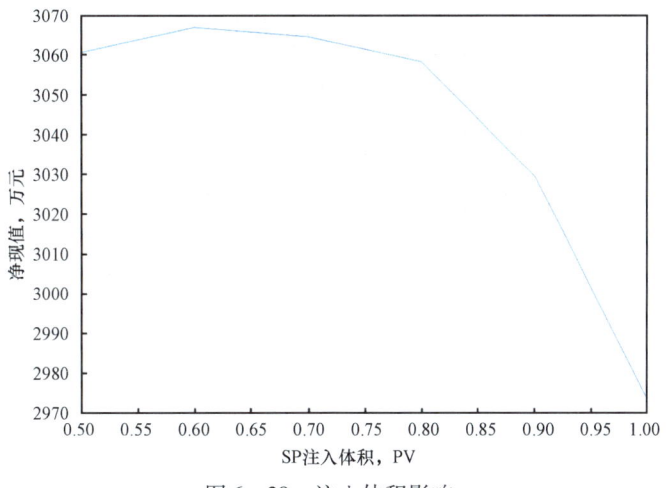

图 6-28　注入体积影响

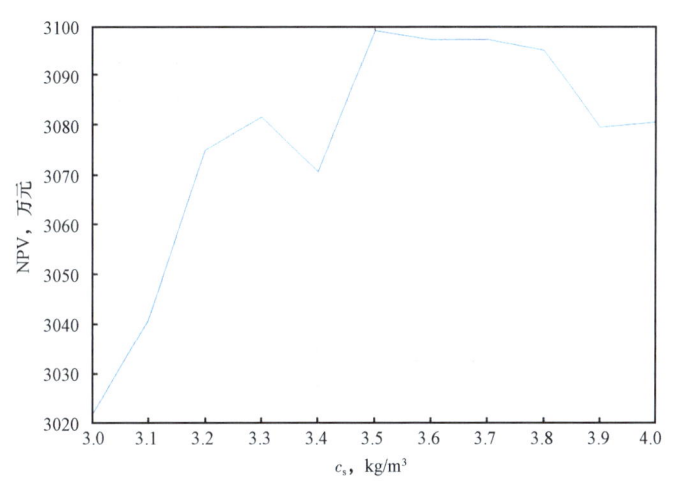

图 6-29　表面活性剂浓度影响

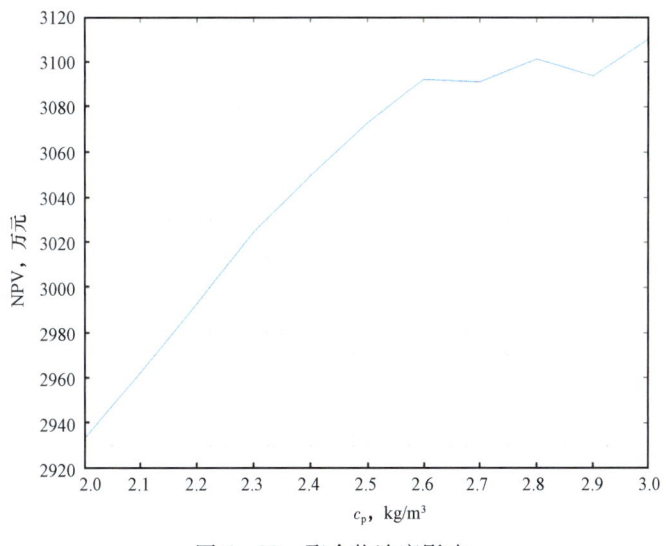

图 6-30　聚合物浓度影响

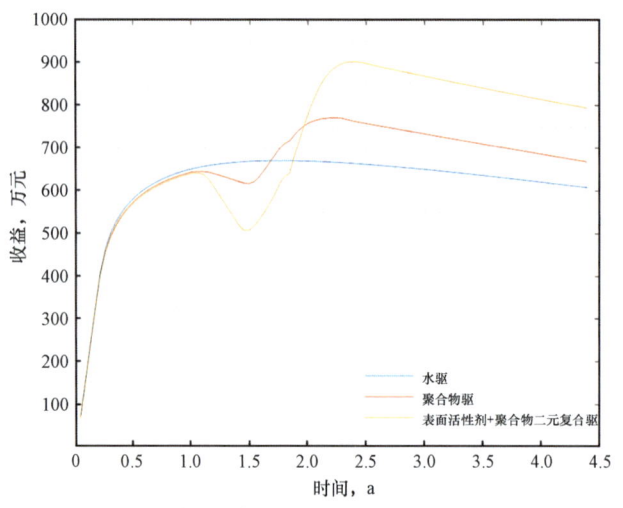

图 6-31　油价 30 美元/bbl 时收益随开发时间的变化

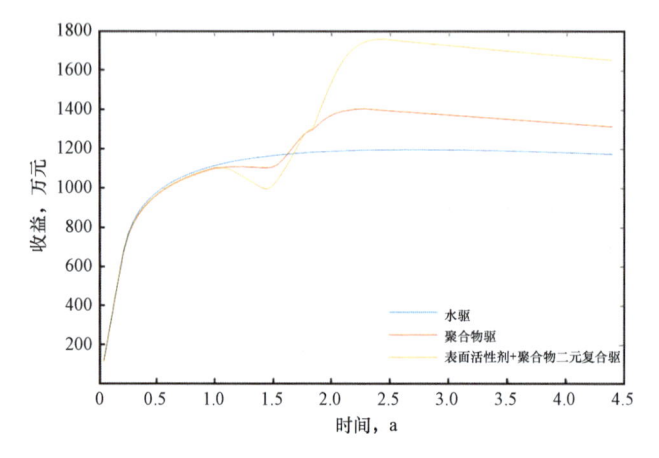

图 6-32　油价 50 美元/bbl 时收益随开发时间的变化

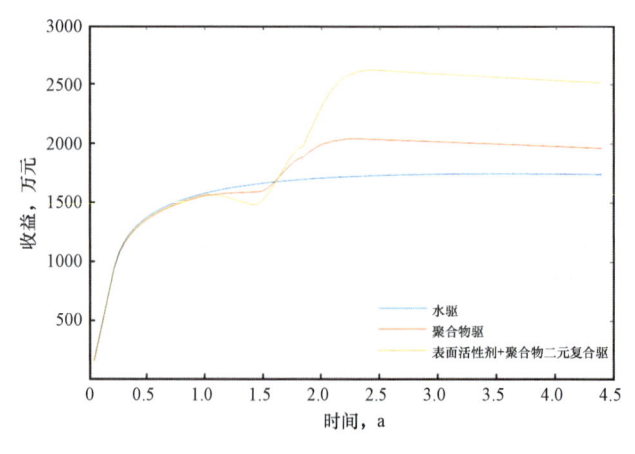

图 6-33　油价 70 美元/bbl 时收益随开发时间的变化

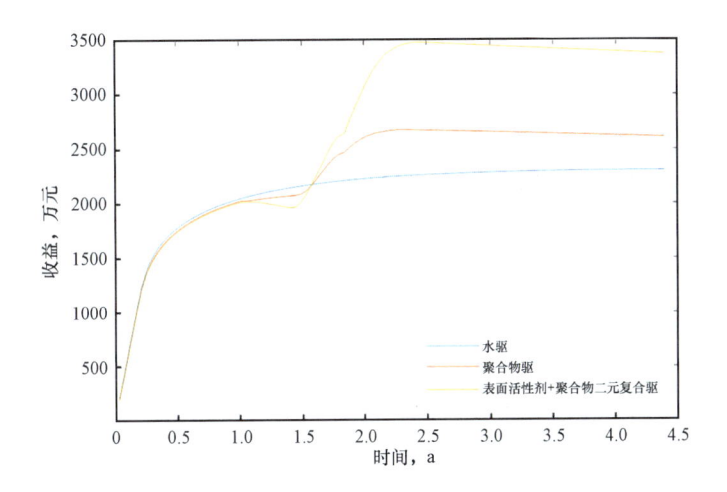

图 6-34 油价 90 美元/bbl 时收益随开发时间的变化

可以看出：
(1)注入化学剂开采阶段，处于亏损状态；
(2)油价越高，聚合物驱和二元驱的优势就越大。
油价影响油田开发的技术周期，应根据不同的油价变化产量。

第七章 聚合物—表面活性剂复合驱数值模拟

国外化学驱数值模拟软件的发展已经历了几十年的发展。1968年，Zeito首次提出聚合物驱油三维数值模拟模型；Sorbie于1985年提出了第一个多组分地下交联反应数学模型，该模型考虑了交联反应动力学规律、不同交联体系或过程，并用高阶差分求解对流—扩散项。美国得克萨斯大学的UTCHEM软件对化学驱油过程的物理化学现象有比较严格的描述，机理描述比较丰富，考虑了相关的物化现象和化学反应，数学模型中考虑的水相中不同成分达26种之多，固相成分高达6种。独立的化学反应有30多种，该模型主要针对高pH值碱驱体系，高浓度表面活性剂微乳液体系，不能退化到水驱模拟，但UTCHEM对于色谱分离和乳化变形没有进行描述。UTCHEM软件是一个理论方面的教学软件，矿场应用能力太差，只能模拟小型简易厚油藏，比较适合岩心驱替实验的模拟。和UTCHEM类似的还有美国GRAND公司的FACS数值模拟软件，该软件物理化学现象和UTCHEM一样有比较严格的描述，机理比较丰富，但它只有工作站版，而且它没有前处理，后处理也存在一些缺陷。另外还有美国能源部的PC-GEL模型。该模型为渗透率修改模型，考虑因素较为简化，但是操作较为麻烦，为小规模油田数值模拟工具。大型商业软件Eclipse、CMG和VIP中的化学驱部分，主要重点在于聚合物驱和凝胶驱，碱驱和表面活性剂驱考虑因素比较简单。因为碱驱和表面活性剂驱的计算涉及复杂的化学反应方程，而且计算量很大。

国内有袁士义院士开发研制的多功能化学驱（CSL-ASP）数值模拟软件。该模型的主要特点为两维、三相、八组分（水、油、表面活性剂、醇、聚合物、一价阳离子、二价阳离子、添加剂），由速度引起的质量传递，由浓度梯度引起的组分扩散，由相平衡转移引起的液—液相间的质量传递，由吸附、脱附、滞留、离子交换等引起的液—固相间的转移。朱维耀的调剖软件为三维、两相、五组分（水、油、聚合物、交联剂、凝胶），采用相对分子质量反应比例控制凝胶的生成，可考虑双重介质。朗兆新的交联聚合物驱油数值模拟软件适用于所有利用氧化还原系统与聚合物生成凝胶的组分系统，建立了描述宏观效果的物化参数的数学模型。大庆油田在UTCHEM基础上，改进研制出了实用的聚合物驱软件POLYMER，在大庆油田获得了成功的应用。胜利油田1993年引进了UTCHEM软件的源程序，经过对UTCHEM软件的开发应用和解剖研究，在UTCHEM软件、解法、参数准备、数据输入、计算方法等方面进行了大量改造处理，形成了工作站版的SLCHEM复合驱油数值模拟软件。WAS公司将UTCHEM中的聚合物驱部分与其黑油模型VIP相接，形成了VIP-POLYMER软件，扩展了VIP模拟聚合物驱的功能，具有较强的实用价值。

分析各软件的优缺点，对比各软件的综合性能及化学驱功能，聚合物—表面活性剂复合驱数值模拟软件技术存在的主要问题及发展方向。现有软件在增强前后处理功能的同时，还需进行核心的完善。化学驱软件考虑众多物理化学因素，导致求解困难，需要在数值模拟的稳定性和机理描述的合理性之间进行适当取舍。虽然国产数值模拟软件在整体性能上弱于国外商业化软件,但是在化学驱数学模型和机理描述上具备较大优势。

目前现有的复合驱数值模拟软件对聚合物—表面活性剂复合驱的物理化学现象还没有完全描述清楚,需要在研究的基础上,结合实验数据,建立新的复合驱数学模型。在 MRST 软件基础上,开发了复合驱的软件。通过软件可以计算得出复合驱给定方案的驱油效果,并对经济效益进行评价。同时建立了优化模型,通过对参数进行优化,得到最优的注入参数组合。

第一节　复合驱油数学模型

聚合物—表面活性剂复合驱数学模型比传统的黑油模型要复杂,主要体现在以下两个方面:一是水相中加入了化学剂,需要计算化学剂的浓度场;二是化学剂的加入改变了原有的油水性质,同时需要考虑油水性质随化学剂浓度的关系。

聚合物—表面活性剂复合驱中表面活性剂的加入起到了三个方面的作用:一是降低了油水界面张力,这样就降低了驱油的压力;二是增加了毛细管数,毛细管数的增加,使得油水相渗透率增大,尤其是降低了残余油饱和度,提高了洗油效率;三是和原油发生乳化,乳化一方面增加了水相的黏度,扩大了波及体积,同时乳化的原油被水相携带采出,提高了驱油效率。其中在黑油模型中,降低驱油压力的机理只需要考虑油水界面张力的变化、毛细管数的改变,数值模拟中改变的是相对渗透率曲线,最为复杂的是乳化作用。

一、乳化驱油模型

聚合物—表面活性剂复合驱中,乳化作为其提高采收率的一个重要机理,一直缺乏有效的数学模型对其进行描述。这其中的难点在于:

(1)乳状液状态不稳定,属于油相和水相的过渡带,这给建模带来了困难,过渡带的性质,使得乳状液难以被定为单独的"相";

(2)原油的乳化量和表面活性剂的类型、浓度相关,但其具体的数学关系一直不清楚。

针对以上两方面的问题,首先要研究原油乳化量和表面活性剂的关系,在给定一种表面活性剂时,主要需要研究乳化量与表面活性剂浓度的关系。

1. 模型的建立

原油乳化,从微观上讲,是表面活性剂分子的两端分别连接上了油分子和水分子,使得原来不相互发生作用的油分子和水分子间接地连接到了一起。宏观上,是在表面活性剂的作用下,部分的原油脱离原来的油相,混于水相之中,称这部分原油为游离油,如图 7-1 所示。

实验室配置不同浓度的表面活性剂加入原油中,配置成不同油水比的实验样品,每隔一

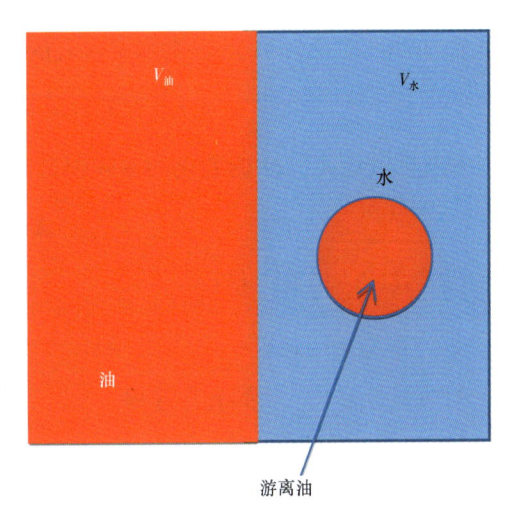

图 7-1　乳化过程示意图

段时间，观察乳化量的多少。图 7-2 为稳定后，不同浓度的表面活性剂样品的原油乳化量与样品含水率的关系。根据实验结果，单位体积内，原油乳化量和水相饱和度成正比，水相饱和度和表面活性剂质量成正比，因此原油乳化量和表面活性剂质量成正比，从而可以得出单位质量表面活性剂能够乳化的原油体积为常数。

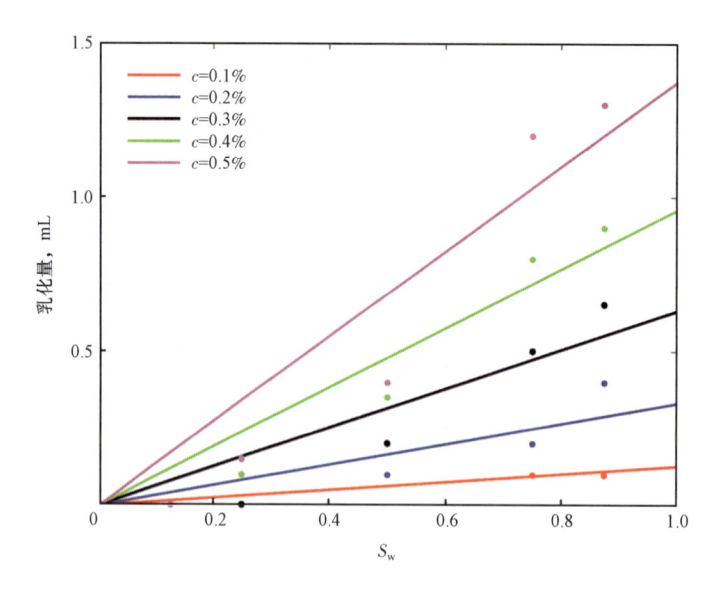

图 7-2 原油乳化量与含水饱和度的关系

这里假设油水形成了水包油形式的乳状液，水为连续相，油滴为分散相，分散在水中油滴称之为游离油。

令 r 表示单位时间内单位质量表面活性剂乳化的原油体积，c_o 表示水中游离油的体积分数，b 表示乳化单位体积原油消耗的表面活性剂质量，V_w 表示水相体积，V_e 表示乳化原油体积。

则水相中游离油的体积为 $V_w c_o$，表面活性剂的总质量为 $V_w c_s$，其中，吸附在游离油表面的表面活性剂质量为 $bV_w c_o$，则水中含有的可用表面活性剂质量 m_s 为：

$$m_s = V_w c_s - bV_w c_o = V_w(c_s - bc_o) \tag{7-1}$$

根据 r 的定义，Δt 内乳化的油体积为：

$$\Delta V_e = rm_s \Delta t \tag{7-2}$$

代入式(7-1)后，得：

$$\Delta V_e = rV_w(c_s - bc_o)\Delta t \tag{7-3}$$

写成微分形式，得到乳化速率

$$k_e = \frac{dV_e}{dt} = rV_w(c_s - bc_o) \tag{7-4}$$

原油乳化体积等于乳状液的浓度和水相体积的积：

$$V_e = c_o V_w \qquad (7-5)$$

把式(7-5)代入式(7-4),得:

$$\frac{dc_o}{dt} = r(c_s - bc_o) \qquad (7-6)$$

至此,得到了乳状液游离油的体积分数方程。

式(7-6)反映了乳化速率与乳状液中游离油浓度之间的关系,在初始时刻,乳化速率最大,随后,乳化速率随游离油浓度线性降低。

并且,当 $t=0$ 时,原油未发生乳化,即:

$$c_o |_{t=0} = 0 \qquad (7-7)$$

结合式(7-7)给定的初始条件,分离变量法求解式(7-6)的微分方程有:

$$\frac{d(c_s - bc_o)}{c_s - bc_o} = -rb dt \qquad (7-8)$$

两边积分

$$\int_{c_s}^{c_s - bc_o} \frac{d(c_s - bc_o)}{c_s - bc_o} = \int_0^t -rb dt \qquad (7-9)$$

得:

$$\ln(c_s - bc_o) - \ln c_s = -brt \qquad (7-10)$$

化简求解得到:

$$c_o = \frac{c_s}{b}(1 - e^{-brt}) \qquad (7-11)$$

这里,求解得到了水相中游离油浓度随时间的变化关系。

式(7-11)反映了原油的静态乳化规律。原油静态乳化浓度与水相中表面活性剂的浓度成正比,与时间成负指数关系,起初,游离油浓度迅速增加,随着时间的推移,缓慢增加,直至达到平衡状态,不再变化。

2. 模型参数求解

式(7-11)中给出了水相中游离油浓度随时间的变化关系,但参数 b 和 r 未知,下面将通过实验数据求解这两个参数。

1) 单位时间单位质量表面活性剂乳化原油体积 r

r 等于单位时间内乳化体积除 $\frac{V_e}{T}$ 与表面活性剂质量 $V_w c_s$ 的比,即:

$$r = \frac{V_e}{V_w c_s T} \qquad (7-12)$$

由于实验测定了不同浓度和油水比体系的乳化量,所以,r 要采用参数估计的方法求取。将式(7-12)变形,即:

$$\frac{V_e}{T} = rV_w c_s \tag{7-13}$$

以 $V_w c_s$ 为横坐标、$\frac{V_e}{T}$ 为纵坐标作图，r 则为其斜率。

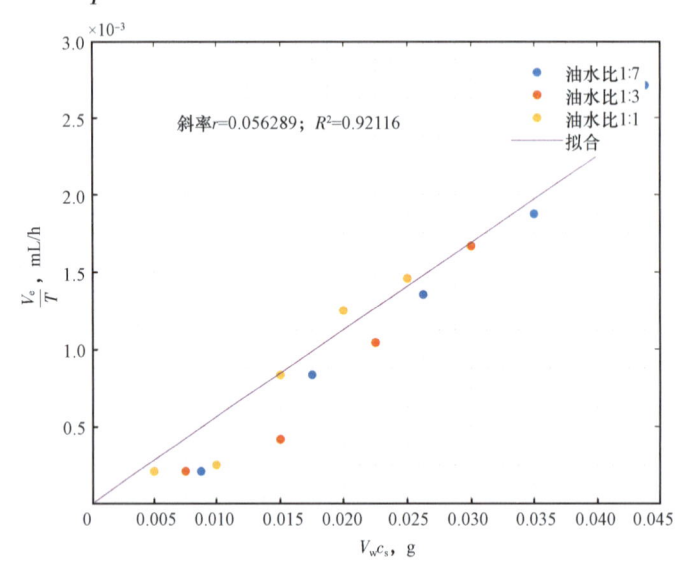

图 7-3　单位时间内乳化原油量与表面活性剂质量关系曲线

如图 7-3 所示，不同油水比的体系单位时间内乳化原油量和表面活性剂的质量成正比，线性关系良好，其确定系数为 0.92，这也佐证了模型的合理性。通过对本次实验的参数估计，得到了 $r = 0.056 \text{mL}/(\text{h} \cdot \text{g})$。

2）乳化单位体积原油消耗的表面活性剂质量 b

b 等于表面活性剂的质量除以其最大能乳化的原油量：

$$b = \frac{V_w c_s}{V_{emax}} \tag{7-14}$$

这里的 V_{emax} 表示在充分的水和原油的情况下，充分的时间下，原油最终的乳化量。

由于实验测定了不同浓度和油水比的体系的乳化量，因此 b 要采用参数估计的方法求取。将式(7-14)式变形，得：

$$V_w c_s = b \cdot V_{emax} \tag{7-15}$$

以 V_{emax} 为横坐标、$V_w c_s$ 为纵坐标作图，b 则为其斜率。

表面活性剂质量与最大乳化原油的关系如图 7-4 所示，不同油水比的体系表面活性剂的质量与原油的最大乳化体积成正比，线性关系良好，其确定系数为 0.88，这也佐证了本文模型的合理性。通过对本次实验的参数估计，得到了 $b = 0.072 \text{g/mL}$。

这部分给出了原油乳化模型中涉及的参数求解方法，要利用足够多的实验数据进行回归拟合，而不能根据一两个实验数据点代入求解。

3. 模型验证

为了验证模型的合理性，将模型参数代入式(7-11)，对比模型计算结果和实验结果。

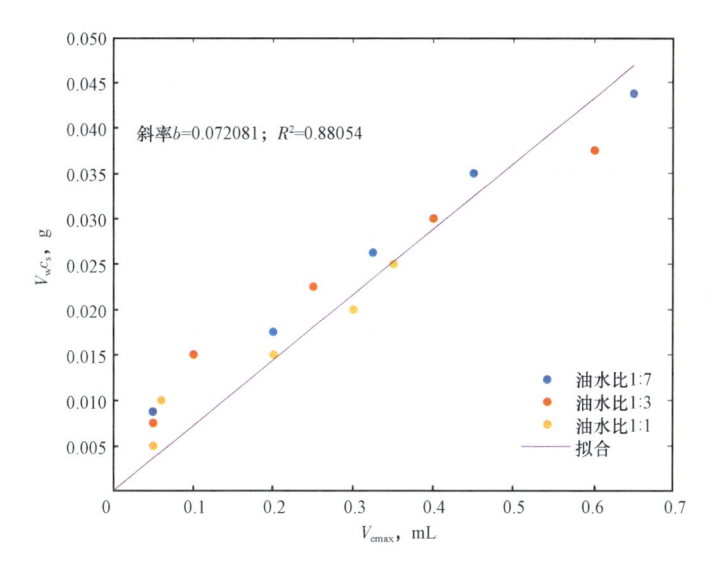

图 7-4　表面活性剂质量与最大乳化原油的关系曲线

设 T_m 表示原油充足的情况下，乳化量不再增加的最小时间，则：

$$V_{emax} = rT_m V_w c_s = bV_w c_s \qquad (7-16)$$

将式(7-16)代入式(7-12)，可得：

$$b = \frac{1}{rT_m} \qquad (7-17)$$

将式(7-17)代入式(7-11)，可得游离油浓度的另一个表示方法：

$$c_o = rT_m c_s (1 - e^{-\frac{t}{T_m}}) \qquad (7-18)$$

根据式(7-5)，可得：

$$\frac{V_e}{V_w} = rT_m c_s (1 - e^{-\frac{t}{T_m}}) \qquad (7-19)$$

两边除以 c_s，可得：

$$\frac{V_e}{V_w c_s} = rT_m (1 - e^{-\frac{t}{T_m}}) \qquad (7-20)$$

式(7-20)的左边表示所有的实验参数，包括乳化量，表面活性剂浓度和水体积，其值可以表示为单位质量的表面活性剂乳化原油的体积。

图 7-5 中前 3 个数据点是由于乳状液体积太小，肉眼没有观察到而记录为 0 所致。从结果可以看出，所建立的原油静态乳化模型能很好地表征原油静态乳化过程。

二、组分控制方程

黑油模型考虑的是油水两相以及油、气、水三个组分的运移情况，在油田实施化学驱的

245

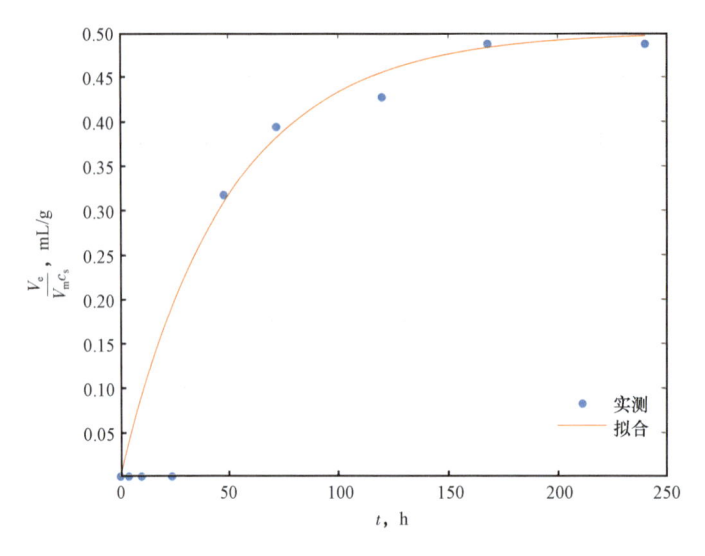

图 7-5　单位质量的表面活性剂乳化原油的体积

情况下，即三次采油阶段油藏通常不含气。因此在建立聚合物—表面活性剂复合驱数值模拟模型过程中，去掉了黑油模型中的气组分，减少了方程、变量以及参数的个数，简化了模型。同时，增加了表面活性剂、聚合物和游离油组分，构成完整的聚合物—表面活性剂驱油数学模型，即为油水两相五组分数值模拟模型。

1. 模型假设

复合驱通常用于油藏开发的后期，这个时期，油藏的气顶气和溶解气量通常很少，故忽略气体。油层的厚度不大的情况下，可以认为油藏是等温的。同时认为达西定律适用于含有化学剂的流体渗流描述。聚合物和表面活性剂一般都只溶解于水中，不溶于油中，故认为聚合物和表面活性剂只分布于水相之中。驱油用化学剂的浓度非常低，通常其质量分数小于5%，故可以忽略化学剂对水相密度的影响。因此模型的基本假设有：

(1) 不考虑气体；
(2) 考虑等温流动，不考虑能量传输；
(3) 流体流动符合达西渗流定律；
(4) 化学剂只分布于水相中；
(5) 忽略化学剂对流体密度的影响；
(6) 水中含盐量、pH 值不随时间和空间变化；
(7) 表面活性剂不影响水相的黏度。

2. 黑油模型

建立不含气的黑油模型，用 x_l 表示物理量 x 在 l 相的值，$l \in (o, w)$。针对油藏中的一点，定义以下物理量（采用 SI 单位系统）：

K——渗透率张量，m^2；

ϕ——孔隙度，%；

p——地层压力，MPa；

S——相饱和度，无量纲；

v——速度矢量，m/s；
K_r——相对渗透率；
B——相体积系数，无量纲；
b——相体积系数倒数，无量纲；
ρ——相地下密度，kg/m^3；
ρ_{sc}——相地面密度，kg/m^3；
p_c——毛细管压力，Pa；
g——重力加速度，N/kg；
z——重力方向坐标，m；
q——井地下体积源强，s^{-1}；
q_{sc}——井地面体积源强，s^{-1}。

根据体积系数的定义有：

$$q = Bq_{sc}$$

$$\rho = \frac{\rho_{sc}}{B} = b\rho_{sc}$$

定义流度 $\lambda_l = \dfrac{K_{rl}}{v_l}$，地层流体的密度 $\dfrac{\rho_l}{B_l}$，为油水两达西定律的表达式为

$$v_l = -K\lambda_l(\nabla p_l - \rho g \nabla z) \qquad l \in (w, o) \tag{7-21}$$

记控制体 Ω，其面用 S 用表示，n 表示面的外法向。流经面 dS 的质量流量等于 $\rho_l v_l \cdot n dS$，控制体内流体的质量等于其地层密度与相饱和度以及孔隙度乘积的积分 $\int_\Omega \rho_l S_l \phi d\Omega$，其随时间的减少量为 $-\dfrac{\partial}{\partial t}\int_\Omega \rho_l S_l \phi d\Omega$，控制体内 Ω 内质量源的强度为 S_l。

根据物质守恒定律，通过控制体面的净质量流出等于控制体内质量随时间的减少量，有

$$\int_{\partial S} \rho_l v_l \cdot n dS - \int_\Omega S_l d\Omega = -\frac{\partial}{\partial t}\int_\Omega \rho_l S_l \phi d\Omega \tag{7-22}$$

根据高斯定理

$$\int_\Omega \nabla \cdot (x) dx = \int_{\partial S} x \cdot n dS$$

式(7-22)可以改写为

$$\frac{\partial}{\partial t}\int_\Omega \rho_l S_l \phi d\Omega + \int_\Omega \nabla \cdot (\rho_l v_l) d\Omega = \int_\Omega S_l d\Omega \tag{7-23}$$

流体地面密度 ρ_l 为常数，则式(7-23)的微分形式为：

$$\frac{\partial}{\partial t}(\rho_l \phi S_l) + \nabla \cdot (\rho_l v_l) = S_l \qquad l \in (w, o) \tag{7-24}$$

设油藏亲油，则油水两相之间的毛细管压力 p_c

$$p_c = p_o - p_w \tag{7-25}$$

此外，一个控制体内，油水饱和度之和等于1，

$$S_o + S_w = 1 \tag{7-26}$$

上述式(7-21)至式(7-26)共总计6个方程，有 p_l，s_l，v_l 等共计6个未知数，方程个数与未知数个数相同，模型封闭。

3. 化学剂传输模型

化学剂在水相中会发生对流、弥散和吸附，其传输方程需要考虑这三个特点。

设 c_k 表示化学剂的质量分数，$k \in \{s, p, o\}$。s 表示表面活性剂，p 表示聚合物，o 表示游离油。采用 SI 单位系统。

在只考虑对流的情况下，化学剂的传输方程只需要在水的传输方程里面乘以化学剂的浓度，根据式(7-24)有：

$$\frac{\partial}{\partial t}(b_l \phi S_w c_k) + \nabla \cdot (b_l \boldsymbol{v}_w c_k) = q_{wsc} c_k \qquad k \in \{s, p, o\} \tag{7-27}$$

继续考虑弥散，设综合弥散系数为 D_k，根据 Fick 扩散定律，物质的质量扩散速率和其浓度梯度的相反数成正比，有：

$$J^* = -D_k \nabla c_k \qquad k \in \{s, p, o\} \tag{7-28}$$

在多孔介质水相中化学剂质量的扩散速率需要(7-28)式乘以水相饱和度和孔隙度：

$$J = \phi S_w J^* = -\phi S_w D_k \nabla c_k \tag{7-29}$$

用 c_r 表示吸附的化学剂浓度，化学剂的吸附量随时间增长率为：

$$\frac{(1-\phi)s_k}{\phi} \frac{\partial c_{kr}}{\partial t} \tag{7-30}$$

式中，s_k 为化学剂不可及孔隙体积比例。

则考虑吸附和弥散作用后，化学剂的传输方程变为：

$$\frac{\partial}{\partial t}(b_w \phi S_w c_k) + \phi S_w \frac{(1-\phi)s_k}{\phi} \frac{\partial c_{kr}}{\partial t} + \nabla \cdot (b_w \boldsymbol{v}_w c_k - \phi S_w D_k \nabla c_k) = q_{wsc} c_k \qquad k \in \{s, p, o\} \tag{7-31}$$

由于多孔介质中，化学剂的吸附量难以准确测定，需要对式(7-31)进行简化处理。

首先考虑综合吸附过程，吸附速率：

$$\frac{dc_r}{dt} = k\left(1 - \frac{c_r}{c_m}\right)c \tag{7-32}$$

初始条件为：

$$c_r|_{t=0} = 0$$

式(7-32)中，c_m 为最大吸附浓度，k 为吸附常数。

类似于式(7-6)的求解过程，分离变量积分得到吸附浓度 c_r：

$$c_r = c_m(1 - e^{-k\frac{c}{c_m}t}) \tag{7-33}$$

对式(7-32)变形可得

$$\frac{\partial c_r}{\partial t} = \frac{\partial c}{\partial t} \cdot \frac{\partial c_r}{\partial c} = \frac{\partial c}{\partial t}(kt\mathrm{e}^{-k\frac{c}{c_m}t}) \qquad (7-34)$$

将式(7-33)代入式(7-31),得:

$$\frac{\partial}{\partial t}(\phi S_w c_k)\left[1 + \frac{(1-\phi)s_k}{\phi}kt\mathrm{e}^{-k\frac{c_k}{c_m}t}\right] + \boldsymbol{\nabla} \cdot (\boldsymbol{v}_w c_k - \phi S_w D_k \boldsymbol{\nabla} c_k) = q_{wsc} c_k \qquad k \in \{\mathrm{s,p,o}\} \qquad (7-35)$$

令运移滞后系数为θ_k,其值可以通过岩心驱替实验测定。

$$\theta_k = 1 + \frac{(1-\phi)s_k}{\phi}kt\mathrm{e}^{-k\frac{c_k}{c_m}t} \qquad (7-36)$$

此时,式(7-35)变为:

$$\theta_k \frac{\partial}{\partial t}(b_w \phi S_w c_k) + \boldsymbol{\nabla} \cdot \boldsymbol{v}_w c_k - \phi S_w D_k \boldsymbol{\nabla} c_k) = q_{wsc} c_k \qquad k \in \{\mathrm{s,p,o}\} \qquad (7-37)$$

式(7-37)为聚合物、表面活性剂和游离油三种物质的物质输运方程,不同物质,参数的取值有所不同,特别的对于游离油,除了井作为源、汇项之外,还应该考虑油相中乳化产生的源项。θ_k表示化学剂在地层的吸附作用,其值一般情况下大于1,说明存在吸附作用的情况下,化学剂的传输总是存在滞后效应。

4. 考虑乳化作用的模型修正

乳化使得油相中的部分油变成了水相中的游离油,这相当于在油相中添加了一个汇,在游离油的控制方程中添加了一个源项。

记乳化的游离油的饱和度为:

$$S_e = \frac{V_e}{V_\text{总}} \qquad (7-38)$$

$V_\text{总}$表示总体积,则,把式(7-38)代入式(7-4)中可得游离油饱和度的增长率为:

$$\frac{\mathrm{d}S_e}{\mathrm{d}t} = rS_w(c_s - bc_o) \qquad (7-39)$$

结合式(7-39),根据式(7-24)可得油相的饱和度方程:

$$\frac{\partial}{\partial t}(b_o \phi S_o) + \boldsymbol{\nabla} \cdot (b_o \boldsymbol{v}_o) + \frac{\mathrm{d}S_e}{\mathrm{d}t} = q_{osc} \qquad (7-40)$$

根据式(7-37),并考虑游离油不吸附在岩石表面,即$\theta_o = 1$,而水中的源项里面不包含游离油,即注水井注入的水中,不含有游离油滴。可得游离油的控制方程变为:

$$\frac{\partial}{\partial t}(b_w \phi S_w c_o) + \boldsymbol{\nabla} \cdot (b_w \boldsymbol{v}_w c_o - \phi S_w D_o \boldsymbol{\nabla} c_o) = q_{wsc} c_o + \frac{\mathrm{d}S_e}{\mathrm{d}t} \qquad (7-41)$$

把式(7-39)分布代入式(7-40)和式(7-41)可得油相饱和度方程和游离油的控制方程：

$$\frac{\partial}{\partial t}(b_o\phi S_o) + \nabla \cdot (b_o \boldsymbol{v}_o) + rS_w(c_s - bc_o) = q_{osc} \tag{7-42}$$

$$\frac{\partial}{\partial t}(b_w\phi S_w c_o) + \nabla \cdot (b_w \boldsymbol{v}_w c_o - \phi S_w D_o \nabla c_o) = q_{wsc} c_o + rS_w(c_s - bc_o) \tag{7-43}$$

式(7-42)在传统的油相饱和度方程的左边，考虑了因为乳化作用而损失的部分，其大小和式(7-43)游离油输运方程中的右边的源项大小一致。

5. 井模型

井在模型方程中作为源汇项，其处理方法和黑油模型中一致，不同之处在于，要根据物质守恒，考虑化学剂在井中的注入量和采出量，它们等于井流量与化学剂浓度的乘积。

假设井周围流体流态为稳态流，井半径为r_w，径向流范围为r_e，则井产量的公式为：

$$qW_l = \frac{2\pi Kh}{\ln\frac{r_e}{r_w} + S} \frac{\lambda_l}{B_l}(p_l - p_{wf}) \tag{7-44}$$

令

$$PI = \frac{2\pi Kh}{\ln\frac{r_e}{r_w} + S} \tag{7-45}$$

式中 PI——采液指数；
S——表皮因子。

则式(7-44)可表示为：

$$qW_l = PI\frac{\lambda_l}{B_l}(p_l - p_{wf}) \tag{7-46}$$

对于注水井而言，使用注水指数W_l，用PID统一表示。

$$qW_l = PID\frac{\lambda_l}{B_l}(p_l - p_{wf}) \tag{7-47}$$

对于水而言，井的水流量等于井的水相流量，即：

$$qW'_w = qW_w \tag{7-48}$$

产油量包括油相的油和水相中的游离油，即：

$$qW'_o = qW_w c_o + qW_o \tag{7-49}$$

聚合物和表面活性剂的产量等于水相的流量乘以浓度，即：

$$qW'_p = qW_w c_p \tag{7-50}$$

$$qW'_s = qW_w c_s \tag{7-51}$$

第二节　数值模拟物性参数

上述模型中，包含了众多与油藏数值模拟相关的参数。这些参数，按照维度可划分为标量、向量和张量。例如，油藏中一点的孔隙度只有一个固定值，其大小与方向无关，可以认为是标量；重力是指向地心的，有明确的方向，属于向量；渗透率在控制体每个面上又因为方向的不同而不同，故为张量。从参数的值是否随时间变化，可以分为常量和变量。例如，在上述模型中，一定范围内，渗透率不随时间发生变化，为常量；地层的压力、含水饱和度、化学剂浓度以及井的产量等随时间发生变化，为变量。在这些参数中，部分参数会因为化学剂的注入而发生改变，有些是数值的变化，有些是类型的变化。主要有油水之间的界面张力，由原来的常量变为随表面活性剂浓度的函数，而表面活性剂浓度又随时间变化，故油水界面张力变化为变量；油藏中由于聚合物的加入，使得水相的渗透率降低了；水相的黏度因为聚合物的加入发生变化等。

一、毛细管力

聚合物—表面活性剂复合驱时，由于表面活性剂的加入，大大降低了油水界面张力，进而降低了油水的毛细管力。毛细管力降低的幅度和表面活性剂的类型和浓度有关。

根据 Young–Laplace 方程，毛细管力的大小和油水界面张力以及界面弯曲度有关：

$$p_c = \sigma\left(\frac{1}{r_1} + \frac{1}{r_2}\right) \tag{7-52}$$

式中　σ——油水界面张力。

可以得出，毛细管力和油水界面张力成正比。实际的地层中，由于水油的比例不同，毛细管力大小就不同，可以通过压汞法测定毛细管力曲线，即：

$$p_c = p_c(S_w) \tag{7-53}$$

如果在水中添加表面活性剂，则油水界面张力 σ 会降低，其大小和表面活性剂的类型，浓度，水中 pH 值等有关系，假设其他条件不变，只考虑浓度的影响。

$$\sigma = \sigma(c_s) \tag{7-54}$$

如图 7-6 所示，实验室环境下，油水稳定以后，油水最低界面张力随表面活性剂的浓度发生变化，通常存在一个最佳浓度使得界面张力达到最低。

根据式(7-53)和式(7-54)，可得加入表面活性剂之后的毛细管力为：

$$p_c(S_w, c_s) = p_c(S_w)\frac{\sigma(c_s)}{\sigma(c_s = 0)} \tag{7-55}$$

式(7-55)表示水驱时只随含水饱和度变化的毛细管力，在聚合物—表面活性剂复合驱时，还与表面活性剂的浓度有关，在编程求解时要予以考虑。

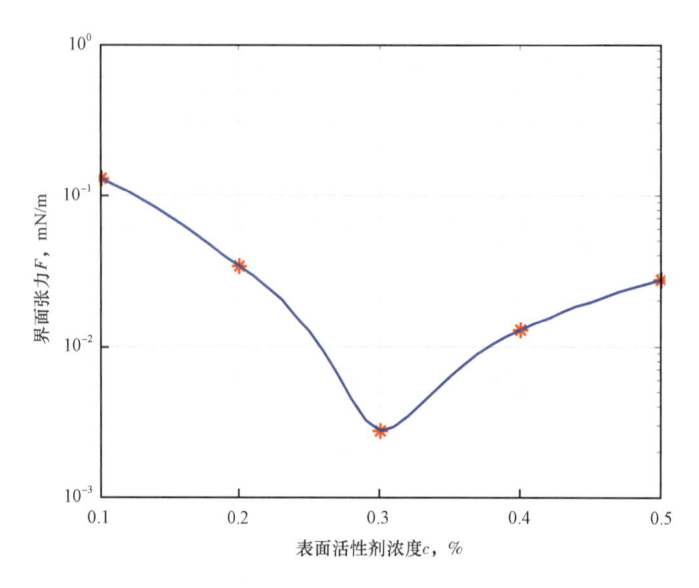

图 7-6 表面活性剂浓度与界面张力关系

二、水相渗透率下降系数

由于聚合物溶液中的聚合物在油层孔隙表面吸附和在孔隙中滞留，产生了水相渗透率的下降，模型中引入渗透率下降系数这一物理量，它定义为：

$$R_k = 1 + \frac{(R_k^{max} - 1)q_p}{1 + q_p^{max}} \tag{7-56}$$

式中 q_p，R_k——不同浓度和含盐量下聚合物吸附滞留量和水相渗透率下降系数；

q_p^{max}，R_k^{max}——不同浓度和含盐量下聚合物饱和滞留量和最大渗透率下降系数。

考虑水相渗透率下降后，水相的相对渗透率为：

$$K_{rw}(R_k) = \frac{K_{rw}}{R_k} \tag{7-57}$$

根据式(7-54)，得到修正后水相的流度为：

$$\lambda_w = \frac{K_{rw}}{\mu_w R_k} \tag{7-58}$$

聚合物—表面活性剂复合驱中，由于聚合物的加入，降低了水相的相对渗透率，缩小油相和水相渗透率的差距。从油藏中一点来看，降低了这一点水的流量，增加了油的流量；从油藏一个平面来看，水相渗透率越大的区域，在按比例降低的过程中，其水相渗透率降低的绝对值也越大，这使得在井流量不变的情况下，增加了其他区域的流量，扩大了波及体积。

三、聚合物不可及体积系数

高分子聚合物溶液流经孔隙介质时，只能通过部分孔隙体积，有一部分孔隙不能到达。假设聚合物可到达部分孔隙度为 ϕ_p，则定义不可及孔隙体积比例为：

$$S_{\mathrm{dpv}} = \frac{\phi - \phi_{\mathrm{p}}}{\phi} \tag{7-59}$$

式中 S_{dpv}——通常被看做常数。

考虑了聚合物的不可及体积比例后，根据式(7-37)，聚合物的修正控制方程为：

$$\theta_{\mathrm{p}} \frac{\partial}{\partial t}[\phi(1 - S_{\mathrm{dpv}})S_{\mathrm{w}}c_{\mathrm{p}}] + \nabla \cdot \left(\frac{\boldsymbol{v}_{\mathrm{w}}}{B_{\mathrm{w}}}c_{\mathrm{p}} - \phi S_{\mathrm{w}}D_{\mathrm{p}}\nabla c_{\mathrm{p}}\right) = q_{\mathrm{w}}c_{\mathrm{p}} \quad k \in \{\mathrm{s,p,o}\} \tag{7-60}$$

考虑了聚合物的不可及孔体积系数，对模型进行进一步的修正，使得模型的计算结果更加可靠。

四、体系黏度

聚合物—表面活性剂复合驱中，油水体系的黏度是提高采收率的关键因素之一。模型考虑化学剂均分散于水相中，使得水相的黏度变得复杂，其值不仅受各个化学剂种类和浓度的影响，此外，水中加入化学剂，使得原来的牛顿流体变化为非牛顿流体，其黏度还要考虑与剪切速率的关系。

流体的黏度与其温度压力有关，在等温油藏中，流体的黏度是压力的函数。即：

$$\mu_l = u_l(p_l) \tag{7-61}$$

1. 水相黏度

当水中含有聚合物、表面活性剂和乳状液的游离油，它们都对水相的黏度起到了影响的作用。此时水相的黏度为：

$$\mu_{\mathrm{w}}(p_{\mathrm{w}}, c_{\mathrm{s}}, c_{\mathrm{p}}, c_{\mathrm{o}}) = \mu_{\mathrm{w}}(p_{\mathrm{w}}) \frac{\mu_{\mathrm{s}}(c_{\mathrm{s}})}{\mu_{\mathrm{w}}(p_{\mathrm{ref}})} \frac{\mu_{\mathrm{p}}(c_{\mathrm{p}})}{\mu_{\mathrm{w}}(p_{\mathrm{ref}})} \frac{\mu_{\mathrm{e}}(c_{\mathrm{o}})}{\mu_{\mathrm{w}}(p_{\mathrm{ref}})} \tag{7-62}$$

式中 p_{ref}——参考压力；

μ_{s}，μ_{p} 和 μ_{e}——不同浓度下的表面活性剂、聚合物和游离油浓度下的水相黏度，可以通过实验测试得到。

此外，水中含有表面活性剂、聚合物和游离油时，溶液由牛顿流体变为非牛顿流体，故而黏度会随着剪切速率发生变化。而这三种化学物质中，以聚合物对溶液的黏度影响最大，研究表明，聚合溶液为拟塑形流体。即

$$\mu_{\mathrm{w}}(p_{\mathrm{w}}, c_{\mathrm{s}}, c_{\mathrm{p}}, c_{\mathrm{o}}, \gamma) = \mu_{\mathrm{w}}(p_{\mathrm{w}}, c_{\mathrm{s}}, c_{\mathrm{p}}, c_{\mathrm{o}})\gamma^{n-1} \tag{7-63}$$

式中 γ——剪切速率，s^{-1}；

n——流性指数。

剪切速率可由王新海的方程根据渗流速率求解得到

$$\gamma = \frac{3n+1}{n+1} \frac{|\boldsymbol{v}_{\mathrm{w}}|}{\sqrt{8C'K\frac{K_{\mathrm{rw}}}{R_{\mathrm{k}}}\phi S_{\mathrm{w}}}} \tag{7-64}$$

式中 C'——与迂曲度有关的常数。

2. 油相黏度

油相的黏度为与压力的函数：

$$\mu_o = \mu_o(p_o) \tag{7-65}$$

五、弥散系数

由于化学剂在地层运移过程中存在浓度梯度，从而引起化学剂的扩散弥散现象。化学驱过程中的扩散弥散现象可从两方面来认识：一方面是分子扩散，即由于液相中化学剂浓度变化而引起的，化学剂的分子依靠本身的分子热运动，从高浓度扩散到低浓度带，最后趋于一种平衡状态，这种分子扩散现象甚至在整个液体并无流动时也可能明显观察到。另一方面是机械弥散，即由于流动速度和孔隙中内部通道的复杂性引起，使化学剂在孔隙中不断分散，并占据越来越大的空间。由于水动力弥散现象的存在，互溶驱替过程中物质传递可以由三个方面组成，即由达西定律引起的平均流动、由浓度引起的分子扩散和由流动速度引起的机械弥散。

弥散系数与驱替速度有关。由于弥散作用包括分子扩散和对流扩散，因此，通常把弥散系数表示为分子扩散系数和对流扩散系数，即：

$$D_k = D_{ok} + \frac{\alpha_k v_w}{\phi S_w} \quad k \in \{s, p, o\} \tag{7-66}$$

式中 D_{ok}——k 组分分子扩散系数；

α——组分 k 的水相纵向扩散系数。

弥散系数也可以由实验测得，如图 7-7 所示。

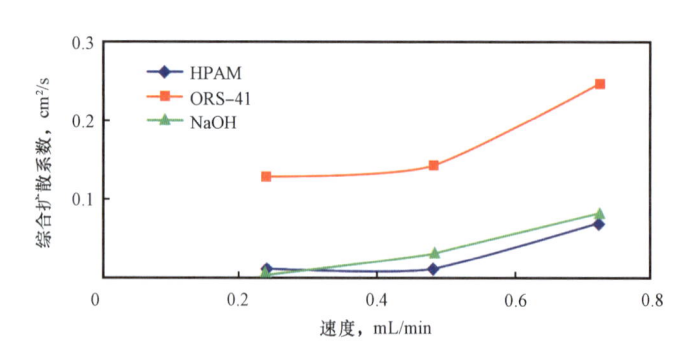

图 7-7 不同化学剂弥散系数

六、运移滞后系数

不同化学剂与地层中岩石发生作用的强度和方式不同，其吸附在岩石表面的量就不同，模型用运移滞后系数来反映吸附量的不同。

式(7-37)中，如果只存在水相，即 $S_w = 1$，地面条件下进行实验，即 $B_w = 1$，忽略源项，考虑一维情况，方程退化为：

$$\theta \frac{\partial C}{\partial t} + v \frac{\partial c}{\partial x} - D \frac{\partial^2 c}{\partial x^2} = 0 \tag{7-67}$$

这个方程的解析解为：

$$\frac{c}{c_0} = \frac{1}{2}(1 - \mathrm{erf}\frac{x - vt/\theta}{\sqrt{Dt/\theta}}) \tag{7-68}$$

式中　c_0——化学剂注入浓度。

记岩心长度为 L，$t = T\dfrac{V}{V_p}$，V_p 为岩心孔隙体积，V 为注入量。取 $x = L$ 时得到出口端浓度：

$$\frac{c}{c_0} = \frac{1}{2}\left[1 - \mathrm{erf}\frac{L(\theta V_p - V)}{\sqrt{DT\theta VV_p}}\right] \tag{7-69}$$

当 $V = \theta V_p$ 时，$\dfrac{c}{c_0} = \dfrac{1}{2}$。因此，$\theta$ 为出口浓度等于入口浓度一半时注入溶液体积的孔隙体积的倍数。即：

$$\theta = \frac{V_{0.5}}{V_p} \tag{7-70}$$

式中　$V_{0.5}$——出口浓度等于入口浓度一半时，注入溶液的体积。

运移滞后系数可由实验测定，如图 7-8 所示。

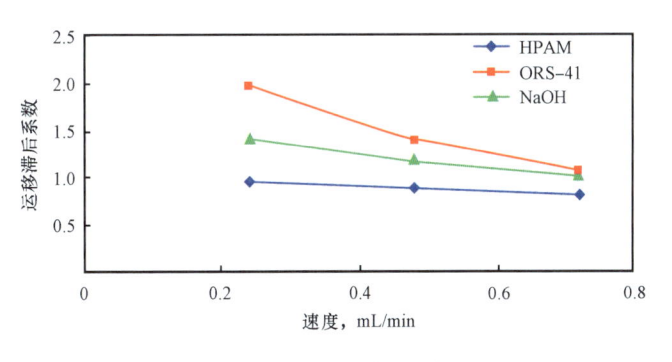

图 7-8　运移滞后系数

七、流体和岩石压缩系数

油藏中岩石和流体都处于一定的压力环境下，地层和流体的性质都受到压力的影响，不同压力下，流体的体积不同，岩石的孔隙度也不同。

岩石的压缩系数为：

$$c_r = \frac{1}{\phi}\frac{\mathrm{d}\phi}{\mathrm{d}p} \tag{7-71}$$

分离变量积分得到：

$$\phi(p) = \phi_0 e^{c_r(p-p_0)} \tag{7-72}$$

流体的压缩系数：

$$c_l = \frac{1}{V}\frac{dV}{dp} \tag{7-73}$$

分离变量积分得到：

$$V(p) = V_0 e^{c_l(p-p_0)} \tag{7-74}$$

液体的体积系数等于相同质量的流体在地面的体积比其在地下的体积。根据式(7-74)可得：

$$B_l = \frac{V_{ref}}{V(p)} = e^{-c_l(p-p_{ref})} \tag{7-75}$$

式中 V_{ref}——流体在参考压力 p_{ref} 下的体积。

八、相对渗透率

油藏数值模拟中，各相的相对渗透率对于最终模拟结果的合理性至关重要。与水驱油不同，聚合物—表面活性剂复合驱中，由于化学剂的加入，使得油水体系的黏度、界面张力发生了较大的变化。这些变化，使得毛细管数发生了变化，并且，毛细管数与聚合物、表面活性剂的浓度相关。而油水相渗透率与毛细管数有关，因此，聚合物—表面活性剂复合驱中，地层中每一点由于其聚合物和表面活性剂的浓度不同，而具有不同相渗透率。

记归一化含水饱和度：

$$S_{wn} = \frac{1-S_{wi}}{1-S_{wi}-S_{or}} \tag{7-76}$$

式中 S_{wi}——束缚水饱和度；
S_{or}——残余油饱和度。

使用 Behrenbruch and Goda 表达的相对渗透率公式，有：

$$\begin{cases} K_{rw} = K_{rw}^0 S_{wn}^n \\ K_{ro} = K_{ro}^0 (1-S_{wn})^n \end{cases} \tag{7-77}$$

式中 n——曲率；
K_{rw}^0——水相饱和度等于束缚水饱和度时的水相渗透率；
K_{ro}^0——油相饱和度等于残余油饱和度时的油相渗透率。

根据毛细管数的定义

$$N_c = \frac{\mu v}{\sigma} \tag{7-78}$$

式中 μ——流体的整体黏度；
v——流体总流速。

在复合驱中，驱替相的黏度增大，油水界面张力降低，使得毛细管数增大。

根据式(7-78)，结合达西定律有：

$$N_c = \frac{|K\nabla p|}{\sigma} \tag{7-79}$$

可根据式(7-79)计算油藏中每一点的毛细管数。

在常规的水驱模拟中,由于水相黏度、油水界面张力考虑为常数,由毛细管数的定义可知,毛细管数也为常数,保持不变。当采用复合体系驱油时,水相的黏度随化学剂的浓度的不同而发生变化,油水界面张力也随化学剂浓度的不同而不同,因此,油藏中每一点的相对渗透率曲线都不同。

化学剂的存在,改变了毛细管数的大小,式(7-79)变为:

$$N_c(c_s, c_p, c_o) = \frac{\mu(c_s, c_p, c_o) v}{\sigma(c_s)} \tag{7-80}$$

毛细管数改变了水相和油相的相对渗流性质,这主要体现在两个方面,一是残余油饱和度的改变,二是最大相对渗透率的改变。

即:

$$\begin{cases} K_{rw}^0 = K_{rw}^0(N_c) \\ K_{ro}^0 = K_{ro}^0(N_c) \end{cases} \tag{7-81}$$

$$S_{or} = S_{or}(N_c) \tag{7-82}$$

此关系可以通过实验测定。

图7-9 毛细管数等于 N_c 时的相对渗透率曲线。按照式(7-76)的方法归一化得到:

$$S_w^* = \frac{s_w(N_c) - S_{wi}}{1 - S_{wi} - S_{or}(N_c)} \tag{7-83}$$

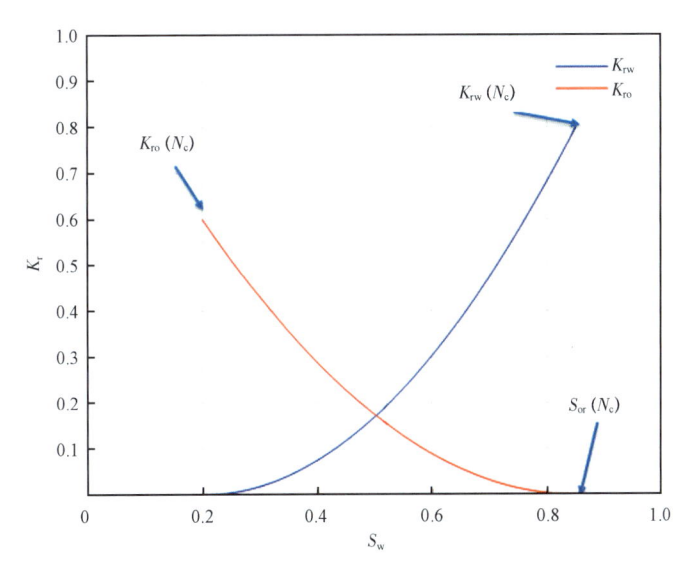

$$K_{rw}^* = \frac{K_{rw}(N_c)}{K_{rw}^0(N_c)} \tag{7-84}$$

$$K_{ro}^* = \frac{K_{ro}(N_c)}{K_{ro}^0(N_c)} \tag{7-85}$$

图7-9 相对渗透率曲线

式(7-83)至式(7-85)中，S_w^*表示归一化后的含水饱和度，K_{rw}^*和K_{ro}^*表示归一化后的水相和油相相对渗透率。则图7-9变为图7-10的归一化结果。

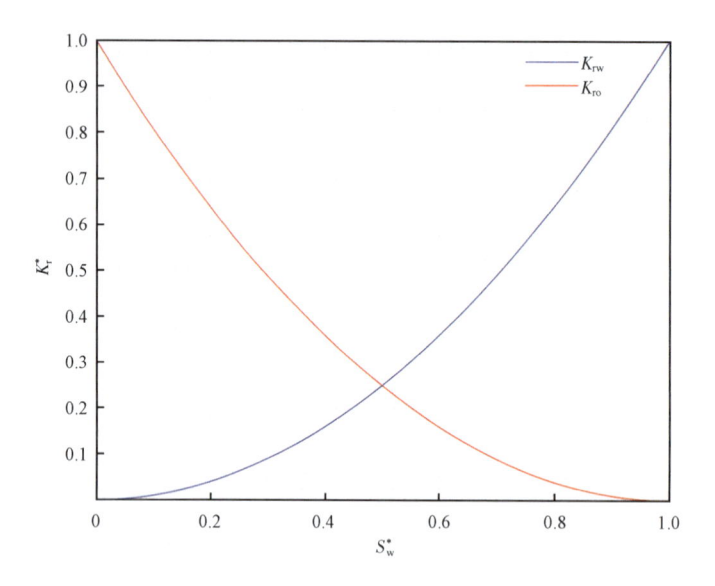

图7-10 归一化后的相对渗透率曲线

根据几何相似原则，不同毛细管数下，尽管残余油饱和度不同，最大水相和油相的相对渗透率也不同，但其归一化后的结果则是一致的。

设当$N_c = N_{c0}$时候相对渗透率曲线已经测得，故对于$N_c = N_{c0}$时有：

$$S_w^* = \frac{S_w(N_c) - S_{wi}}{1 - S_{wi} - S_{or}(N_c)} = \frac{S_w(N_{c0}) - S_{wi}}{1 - S_{wi} - S_{or}(N_{c0})} \tag{7-86}$$

$$K_{rw}^* = \frac{K_{rw}(N_c)}{K_{rw}^0(N_c)} = \frac{K_{rw}(N_{c0})}{K_{rw}^0(N_{c0})} \tag{7-87}$$

$$K_{ro}^* = \frac{K_{ro}(N_c)}{K_{ro}^0(N_c)} = \frac{K_{ro}(N_{c0})}{K_{ro}^0(N_{c0})} \tag{7-88}$$

这样，就找到了一组从$S_w(N_c) \to S_w(N_{c0})$，$K_{rw}(N_c) \to K_{rw}(N_{c0})$，$K_{ro}(N_c) \to K_{rw}(N_{c0})$的映射关系。

$$S_w(N_{c0}) = \frac{S_w(N_c) - S_{wi}}{1 - S_{wi} - S_{or}(N_c)}[1 - S_{wi} - S_{or}(N_{c0})] + S_{wi} \tag{7-89}$$

$$K_{rw}(N_c) = K_{rw}(N_{c0}) \frac{K_{rw}^0(N_c)}{K_{rw}^0(N_{c0})} \tag{7-90}$$

$$K_{ro}(N_c) = K_{ro}(N_{c0}) \frac{K_{ro}^0(N_c)}{K_{ro}^0(N_{c0})} \tag{7-91}$$

根据这个对应关系，可以把毛细管数为N_c时的含水饱和度转换到毛细管数为N_{c0}时的含水饱和度，由于毛细管数为N_{c0}时的相对渗透率曲线已知，故可以得到水相和油相的渗透率$K_{rw}(N_{c0})$，$K_{ro}(N_{c0})$，再乘以缩小或者放大的比例，就得到了毛细管数为N_c时的相对渗透率$K_{rw}(N_c)$和$K_{ro}(N_c)$。

第三节　复合驱数值模拟

聚合物—表面活性剂复合驱油的数值模拟与水驱数值模拟相比，水驱需要的参数和步骤，复合驱都需要。三次采油中，聚合物—表面活性剂复合驱油通常是在水驱模拟得到的结果基础上进行，需要补充和修正与复合驱相关的参数和评价指标。

一、所需资料

聚合物—表面活性剂复合驱数值模拟除了需要常规水驱数值模拟的所有地质、流体、井网资料外，还需要以下与化学剂性能相关的资料。这些资料都可以通过室内实验测定。
(1) 复合体系油水界面张力与表面活性剂浓度的关系；
(2) 复合体系黏度与聚合物浓度之间的关系；
(3) 复合体系黏度与表面活性剂之间的关系；
(4) 复合体系黏度与游离油所占比例的关系；
(5) 复合体系的不可及孔隙体积系数；
(6) 复合体系的水相渗透率下降系数；
(7) 聚合物和表面活性剂的弥散系数；
(8) 聚合物和表面活性剂的运移滞后系数；
(9) 毛细管数与最大水相渗透率关系；
(10) 毛细管数与最大油相渗透率关系；
(11) 毛细管数与残余油饱和度关系。
此外，还需要知道复合体系的注入浓度、注入时间和注入量。

二、实施流程步骤

聚合物—表面活性剂复合驱作为一种三次采油技术，通常情况下用于水驱结束后。因此，其数值模拟可以基于水驱模拟的基础上进行。
(1) 完成水驱数值模拟计算并保存计算结果；
(2) 准备复合驱数值模拟的所需数据；
(3) 准备复合驱数值模拟的模拟方案；
(4) 建立聚合物—表面活性剂复合驱的数值模拟模型；
(5) 模拟计算；
(6) 根据动态生产数据调整模型参数；
(7) 重复步骤(5)(6)使得模拟结果和动态生产数据相匹配；
(8) 结果分析。

三、算例

考虑了一个二注一采的基本流动单元上的聚合物—表面活性剂复合驱数值模拟问题。为了更具代表性,流动单元分为三层,各层的渗透率不同;两口注入井的化学剂注入浓度不同;各层的原始含油饱和度不同。

1. 基础数据

基础数据包括地层渗透率、孔隙度、井位置、原始含油饱和度等。如图 7 – 11 至图 7 – 14 所示。

图 7 – 11　地层渗透率

图 7 – 12　地层孔隙度

图 7 – 13　井位置

图 7 – 14　原始含油饱和度

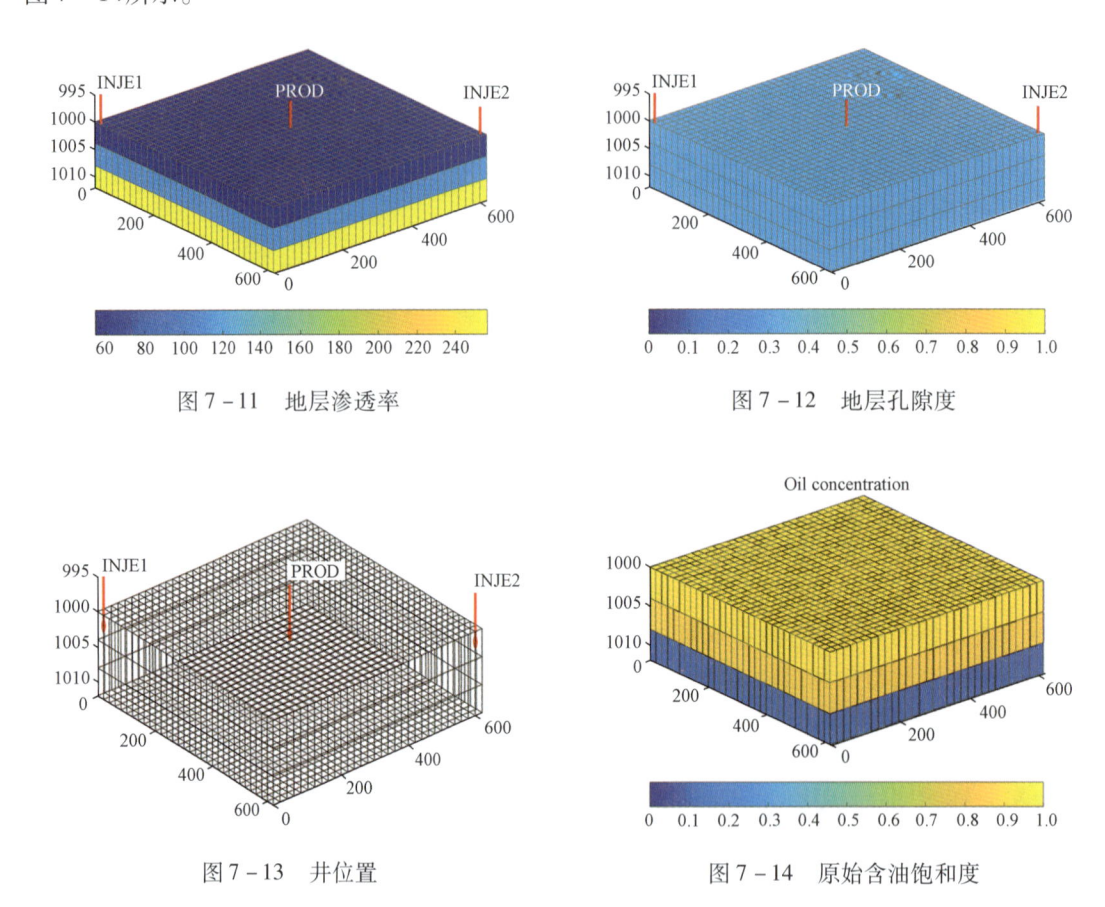

图中流动单元的尺寸为 600m × 600m × 10m,上、中、下三层的地层渗透率分别为 55mD、110mD 和 256mD。孔隙度为 0.2,上、中、下三层的原始含油饱和度分别是 90%,80% 和 10%。两口注入井位于流动单元的对角点,采出井位于流动单元中心点。注入井和采出井只射开最上层。

其他参数见表 7 – 1。

2. 相对渗透率和毛细管力

计算复合驱的相对渗透率需要给出以下 4 组数据:(1)给定毛细管数下的油水相对渗透率曲线,如图 7 – 15 所示;(2)油相和水相最大渗透率与毛细管数的关系,如图 7 – 16 所示;(3)残余油饱和度与毛细管数的关系,如图 7 – 17 所示。

图 7 – 15 为水驱时的相对渗透率曲线,束缚水饱和度为 20%,残余油饱和度 20%,最大油相渗透率 0.5,最大水相渗透率 0.8。复合驱过程中,随着毛细管数的增大,如图 7 – 16 所示,油相最大渗透率从 0.5 上升到 0.7;水相最大渗透率从 0.8 上升到 0.9;如图 7 – 17

所示，残余油饱和度从 20% 下降到 5%。图 7-18 所示为毛细管力曲线，通过可通过岩心压汞实验测得。

表 7-1 模拟基本参数信息

属性	值	单位
参考压力	234	atm
水密度	1080	kg/m^3
油密度	962	kg/m^3
水黏度	1	mPa·s
油黏度	5.0	mPa·s
水压缩系数	4.28×10^{-5}	atm^{-1}
油压缩系数	6.65×10^{-5}	atm^{-1}
岩石压缩系数	3×10^{-5}	atm^{-1}
水相渗透率下降系数	1.1	NaN[①]
表面活性剂注入浓度	3	kg/m^3
聚合物注入浓度	1.5	kg/m^3
油水界面张力	50	mN/m
不可及孔隙度	0.05	NaN
表面活性剂分子扩散系数	0.1	cm^2/s
聚合物分子扩散系数	0.01	cm^2/s
游离油分子扩散系数	0	cm^2/s
表面活性剂纵向扩散长度	2	cm
聚合物纵向扩散长度	1	cm
游离油纵向扩散长度	0	cm
表面活性剂运移滞后系数	1.5	NaN
聚合物运移滞后系数	1	NaN

① NaN 无量纲量。

3. 聚合物—表面活性剂性能曲线

聚合物—表面活性剂的性能主要是指其各自对体系黏度和界面张力的影响。测试的结果如图 7-19 至图 7-22 所示。

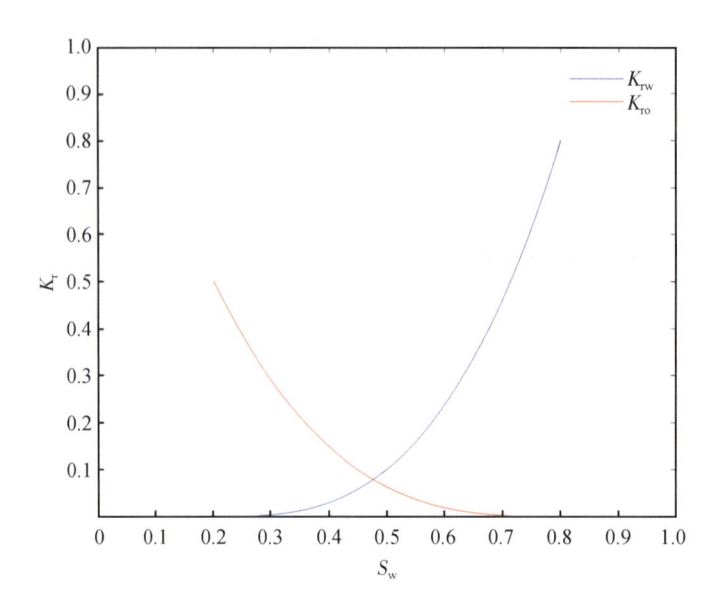

图 7-15 水驱相对渗透率曲线

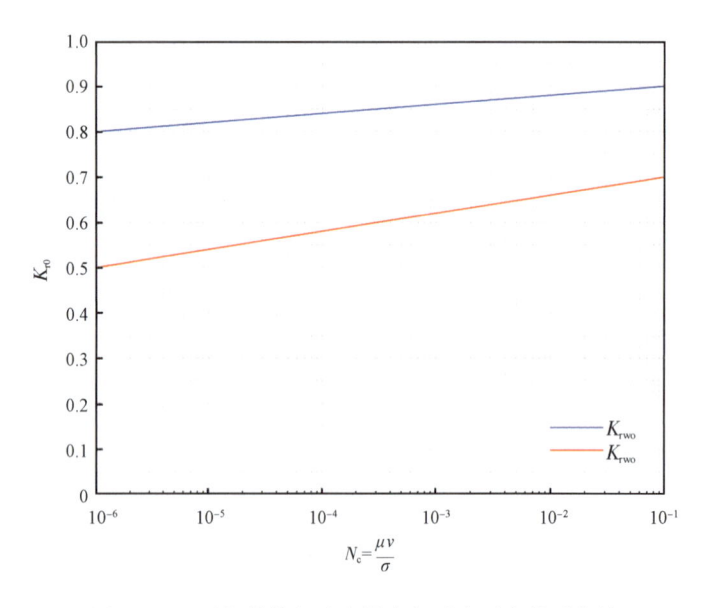

图 7-16 毛细管数与油水最大相对渗透率关系曲线

图 7-19 和图 7-20 分别表示聚合物和表面活性剂对复合驱体系黏度的影响。通常而言，相对于聚合物，表面活性剂对体系黏度影响很小。

图 7-21 和图 7-22 分别表示表面活性剂和聚合物浓度对复合驱体系油水界面张力的影响。表面活性剂浓度为 0.3% 时，体系油水界面张力达到了最低，达到了 10^{-3} mN/m 的超低界面张力。此外，不同类型、相对分子质量和浓度的聚合物对体系油水界面张力有一定的影响。

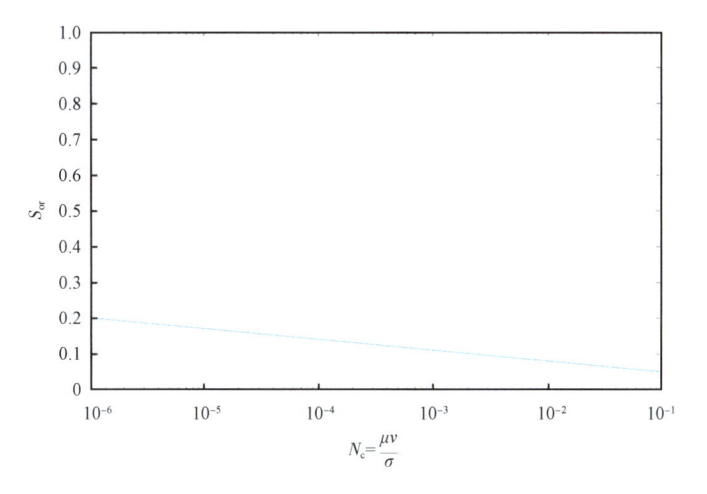

图 7-17 毛细管数与残余油饱和度关系曲线

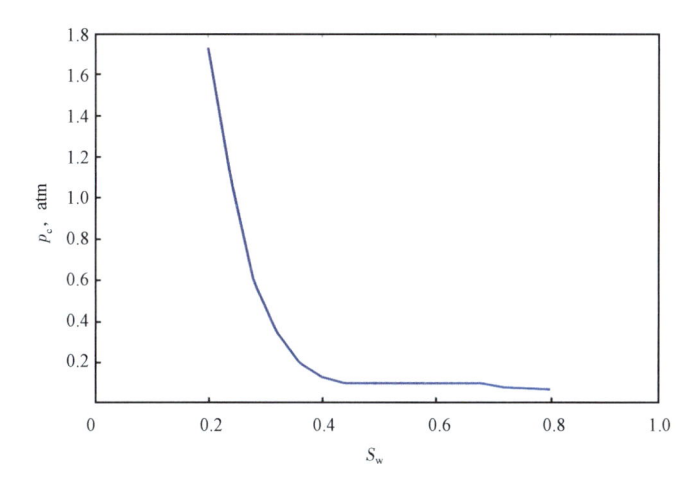

图 7-18 毛细管压力曲线

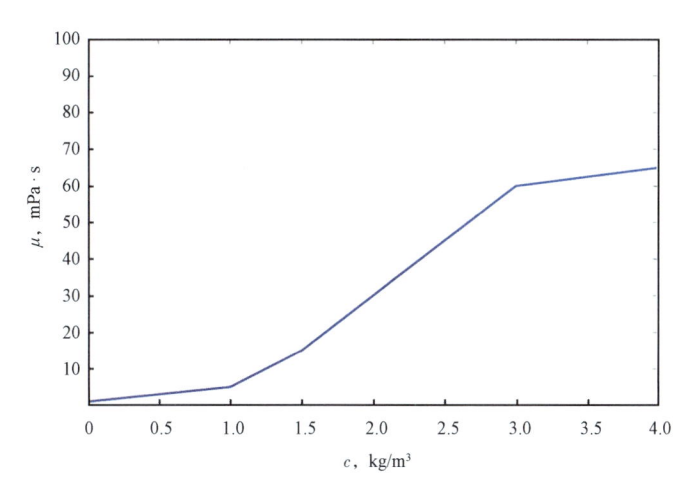

图 7-19 聚合物黏浓曲线

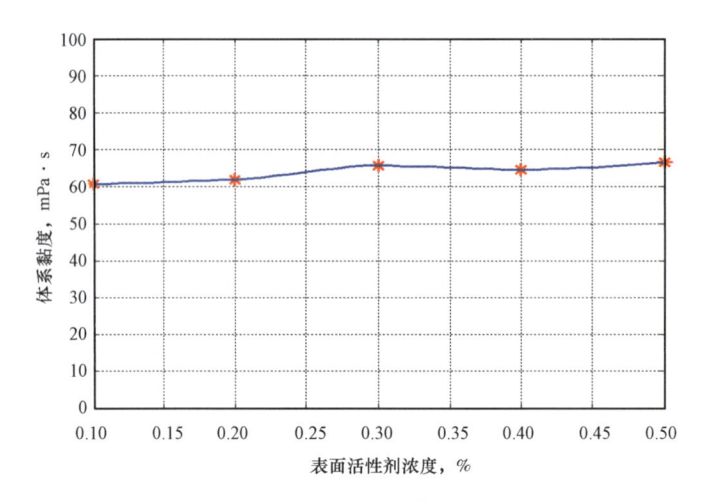

图 7－20 表面活性剂浓度与体系黏度关系曲线

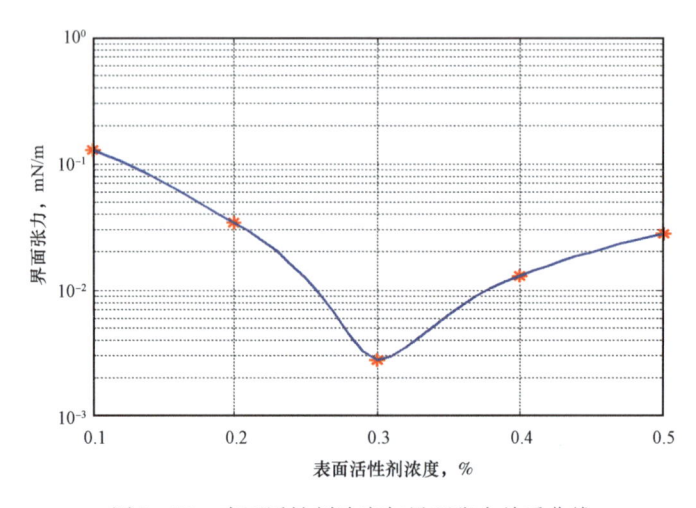

图 7－21 表面活性剂浓度与界面张力关系曲线

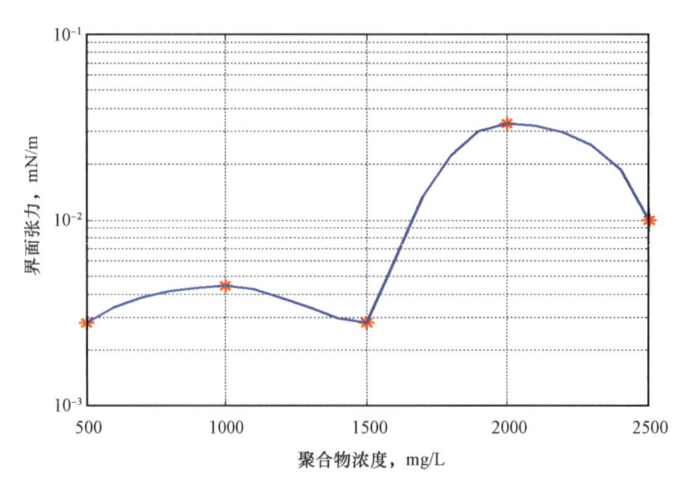

图 7－22 聚合物浓度与界面张力关系曲线

4. 注入方案

聚合物—表面活性剂复合体系的注入方案主要包括聚合物和表面活性剂的注入浓度，段塞长度，注入速率和注入时机。具体参数见表7-2。

表7-2 聚合物—表面活性剂注入方案参数

参数	数据
尺寸	600m×600m×10m
网格	31m×31m×3m
井1注入速率，m^3/d	200
井2注入速率，m^3/d	200
井1聚合物浓度，kg/m^3	2.67
井2聚合物浓度，kg/m^3	1.335
井1表面活性剂浓度，kg/m^3	3.54
井2表面活性剂浓度，kg/m^3	1.77
复合体系注入时间	水驱1PV后
复合体系注入量，PV	0.56
总注入量，PV	3

在模拟的注采单元中，先水驱1PV，然后注入0.56PV的复合体系，后续继续水驱，总共注入3PV。井2的聚合物和表面活性剂的注入浓度为井1的1/2。

5. 模拟结果

数值模拟得到了驱替过程中的地层压力变化，含水饱和度变化以及聚合物和表面活性剂的浓度场变化。此外，也得到了井的压力、含水率以及化学剂浓度变化。

1）压力变化

图7-23描述了驱替过程中地层压力的变化。因为地层的连通性，尽管上、中、下三层的渗透率不同，但压力一致。

图7-23(a)为原始地层压力，图7-23(b)为注水0.6PV后的压力图；图7-23(c)(d)为开始注入复合体系后的压力变化，随着聚合物的注入，地层压力明显升高，且1号注入井的压力更高；图7-23(e)(f)为后续水驱的压力变化，随着后续水驱，聚合物的采出，地层压力回落。

2）含水饱和度变化

图7-24描述了驱替过程中含水饱和度的变化。因为地层的上、中、下三层的原始含水饱和度、渗透率的不同，使得各层含水饱和度的变化也不同。

图7-24(a)(b)显示，随着驱替的进行，下层的水进入采出井，使得最下层的含水饱和度下降，后续随着进一步驱替，如图7-24(c)(d)(e)(f)所示，上、中、下三层的含水饱和度都继续升高。

3）聚合物浓度变化

图7-25描述了驱替过程中聚合物浓度的变化。

(a) 0PV

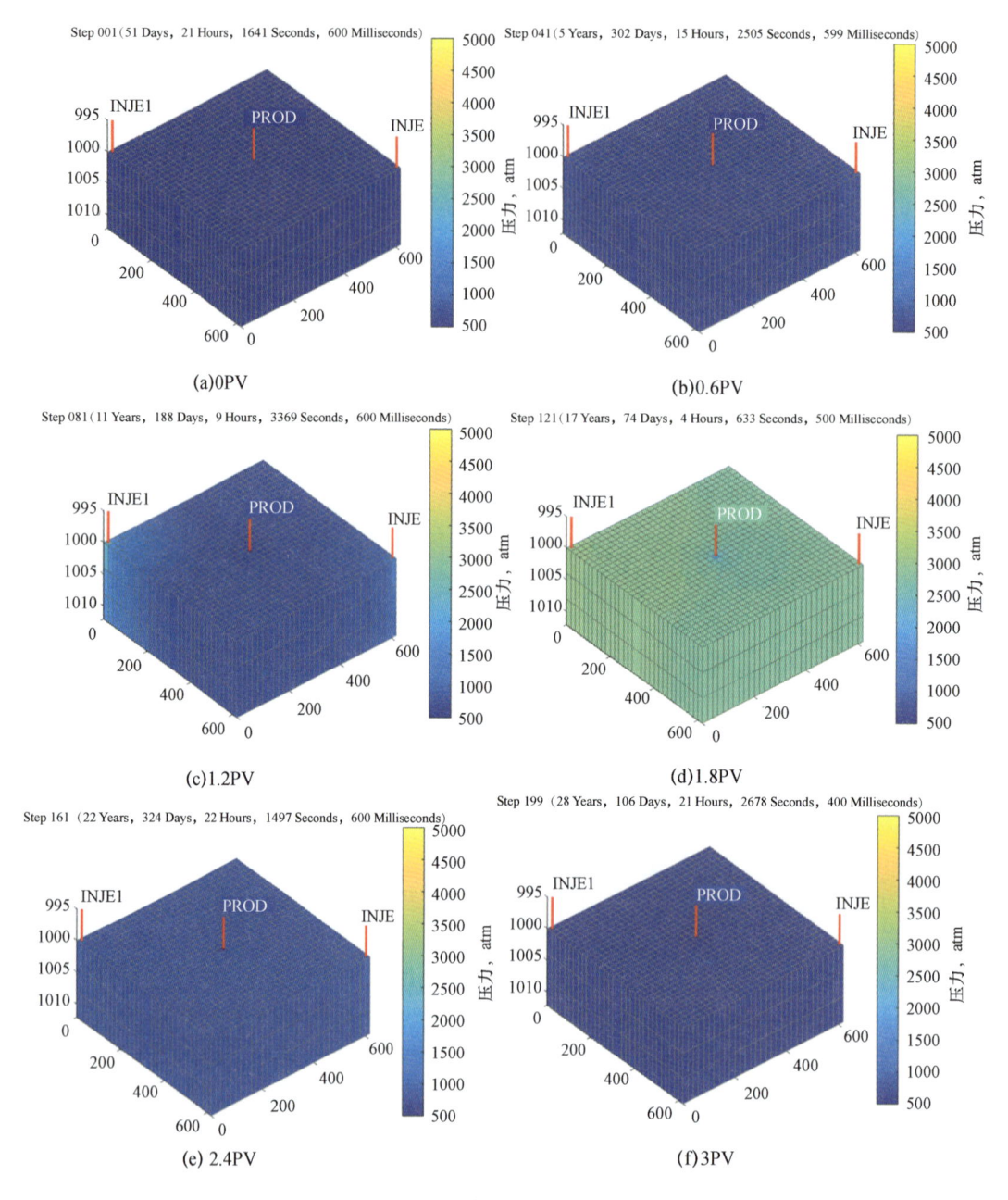

(b) 0.6PV

(c) 1.2PV

(d) 1.8PV

(e) 2.4PV

(f) 3PV

图 7-23 驱替过程中的压力变化

图 7-25(a)(b)为水驱时,尚未注入聚合物,地层聚合物浓度为 0;图 7-25(c)(d)为聚合物注入过程中聚合物的浓度分布,下层渗透率最高的,因为聚合物运移最快;图 7-25(e)(f)为后续水驱过程,注入井的聚合物浓度为 0,残余聚合物主要分布到了对角位置。

4)表面活性剂浓度变化

图 7-26 描述了驱替过程中表面活性剂浓度的变化。

第七章 聚合物—表面活性剂复合驱数值模拟

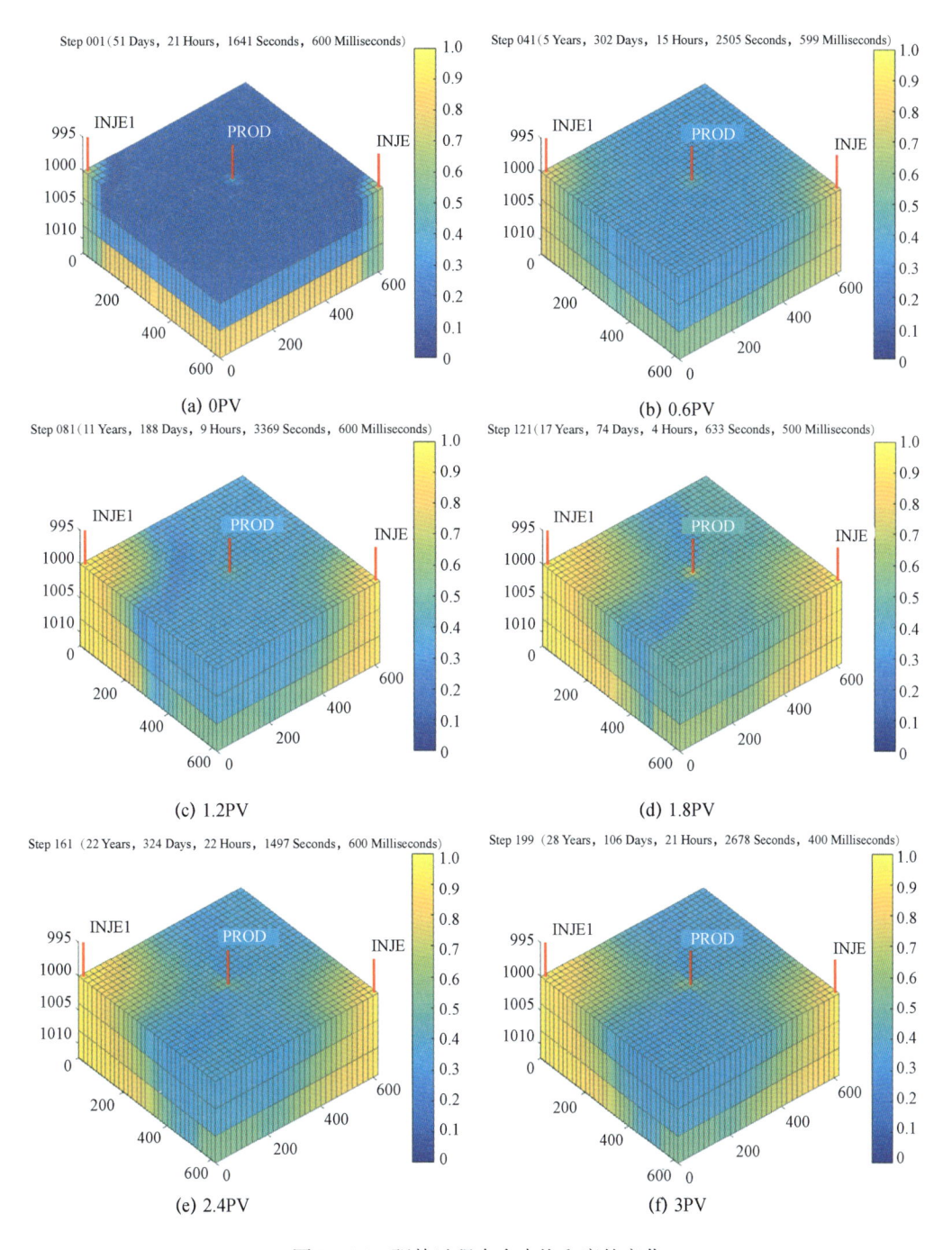

(a) 0PV

(b) 0.6PV

(c) 1.2PV

(d) 1.8PV

(e) 2.4PV

(f) 3PV

图 7-24 驱替过程中含水饱和度的变化

5）井产出分析

为了更好地对比聚合物—表面活性剂复合驱的优势，在其他参数不变的情况下，对比了其与水驱和聚合物驱的效果。如图 7-27 所示。

267

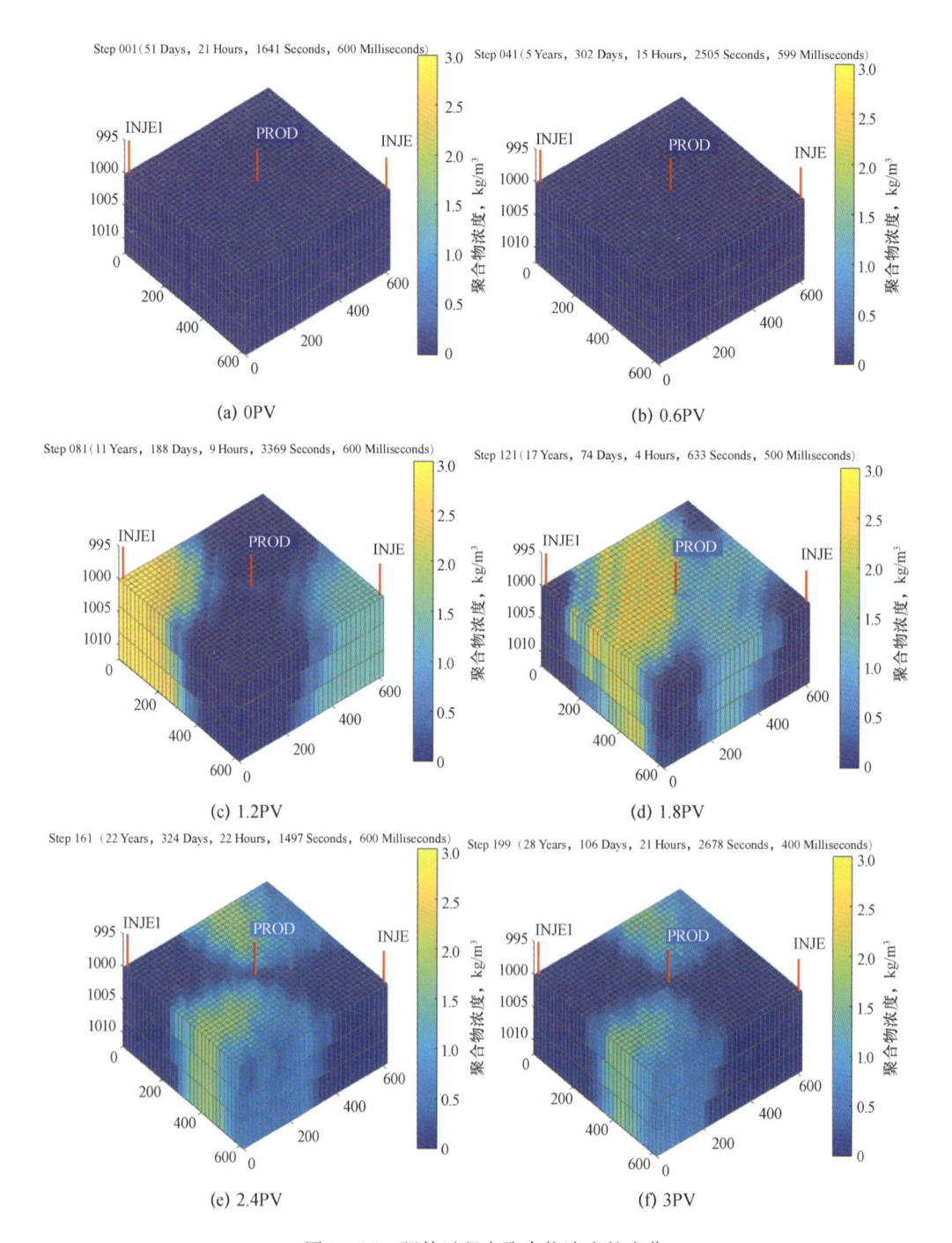

图 7-25　驱替过程中聚合物浓度的变化

图 7-27 中，驱替前期，含水就迅速升高到 96.5%，这是因为原始地层的下层含水，地层弹性能释放，使得下层的水大量进入采出井；随后，含水率下降到 94.5% 后缓慢上升；1PV 后，由于采取了不同的方案，含水率出现了不同的变化趋势。水驱方案中含水率继续缓慢上升，聚合物驱和复合驱含水率下降到了 90% 左右，结合化学驱提高采收率的原理，是

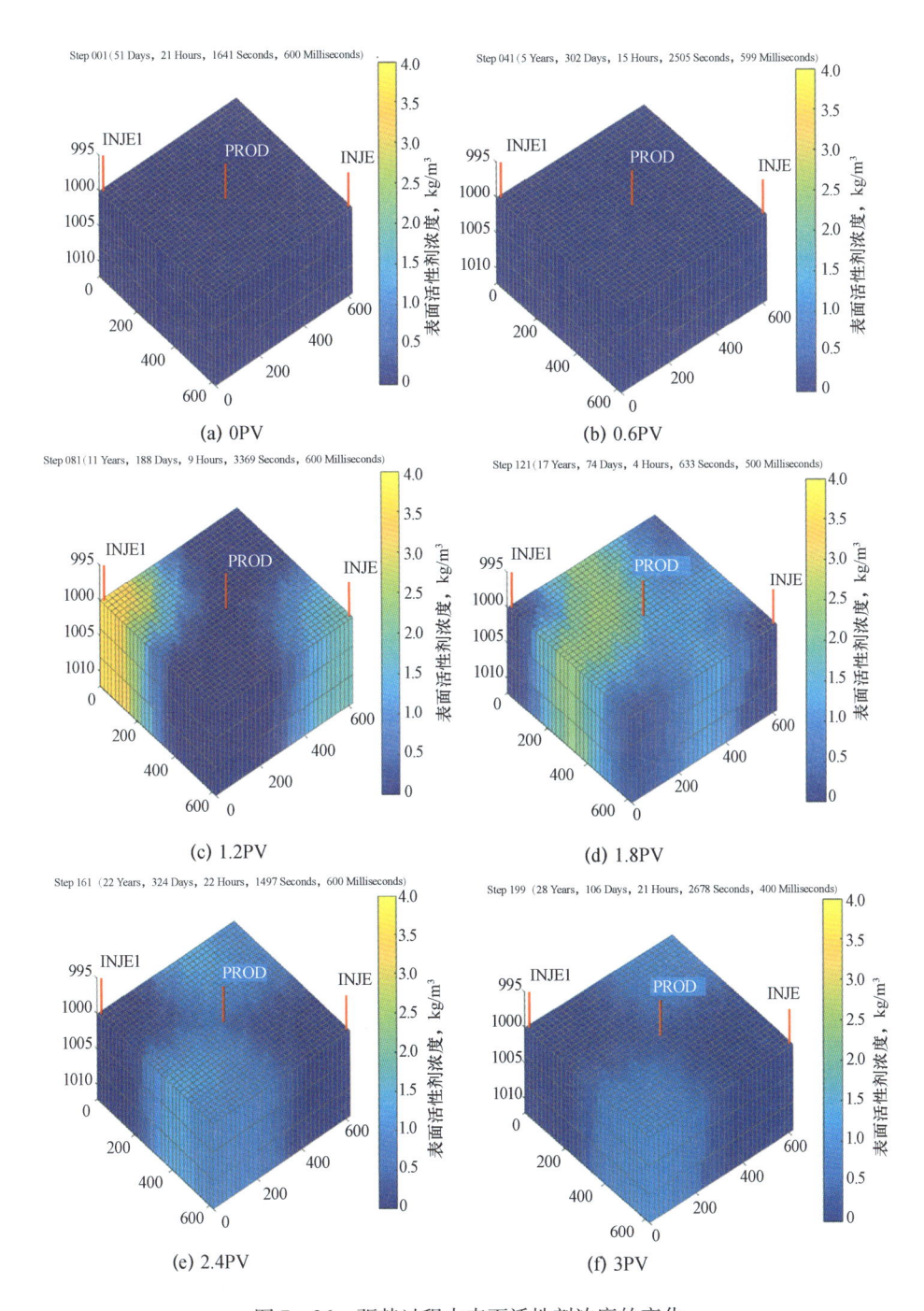

图 7-26 驱替过程中表面活性剂浓度的变化

因为聚合物驱和复合驱提高了波及系数和洗油效率的原因。随后,二者含水率都迅速上升到 99% 后下降,分析认为这是由于聚合物对于下层高渗透率的水层的封堵起到了效果,使得含水降低了。2.5PV 后,聚合物驱和复合驱含水率继续缓慢增加。

图 7-28 所示为采出井中,聚合物和表面活性剂的相对浓度随驱替变化关系。

269

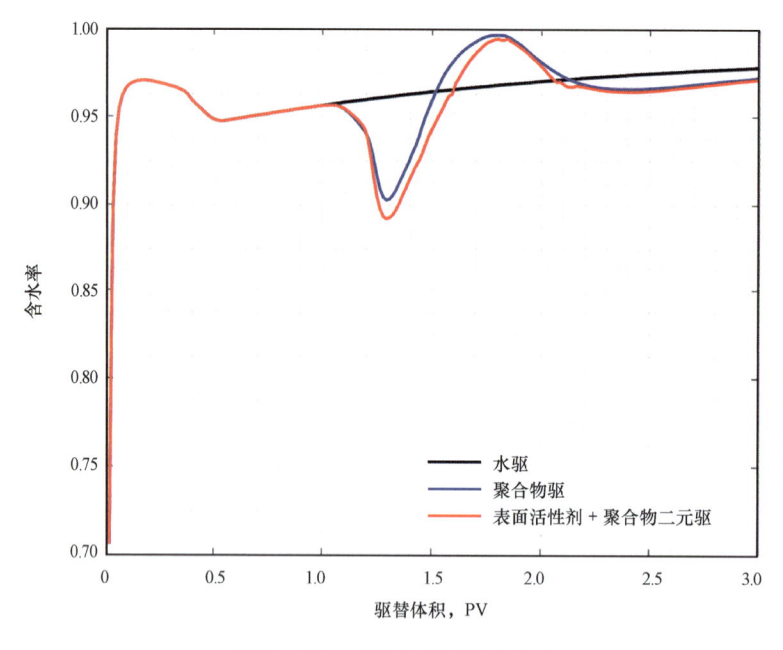

图 7-27 不同方案下的含水率

分析图 7-28 所示结果，聚合物和表面活性剂表现出色谱分离效应。表面活性剂的弥散系数更大，这使得表面活性剂的分布在时域上更宽，在总量不变的情况下，最高浓度较低，聚合物与之相反。聚合物的运移滞后系数比表面活性剂大，使得聚合物在采出井中更早出现。

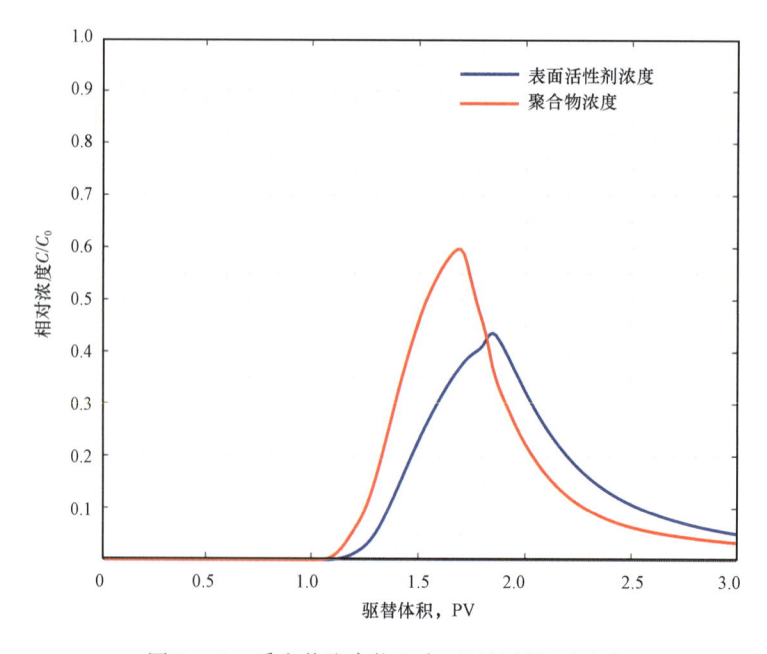

图 7-28 采出井聚合物和表面活性剂相对浓度

第八章 聚合物—表面活性剂复合驱矿场试验

大庆油田从1996年开始聚合物驱工业化推广，2002年产量达到千万吨级规模，为大庆油田的发展做出了重要贡献；同时开展的三元驱也成为大庆油田提高采收率的主要技术之一。为进一步完善化学驱技术体系，寻找"绿色、低成本、高效"的化学驱提高采收率主体技术，2007年开始，中国石油在辽河油田特高渗砂岩油藏、新疆油田砾岩油藏、大港油田复杂断块油藏开展以聚合物、表面活性剂为主剂的新一代化学复合驱研究攻关和现场试验，到2018年基本完成攻关目标，取得了显著的技术经济效益，确定了大庆油田以外高含水油藏"绿色、低成本、高效"大幅度提高采收率技术路线，目前中国石油已将此技术列入老油田提高采收率专项工程规划，工业化推广全面展开。

第一节 中国石油聚合物—表面活性剂复合驱重大开发试验概况

中国石油天然气股份有限公司于2008年部署开展聚合物—表面活性剂复合驱重大开发试验，先后在辽河油田锦16块、新疆油田七中区、吉林油田红13块、大港油田港西三区、大港油田官109区块、长庆油田马岭北三区、长庆油田华201区块部署试验区，涵盖高渗透砂岩油藏、砾岩油藏、复杂断块油藏、中低渗透砂岩油藏，试验区基础数据见表8-1。所使用的表面活性剂包括阴离子表面活性剂（石油磺酸盐）、复合离子表面活性剂（甜菜碱）、非离子表面活性剂等，注入方案见表8-2。

表8-1 中国石油聚合物—表面活性剂复合驱重大开发试验基础数据统计表

参数	辽河油田锦16块	新疆油田七中区	吉林油田红113块	长庆油田马岭北三区	大港油田港西三区五点法/衔接区	大港油田官109区块	长庆油田华201区块
含油面积，km^2	1.28	0.44	0.68	1.12	0.405/0.466	0.561	2.34
地质储量，$10^4 t$	298	54	93	44.6	80/88.4	143.04	218.8
目的层位	先开发兴$II 4^{7-8}$，再接替兴$II 4^{5-6}$	S_7^{2-2}, S_7^{2-3}, S_7^{3+1}, S_7^{3+2}, S_7^{3+3}, S_7^{4-1}	SII7, SII12, SII13	延10	NmIII-2-1 和 NmIII-3-1/ NmII-9-2, NmIII-2-1, NmIII3-2, NmIII4-2, NmIII6-2	枣V_{6-7}	延8_3、延9_1
油层厚度，m	13.6	11.6	12.9	11.5	16.4/44.6	36	19.3
泥质含量，%	2.01	10.9		10.91			
渗透率，mD	750	94	115	110	936	210	15.62
井网	五点法	五点法	五点法	五点法	五点法/不规则	矩形反五点法	五点法

271

续表

参数		辽河油田锦16块	新疆油田七中区	吉林油田红113块	长庆油田马岭北三区	大港油田港西三区五点法/衔接区	大港油田官109区块	长庆油田华201区块
井距,m		150	150	141	150	150/150~200	150	150
注入井,口		24	18	9	16	7/5	7	13
采油井,口		35	26	16	25	14/13	12	22
平均油藏深度,m		1255~1460	1146		1670		2030	1240
地层压力,MPa		12.4	16.07	7.66	13.48	12.2/12.85	20.15	10.3
地下原油黏度 mPa·s		14.3	6.0	12.9	2.3	19~37.5	50.1	4.97
平均含油饱和度,%		60.6	70	64.5	65		61	64
原油酸值 mg(KOH)/g		1.16	0.2~0.9					0.14
油藏温度,℃		55	40	55	50	53	78	63
孔隙度,%		29.1	17	21	15	31	21	13
渗透率变异系数		0.76~1.78		0.7	0.9	2.6		19.53
地层水 mg/L	矿化度	2467.2	14250	15168.3	19000	13454	26974	24600
	钙、镁	10.4		47.3	539			832
注入水 mg/L	矿化度	2748.9		1200	5000	6726		5560
	Ca^{2+}、Mg^{2+}	0（处理后）		20	0（处理后）	53		397

表8-2 中国石油聚合物—表面活性剂复合驱重大开发试验注入方案对比表

		辽河油田锦16块	新疆油田七中区	吉林油田红113块	长庆油田马岭北三区	大港油田港西三区	大港油田官109区块	长庆油田华201区块
前置段塞	大小,PV	0.10	0.06	0.045	0.06	0.1/0.15	0.1	0.06
	HPAM浓度,mg/L	2500	1800	2000	2000	2000/1500	2500	2500
	分子量,万	3000	2500	2500	2000+800	2500	1000	1000
主段塞	大小,PV	0.65	0.5	0.3	0.225	0.08	0.2	0.6
	HPAM浓度,mg/L	2000	1600	2000	1500	2000	2000	1600~2500
	分子量,万	3000	2500	2500	2000+800	2500	1000	1000
	表面活性剂浓度,%	0.40	0.25	0.2	0.12	0.25	0.3	0.2
副段塞	大小,PV	0.20	—	0.21	0.315	0.3	0.1	0.24
	HPAM浓度,mg/L	2000	—	2000	1500	1500	2000	1500~2000
	分子量,万	3000	—	2500	2000+800	2500	1000	1000
	表面活性剂浓度,%	0.30	—	0.1	0.1	0.2	0.2	0.15
保护段塞	大小,PV	0.10	0.1	0.15	0.12	0.02	0.12/0.08	0.12
	HPAM浓度,mg/L	1400	1400	1000	1000	700	800/500	1000~1500
	分子量,万	3000	2500	2500	2000+800	2500	1000	1000
总量		1.05	0.66	0.705	0.65	0.65	0.6	1.02

第二节　高渗透砂岩油藏聚合物—表面活性剂复合驱试验

一、辽河油田锦 16 块聚合物—表面活性剂复合驱工业化试验

1. 试验目的

（1）确定辽河油田中高渗主力油层化学驱效果，明确辽河油田化学驱提高采收率潜力和经济效益；

（2）明确聚合物—表面活性剂复合驱油水井注采能力的变化规律和动态见效特征，为今后编制工业化化学驱油方案提供实践依据；

（3）研究大规模配制注入溶液及采出液处理技术，为化学驱工业化地面工程设计提供可靠依据；

（4）发展完善辽河油田化学驱配套技术系列；

（5）化学驱可比水驱提高采收率 15 个百分点以上。

2. 试验区概况

锦 16 块地处大凌河河套内，构造上位于辽河裂谷盆地西斜坡南部，1979 年投入开发，开采层位为兴隆台油层，油藏埋深 1255～1460m，含油面积 6.0km^2，石油地质储量 3985×10^{4}t。聚合物—表面活性剂复合驱工业化试验区位于锦 16 块中部，试验区含油面积 1.37km^2，地质储量 586×10^{4}t，目的层位为二层系（兴Ⅱ$_3^{5-6}$—Ⅱ$_4^{7-8}$）。分两套层系逐层上返开发，先采兴Ⅱ$_4^{7-8}$，上返接替兴Ⅱ$_3^{5-6}$。其中兴Ⅱ$_4^{7-8}$ 含油面积 1.28km^2，地质储量 298×10^{4}t。转化学驱前为注水开发，采出程度为 47.2%。试验区孔隙体积 487×10^{4}m^3，采用五点法面积注采井网，注采井距 150m，有效厚度 13.6m，平均有效渗透率 750mD，原始地层压力 13.98MPa，原始饱和压力 12.71MPa，油层破裂压力 31.1MPa，平均地层温度 55℃，地下原油黏度 14.3mPa·s，原始油气比为 42 m^3/t，原始地层水矿化度为 2467.2mg/L。

3. 试验方案设计要点

1）油藏工程方案

（1）二层系试验区设计五点法面积井网，注采井距 150m，原方案设计 24 注 35 采，年注入速度：0.15PV/a，设计提高采收率 15.5%，增加可采储量 46.2×10^{4}t，最终采收率为 66.5%。

（2）工业化推广设计五点法面积井网，注采井距 120～150m，原方案设计 74 注 107 采，年注入速度 0.18PV/a，注采比 1∶1，方案设计提高采收率 16%。

2）配方体系设计要点

锦 16 块聚合物—表面活性剂复合驱配方体系参数设计见表 8-3。

4. 试验取得阶段成果与认识

（1）试验区产油量大幅度上升，含水率大幅度下降。

在试验的过程中产油量大幅度上升，从空白水驱的 67t 左右最高上升到 320t，如图 8-1 所示。截至 2015 年底稳定在 270t 左右，综合含水由 96.7% 下降到 82.8%，2015 年核实产油 9.8×10^{4}t，截至 2015 年底阶段核实产油 34.8×10^{4}t，实现净利润 6.12 亿元，投入产出比 1∶4.17。工业化推广项目 2017 年 9 月全面启动，其中锦采部分共部署 48 注 75 采，动用储量 1070.5×10^{4}t，提高采收率 18.3%。

表8-3 锦16块聚合物—表面活性剂复合驱配方体系参数设计表

分区	项目	单位	前置段塞	主段塞	副段塞	保护段塞
二层系试验区	段塞尺寸	PV	0.1	0.9	0.4	0.1
	聚合物浓度	mg/L	2500	2000	1800	1400
	表面活性剂浓度	%		0.2	0.15	
	注入时间	月	8	72	32	8
	注入时间	月	8	72	16	8
扩大推广区	段塞尺寸	PV	0.1	0.7	0.2	0.15
	聚合物浓度	mg/L	2500	1800~2200	1800~2200	1400
	表面活性剂浓度	%		0.25	0.2	
	注入时间	月	6.6	46.7	13.3	12

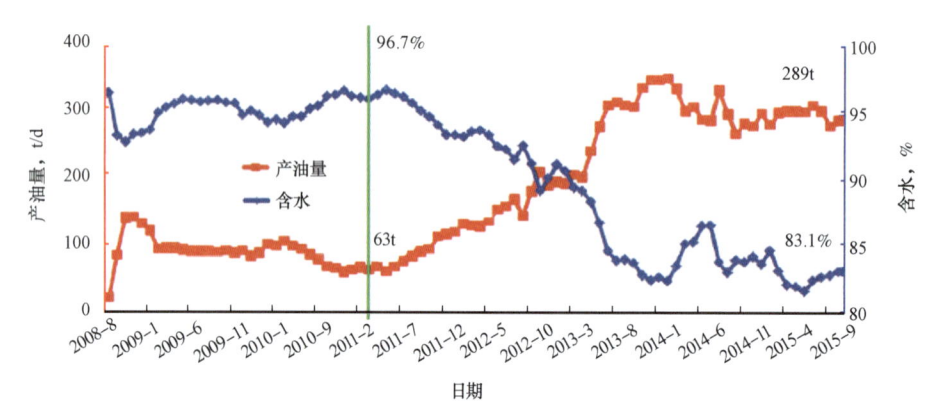

图8-1 锦16块聚合物—表面活性剂复合驱试验区采油产油量和含水变化曲线

（2）试验区整体指标与方案预测基本相当。

试验区采出程度和含水的变化趋势与方案预测基本一致，如图8-2所示。其中实际低含水期要比预测的时间长，预计最终的提高采收率值会高于预期2.5%，达到18%以上。

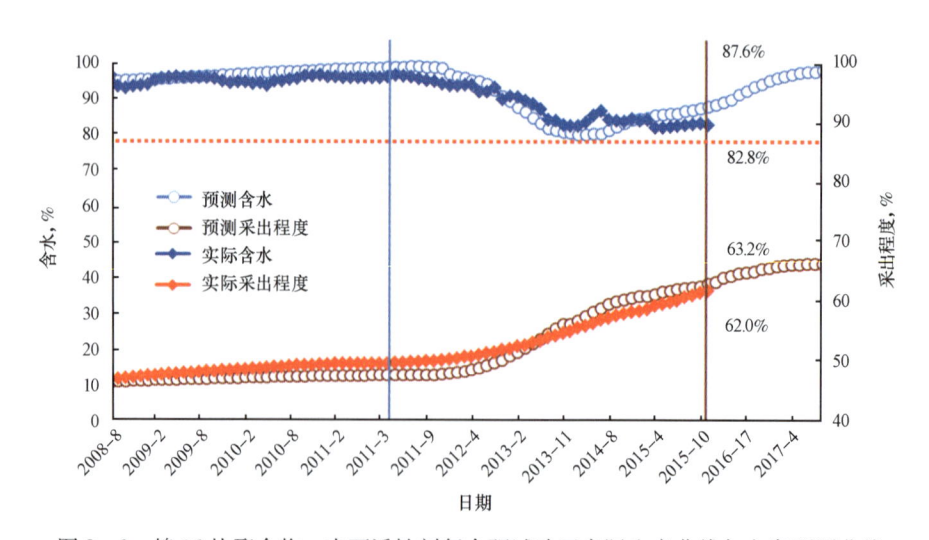

图8-2 锦16块聚合物—表面活性剂复合驱试验区实际生产曲线与方案预测曲线

(3) 主要评价指标均趋好。

试验区储层动用状况得到明显改善，注入压力随着注入量明显上升，如图 8-3 所示。吸聚厚度比例由 60.6% 上升到 85.1%，吸聚厚度比例高达 85.1%。视阻力系数 2.1，较为合理，如图 8-4 所示。

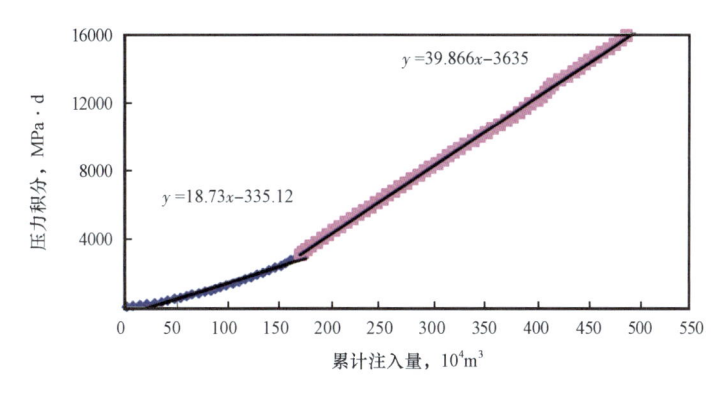

图 8-3　锦 16 块聚合物—表面活性剂复合驱压力随注入量变化图

图 8-4　锦 16 块聚合物—表面活性剂复合驱注入井平均单井吸聚厚度比例变化

(4) 及时合理的动态调控是稳定低含水期的有效手段。

锦 16 块试验区开发结果表明，虽然含水降低幅度要小于方案预测，但是通过及时实施综合措施调控，有效延长了低含水期。一般化学驱低含水期稳定现在 0.2PV 左右，从后期跟踪拟合曲线来看，锦 16 块预计延长低含水期 0.2PV，使采收率值提高 18%，高于方案预测值（15.5%）2.5%（图 8-5）。

(5) 及时实施重点注入井组调整，是驱替后期有效控制试验区产量递减的主要措施手段。

由于进入副段塞驱替后期后，伴随着综合含水和采聚浓度的升高，包括重点高产油井在内的试验区大部分井产量均呈现下降趋势，对应注入井则出现了吸聚厚度下降、吸聚差异增大的现象，近两年的实践表明，通过分注结合酸化解堵和浓度调整，可以一定程度上减缓由于层间差异变大导致的开发矛盾。2020 年重点实施了分注、单注、酸化解堵以及化堵调剖等措施，取得了一定的成效。

5. 试验未来实施计划

2020 年计划年产油二层系 $4.1 \times 10^4 t$。总井 62 口，其中采油井 37 口，开井 35 口，日产

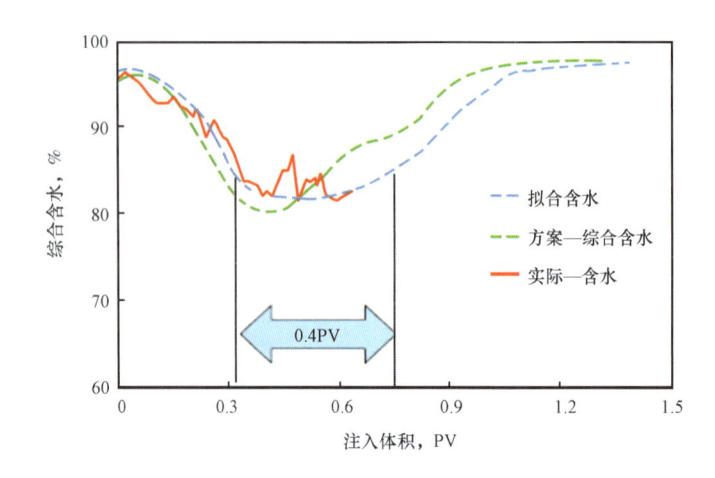

图 8-5 锦 16 块聚合物—表面活性剂复合驱注入体积与综合含水关系图

液 1306t，日产油 116t，综合含水 91.1%，阶段核实产油 66.1×10⁴t，核实采出程度 20.98%（试验区包括空白水驱的核实采出程度 23.5%）。注入井总井 25 口，开井 23 口，日注入 1505×10⁴m³，累计注入量 670.46×10⁴m³，注入段塞尺寸为 1.38PV。日注母液量 675m³，母液浓度 3200mg/L，掺污水量 830m³，日注干粉量 2.4t，累计注干粉量 1.45×10⁴t。累计注表面活性剂商品量 2.1×10⁴m³。

在锦 16 块工业化试验取得初步成功的基础上，辽河油田开展欢喜岭油田锦 16 块兴隆台油层聚合物—表面活性剂复合驱开发，预计最高年产油 50×10⁴t。动用地质储量 3021×10⁴t，细分三套开发层系，采用五点法井网 150m 井距，预计增加可采储量 423×10⁴t。三套层系计划 124 注 176 采（包括目前工业化试验的 24 注 35 采），其中部署新井 187 口。

二、大港油田港西三区聚合物—表面活性剂复合驱矿场试验

1. 试验目的

（1）通过聚合物—表面活性剂复合驱试验，确定大港油田中高渗复杂断块油田复合驱提高采收率潜力和经济效益；

（2）确定大港油田聚合物—表面活性剂复合驱配套技术系列；

（3）研究大规模配制注入溶液及采出液处理技术，为化学驱工业化地面工程设计提供可靠依据；

（4）聚合物—表面活性剂复合驱水驱提高采收率 15 个百分点以上。

2. 试验区概况

港西开发区位于天津市滨海新区大港南部沙井子村附近，构造位置处于黄骅凹陷北大港潜山构造带西部港西凸起之上。自 1971 年年产量突破 50×10⁴t 以来已实现连续稳产 47 年，先后三次荣获中国石油"高效开发油田"称号。截至 2017 年 6 月，已动用地质储量 8297×10⁴t，含水 92%，采出程度 32.58%，采收率 35.1%，整体进入高含水高采出程度开发阶段，主力砂体采出程度最高可达 50%，剩余油整体分散、局部富集，常规水驱挖潜效果日趋变差，开发成本逐年上升，在目前低油价下港西开发区的上产与稳产面临严峻挑战。

3. 试验方案设计要点

1）井网层系设计

通过油藏工程、数值模拟等方法综合研究，选择五点法为主四点法为辅、130~200m 井距相对均衡的井网为实施井网。

港西开发区工业化试验方案目的层为明化镇组与馆陶组，共筛选出 32 个单砂层、58 个单砂体作为"二三结合"的目标，覆盖地质储量共计 2017×10^4 t。

方案井网部署总井数 444 口（采油井 259 口，注入井 185 口），共设计新井 236 口，其中采油井 142 口（常规井 135 口，水平井 7 口），注入井 94 口，设计总进尺 29.95×10^4 m，测算新建产能 12.78×10^4 t；配套老井措施 409 井次，其中采油井措施 287 井次，注水井 122 井次；配套井网维护新井工作量 66 口。试验区内其他老井回归到非注聚层系，独立形成完善井网，水驱开发。

2）驱油体系及注入参数设计

根据室内试验与化学驱数值模拟研究，确定驱替方式为聚合物—表面活性剂复合驱，注入速度 0.12PV/a，注入段塞 0.8PV。

（1）明化镇组体系方案。

前置段塞：0.1PV（聚合物浓度 2500mg/L）；

主段塞：0.35PV（聚合物浓度 2200mg/L + 表面活性剂浓度 3000mg/L）；

副段塞：0.25PV（聚合物浓 2200mg/L + 表面活性剂浓度 2000mg/L）；

保护段塞：0.1PV（聚合物浓度 1500mg/L）。

（2）馆陶组体系方案。

前置段塞：0.1PV（聚合物浓度 3300mg/L）；

主段塞：0.35PV（聚合物浓度 2700mg/L + 表面活性剂浓度 3000mg/L）；

副段塞：0.25PV（聚合物浓度 2700mg/L + 表面活性剂浓度 2000mg/L）；

保护段塞：0.1PV（聚合物浓度 1500mg/L）。

3）方案指标预测

方案注采井数 1∶1.40，采收率 44.6%，水驱储量控制程度 82.6%，注采对应率 100%，双多向受益率 76.7%。方案增加可采储量 334×10^4 t，提高采收率 16.6 个百分点，中心井区最高可提高采收率 20.3 个百分点。

4. 试验取得阶段成果与认识

（1）港西三区三断块聚合物—表面活性剂复合驱效果明显。

建立分层系五点法注采井网后，各项开发指标较原井网均大幅度提升（图 8-6）。井网调整后日产液由 258m³ 上升到 391m³，日产油由 21.2t 上升到 69.2t，综合含水由 91.8% 下降到 82.3%，比方案预计低 3.89%。截至 2015 年底累计增油 3.28×10^4 t，超方案预测 1.41×10^4 t。

（2）地面配注系统建设形成了"大港模式"。

港西三区三断块聚合物—表面活性剂复合驱地面配注按照"四化"，即模块化、橇装化、数字化、标准化的模式，建立了适合复杂断块化学体系注入的体系。地面配注系统占地面积减少 65%，设计周期缩短 50%，建设工期缩短 62%，单井地面投资较国内其他油田少 1/3 以上（图 8-7）。形成了化学驱地面配注系统的"大港模式"。

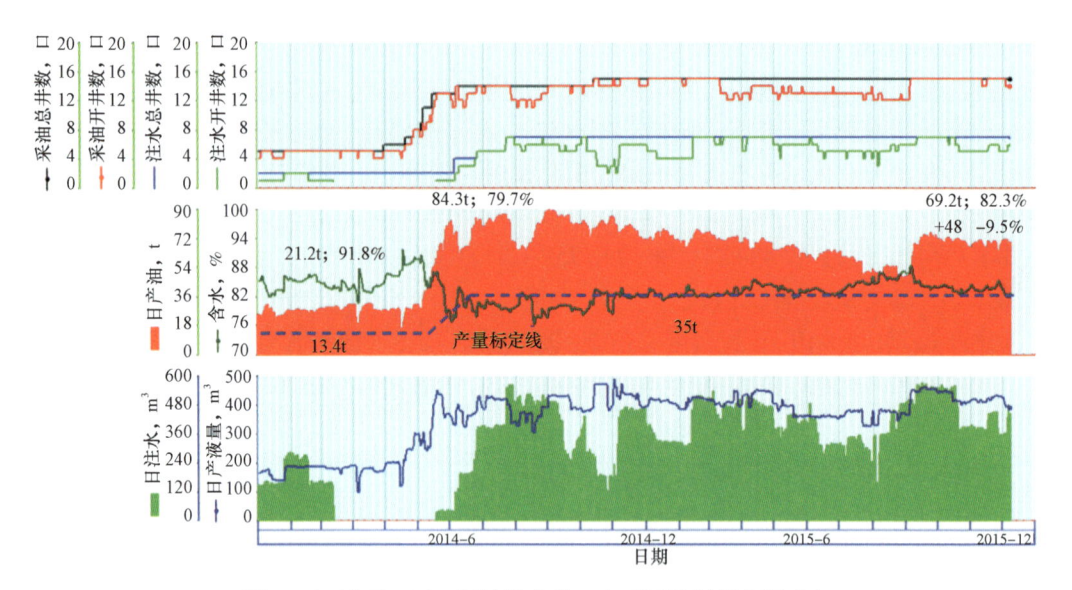

图8-6 港西三区三断块聚合物—表面活性剂复合驱动态

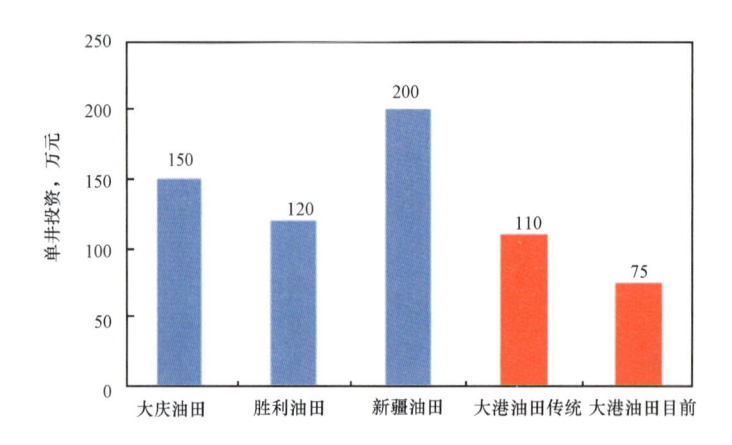

图8-7 港西三区三断块与其他油田地面注入系统投资对比

在港西三区聚合物—表面活性剂复合驱取得效果成功的基础上，大港油田于2014年在枣园油田官109-1断块二元驱先导试验，主要是针对孔南地区高温高盐、中渗稠油油藏开展二元驱重大开发试验，为改善该类油田开发效果探索一条新的技术途径。

第三节 中低渗透砂岩油藏聚合物—表面活性剂复合驱试验

一、吉林油田红113块聚合物—表面活性剂复合驱试验

1. 试验目的

（1）探索吉林油田中低渗透油藏聚合物—表面活性剂复合驱提高采收率可行性；

（2）建立中低渗透油藏化学驱提高采收率配套技术体系；

(3) 聚合物—表面活性剂复合驱提高采收率 15 个百分点以上。

2. 试验区概况

吉林油田红 113 试验区位于红岗油田北部一号区块内，储层砂体发育稳定，物性较好，砂岩厚度大，层内裂缝不发育。储层是一套较稳定的半深湖相灰绿色粉砂岩，局部有细粉砂岩的夹层，岩石成分以石英、长石为主，胶结物为泥、灰质为主，为接触—孔隙式胶结。根据萨尔图砂体沉积韵律和油气层分布特征，划分为萨Ⅰ与萨Ⅱ两个油层组 5 个砂岩组 33 个小层，主力含油砂体为萨Ⅱ组的二砂组和三砂组，主力小层为萨Ⅱ4¹、萨Ⅱ7、萨Ⅱ12 与萨Ⅱ13 小层。储层沉积环境属典型辫状河三角洲前缘，目的层段沉积微相主要为席坝、水下分流河道和前缘席状砂。沉积韵律特征表明，水下分流河道为正韵律模型，席状砂为反韵律模型。试验区原油地层油黏度 12.9mPa·s，地面脱气黏度 36.8mPa·s，低酸值，相对密度中等，凝固点低，胶质及石蜡含量较高。地层水 Ca^{2+} 和 Mg^{2+} 含量低，矿化度 12000～16000mg/L，水型为 $NaHCO_3$ 型。试验区原始油藏温度为 55℃，地温梯度为 5℃/100m。油层中部压力 12.25MPa，原始饱和压力 10.94MPa，油藏压力系数为 1.02，属正常压力系统。试验区原井网为反十三点井网，井距 200m×316m。井组内注水井 1 口（113 井），采油井 12 口。113 井组内按照五点法井网模式进行加密，形成 9 个 200m×141m 的五点井组，试验区面积为 0.68km²，地质储量 93×10⁴t，其目的层段萨Ⅱ7、萨Ⅱ12 和萨Ⅱ13。

3. 试验方案设计要点

1）布井方案要点

在红 113 井区内按照五点法井网模式，注入井总数 9 口，采油井数 16 口（中心井 4 口），井距 150m，注入层段为萨Ⅱ7、萨Ⅱ12 与萨Ⅱ13 小层，有效厚度 6m，地质储量 49.5×10⁴t。

2）配方体系设计要点

试验配方体系为"复配聚合物 + JN-1 非离子表面活性剂"，并用清水配置，分四段塞注入，注入速度为 0.18PV/a。

前置段塞：0.05PV，2500mg/L 2500 万分子量聚合物；

主段塞：0.3PV，2000mg/L JN-1 表面活性剂 + 1800～2000mg/L 复配聚合物（中分子量：高分子量：超高分子量 =1:3:6）；

副段塞 0.2PV，1000mg/L JN-1 表面活性剂 + 1800～2000mg/L 复配聚合物（中分子量：高分子量：超高分子量 =1:3:6）；

保护段塞 0.15PV，1600～1800mg/L 2000 万分子量聚合物。

4. 试验取得阶段成果与认识

（1）研制出适合中低渗透储层的聚合物—表面活性剂复合驱配方体系。

优化出与中低渗透储层相匹配的聚合物分子量和浓度，建立聚合物—表面活性剂体系与储层配伍性图版，见表 8-4。建立适合红岗油田聚合物—表面活性剂复合驱用表面活性剂筛选标准，指导表面活性剂的优化，见表 8-5。在此基础上，研制了适合红岗油田红 113 块的聚合物—表面活性剂复合驱配方体系。

（2）精确检测方法，完善检测技术。

通过淀粉磺化镉法影响因素分析明确该方法在红岗油田应用存在局限性，因此建立液相色谱检测方法，该方法可对干扰多、偏差大的红岗油田二元驱采出液中聚合物浓度进行准确测定，其准确性大大优于淀粉-碘化镉法。

表8-4 聚合物—表面活性剂复合体系与储层配伍性图版（$R/R_h = 6.5$，$K = 75\text{mD}$）

配制水矿化度 mg/L	聚合物浓度 mg/L	表面活性剂浓度 mg/L	注入状况（1代表顺利，0代表困难）					
			2500万	6:3:1（超高分子量：高分子量：中分子量）	2000万	5:5（高分子量：中分子量）	1500万
1000	1000	0	1	1	1	1	1
		0.1	1	1	1	1	1
		0.2	1	1	1	1	1
		0.3	0	1	1	1	1
	1500	0	0	0	1	1	1
		0.1	0	0	0	1	1
		0.2	0	0	0	1	1
		0.3	0	0	0	0	1
	1800	0	0	0	0	0	0
		0.1	0	0	0	0	0
		0.2	0	0	0	0	0
		0.3	0	0	0	0	0
	2000	0	0	0	0	0	0
		0.1	0	0	0	0	0
		0.2	0	0	0	0	0
		0.3	0	0	0	0	0

表8-5 红岗油田二元复合驱用表面活性剂筛选标准

项目	指标	备注
活性物含量	≥40%	按照相关活性物检测方法
溶解度	>10%	5~36℃
界面活性	≤9.9×10^{-3} mN/m	SY/T 5370—2018 检测
抗吸附能力	≤9.9×10^{-3} mN/m	55℃条件下，静吸附30天
pH值	7.0~9.0	5%水溶液
与聚合物配伍性	初始保留率大于90%，30天保留率大于60%	SY/T 5862—2020 检测
安全性（闪点）	≥60℃	GB/T 261—2008 检测
环保性	无毒、无强烈刺激性，对人及环境无伤害	—
贮存稳定性	无分层和沉淀	在-20~40℃条件

（3）形成吉林油田聚合物—表面活性剂复合驱主体配套技术。

形成了化学驱井网优化设计技术，通过室内物理模拟和数值模拟研究、国内外调研及红岗化学驱实践认识，确定五点法为化学驱的首选井网，实际试验效果也表明五点法适合化学驱；形成了二元体系设计、评价、优化调整技术；形成了降低黏度损失技术；引进与完善了低剪切多段分层注入工艺技术；形成了化学驱前调剖控串技术。

（4）试验总体见效。

试验区截至2014年6月累计增油 1.5×10^4 t；注入压力稳步上升，视吸水指数下降，吸水强度下降；注入波及体积扩大比较明显，见到驱替效果。

二、长庆油田马岭北三区聚合物—表面活性剂复合驱试验

1. 试验目的

（1）评价二元驱在长庆低渗透油藏的适应性及应用潜力；

（2）评价中低渗透油藏二元驱技术经济效果；

（3）探索侏罗系油藏中高含水期提高采收率的新途径；

（4）形成长庆低渗透油藏二元驱的技术体系和安全生产规范。

（5）聚合物—表面活性剂复合驱提高采收率10个百分点以上。

2. 试验区概况

长庆油田马岭北三区位于天环坳陷东翼马岭鼻褶带北部的"木合"鼻状隆起上。古地貌单元属甘陕古河的河间台地，南邻演武古高地北坡系，北与姬塬南坡的樊家川油田隔河相望。今构造为一鼻状隆起，鼻轴方向为东北—西南向，长约6km，木6-6、木15-11位于鼻轴上。区块构造平缓，两翼地层倾角0.7°，顶部出现局部圈闭，圈闭闭合高度13.0m。发现的延9、延10油层为河流相沉积。1999年开始滚动建产，同年10月开始注水开发。2000年12月区块开发达到了鼎盛时期，日产油高达381t，平均单井日产油6.9t。之后动液面下降、地层能量不足、含水迅速上升，区块开发进入了快速递减阶段。2010年12月，区块日产油23t，平均单井日产油0.6t，综合含水89.2%，累积注采比0.77，地质储量采出程度23.3%，地质储量采油速度0.32。该区块层内非均质性强，存在高渗层段和大孔道，又因储层较强的敏感性使部分水井达不到配注，造成平面矛盾突出，注水见效方向性强，区块开发效果差；南部能量不足，油藏边水内侵，含水上升加快，产量大幅度下降。开发以来采取了一系列控水稳油措施，包括补孔、酸化压裂、增注及增压等，但效果均不明显，开发形势依然严峻。

3. 试验方案设计要点

1）布井方案要点

通过不同井网、井距提高采收率数值模拟分析、注采能力与井网井距的适应性、不同井网井距驱油效果对比等研究，借鉴国内其他油田化学驱试验经验，北三区二元复合驱采用150m井距五点法面积井网的布井方式，共有注入井9口，采油井16口，如图8-8所示。

2）配方体系设计要点

配方设计采用四段塞的模式，注入总体积为0.72PV，设计注入速度0.18PV/a，聚合物分子量2000万和800万的混合物，在地层水条件下1600mg/L黏度在10mPa·s以上，800万聚合物所占的比例不大于50%，表面活性剂为甜菜碱，浓度在0.05%~0.3%（质量分数）范围内，2015年聚合物调整为1000万分子量的聚丙烯酰胺，2019年优化为800万分子量的疏水缔合聚合物，段塞设计见表8-6。

表8-6 马岭北三区聚合物—表面活性剂段塞设计

段塞	段塞组成	注入体积，PV	界面张力，mN/m	黏度，mPa·s
调剖段塞	聚合物+2000mg/L（阳离子）	0.049	—	—
前置段塞	2500mg/L（P）	0.06	—	>50
主段塞	1500mg/L（P）+0.12%（S）	0.225	5×10^{-3}	>30
副段塞	1500mg/L（P）	0.315	—	>30
后置段塞	1000mg/L（P）	0.12	—	>20

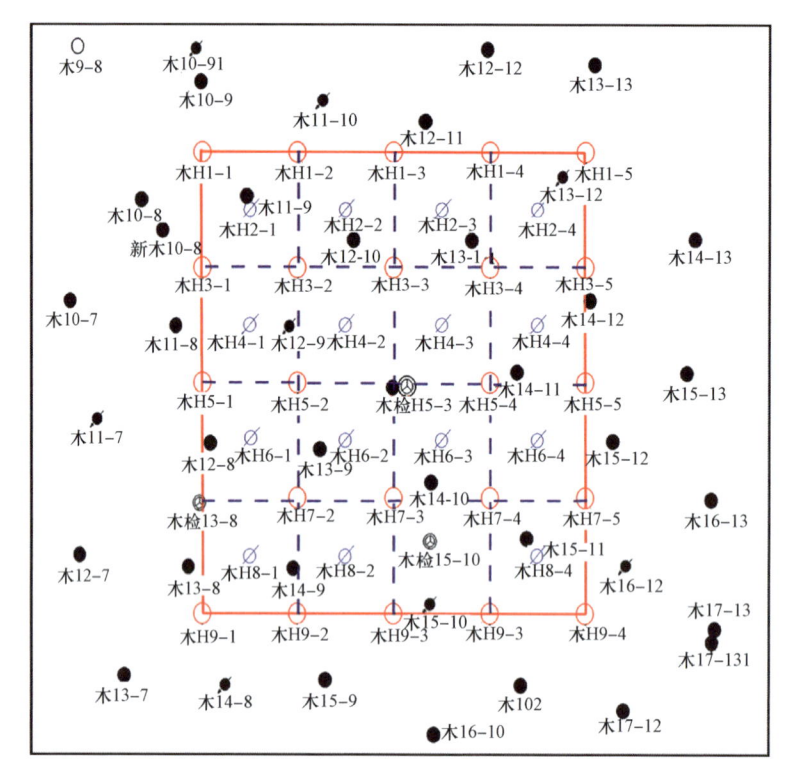

图 8 - 8　长庆油田马岭北三区井网部署图

4. 试验取得阶段成果与认识

1）油藏地质研究取得新认识

从试油出油和单井生产情况来看，与平面剩余油分布图结果有较好的一致性，主要分布在注采不完善部位和井间剩余油。根据 8 口井—地电位法测试结果，反演计算的电阻率、孔隙度平面分布，应用阿尔奇公式计算的平均剩余油饱和度 41.36%。试验区剩余油分布复杂，平面上零星分布，主要集中在中部和南部井组；纵向上水驱未波及的剩余油主要分布在正韵律顶端物性较差部位；水驱波及后的残余油与原始含油饱和度分布一致，主要分布在韵律段物性较好的部位，但厚度较薄，呈条带状分布。

2）研制了适合马岭北三区的二元配方体系

评价了 1000 万分子量的 fp3440 聚合物与甜菜碱和 CH-3A 表面活性剂的配伍性，配伍性良好，黏度热稳定性和界面张力保留率较高，物理模拟实验表明，该体系具有较好的提高采收率作用（图 8-9 和图 8-10）。

3）总结了试验区多项参数二元驱后的变化趋势地层压力平面分布更趋均匀

目前试验区地层压力 15.79MPa，压力保持水平 117.1%。图 8-10 显示，与 2019 年相比，油藏中部压力分布更趋均匀。

图 8-11 和图 8-12 显示，试验区递减率 -2.2%，含水上升率 -0.2%，均处于较低水平；图 8-13 显示，采油速度逐步提升，目前开发形势较好。

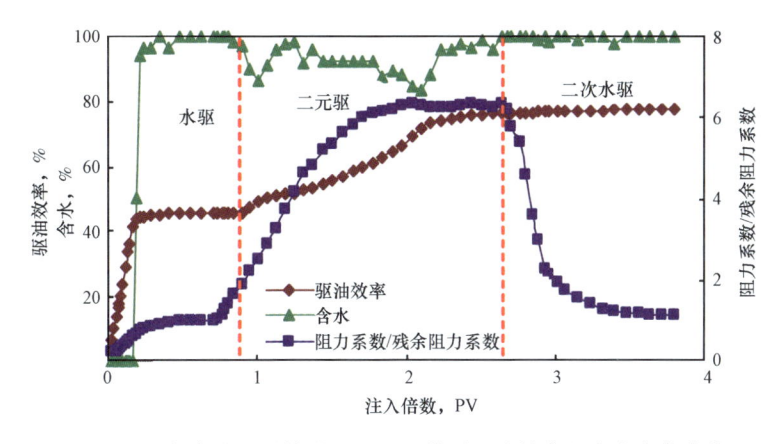

图 8-9　长庆油田马岭北三区二元体系驱油效率和含水变化曲线

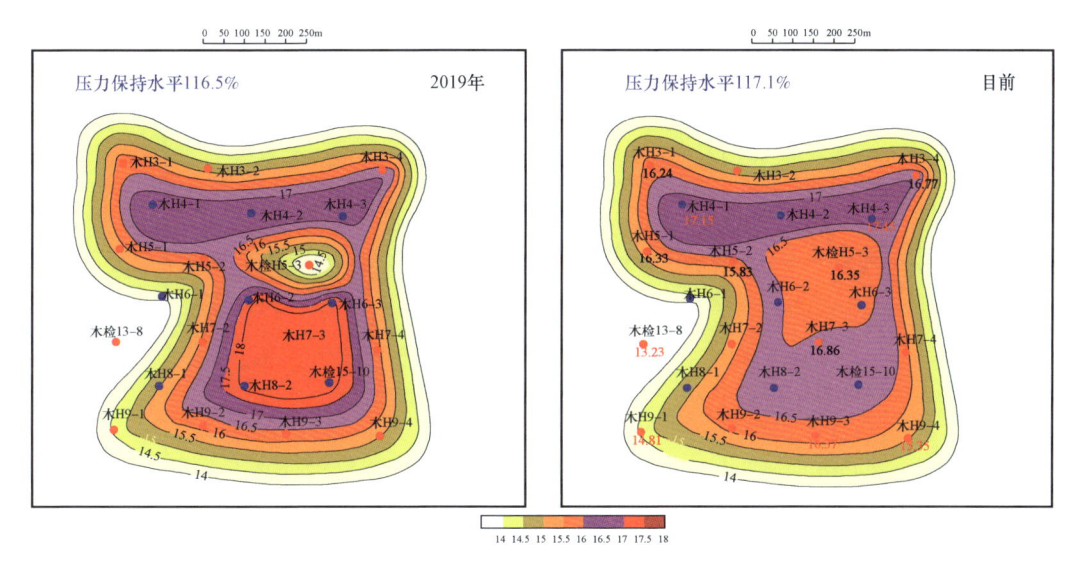

图 8-10　长庆油田马岭北三区试验区历年压力分布图

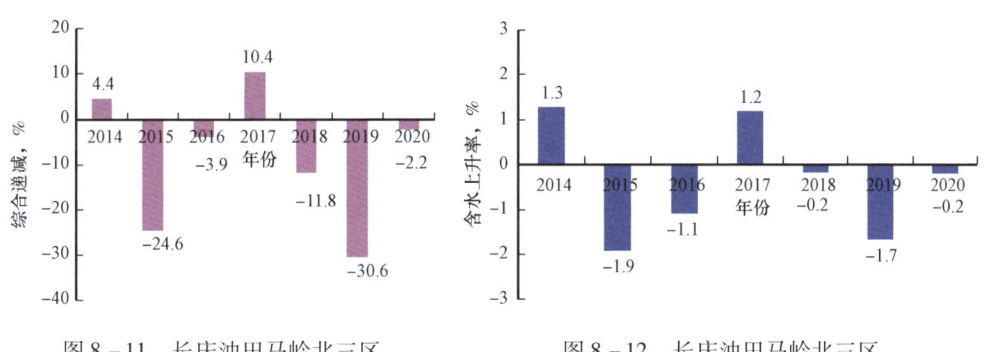

图 8-11　长庆油田马岭北三区
试验区历年压力分布图

图 8-12　长庆油田马岭北三区
试验区历年压力分布图

见效井增油控水效果明显：图 8-14 显示，试验区 12 口井见效，见效比为 85.7%，日产油由 5.9t 提高至 13.0t，最高上升到 16.2t；综合含水由 97.2% 降低至 94.4%，控水增油效果明显。

283

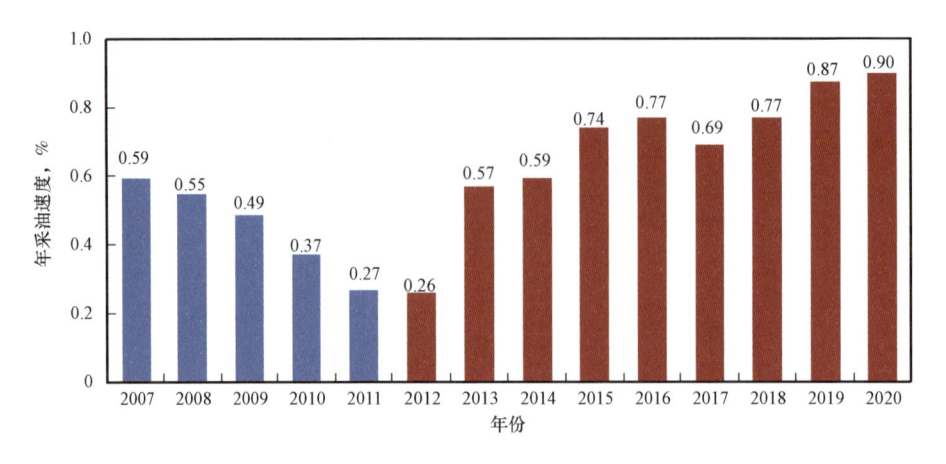

图 8-13 长庆油田马岭北三区试验区历年采油速度柱状图

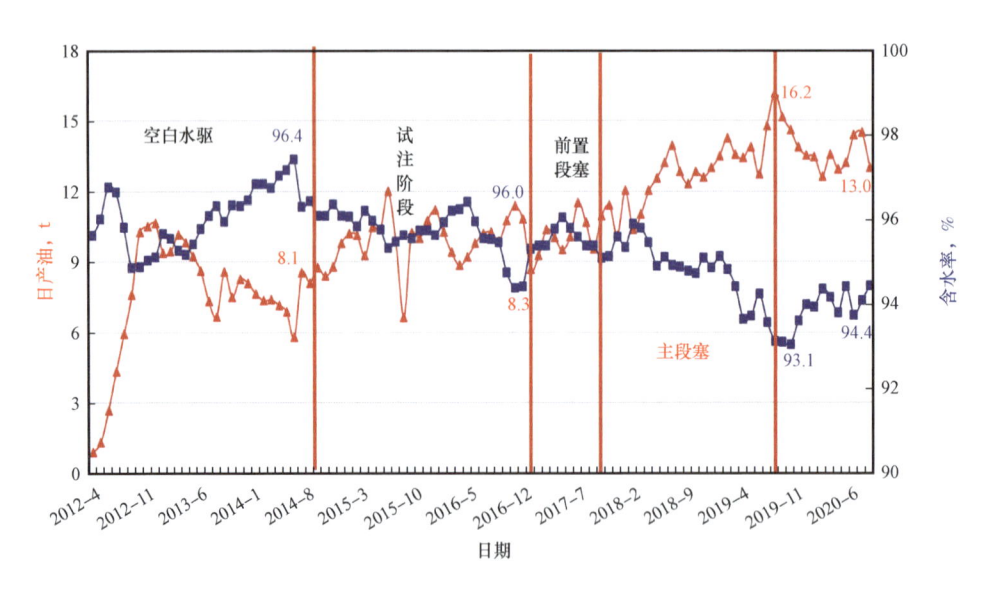

图 8-14 试验区见效井日产油和含水率曲线

三、长庆油田华 201 区侏罗系油藏聚合物—表面活性剂复合驱工业化试验

1. 试验目的

（1）评价二元驱在长庆油田低渗透油藏的工业化应用效果；

（2）评价中低渗透油藏二元驱技术经济效果；

（3）探索侏罗系油藏中高含水期提高采收率的新途径；

（4）形成适合长庆油田地质特点的低成本、橇装化、优化简化的地面注入工艺流程和技术体系。

2. 试验区概况

华 201 区位于鄂尔多斯盆地陕北斜坡西南段（图 8-15），该区的勘探始于 1998 年 5 月，在华 201 井侏罗系延安组延 8 和延 9 分别获油层 8.4m 和 10.8m，两层合试日产油 77.4t（图 8-15）。1998 年随即投入滚动开发，1999 年 9 月开始注水，生产层位为中生界侏罗系延安组的延8、延9，地层厚度60~80m，为一套河流相沉积的砂、泥岩地层。区块从2000年至2004年3月期间稳产，2004年4月进入递减阶段。截至2017年底，华201区地质储量采出程度23.6%，剩余油储量293.85×10⁴t，其中150×10⁴t剩余储量（50%）集中在延8₃层，该层目前地质储量采出程度28.37%。华201试验区部署13注22采规模。目前试采两口，日产液分别为15.3m³和15.3m³，产油0.87t和0.35t，含水93.3%和96.8%。

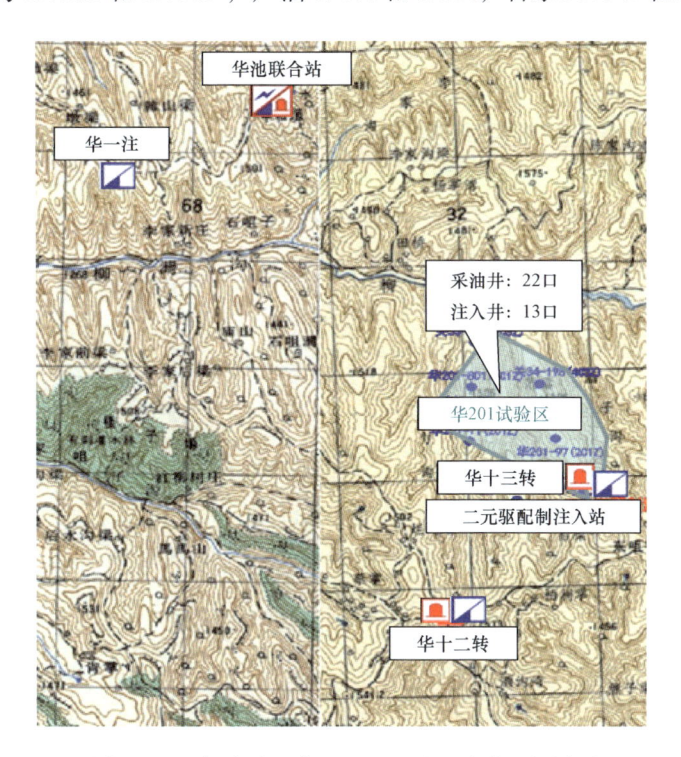

图8-15 长庆油田华201区二元驱试验区部署图

3. 试验方案设计要点

综合考虑二元驱控制程度、提高采收率幅度、投资、经济效益、注采关系完善程度、新井井位与水驱井网协调关系，试验区井网由不规则反七点调整为五点井网，注采井距由250~350m调整为150m，井排方向平行沉积方向，形成13注22采，7口中心井的注采格局，其中新钻井35口（采油井22口，注水井13口）。选择油层发育条件较好、层间差异小的延8₃油层作为试验目的层。

1）油藏工程

在剩余油相对富集区选定二元复合驱开发试验区，试验区井网由不规则反七点井网调整为五点井网，注采井距由250~350m调整为150m。试验区面积0.93km²，地质储量112.58×10⁴t，新钻油井22口，新钻水井13口（图8-16）。

2）配方体系

根据数值模拟结果，聚合物水溶液和驱替地层原油黏度比为3~5倍时为最佳。华201区地层原油黏度4.97mPa·s，结合数值模拟结果，设计地层二元体系黏度应不小于地层原油黏度的3倍以上，即要求黏度≥15mPa·s。采用"聚合物前置段塞+主段塞+副段塞+聚合物保护段塞"注入方式，聚合物优选700万~1000万分子量的疏水缔合聚合物，表面

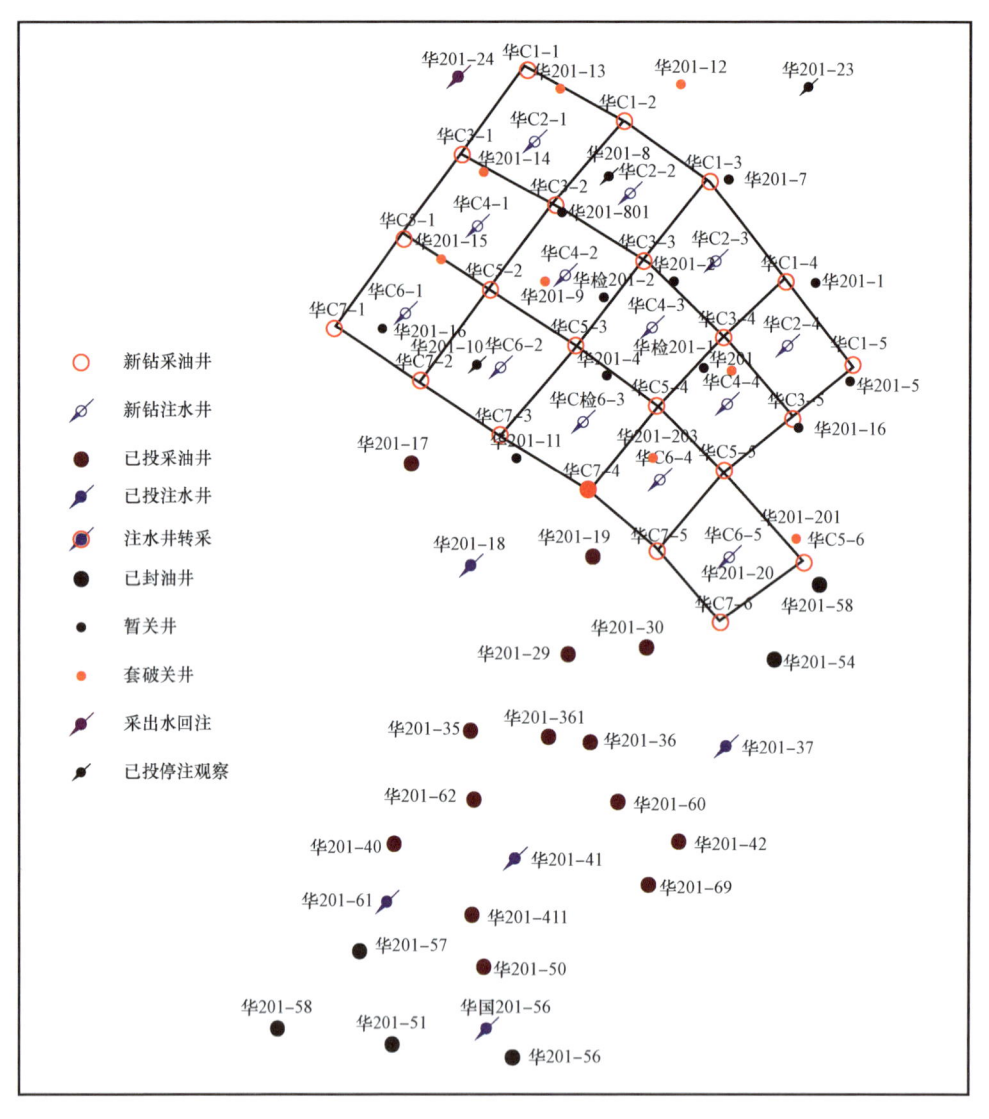

图 8-16　长庆油田华 201 区二元驱试验井位部署图

活性剂为阴非复配型表面活性剂；根据数值模拟参数优选，确立了华 201 区二元驱的注入参数，注入速度：0.12PV/a，化学剂注入总体积 1.02PV，注入周期 102 个月。

4. 试验阶段成效

通过钻井成果进行了精细的地层划分与对比。依靠岩电性标志层，对延 8 油层组细分为延 8_1、延 8_2、延 8_3 三个小层；延 9 分为延 9_1、延 9_{2+3} 小层。在原来地层划分的基础上，本次研究利用软件模拟地层对比技术，进一步细分小层，将延 8_2 小层细分为 2 个单砂层，延 8_3 分为 4 个单砂层，为层系开发和射孔提供依据。

按照方案部署，截至 2019 年底，华 201 加密区 6 个井场 35（22 + 13）口油水井已全部完钻。平均钻遇砂层 47.0m，其中油层 + 低中含水层厚度 21.9m，占砂层厚度的 44.7%（表 8-7）。

表8-7 长庆油田华201区新井砂层钻油情况统计表

井数口	砂层厚度 m	油层厚度 m	低含水层厚度 m	中含水层厚度 m	高含水层厚度 m	水层厚度 m	干层厚度 m
35	47.0	2.4	6.6	11.9	6.8	6.6	12.7

目前进行了渗透率与分子量匹配关系，聚合物溶液黏度设计，表面活性剂界面张力设计等研究。通过岩心实验证明渗透率在35~40mD的岩心，最大分子量注入界限是1600万，因此对于华201油藏（渗透率32mD）选择聚合物分子量1000万~1400万，可注入性好，又能确保封堵性。通过数字模型研究发现，聚合物水溶液和驱替地层原油黏度比为3~5倍时为最佳。华201区地层原油黏度4.97mPa·s，结合数值模拟结果，设计地层二元体系黏度应达到地层原油黏度的3倍以上，即要求黏度≥15mPa·s。考虑注入过程井筒和流程黏损40%，设计地面配制聚合物溶液黏度不小于25mPa·s。通过室内实验证明界面张力对二元驱采出程度有较大影响。低界面张力驱油体系是提高毛细管数的有力手段，一般达到10^{-3}mN/m数量级时才能实现较高的采出程度。驱替实验中驱油体系界面张力到10^{-3}mN/m数量级时，采收率提高值接近极大值。

第四节 砾岩油藏聚合物—表面活性剂复合驱试验

截至2008年12月，新疆油田砾岩油藏动用储量5.79×10^8t，占全油田38.3%，可采储量16.7×10^8t，占全油田41.5%，剩余储量4.58×10^8t，占全油田36.6%，综合含水73.2%，采油速度0.42%，可采储量采出程度72.6%。砾岩油藏多数层块已进入中高含水期开采，但仍然有1/4的可采储量未采出，物质基础十分雄厚。为了进一步提高砾岩油藏开发效果，寻求砾岩油藏开发战略性接替技术，2009年中国石油在新疆油田七中区砾岩油藏实施聚合物—表面活性剂复合驱试验，并于2017年实施二元复合驱工业化扩大试验，于2019年在七区和八区的多个区块实施了进一步的二元复合驱工业化推广。

1. 试验目的

（1）考察砾岩油藏复合驱井网井距适应性；
（2）优化高效廉价环保的化学驱油体系；
（3）比较砾岩油藏复合驱与聚合物驱提高采收率的幅度；
（4）评价砾岩油藏复合驱技术经济效果；
（5）形成砾岩油藏聚合物—表面活性剂复合驱系列配套技术；
（6）提高采收率15%以上。

2. 试验区概况

新疆油田七中区克下组油藏处于准噶尔盆地西北缘克—乌逆掩断裂带白碱滩段的下盘。试验区西北部、东部和南部分别被克—乌断裂白碱滩段、5054井断裂以及南白碱滩断裂所切割。构造形态简单，为东南倾向的单斜，西北部地层较东南部地层倾斜度小，西北部地层倾角5°左右，东南部地层倾角8°，内部无层发育，如图8-17所示。

复合驱工业化试验目的层为S_7^{4-1}、S_7^{3-3}、S_7^{3-2}、S_7^{3-1}、S_7^{2-3}和S_7^{2-2}共6个单层，平均埋深1146m。七中区复合驱试验区克下组S_7砂层组平均沉积厚度46.8m，其中试验目的层

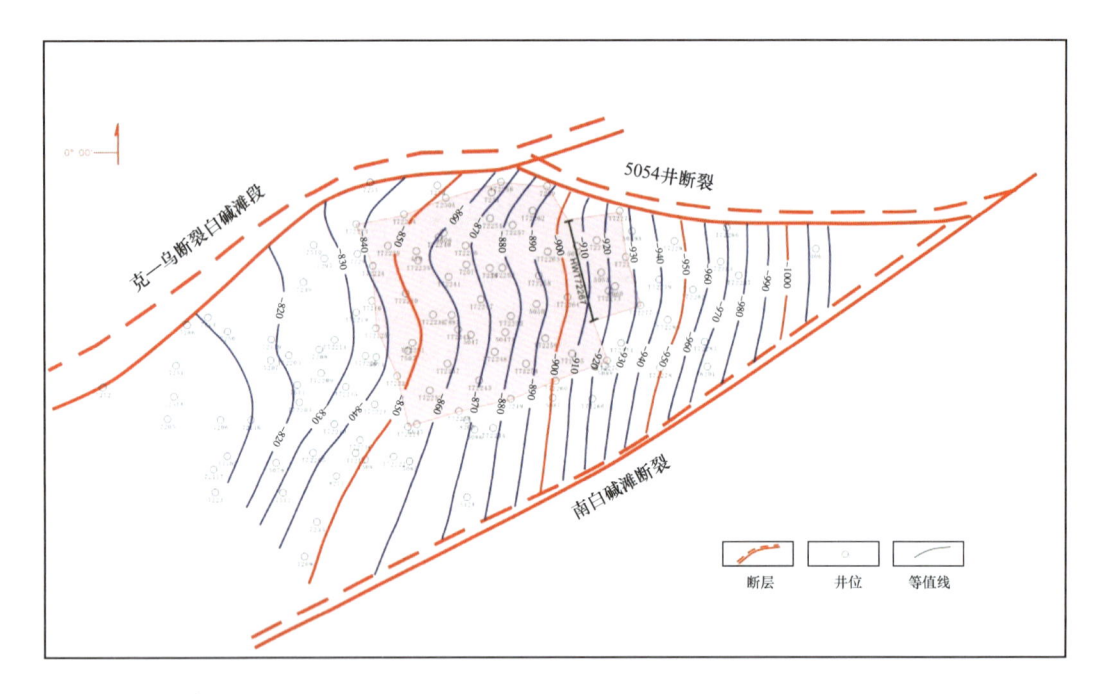

图 8-17 新疆油田七中区聚合物—表面活性剂复合驱试验区克下组底部构造图

沉积厚度范围在 21~44m 之间,平均沉积厚度 31.3m。七中区克下组属洪积相扇顶亚相沉积,以主槽微相为主。储层主要由不等粒砂砾岩及细粒不等粒砂岩组成。储层平均孔隙度 15.7%,平均渗透率为 69.4mD。

试验区 S_7^{2+3+4} 有效厚度平面上分布主要集中在 5~19.8m 之间,平均有效厚度 11.6m,中间有效厚度小,周围厚度大。油藏剖面上,垂直古水流方向上 S_7^3 油层分布稳定,连续性好,S_7^2 和 S_7^4 油层厚度变化大,存在一定的隔夹层,连续性不好;纵剖面顺古水流方向上 S_7^2、S_7^3 和 S_7^4 油层分布稳定,连续性好。

初始状态下,地面原油密度 0.858 g/cm³,原油凝固点 -20~4℃,含蜡量 2.67%~6.0%,40℃原油黏度 17.85mPa·s,酸值 0.2%~0.9%,原始气油比 120m³/t,地层油体积系数 1.205。地层水属 $NaHCO_3$,矿化度 13700~14800mg/L。

克下组油藏属于高饱和油藏。断块内为统一的水动力系统,原始地层压力 16.1MPa,压力系数 1.4,饱和压力 14.1MPa,油藏温度 40.0℃。

复合驱试验井区开发历程可分为 7 个阶段:
(1) 1959 年 3 月至 1960 年 11 月,产能建设阶段;
(2) 1960 年 12 月至 1980 年 5 月,注水见效、含水上升阶段;
(3) 1980 年 6 月至 1995 年 8 月,扩边调整阶段;
(4) 1995 年 9 月至 2007 年 9 月,油藏综合治理阶段;
(5) 2007 年 10 月至 2010 年 12 月,复合驱前缘水驱开采试验阶段;
(6) 2010 年 12 月至 2011 年 8 月,调剖试注阶段;
(7) 2011 年 8 月至 2014 年 8 月,聚合物—表面活性剂复合驱阶段,18 注 26 采。

2014 年 8 月至 2016 年 12 月,北部 8 注 13 采区域继续注聚合物—表面活性剂复合体系,其余区域改为水驱。

2017年7月至2021年7月（预计）进入二元复合驱扩大阶段。扩大区面积5.0km²，目的层S72-1—S74-1，地质储量500.5×10⁴t。

3. 试验方案设计要点

1）布井方案要点

初期复合驱试验目的层系为：$S_7^{2-2}+S_7^{2-3}+S_7^3+S_7^{4-1}$油层，采用150m五点法面积井网，最初试验采用18注26采（含1口水平井），在试验的过程中的发现水平井化学剂窜流严重，因此将水平井关闭。由于试验区南部和北部的渗透率差别较大，2014年9月实施试验方案调整：保留北部物性相对较好的8注13采井组继续聚合物—表面活性剂复合驱试验，含油面积0.44km²，地质储量54.0×10⁴t（图8-18）。

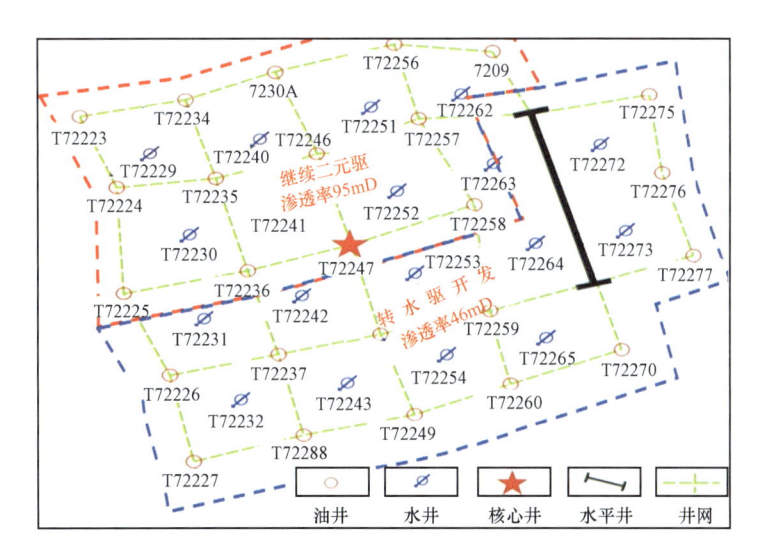

图8-18 新疆油田七中区聚合物—表面活性剂复合驱试验区调整后方案井位图

后期工业化扩大试验目的层系为S_7^{2-1}—S_7^{4-1}，试验规模95注118采。按照分区分井组合理配产配注，注采比控制在1.16，合理压力恢复速度0.5MPa/a，预测2017—2021年，扩大区累计产油16.93×10⁴t，水驱阶段采出程度4.9%。

2）配方体系设计要点

初期复合驱试验配方体系设计方案为：表面活性剂为石油磺酸盐体系，聚合物分子量为2500万，注入速度0.14PV/a。前置段塞：0.06PV，聚合物浓度为1500~2000mg/L（黏度为30~55 mPa·s）主段塞：0.5 PV，聚合物浓度为1200~1500mg/L+0.3% SP（黏度为20~35mPa·s）保护段塞：0.1PV，聚合物浓度为1200~1500mg/L（黏度为20~35mPa·s）。

随着聚合物—表面活性剂复合体系主段塞的注入，出现了油井产液强度下降较大的问题，初步判断是聚合物的浓度和分子量与油层渗透率不匹配，因此对配方进行了调整，配方体系中聚合物分子量和浓度分四次逐步下调，同时下调注入速度，见表8-8。

表8-8 七中区初期试验区复合驱配方体系调整对比

方案类型	配方设置	注入速度, PV/a
原方案	前置段塞：0.06PV [1800mg/L (P)]； 主段塞：0.5PV [0.3% (S) +2500万 1600mg/L (P)]； 聚合物保护段塞：0.1PV [1400mg/L (P)]	0.12
调整方案	前置段塞：0.06PV [1800mg/L (P)]； 主段塞：0.62PV [0.2% (S) +1000万 1000mg/L (P)]； 聚合物保护段塞：0.1PV [1000mg/L (P)]	0.10

后期工业化扩大试验阶段设计注入0.78PV化学剂溶液，阶段累计产油112.6×10⁴t，阶段采出程度22.5%，二元复合驱提高采收率16.5%。注入0.7PV化学剂溶液，日注入量2460m³，年注入速度0.1PV/a（表8-9）。

表8-9 二元驱配方体系段塞优化参数结果

分区	前置段塞（P）	主段塞（S+P）	保护段塞（P）	注入速度PV/a
北区	0.03PV，聚合物分子量1500万、浓度1800mg/L	0.6PV，聚合物分子量1500万、1500mg/L（P）+0.3%（S）	0.07PV，聚合物分子量1000万、1000mg/L	0.10
南区	0.03PV，聚合物分子量1000万、1800mg/L	0.6PV，聚合物分子量1000万、1300mg/L（P）+0.3%（S）	0.07PV，聚合物分子量500万、1000mg/L	0.10

3）效果预测

初期二元驱试验阶段，预测聚合物—表面活性剂复合驱提高采收率15.5%，高峰期含水率下降至69%，如图8-19所示。

后期工业化扩大试验阶段，预测年产油最高15.0×10⁴t，提高采收率19.0%，阶段累计产油112.6×10⁴t，阶段采出程度22.5%（包括水驱6.0%），见表8-10和图8-19。

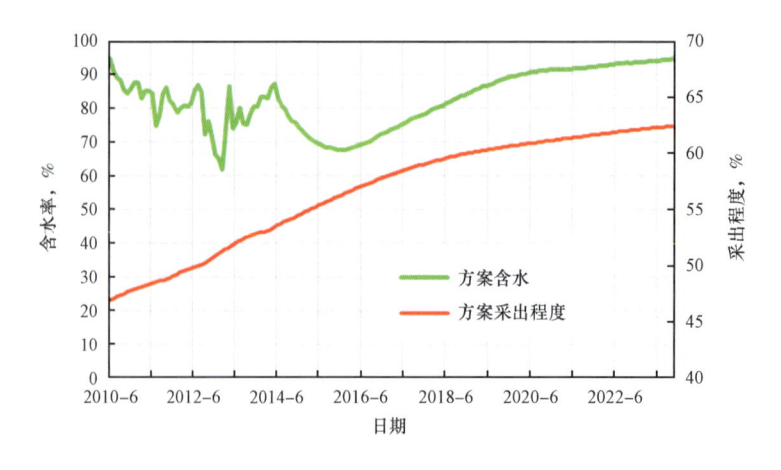

图8-19 新疆油田七中区聚合物—表面活性剂复合驱试验区调整后采出程度与含水率关系曲线

表 8-10 七中区克下组工业化推广试验驱油技术与经济指标（预测）

技术参数	技术参数指标	经济效益参数	经济效益参数指标
阶段累计产油，10^4t	112.6	总投资，万元	186176
阶段采收率，%	22.5	钻采投资，万元	60318
阶段累积增油，10^4t	95.1	地面投资，万元	38053
提高采收率，%	16.5	流动资金，万元	1294
聚合物用量，t	9387	聚合物费，万元	27164
表面活性剂用量，t	17280	表面活性剂费，万元	52391
化学剂吨剂增油量，t/t	34.8	调剖费，万元	8250
最高年产油，10^4t	15.0	内部收益率，%	7.61

4. 试验取得阶段成果与认识

（1）聚合物分子量调整使试验区产液量下降幅度逐步减缓。

七中区聚合物—表面活性剂复合驱试验区的渗透率南北差异较大，北部渗透率在94mD左右，而南部渗透率在40mD左右。在注剂初期由于选用的聚合物分子量高（2500万）、浓度高（1800mg/L），造成油藏堵塞严重，七中区聚合物—表面活性剂复合驱试验区产液量下降幅度较大（52.5%），超过二中区碱—表面活性剂—聚合物三元复合驱和七东1区聚合物驱（22.5%）。经过4次配方下调（聚合物分子量和浓度）和配产配注调整后，产液下降幅度逐渐减缓。截至2015年底试验区产液量下降幅度35%，平面上液量降幅差异较大。在相同PV数下，与二中区三元驱和七东1区聚合物驱相当，考虑到聚合物—表面活性剂复合驱试验区储层品质Kh最低（表8-11），认为七中区聚合物—表面活性剂复合驱试验步入正常状况（图8-20）。

表 8-11 不新疆油田不同试验注剂初期月产液量

试验	注剂初期月产液 t	储层Kh mD·m
七中区二元驱试验	5127.3	1707.6
七东1区聚合物驱试验	24813.0	7143.2
二中区三元驱试验	2600.0	4095.5

（2）试验区含水下降幅度较大，符合聚合物—表面活性剂复合驱的特点。

经过四次配方下调和配产配注调整后，液量开始恢复，含水大幅下降，最大下降值超过30个百分点，平面上含水降幅差异较大。在相同注入PV数下和几乎相同的含水起点条件下，七中区聚合物—表面活性剂复合驱试验区含水下降幅度均高于七东1区聚合物驱和二中区三元复合驱（图8-21）。

（3）聚合物—表面活性剂复合驱扩大波及体积作用明显。

注剂初期试验区堵塞严重，产出液中氯离子浓度一直较为稳定，经过配方下调和方案调整后，七中区聚合物—表面活性剂复合驱试验区开始见效，产出液中氯离子浓度也逐步上升，由2014年下半年的2705mg/L上升至2015年底的3263.0mg/L，如图8-22所示。说明聚合物—表面活性剂复合驱扩大波及体积作用明显显现。根据不同阶段产液剖面对比分析，

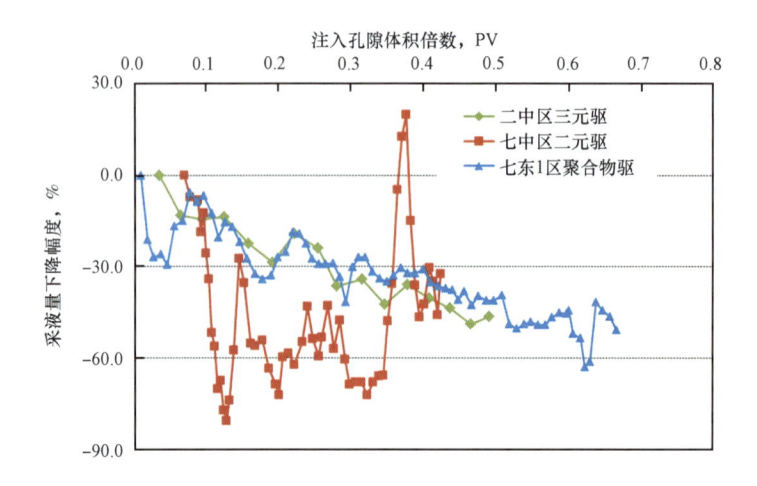

图8-20　新疆油田不同化学驱试验产液量下降幅度对比

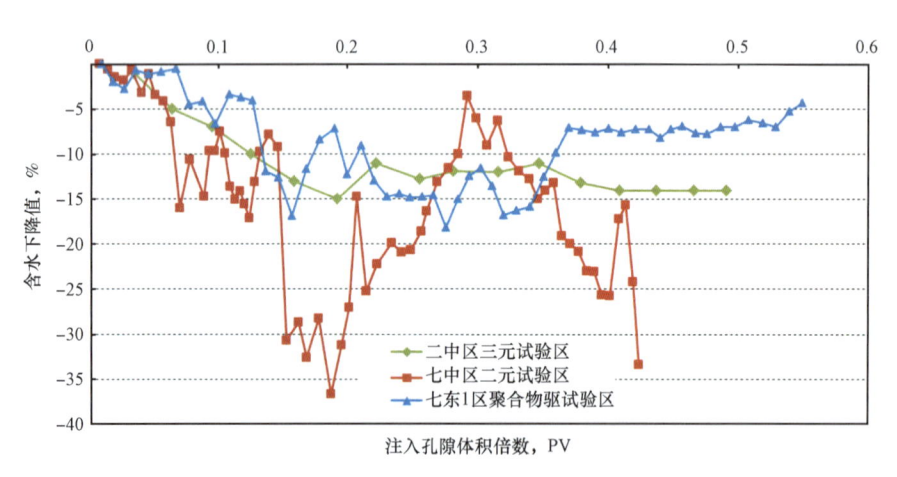

图8-21　新疆油田不同化学驱试验含水下降幅度对比

图8-22　新疆油田试验区氯离子浓度变化

试验区开发层系下部动用程度较高。多次注入体系调整后动用状况逐渐改善，七中区聚合物—表面活性剂复合驱试验区剖面动用趋于均匀，见表8-12。

表8-12 同井点对比不同阶段产液剖面变化表

层位	前缘水驱阶段（2010年）				调剖调试阶段（2012年）				聚合物—表面活性剂复合驱阶段（2015年）			
	厚度动用程度 %	出液量 t	出液百分比 %	含水 %	厚度动用程度 %	出液量 t	出液百分比 %	含水 %	厚度动用程度 %	出液量 t	出液百分比 %	含水 %
S_7^{2-2}	51.0	14.3	5.4	41.8	14.3	2.7	1.8	67.6	38.3	19.2	12.2	74.2
S_7^{2-3}	65.0	30.9	11.6	67.8	50.0	19.9	13.4	73.3	66.5	30.4	19.3	65.7
S_7^{3-1}	73.4	68.5	25.7	92.4	62.0	17.6	11.9	82.2	84.6	21.5	13.7	54.2
S_7^{3-2}	91.2	71.0	26.7	88.8	72.1	27.9	18.8	86.7	83.9	37.4	23.8	79.7
S_7^{3-3}	55.0	27.1	10.2	93.8	85.0	29.8	20.1	78.0	65.1	34.3	21.8	74.1
S_7^{4-1}	60.9	54.4	20.4	97.0	75.8	50.3	34.0	82.4	74.8	14.6	9.3	76.4
合计	67.3	266.2	100.0	87.0	61.8	148.1	100.0	80.8	69.7	157.4	100.0	70.7

（4）矿场试验取得良好效果。

根据七中区聚合物—表面活性剂复合驱试验区预测生产曲线规律，将试验全过程分成5个阶段。截至2015年12月，累计注剂$53.47×10^4 m^3$，占0.43PV，完成设计55.1%；累计产油$9.79×10^4 t$，聚合物—表面活性剂复合驱阶段采出程度10.1%；目前含水最低降至55.1%，属于低含水稳定阶段，如图8-23所示。

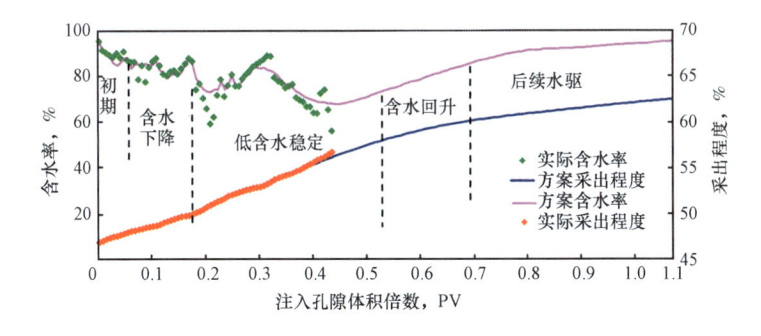

图8-23 调整区实际月产量与方案预测对比

第五节 稠油油藏聚合物—表面活性剂复合驱试验

官109-1断块缔合聚—表二元驱工业化试验属于三次采油"十四五"规划内容，目的是有序推进三次采油技术创新及规模应用，进一步提高三采产量在老油田稳产中的贡献率。于2020年开始实施，预计先导试验增加可采储量$26.47×10^4 t$，提高采收率18.5个百分点；其中化学驱预计增加可采储量$17.88×10^4 t$，提高采收率12.5个百分点。

1. 试验目的

（1）通过聚合物—表面活性剂复合驱试验，确定大港油田稠油油藏复合驱提高采收率潜力和经济效益；

（2）确定大港油田聚合物—表面活性剂复合驱配套技术系列；

（3）研究大规模配制注入溶液及采出液处理技术，为化学驱工业化地面工程设计提供可靠依据；

（4）聚合物—表面活性剂复合驱水驱提高采收率10个百分点以上。

2. 试验区概况

官109-1断块位于沈家铺开发区东部，孔店潜山构造带官130断层上升盘，为一长条状反向断鼻构造油藏，构造比较简单，地层倾角为8°~15°，倾向东偏南。该断块主要含油层位为下第三系孔一段枣Ⅴ油组，油层埋深1930~2130m，含油井段长达200m，单井平均有效厚度36m，原始地层压力20.15MPa，压力系数0.9868，地层温度78℃。

官109-1断块是沈家铺开发区主力开发区块之一，断块含油面积1.91km^2，地质储量880×10^{4}t，平均孔隙度21.0%，渗透率210mD，原始含油饱和度61%，属中孔中渗型油藏。该断块原油性质属重质稠油，原油性质较差，平均原油密度0.9510g/cm^3，温度50℃条件下原油黏度1212.2mPa·s，地层条件下原油黏度50.1mPa·s，凝固点23℃，胶质沥青质含量48.76%，属高黏重质稠油；该区地层水型主要为$CaCl_2$型，地层水总矿化度26974mg/L。

官109-1断块以主力油层枣Ⅴ2-3和Ⅴ6-7油组作为两套单独的开发层系，采取两套层系、两套井网进行开发；采用矩形反五点法井网设计，含油面积1.91km^2，总井网为49注59采，地质储量880×10^{4}t，分3期实施：

一期试验目标层系下套的枣Ⅴ6-7油组，7注12采控制地质储量143×10^{4}t；

二期试验推广到枣Ⅴ6-7全油组，18注20采，控制地质储量335×10^{4}t；

三期上返到枣Ⅴ2-3油组，24注27采，控制地质储量402×10^{4}t。

3. 试验方案设计要点

第一期先导试验主要针对官109-1断块北东部的家新45-7井区，以现有注采井网为基础，优化合理现有老井、钻新井重组注采井网后开展二元驱先导试验。

1）井网层系设计

先导试验区含油层位为枣Ⅴ6-7，含油面积0.561km^2，地质储量143.04×10^{4}t，总控制孔隙体积为227.57×10^{4}m^3，注采井数设计7注12采，其中新钻井6注6采，为降低炮眼对聚合物溶液的剪切，要求所有注入井生产井段全部射开。

2）注入参数设计

（1）段塞结构。

二元驱总注入段塞0.6PV，注入溶液体积136.54×10^{4}m^3。

段塞组成：前置段塞0.1PV（2500mg/L聚合物+0.4%表面活性剂）；主体段塞，0.2PV（2000mg/L聚合物+0.3%表面活性剂）；0.1PV（2000mg/L聚合物+0.2%表面活性剂）；保护段塞，0.12PV（800mg/L聚合物）；0.08 PV（500mg/L聚合物）。

（2）助剂浓度：稳定剂150mg/L、杀菌剂50mg/L、螯合剂50mg/L及预氧化剂5mg/L。

（3）配注量620m^3/d。

4. 试验取得阶段成果与认识

（1）形成水处理新工艺解决了配聚水质差的问题。

形成了二级曝气+多介质二级过滤的深度水处理工艺，解决了处理后水中的Fe^{2+}、含油、$Fe(OH)_3$絮凝物、机杂等因素，造成聚合物溶液黏度降解、溶液注入性差的问题（图8-24）。

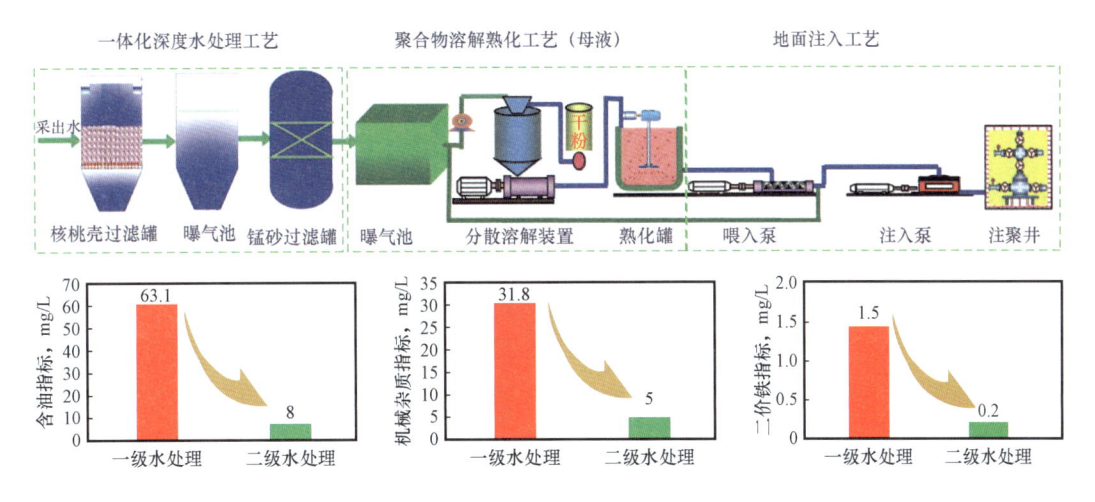

图8-24 试验区水处理流程及效果

（2）形成综合增注技术解决了部分井高压欠注的问题。

针对试验区内某些井井储层物性较差、注入压力高的问题，研究了以"微压化学复合增注"为核心的综合增注技术序列（图8-25）。实施微压化学复合增注后实现了二元体系的正常注入，又确保了与邻井注入压力均衡程度。先导试验井明显见效，缓解了高压注聚井欠注形势。

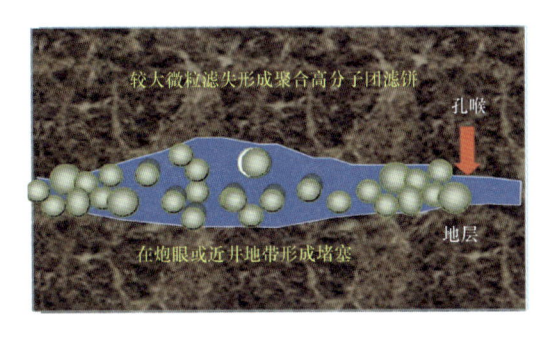

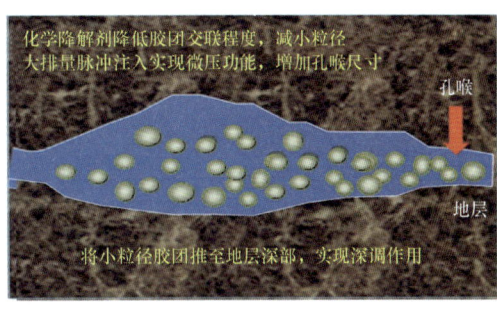

图8-25 微压化学复合增注技术原理示意图

（3）升级驱油体系解决了中低渗油藏难注入的问题。

针对该地区油藏流动性差，储层渗透率较低的问题，研究了低分子量缔合型聚合物（图8-26）。通过在分子链上引入带有支链结构的分子基团，并将刚性长侧链改性成柔性短支链，兼具低分子量和高效耐盐耐温增黏性能，实现中低渗储层"好溶—易注—优驱"核心需求，保障了50mD以上储层的可注入性。研究的Ⅱ代缔合型聚合物分子量1000万，特殊分子结构决定其在高盐度水中优越的聚集态和流体力学尺寸。可注储层渗透率下限

50mD，可注油层厚度比大于75%，突破项目攻关前体系溶解性差、降解严重、注入堵塞的壁垒，岩心实验提高采收率24.1个百分点。

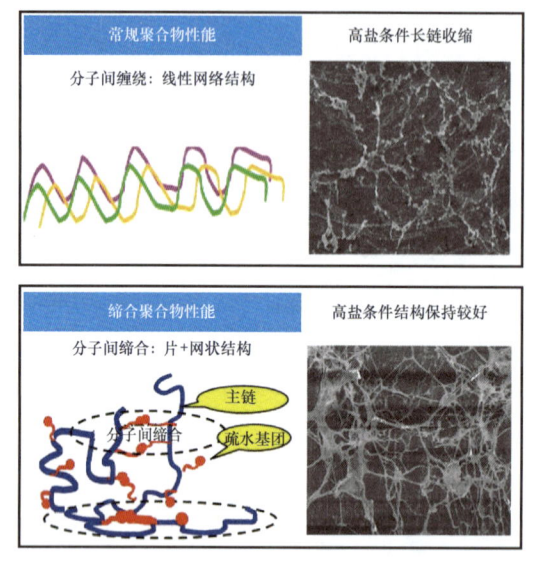

图8-26 研发的缔合型聚合物具有较好的耐盐性

同时发现：通过"高滞留"（聚合物—表面活性剂二元）与"低滞留或不滞留"（表面活性剂或水）能力驱油剂交替注入模式，可减小中低渗油藏吸液剖面反转速度，增强宏观和微观扩大波及体积能力，提高驱油效果。结合机理认识及矿场实践，聚焦体系特性与油藏匹配性，形成一套"低浓、低速、逐级降浓或聚—表交替等"注入模式。

第六节　聚合物—表面活性剂驱存在主要问题

1. 聚合物—表面活性剂复合体系与油藏物性匹配性差

目前化学驱已经由高渗透油藏逐步向中低渗透油藏推广，在高渗透油藏化学驱中，为了提高体系扩大波及体积同时又降低化学剂成本，一般采用高分子量聚合物。但是在中低渗透油藏高分子量的聚合物与储层物性的匹配性差，造成注入压力升高、油井产液能力大幅度下降。在重大开发试验聚合物—表面活性剂复合驱试验过程中，吉林油田红113块、长庆油田马岭北三区、新疆油田七中区都不同程度存在聚合物堵塞油层、注入压力高等问题，经过体系中聚合物分子量和浓度的而调整，堵塞状况得到改善。因此在中低渗透油藏化学驱的配方优化设计中，需要特备注意化学驱体系与油藏物性的匹配问题。

2. 中低渗透砂岩油藏比表面大，表面活性剂吸附量大

吉林油田红113块、长庆油田马岭北三区都是中低渗透区块，岩性为粉细砂岩，与中高渗砂岩相比比表面积大，表面功函数与比表面呈正相关，当比表面积增大时，表面功函数增加，矿物对流体的吸附能力增强；比表面积增大时，矿物晶体端面暴露增多，矿物表面所带电荷数增大，即Zeta电位增大，在没有外来流体侵入的情况下，胶体颗粒间斥力大，非常稳定，但是当有带电性的外来流体（如表面活性剂、聚合物）入侵时，Zeta电位越大呈现

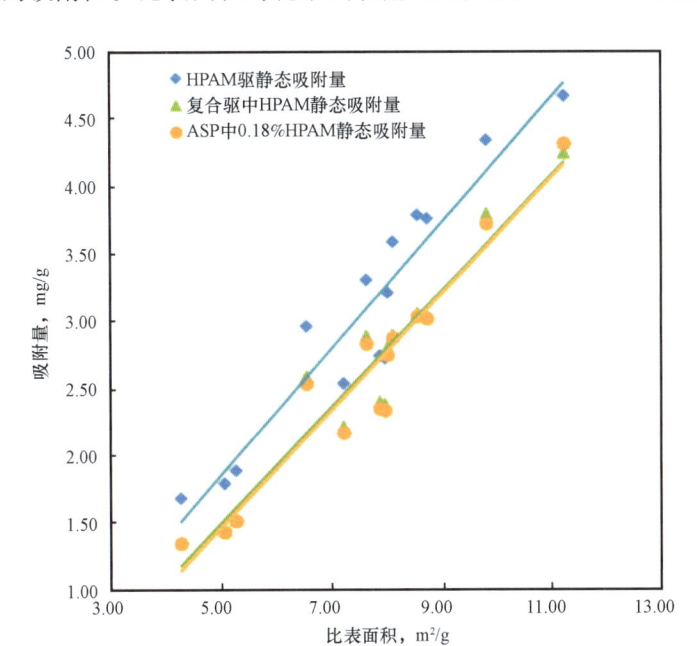

对外来流体越强的吸附性。比表面积与化学剂吸附量的关系如图 8-27 所示。

图 8-27　比表面积大小与化学剂吸附量的关系图

3. 复杂断块油藏化学驱井网不完善影响提高采收率效果

港西三区二元驱初期井网是在老井网的基础上建立起来的，是非等距不规则的面积注水井网，平均井距 159m，最小井距 65m，最大井距 410m。产液量基本保持原采液量，70m³ 以上液量的井有 7 口，20m³ 以下的有 5 口。这两方面的原因导致受益井开始见效时间差异大，从 2007 年注聚到主体开始见效，时间从 3 个月到 34 个月不等，平均开始见效时间为 13 个月；受益井见效有效期差异大，受益井见效有效期从 4 个月到 3 年 4 个月不等，平均见效有效期大约为 2 年。甚至在部分井组上出现了剂窜的问题，主要集中在三区二，总结原因两方面：一是受益井产液量高，二是井距较近的井，严重影响了注剂效果。例如三区二断块的西 2-6-3 井组，受益井平均液量 73m³，平均井距 164.5m，受益井西新 2-6 井见效前日产液量 175m，日产油 9.4t，含水 94.9%，注入井西 2-6-3 井到西新 2-6 井 135m，见效高峰期日产液量 100m³，日产油 20.6t，含水 83%，高液量且井距较近生产见效后很快发生了剂窜见效高峰期期仅 3 个月，有效期 10 个月，同时由于剂窜也影响了其他受益井的见效。港西三区三断块建立分层系五点法注采井网后，产液量和产油量均大幅度提升，含水率大幅度下降，取得了明显发的调整效果，因此完善的井网是聚合物—表面活性剂复合驱成功的保证。

4. 聚合物—表面活性剂复合驱表面活性剂用量小

大庆油田碱—表面活性剂—聚合物三元复合驱在 1.2% 左右碱存在的条件下，表面活性剂的使用浓度一般为 0.3%，而在中国石油重大开发试验聚合物—表面活性剂复合驱中表面活性剂的使用浓度一般在 0.2% 左右，由于油藏对化学剂具有较强的吸附能力，因此注入的表面活性剂很快吸附在岩石矿物表面，没有发挥其驱油效果。由表 8-13 可见，三元复合驱中表面活性剂的吸附量最小，其次是高渗透砂岩油藏辽河油田锦 16 块和大港油田港西三区聚合物—表面活性剂复合驱。中低渗透的砂岩油藏和砾岩油藏的吸附量最大。因此在聚合物—表面活性剂的配方设计中，应考虑在无碱的条件下表面活性剂的吸附损耗问题，适当加大表面活性剂的浓度。

表 8-13 各油田表面活性剂静态吸附量对比表

油田	油藏类型	区块	渗透率 mD	类型	表面活性剂浓度 %	表面活性剂吸附量 mg/g
新疆油田	中低渗透砾岩	七中区	213	二元驱	0.2	10.7
			124			12.2
			57			13.2
			4.64			14.5
大港油田	高渗透砂岩	港西三区	2500	二元驱	0.3	5.3
辽河油田		锦16块	3000	二元驱	0.3	4.2
大庆油田		—	700	三元驱	0.3	3.1
吉林油田	中低渗透砂岩	红113	110	二元驱	0.25	15.8
长庆油田		北三区	100	二元驱	0.2	17.2

参 考 文 献

[1] 李道品，王涛，王乃举，等．低渗透砂岩油田开发[M]．北京：石油工业出版社，1997．

[2] 裘怿楠．油气储层评价技术[M]．北京：石油工业出版社，1997．

[3] 胡学铮，虞学俊，倪邦庆．界面不稳定现象[J]．日用化学工业，1998，41(2)：26－28．

[4] Lyford P A, The Influence of Marangoni Effect on Organic/Aqueous Phase Displacement[D]．Melbourne：University of Melbourne，1996．

[5] 徐学锋．蒸发水滴中的液体流动特性研究[D]．北京：清华大学，2007．

[6] Thomson J. On Certain Curious Motions Observable at the Surfaces of Wine and Other Alcoholic Liquors [J]. Phil. Mag.，1855，10(4)：330．

[7] Marangoni C. Sull' Espansione Delle Goccie di un Liquido Galleggiante Sulla Superficie di altro Liquido [J]. Fusi，Pavia.，1865．

[8] McBain J W，Woo T M. Spontaneous Emulsification and Reaction Overshooting Equilibrium[J]. Proc. Royal Society，1937，A163：182－188．

[9] Ward A F H，Brooks L H. Diffusion Across Interfaces[J]. Trans. Faraday Soc.，1952，48：1124－1136．

[10] Lewis J B，Pratt H R C. Oscillating Droplets[J]. Nature，1953，171：1155－1156．

[11] Haydon D A. Oscillating Droplets and Spontaneous Emulsification[J]. Nature，1955，176(4487)：839－840．

[12] Moniqne Dupeyrat．界面不稳定现象[J]．无锡轻工业学院学报，1985，4(2)：88－94．

[13] Dussan V E B. Immiscible Liquid Displacement in a Capillary Tube：the Moving Contact Line[J]. AIChE Journal 1977，23(1)：131－133．

[14] Ratulowski J，Chang H C. Marangoni Effects of Trace Impurities on the Motion of Long Gas Bubbles in Capillaries[J]. Journal of Fluid Mechanics，1990，210：304－228．

[15] Stebe K J，Barthes－Biesel D. Marangoni Effects of Adsorption－desorption Controlled Surfactants on the Leading end of an Infinitely Long Bubble in a Capillary[J]. Journal of Fluid Mechanics，1995，286：25－48．

[16] 罗旌豪．以实验的方法探讨在同心圆管流中界面活性剂对界面动态的影响[D]．台湾：国立成功大学，1994．

[17] Shi Ying，Kerstin Eckert. Orientation－dependent Hydrodynamic Instabilities from Chemo－marangoni Cells to Large Scale Interfacial Deformations[J]. Chin. J. Chem. Eng.，2007，15(5)：748－753．

[18] 石英．毛细管内化学反应驱动的润湿过程实验研究[J]．化学工程，2009，37(9)：16－19．

[19] Tseng Yuantai，Tseng Fangang，Chen Yufeng，et al. Fundamental Studies on Micro－Droplet Movement by Marangoni and Capillary effects[J]. Sensors and Actuators A：Physical，2004，114(2)：292－301．

[20] Hua Hu，Ronald G. Larson. Marangoni Effect Reverses Coffee－ring Depositions[J]. J. Phys. Chem. B，2006，110(14)：7090－7094．

[21] 蒋平，张贵才，葛际江，等．油膜收缩速率的测定方法[J]．石油化工高等学校学报，2009，22(1)：61－64．

[22] Lam Andrew C，Schechter Robert S，Wade William H. Mobilization of Residual Oil Under Equilibrium and Nonequilibrium Conditions[J]. SPE Journal，1983，23(5)：781－790．

[23] Pratt H R C. Marangoni Flooding with Water Drives：a Novel Method for EOR[C]. SPE Asia－Pacific Conference，Perth．Australia，4－7 November 1991．

[24] Alfredo Arriola，Paul Willhite G，Don W Green. Trapping of Oil Drops in a Noncircular Pore throat and Mobilization upon Contact with a Surfactant[J]. SPE Journal，1983，21(3)：99－114．

[25] Lyford P A, Pratt H R C, Shallcross D C, et al. The Marangoni Effect and Enhanced Oil Recovery Part 1: Porous Media Studies[J]. The Canadian Journal of Chemical Engineering, 1998, 76(2): 167-174.

[26] Lyford P A, Shallcross D C, Pratt H R C, et al. The Marangoni Effect and Enhanced Oil Recovery Part 2: Interfacial Tension and Drop Instability[J]. The Canadian Journal of Chemical Engineering, 1998, 76(2): 175-184-2.

[27] Fletcher A J P, Davis J P. How EOR can be Transformed by Nanotechnology[C]. SPE Improved Oil Recovery Symposium, Tulsa, Oklahoma, USA. 24-18 April 2010.

[28] Tong Zhengshin, Yang Chengzhi, Wu Guoqing, et al. A Study of Microscopic Flooding Mechanism of Surfactant/Alkali/Polymer[J]. SPE/DOE Improved Oil Recovery Symposium, Tulsa, Oklahoma. 19-22 April 1998.

[29] 卜家泰, 陈文海, 薛群基. 非离子表面活性剂在甲苯/水两相传质过程中的界面不稳定性[J]. 日用化学工业, 2001, 41(3): 1-4-2.

[30] Schwabe D. The Bénard-Marangoni Instability in Small Circular Containers under Microgravity: Experimental Results[J]. Advances in Space Research, 1999, 24(10): 1347-1356.

[31] Szymczyk J A. Marangoni and Buoyant Convection in a Cylindrical Cell under Normal Gravity[J]. The Canadian J. Chem. Eng., 1991, 69(6): 1271-1276.

[32] Cong Sunan, Liu Weidong. Microscopic Displacement Mechanism of Surfactant/Polymer Driving Residual Oil in Conglomerate reservoir. Advanced Materials Research. Vols. 301-303, 2011: 483-487.

[33] Lv Xin, Zhang Jian, Jiang Wei. Progress in Polymer/Surfacetant Binary Combination Drive[J]. Journal of Southwest Petroleum University, 2008: 127-130.

[34] Niu Ruixia, Cheng Jiecheng, Long Biao, et al. Laboratory Investigation and Appraisal on Non-Alkali Binary Chemical Flooding System. Xinjiang Petroleum Geology. 2006.

[35] 鄂金太. 驱油用二元复合驱油体系的性能评价研究[J]. 油气田地面工程, 2007, 26(1): 20-21.

[36] 陈中华, 李华斌. 复合驱中界面张力数量级与提高采收率的关系研究[J]. 海洋石油, 2006, 25(3): 53-57.

[37] 蔡春芳, 李春兰, 高松, 等. 二元复合驱井距的确定方法[J]. 吐哈油气, 2010, 15(3): 279-282.

[38] 李志刚. 三次采油用表面活性剂的合成及其界面性能的研究[D]. 大连: 大连理工大学, 2002.

[39] 葛广章, 王勇进, 王彦玲, 等. 聚合物驱及相关化学驱进展[J]. 油田化学, 2001, 18(3): 282-284.

[40] Moritis G. New Technology, Improved Economics Boost EOR Hopes [J]. Oil and Gas J., 1996 (15): 39-61.

[41] 陈涂. 发展三次采油的战略意义及政策要求[J]. 油气采收率技术, 1997, 4(4): 2-4.

[42] 叶仲斌, 等. 提高采收率原理[M]. 北京: 石油工业出版社, 2000: 35-38.

[43] 李干佐, 翟利民, 郑立强, 等. 我国三次采油进展[J]. 日用化学品科学, 1999 (增刊): 1-9.

[44] 杨振宇, 陈广宇. 国内外复合驱技术研究现状及发展方向[J]. 大庆石油地质与开发, 2004, 23(5): 94-96.

[45] 沈平平, 俞稼镛. 大幅度提高原油采收率的基础研究[M]. 北京: 石油工业出版社, 2001: 74-79.

[46] 刘东升. 聚合物驱注采井节点分析方法及其应用[M]. 北京: 石油工业出版社, 2001: 1-10.

[47] 侯吉瑞. 化学驱原理与应用[M]. 北京: 石油工业出版社, 1998: 64-71.

[54] 康万利. 大庆油田三元复合驱化学剂作用机理研究[M]. 北京: 石油工业出版社, 2001: 45-53.

[48] Mungan N. Enhanced Oil Recovery Using Water as a Driving Fluid-Part4: Fundamentalsof Alkaline Flooding. World Oil (June 1981): 9-20.

[49] Raimondi P, et al. Alkaline Water Flooding Design and Implementation of a Field Pilot. J. pet. Tech. (Oct.

1977): 59-68.

[50] Sydansk R. D. Vated-Temperature Caustic/Sandstone Interaction Implications forImproving Oil Recovery[J]. Soc. Pet. Eng J., 1982(8): 53-63.

[51] Somerton W H, Radke C J. Role of Clays in the Enhanced Recovery of PetroleumFrom Some California Sands[J]. J. Pet. Tech., 1983(3): 43-54.

[52] 周润才. 表面活性剂—聚合物驱油的基本原理[J]. 国外油气田工程, 1995 (3): 9-12.

[53] 韩冬, 沈平平. 表面活性剂驱油原理及应用[M]. 北京: 石油工业出版社, 2001.

[54] 夏惠芬, 王德民. 黏弹性聚合物溶液提高微观驱油效率的机理研究[J]. 石油学报, 2001: 22 (4): 60-65, 4.

[55] Gebhard S. 实用流变测量学[M]. 北京: 石油工业出版社, 1998.

[56] 夏惠芬, 王德民, 关庆杰, 等. 聚合物溶液的黏弹性实验[J]. 大庆石油学院学报, 2002: 26 (2): 105-108, 140.

[57] 夏惠芬, 王德民, 侯吉瑞, 等. 聚合物溶液的黏弹性对驱油效率的影响[J]. 大庆石油学院学报, 2002: 26(2): 109-111, 140.

[58] 牛金刚. 大庆油田聚合物驱提高采收率技术的实践与认识[J]. 大庆石油地质与开发, 2004, 23 (5): 91-93, 125.

[59] 夏惠芬, 刘春泽, 侯吉瑞, 等. 三元复合驱油体系黏弹性及界面活性对驱油效率的影响[J]. 油田化学, 2003: 20(1): 61-64.

[60] 王德民, 程杰成, 杨清彦. 黏弹性聚合物溶液能够提高岩心的微观驱油效率[J]. 石油学报, 2000: 21 (5): 45-51.

[61] 佟斯琴, 刘春梅, 刘秀明. 考虑黏弹效应的聚合物溶液地下流动压力动态[J]. 大庆石油地质与开发, 2000: 19 (4): 29-31, 53.

[62] Gogartyw B. Viscoelastic Effects in Polymer Flow Through PorousMedia [C]. SPE 40251.

[63] Mohammad R, Juergen R. Quantification and Op timization of Viscoelastic Effects of Polymer Solutions for Enhanced Oil Recovery[C]. SPE DOE24154, 1992: 521-531.

[64] 韩显卿, 高有瑞. 孔隙介质中滞留聚合物黏弹性的测定方法研究[J]. 西南石油学院学报, 1992: 14 (1): 8-16.

[65] 佟曼丽. 聚合物稀溶液在多孔介质中的黏弹效应[J]. 天然气工业, 1987: 7(1): 64-71, 6.

[66] 佟曼丽, 郭小莉. 聚合物溶液流经孔隙介质时的黏弹效应及其表征[J]. 油田化学, 1992, 19(2): 145-150.

[67] 崔茂蕾, 丁元宏, 薛成国, 徐轩, 刘学伟, 杨正明. 特低渗透天然砂岩大型物理模型渗流规律[J]. 中南大学学报(自然科学版), 2013, 44(2): 695-700.

[68] 刘德新, 岳湘安, 燕松, 等. 吸附水层对低渗透油藏渗流的影响机理[J]. 油气地质与采收率, 2005, 12(6): 40-42.

[69] 吕鑫, 张健, 姜伟. 聚合物—表面活性剂二元复合驱研究进展[J]. 西南石油大学学报, 2008 (3): 127-130.

[70] 杨艳, 蒲万芬, 刘永兵. NNMB/NAPS 二元复合体系与原油界面张力[J]. 西南石油学院学报, 2006, 28(1): 68.

[71] 李柏林, 程杰成. 二元无碱驱油体系研究[J]. 油气地面工程, 2004, 23(6): 16-17.

[72] 王德民. 国外三次采油技术[M]. 上海: 上海交通大学出版社, 1992.

[73] 陈中华, 李华斌. 复合驱中界面张力数量级与提高采收率的关系研究[J]. 2006, 25(3): 53-57.

[74] 吴文祥. 聚合物及表面活性剂二元复合体系驱油物理模拟实验[J]. 大庆石油学院学报, 2005, 29(6): 98.

[75] 李孟涛, 刘先贵. 无碱二元复合体系驱油试验研究[J]. 石油钻采工艺, 2004, 26(5): 73-76.

[76] 唐宪法, 赖艳玲, 周洲. 组合驱提高原油采收率实验研究[J]. 石油钻采工艺, 2006, 29(6): 47-49.

[77] 罗蜇潭, 王允成. 油气储集层的孔隙结构[M]. 北京: 科学出版社, 1986.

[78] 何江川, 王元基, 廖广志. 油田开发战略性接替技术[M]. 1版. 北京: 石油工业出版社, 2013: 10-11.

[79] 何江川, 廖广志, 王正茂. 油田开发战略与接替技术[J]. 石油学报, 2012, 33(3): 519-524.

[80] 何江川, 廖广志, 王正茂. 关于二次开发与三次采油关系的探讨[J]. 西南石油大学学报(自然科学版), 2011, 33(3): 96-100, 196.

[81] 胡峰, 苏丽, 王力朋. 喉道半径与可动流体对低渗透储层渗流性的影响[J]. 内蒙古石油化工, 2008, 34(24): 132-133.